数码影视轻松课堂

中文版

Premiere Pro CS4视频编辑与实战演练

王震 盛立 编著

中国水利水电出版社
www.waterpub.com.cn

内 容 提 要

本书以实例引导的方式，通过36个经典实例系统介绍Premiere Pro CS4的主要功能和操作方法。内容包括Premiere Pro CS4入门导航、素材的采集与导入、视频过渡效果应用、添加视频特效、制作并添加字幕、为视频添加音频效果、输出视频作品、制作婚纱电子相册、使用Encore CS4制作DVD光盘等知识。各章内容包括学习提示、实例欣赏、操作秘籍、实战演练等多个模块。

本书适合Premiere初学者、视频爱好者和DV爱好者等读者阅读，还可作为相关培训班、大专院校和高等职业院校相关专业的案例教学用书。

本书附赠光盘中提供了书中所有实例的素材文件和效果文件，供读者学习使用。

图书在版编目（CIP）数据

中文版Premiere Pro CS4视频编辑与实战演练 / 王震，盛立编著. -- 北京 : 中国水利水电出版社，2010.5（2022.6重印）
（数码影视轻松课堂）
ISBN 978-7-5084-7449-6

Ⅰ. ①中… Ⅱ. ①王… ②盛… Ⅲ. ①图形软件，Premiere Pro CS4 Ⅳ. ①TP391.41

中国版本图书馆CIP数据核字(2010)第074455号

书　　名	数码影视轻松课堂 **中文版Premiere Pro CS4视频编辑与实战演练**
作　　者	王　震　盛　立　编　著
出版发行	中国水利水电出版社 （北京市海淀区玉渊潭南路1号D座　100038） 网址：www.waterpub.com.cn E-mail：sales@mwr.com.cn 电话：（010）68545888（营销中心）
经　　售	北京科水图书销售中心（零售） 电话：（010）68545874、63202643 全国各地新华书店和相关出版物销售网点
排　　版	北京英宇世纪信息技术有限责任公司
印　　刷	北京市密东印刷有限公司
规　　格	184mm×260mm　16开本　16印张　420千字
版　　次	2010年5月第1版　2022年6月第4次印刷
印　　数	8001—10000册
定　　价	45.00元（附光盘1张）

丛书编委会

丛书序

随着IT技术的进步和人们生活水平的提高，数码摄像机、数码照相机已经迅速走入家庭，由数码贵族到平民化，在短短数年内完成了它的普及历程，并且成燎原之势；由玩数码到制作较专业的数码作品，给生活留下美好的回忆，是每个DV和DC爱好者感兴趣的话题。

“数码影视轻松课堂”系列共有3本，分别是《中文版Premiere Pro CS4视频编辑与实战演练》、《中文版会声会影X2 DV视频处理与实战演练》、《中文版Photoshop CS4数码照片处理与实战演练》。本套丛书为用户制作数码影视和数码照片处理提供了一种崭新的学习方法，它有别于教条式的“菜单”学习，作者从非常实用、生动的实例入手，将知识点恰当地融入实例的制作和分析中，让读者通过动手实践来亲自完成学习的过程。同时，这些实例又起到抛砖引玉的作用，使读者每学习完一个实例的制作，就可以立即应用到实际制作中。

本套丛书有如下特色：

（1）用案例说话。每本书不少于50个经典案例，通过案例的形式引出一个个知识点，向读者生动描述案例制作的过程，以及从中所总结出来的经验和技巧。

（2）业内专家指导。本套丛书由有多年数码影视创作经验的业内专家亲自指导编写，每本书不论在知识点的完备性还是实用性方面都得到了完美的体现。

（3）穿插众多技巧提示。本套丛书不仅介绍软件的使用方法，而且融会编者多年的创作经验以及使用技巧，这样就避免了初学者多走不必要的弯路，让读者在最短的时间内掌握软件的核心内容，用最快的速度掌握制作方法和操作技巧，并迅速应用到自己的DV视频制作和DC数码照片创作中去。

（4）提供免费资源。为方便用户学习，随书配有光盘，为选用本系列图书的用户免费提供图书所涉及到的所有案例源文件和素材文件等。

前言

Premiere Pro是目前最流行且应用最广泛的视频编辑软件之一，其强大的视频剪辑和影视合成功能受到广大用户的青睐，为了帮助广大用户快速掌握Premiere Pro CS4的使用方法，并将其运用到实际视频制作中，我们研究了各类不同层次读者学些的特点，并结合作者多年的电脑教学经验，编写了这本《中文版Premiere Pre CS4视频编辑与实战演练》。

本书以实例引导的方式，通过36个经典实例系统介绍了Premiere Pre CS4的主要功能和操作方法。内容包括Premiere Pro CS4入门导航、素材的采集与导入、视频过渡效果应用、添加视频特效、制作并添加字幕、为视频添加音频效果、输出视频作品、制作婚纱电子相册、使用Encore CS4制作DVD光盘等知识。各章内容包括学习提示、实例欣赏、操作秘籍、实战演练等多个模块。

全书共9章，各章的主要内容如下：

第1章：Premiere Pro CS4入门导航。主要介绍了视频编辑中常用的文件格式，视频编辑必备常识，最后通过一个实例——“异国风光欣赏”简单介绍了使用Premiere Pro CS4制作视频的一般过程。

第2章：素材的采集与导入。主要介绍了手动采集素材、自动采集素材、批量采集素材、导入Premiere文件、导入分层的PSD文件、导入素材文件夹和导入图片序列等内容。

第3章：视频过渡效果应用。主要介绍了3D运动转场效果、GPU过渡转场效果、伸展转场效果、划像转场效果、卷页转场效果、叠化转场效果、映射转场效果、擦除转场效果、滑动转场效果、特殊转场效果、缩放转场效果、好莱坞插件转场效果和SpiceMaster插件转场效果等内容。

第4章：添加视频特效。主要介绍了GPU特效、变换特效、噪波与颗粒特效、图像控制特效、实用特效、色彩校正特效、键控特效、模糊与锐化特效、时间特效、生成特效、视频特效、风格化特效、调整特效、过渡特效、扭曲特效、Shine特效插件、Boris特效插件和Final Effects特效插件等内容。

第5章：制作并添加字幕。主要介绍了字幕的创建方法、字幕模板、自定义字幕模板、创建滚动字幕、创建推进效果字幕和创建流动字幕等内容。

第6章：为视频添加音频效果。主要介绍了剪辑音频素材、单声道变立体声、立体声变单声道、利用采集卡录制声音、从麦克风中录制声音和制作5.1声道音效等内容。

第7章：输出视频作品。主要介绍了渲染视频文件、输出影片文件、输出单帧文件和输出音频文件等内容。

前言

第8章：制作婚纱电子相册。主要介绍了新建项目并导入素材、制作分镜头、制作分镜头二、制作分镜头三、时间线总合成、导出视频文件和使用Nero刻录光盘等内容。

第9章：使用Encore CS4制作DVD光盘。主要介绍了项目创建与素材导入、制作DVD菜单、测试与刻录DVD等内容。

本书适合于Premiere初学者、视频爱好者和DV爱好者等读者阅读。本书还可以作为社会相关培训班、大专院校和高等职业院校相关专业的案例教学用书。

本书由王震、盛立编著，其中，第1章~第4章由王震编写，第5章~第8章由盛立编写，第9章由隽青龙编写。参加编写和素材整理工作的还有陈斌、党晓龙、付晓晖、何春燕、李积军、廖春玲、刘海燕、卢鹏、史晓建、孙伟、王方方、杨文涛、刘文娟、陈锋、韦琦、吴彦、杨静、王华容、王平、鱼平伟、张向梅、周建明、李权博、陈宇、李艳平、王华锋、王伟、陈旭。

由于编者水平有限，加之时间仓促，书中难免会有疏漏和不足之处，敬请读者批评指正。如果读者对本书有任何问题、意见和建议，可以发电子邮件至suanql_bit@sina.com，我们会尽快予以答复。

作　者

2010年1月

目录

足球世界
WorldCup

欧洲建筑
法国凯旋门

夏威夷风情

制作团队
策 划：小毛
字 幕：小河
后 期：小夏

有你陪着真幸福

第 1 章　Premiere Pro CS4 入门导航

学习提示

Premiere Pro CS4 是一款优秀的非线性视频编辑软件。作为主流的 DV 编辑工具，它为高质量的视频处理提供了完整的解决方案；在业内受到了广大视频编辑人员和视频爱好者的一致好评。Premiere Pro CS4 以其全新的合理化界面和通用高端工具，兼顾了广大视频用户的不同需求，在一个并不昂贵的视频编辑工具箱中提供了前所未有的生产能力、控制能力和灵活性。Premiere 软件目前已广泛应用于电影、电视、多媒体、网络视频、动画设计以及家庭 DV 数码等领域的后期制作中。

在开始 Premiere Pro CS4 学习之旅前，首先需要了解视频编辑中会遇到的一些概念，如文件格式、视频制式、帧和场等，然后了解 Premiere 视频编辑的工作流程，最后通过一个完整的经典实例来小试身手，从而达到快速入门的目的。

实例文件

- 异国风光欣赏.prproj

实例欣赏（图 1-1）

图 1-1　本章实例一览

1.1 视频编辑中常用的文件格式

1.1.1 常用的图像文件

图形文件的格式是计算机存储一幅图的方式与压缩方法，要针对不同的程序和使用目的选择需要的格式。不同图形程序也有各自的内部格式，如 PSD 是 Photoshop 本身的格式，由于内部格式带有软件的特定信息，如图层与通道等，其他一些图形软件一般不能直接打开它。

图像世界中不同的格式各自以不同的方式来表示图形信息，Premiere Pro CS4 中常用到的图形格式有以下几种。

1．JPEG 格式

JPEG 是常见的一种图像格式，它由 Joint Photographic Experts Group（联合照片专家组）开发，JPEG 仅仅是一种俗称。JPEG 文件的扩展名为.jpg 或.jpeg，其压缩技术十分先进，它用有损压缩方式去除冗余的图像和彩色数据，获得极高的压缩率的同时能展现十分丰富生动的图像，换句话说，就是可以用最少的磁盘空间得到较好的图像质量。

同时 JPEG 还是一种很灵活的格式，具有调节图像质量的功能，允许用户用不同的压缩比例对这种文件压缩，比如最高可以把 1.37MB 的 BMP 位图文件压缩至 20.3KB。

由于 JPEG 优异的品质和杰出的表现，它的应用非常广泛，特别是在网络和光盘读物上，一般都能找到它的影子。目前各类浏览器均支持 JPEG 这种图像格式，因为 JPEG 格式的文件尺寸较小，下载速度快，使得 Web 页有可能以较短的下载时间提供大量美观的图像，JPEG 同时也就顺理成章地成为网络上最受欢迎的图像格式。

2．BMP 格式

BMP 是英文 Bitmap（位图）的简写，它是 Windows 操作系统中的标准图像文件格式，能够被多种 Windows 应用程序支持。随着 Windows 操作系统的流行与丰富的 Windows 应用程序的开发，BMP 位图格式理所当然地得到广泛应用。这种格式的特点是包含的图像信息较丰富，几乎不进行压缩，但由此导致了它与生俱来的缺点——占用磁盘空间过大。目前 BMP 在本地计算机上比较流行。

3．PSD 格式

这是著名的 Adobe 公司的图像处理软件 Photoshop 的专用格式 Photoshop Document（PSD）。PSD 其实是 Photoshop 进行平面设计的一张“草稿图”，它里面包含各种图层、通道、遮罩等多种设计的样稿，以便于下次打开文件时可以修改上一次的设计。在 Photoshop 支持的各种图像格式中，PSD 的存取速度比其他格式快很多，功能也很强大。Photoshop 的应用越来越广泛地应用，我们有理由相信，这种格式也会逐渐流行起来。

4．GIF 格式

GIF（Graphics Interchange Format）是由 CompuServe 公司为了方便网络传送图像数据而制定的一种图像文件格式。GIF 图像文件具有多元化结构，能够存储多张图像，这是制作动画的基础，可以在 GIF 的动画文件中找到单帧的一个个独立的 GIF 图像文件。

5．TIFF 格式

TIFF（Tag Image File Format）是 Mac 中广泛使用的图像格式，它由 Aldus 和微软公司联合开发，最初是出于跨平台存储扫描图像的需要而设计的。它的特点是图像格式复杂、存储信息多。因为它存储的图像细微层次的信息非常多，图像的质量得以提高，因此非常有利于原稿的复制。

6．TGA 格式

TGA（Tagged Graphics）文件是由美国 Truevision 公司为其显示卡开发的一种图像文件格式，已被国际上的图形和图像工业所接受。TGA 的结构比较简单，属于一种图形、图像数据的通用格式，在多媒体领域有着很大影响，是计算机生成图像向电视转换的一种首选格式，在 Premiere Pro CS4 中，我们会经常用到 TGA 格式的图片序列来为视频作品增添各种动态画面。

7．PNG 格式

PNG（Portable Network Graphics）是一种新兴的网络图像格式。PNG 是目前保证最不失真的格式，它汲取了 GIF 和 JPEG 二者的优点，存储形式丰富，兼有 GIF 和 JPEG 的色彩模式；它的另一个特点是能把图像文件压缩到极限以利于网络传输，但又能保留所有与图像品质有关的信息，因为 PNG 是采用无损压缩方式来减少文件的大小，这一点与牺牲图像品质以换取高压缩率的 JPEG 有所不同；它的第三个特点是显示速度很快，只需下载 1/64 的图像信息就可以显示出低分辨率的预览图像；第四，PNG 同样支持透明图像的制作，透明图像在制作网页图像时很有用，我们可以把图像背景设为透明，用网页本身的颜色信息来代替设为透明的色彩，这样可以让图像和网页背景很和谐地融合在一起。

以上简单介绍了一些常用的图像文件格式及其特性，与图像文件相对独立的图形文件也有好多自己的文件格式，对于 Premiere Pro CS4 来说，它可以兼容一些常用图形文件格式，在今后的实际应用中将会接触到。

1.1.2　常用的音频文件

动感的视频作品如果没有声音或音乐为其伴奏或配音，那这个作品无疑是美中不足的，Premiere Pro CS4 支持多种音频文件格式，常用的音频格式有 WAV、MIDI、MP3、WMA、MP4、VQF、RealAudio、AAC 等，下面一一进行介绍。

1．WAV 格式

WAV 格式是微软公司开发的一种声音文件格式，也称波形声音文件格式，是最早的数字音频格式，Windows 平台及其应用程序都支持这种格式。这种格式支持 MSADPCM、CCITTALAW 等多种压缩算法。标准的 WAV 格式和 CD 一样，也是 44.1RHz 的采样频率，速率为 88kb/s，16 位量化位数，因此 WAV 的音质和 CD 差不多，也是目前广为流行的声音文件格式，几乎所有的音频编辑软件都能识别 WAV 格式。

2．MP3 格式

MP3 的全称为 MPEG Audio Layer-3。Layer-3 是 Layer-1、Layer-2 以后的升级版产品。与其前身相比，Layer-3 具有很高的压缩率（1:10~1:12），并被命名为 MP3。由于其文件小、音质好，因此有良好的发展前景。

3．MP4 格式

MP4 采用了保护版权的编码技术，只有特定用户才可以播放，这有效地保证了音乐版权。另外 MP4 的压缩比达到 1:15，比 MP3 更小，音质却没有下降。

4．WMA 格式

WMA（Windows Media Audio）是微软公司开发的用于 Internet 音频领域的一种音频格式。音质要强于 MP3 格式，但是以减少数据流量但保持音质的方法来达到比 MP3 压缩率更高的目的。WMA 的压缩率一般可以达到 1:18 左右，WMA 还支持音频流（Stream）技术，适合在线播放，只要安装了 Windows 操作系统就可以直接播放 WMA 音乐。

5．MIDI 格式

MIDI（Musical Instrument Digital Interface）又称为乐器数字接口，是数字音乐电子合成乐器的国际统一标准。它定义了计算机音乐程序、数字合成器及其他电子设备交换音乐信号的方式，规定了不同厂家的电子乐器与计算机连接的电缆、硬件及设备之间进行数据传输的协议。

6．RealAudio 格式

RealAudio 是由 Real Networks 公司推出的一种文件格式，其特点是可以实时地传输音频信息，尤其是在网速较慢的情况下，仍然可以较为流畅地传送数据，它主要适用于网络上的在线播放。现在的 RealAudio 文件格式主要有 RA（RealAudio）、RM（RealMedia，RealAudioG2）、RMX（RealAudio Secured）三种，它们的共同特点在于随着网络带宽的不同而改变声音的质量，在保证大多数人听到流畅声音的前提下，让拥有较大网络带宽的听众获得较好的音质。

1.1.3 常用的视频文件

1．AVI 格式

AVI（Audio/Video Interleave）格式是一种专门为微软公司 Windows 环境设计的数字视频文件格式。这个视频格式的优点是兼容性好、调用方便、图像质量好，缺点是占用的存储空间大。

2．MPEG 格式

MPEG 原指成立于 1958 年的运动图像专家组（Moving Picture Experts Group），该专家组负责为数字视/音频制定压缩标准，现指运动图像压缩算法的国际标准。目前已提出 MPEG-1、MPEG-2、MPEG-4 等标准。MPEG-1 广泛应用于 VCD 与一些供网络下载的视频片段的制作上。使用 MPEG-1 的压缩算法，可以把一部 120 分钟长的非数字视频的电影压缩成 1.2GB 左右的数字视频。这种视频格式的文件扩展名包括.mpg、.mlv、.mpe、.mpeg 及 VCD 光盘中的.dat 文件等。MPEG-2 则应用在 DVD 的制作方面，在一些 HDTV（高清晰电视广播）和一些高要求视频编辑、处理上也有一定的应用空间。相对于 MPEG-1 的压缩算法，MPEG-2 可以制作出在画质等方面远远超过 MPEG-1 的视频文件，但是文件较大，同样对于一部 120 分钟长的非数字视频的电影，压缩得到的数字视频文件大小为 4~8GB。这种视频格式的文件扩展名包括.mpg、.mpe、.mpeg、.m2v 及 DVD 光盘上的.vob 文件等。MPEG-4 是一种新的压缩算法，可以将 MPEG-1 压缩到 1.2GB 的文件进一步压缩成 300MB 左右，以供网络在线播放。

就其应用前景而言，MPEG-4 未来将在多个应用领域大显身手，如 Internet/Intranet 上的多媒体流服务、视频点播、可视游戏、低码率的移动多媒体通信（视频手机等）、交互式多媒体应用、实时多媒体监控、数字电视与演播电视、虚拟会议等。

3．ASF 格式

ASF（Advanced Streaming Format）格式是微软公司开发出来的一种可以直接在网上观看视频节目的流媒体文件压缩格式，也就是可以一边下载一边播放。由于它使用了 MPEG-4 的压缩算法，所以在压缩率和图像的质量上都非常好。

4．QuickTime 格式

QuickTime（MOV）格式是苹果公司开发的一种视频格式，在图像质量和文件大小的处理上具有很好的平衡性，不仅适合在本地播放，而且适合作为视频流在网络中播放。

5．DIVX 格式

DIVX 格式的视频编码技术可以说是一种对 DVD 很有威胁的新的视频压缩格式，所以又被称为“DVD 杀手”。由于它使用的是 MPEG-4 压缩算法，可以在对文件进行高度压缩的同时保留非常清晰的图像质量。用该技术制作的 VCD，其画质与 DVD 的差不多，制作成本却低得多。

6．Real Video 格式（RA、RAM）

Real Video 应用于视频流方面，是视频流技术的先驱。它可以在 56K Modem 拨号上网条件下实现不间断的视频播放，但必须通过降低图像质量的方式来控制文件的大小，因而图像质量往往会比较低。

1.2 视频编辑必备常识

无论使用哪种视频编辑软件，其相关术语和基本概念是相同的。本节将讲解常用影视编辑术语与基本概念。

1.2.1 视频制式

在制作影视节目之前，要清楚地知道所需制作的视频制式。由于各个国家对电视视频制定的标准不同，其制式也有一定的区别。制式的区分主要在于场频、分辨率、信号带宽及载频、彩色信息的表述的不同。目前，世界上实际用于彩色电视广播的是 NTSC 制、PAL 制和 SECAM 制这三种彩色电视制式。

1．NTSC 制

NTSC 制，即正交平衡调幅制式，是美国在 1953 年 12 月首先研制成功的，并以美国国家电视系统委员会（National Television System Committee）的缩写命名。这种制式的色度信号调制特点为平衡正交调幅制，即包括平衡调制和正交调制两种。虽然解决了彩色电视和黑白电视广播相互兼容的问题，但是存在相位容易失真、色彩不太稳定的缺点。NTSC 制电视的供电频率为 60Hz，场频为每秒 60 场，帧频为每秒 30 帧，扫描线为 525 行，图像信号带宽为 6.2MHz。它还可以分为 NTST-M、NTSC-N 等类型，主要在美国、加拿大等大部分西半球国家以及日本、韩国等国家采用。

2．PAL 制

PAL 制，即正交平衡调幅逐行倒相制式，是为了克服 NTSC 制对相位失真的敏感性，于 1962 年由前联邦德国在综合 NTSC 制的技术成就基础上研制出来的一种改进方案。PAL 是英文 Phase Alteration Line 的缩写，意思是逐行倒相。它对同时传送的两个色差信号中的一个色差信号采用逐行倒相，另一个色差信号进行正交调制方式。如果在信号传输过程中发生相位失真，则会由于相邻两行信号的相位相反起到互相补偿作用，从而有效地克服了因相位失真而引起的色彩变化。因此，PAL 制对相位失真不敏感，图像彩色误差较小。PAL 制电视的供电频率为 50Hz，场频为每秒 50 场，帧频为每秒 25 帧，扫描线为 625 行，图像信号带宽分别为 4.2MHz、5.5MHz、5.6MHz 等。即使是同样采用了 PAL 制，不同的国家也有不同的参数，它还可以划分为 PAL-B、PAL-I、PAL-M、PAL-N、PAL-D 等类型，这种制式主要在英国、中国、澳大利亚、新西兰等地采用。我们采用的是 PAL-D 制式。

3．SECAM 制

SECAM 制，即轮换调频制式，是法文 Sequentiel Couleur A Memoire 的缩写，意思为按顺序传送彩色与存储，于 1966 年由法国研制成功。SECAM 制色度信号的调制方式与 NTSC 制和 PAL 制的调幅制不同，因此，它不怕干扰，彩色效果好，但其兼容性较差。这种制式主要在法国、东欧、中东及部分非洲国家采用。

1.2.2 帧和场的概念

我们平常看的电视是每秒 25 帧，即每秒更换 25 个图像，由于视觉暂留效应，所以人眼不会感到闪烁。每帧图像又是分为两场进行扫描的，这里的扫描是指电子束在显像管内沿水平方向一行一行从上到下扫描，第一场先扫奇数行，第二场扫偶数行，即我们常说的隔行扫描，扫完两场即完成一帧图像。当场频 50Hz、帧频 25Hz 时，奇数场和偶数场扫描的是同一帧图像，除非图像静止不动，否则相邻两帧图像不同。我们使用的计算机显示器与电视机显像管的扫描方式是一样的。在用 Premiere 进行视频处理时，要根据用途不同进行不同设置。如果是转换为 MPG、WMV 等计算机上的专用格式，可以不必去管场及帧的概念，编码器会自动处理。如果是转换为电视看的格式，或是计算机上用的 DV AVI 格式，则场的设置选择“上场在先”，否则容易出现字幕闪烁的情况，帧数则在设置 PAL 制或 NTSC 制时自动设置，如果是一些 DV 短片也可以手动将帧数设置为 24～26 帧。

1.2.3 像素和分辨率的概念

像素是构成位图的基本单位。各像素之间有相对位置，并具有颜色能力，像素的大小取决于整幅图像中像素数量的多少。

在位图中，所谓的分辨率是指单位面积内像素的多少。分辨率高，单位面积内的像素就多，图像就越清晰。这在位图制作软件中，如 Photoshop 中表现得非常明显。电视的清晰度也同样是根据分辨率来表示的，它主要是用垂直分辨率来表示。垂直分辨率与扫描的行数有关，扫描行数越多，垂直分辨率越高。

一幅图像、一段视频或屏幕宽度和高度的比称为宽高比。它可以用两个整数的比来表示，也可以用一个小数来表示，并没有专门的要求，现在制作的节目有时候也不完全沿用一些标准的宽高比。电影、SDTV 和 HDTV 具有不同的宽高比，SDTV 的宽高比是 4:3 或 1.33；HDV 和扩展清晰度电视（EOTV）的宽高比是 16:9 或 1.78；电影的宽高比从早期的 1.333 到宽银幕的 2.77。

1.3　初试 Premiere Pro CS4——异国风光欣赏

用户使用 Premiere 无论是制作哪种用途的 DV 视频，其制作过程都需要经过几个关键的步骤，包括最初的创建项目、导入与管理素材、剪辑素材、添加字幕、添加转场与特效、添加音频，一直到最终导出文件，这个过程也就是 Premiere 的一般工作流程。

本节将以“异国风光欣赏”宣传片的制作为例，介绍 Premiere 中的一般工作流程。需要提醒用户的是，本节只做初步介绍，目的是带领用户快速了解 Premiere Pro CS4 并上手，具体的专项内容将在后面的相关章节中详细讲解。

实例欣赏（图 1-2）

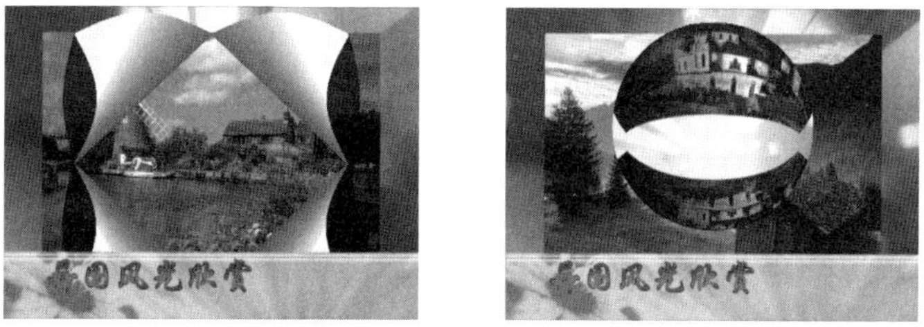

图 1-2　实例欣赏

操作秘籍

- 如果觉得 Premiere Pro CS4 编辑界面太暗，可以在“参数”对话框中进行亮度调节。
- 按快捷键 Ctrl+D 可以快速地为“时间线”面板中的素材间添加默认的过渡转场。

实战演练

1.3.1　创建项目

要使用 Premiere 进行视频编辑，首先要启动应用程序，创建一个项目文件，并对项目参数进行设置。

❶单击 “开始” | “所有程序” |Adobe Premiere Pro CS4 命令，弹出如图 1-3 所示的欢迎界面。在该界面中可以执行“新建项目”、“打开项目”和“帮助”等操作。

操作提示

欢迎界面中的 3 个按钮的具体功能如下：

- “新建项目”：可以创建一个新项目，对项目进行设置后，即可进行视频编辑。
- “打开项目”：可以开启计算机中已经存在的项目文件。
- “帮助”：可以打开帮助网页，查阅需要说明的内容。

❷单击“新建项目”按钮。在弹出的“新建项目”对话框中选择“常规”选项卡，首先设置“视频”、“音频”和“采集”选项，然后在对话框下方选择项目文件的存放路径，并输入项目文件名称为“异国风光欣赏”。项目设置完成后，单击“确定”按钮，如图 1-4 所示。

图 1-3 Premiere Pro CS4 欢迎界面

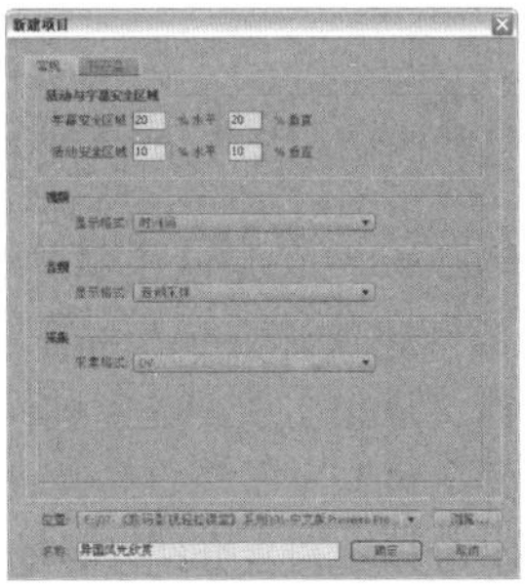

图 1-4 “新建项目”对话框

❸打开“新建序列”对话框，如图 1-5 所示，该对话框包括 3 个选项卡：“序列预置”、“常规”和“轨道”。用户可以在“序列预置”选项卡中选择一种合适的预置项目设置，然后在其右侧的“预置描述”栏中会显示预设值的相关信息。

操作提示

在“序列预置”选项卡中提供了 10 大类别的项目预设，其中：

- AVCHD：用于编辑录制于变形宽银幕（或方形像素）下的 AVCHD 格式。
- DV—24P：用于 23.976fps 拍摄于 24P 或 24PA（24P Advanced）模式的视频编辑。
- DV—NTSC：用于 IEEE 1394（FireWire/i.LINK）DV 设备编辑基于 NTSC 制式的视频编辑。
- DV—PAL：用于 IEEE 1394（FireWire/i.LINK）DV 设备编辑基于 PAL 制式的视频编辑。
- DVCPRO50 和 DVCPROHD：用于通过 Panasonic P2 摄像机拍摄的 MXF 视频编辑。
- HDV：用于 IEEE 1394（FireWire/i.LINK）HDV 设备编辑基于高清数字的视频。
- XDCAM EX：用于 Sony XDCAM EX 格式的视频编辑。
- XDCAM HD：用于 Sony XDCAM HD 格式的视频编辑。
- 移动设备：基于移动电话或其他外部设备的数字视频。

❹根据需要编辑的节目类型选择这些已经设置好标准参数的预设，将节省很多时间，从而提高工作效率。这里选择列表中的“DV—PAL” | “标准 48kHz”选项，这是标准的 PAL 制视频的项目设置。

❺选择“轨道”选项卡，在这里可以设置项目中视频和音频轨道的数量，如这里设置“视频”轨道数为 3，设置“立体声”轨道个数为 1，如图 1-6 所示，其他保持默认，最后单击“确定”按钮。

❻这样即可进入 Premiere Pro CS4 工作界面，该界面是进行编辑工作的主要区域，主要由标题栏、菜单栏、“项目”面板、“媒体浏览”面板、“时间线”面板、“监视器”面板、“工具”面板以及其他功能面板等几部分组成，如图 1-7 所示。

操作提示

在 Premiere Pro CS4 编辑界面中，默认的工作界面和对话框的底色比较暗，如果想调亮一些，可以进行如下的设置。选择“编辑” | “参数” | “界面”命令，在弹出的“参数”对话框中，拖动窗口右侧的滑块，适当向右滑动，如图 1-8 所示，调整满意后单击“确定”按钮即可。

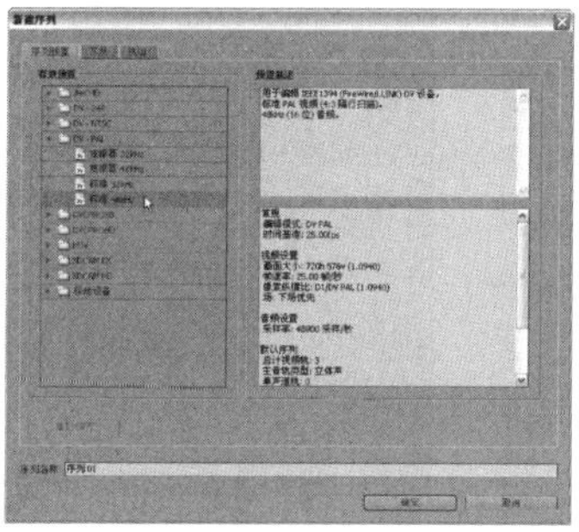

图 1-5　设置“序列预置”选项卡

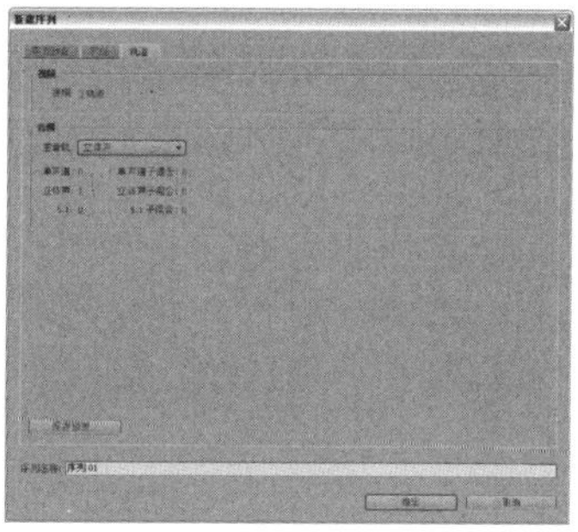

图 1-6　设置“轨道”选项卡

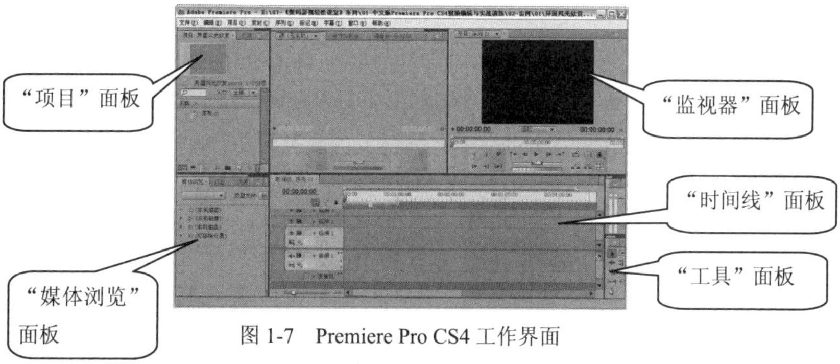

图 1-7　Premiere Pro CS4 工作界面

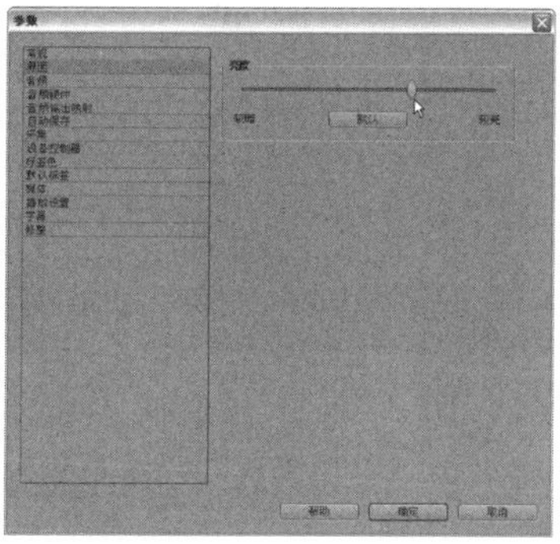

图 1-8　“参数”对话框

1.3.2　导入素材

在开始制作之前准备好项目视频要使用的各种素材，包括拍摄的视频、背景图片、音乐等，并将其分门别类地保存到计算机中。对于 DV 拍摄的视频素材，首先要将其采集到计算机中，采集方法将在第 2 章详细讲解。本例中的素材为光盘中的素材，不需要采集。

将所需要的素材添加到创建的“项目”面板中，是进行视频编辑的第一步工作，具体操作步骤如下。

❶选择 “文件”|“导入”命令，或者直接在“项目”面板的空白位置双击，弹出“导入”对话框，如图 1-9 所示。

❷在“导入”对话框中，全选光盘中的视频素材，然后单击“打开”按钮，将素材导入到“项目”面板中，如图 1-10 所示。

图 1-9 “导入”对话框

图 1-10 将视频素材导入到“项目”面板中

操作提示

在 Premiere Pro CS4 中，有时在导入后缀为 MOV 格式的视频文件时会弹出“文件导入失败”对话框，如图 1-11 所示，这是因为系统中没有安装 QuickTime 播放器，且 QuickTime 的版本必须是 7.2 或更高版本。QuickTime 安装完成后，重新启动 Premiere Pro CS4 即可成功导入。

❸单击“项目”面板底部的按钮▣，新建一个文件夹，并命名为“视频素材”。将前面导入的一个视频文件拖动到“视频素材”文件夹中，如图 1-12 所示。

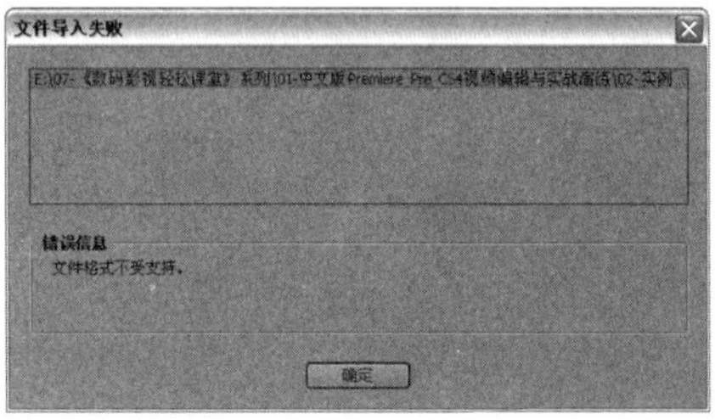

图 1-11 “文件导入失败”对话框

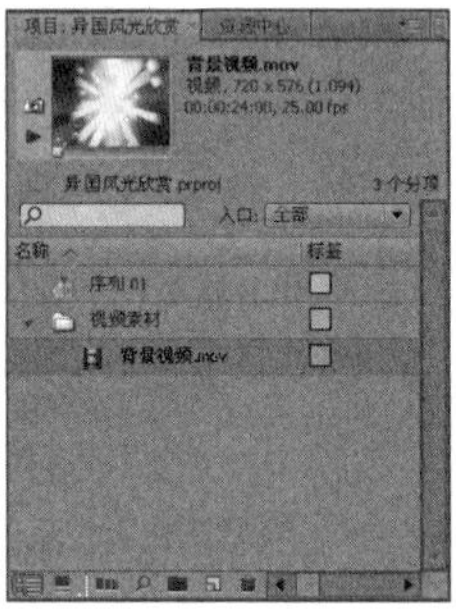

图 1-12 新建“视频素材”文件夹

❹使用同样的方法分别创建名为“图片素材”、“字幕素材”、“音频素材”的文件夹，如图 1-13 所示。

❺将媒体时间基准设置为 25 帧/秒。选择 “编辑”|“参数”|“媒体”命令，在打开的“参数”对话框中，如图 1-14 所示，设置“不确定的媒体时间基准”为 25.00fps，这样即可将时间基准设置为每秒 25 帧的 PAL 制式。设置该选项后，重新启动 Premiere Pro CS4 应用程序使设置生效。

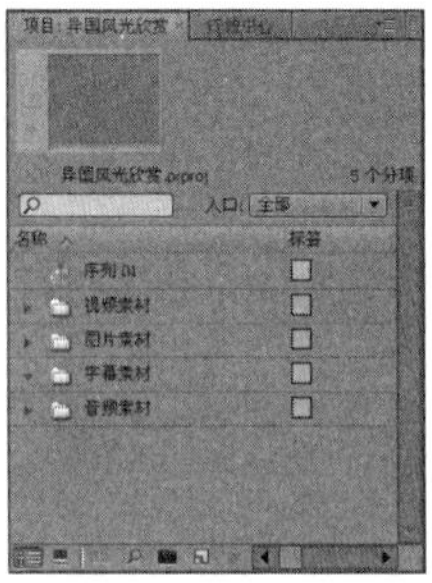

图 1-13 创建不同的文件夹

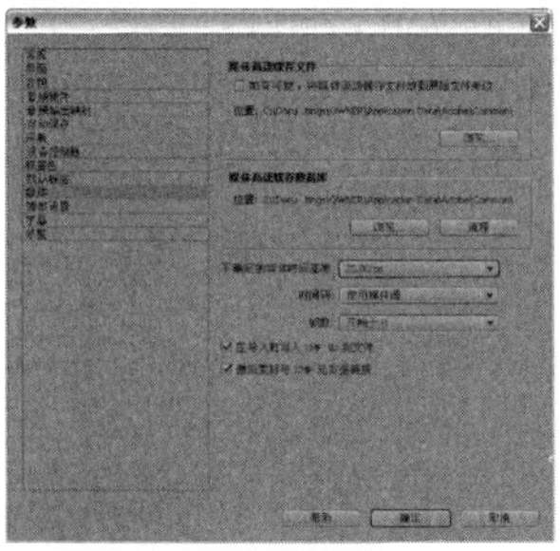

图 1-14 “参数”对话框

❻继续导入图片素材，但在导入图片之前，首先需要设置一下静帧图像默认的持续时间。选择“编辑”|“参数”命令，在打开的“参数”对话框中，在左侧栏中选择“常规”选项，然后在窗口右侧设置“静帧图像默认持续时间”为“75 帧”（3 秒），如图 1-15 所示，最后单击“确定”按钮。

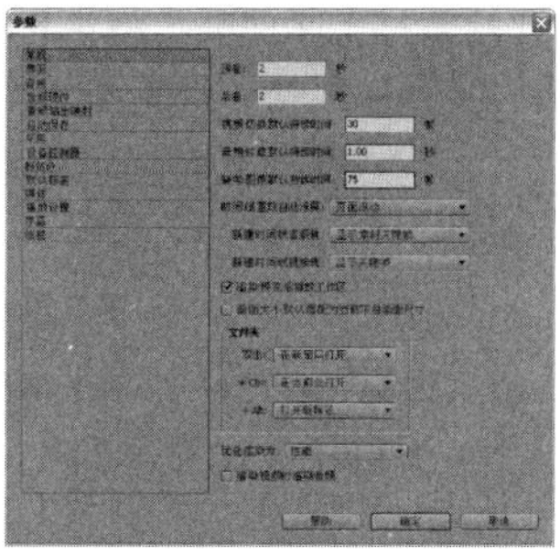

图 1-15　设置静帧图像默认持续时间

❼在“项目”面板中，右击“图片素材”文件夹，从弹出的快捷菜单中选择“导入”命令，弹出“导入”对话框，如图 1-16 所示，全选要导入的图片素材，然后单击“打开”按钮。

❽这样，即可将所选的图片素材全部导入到“图片素材”文件夹中，如图 1-17 所示。

图 1-16　“导入”对话框

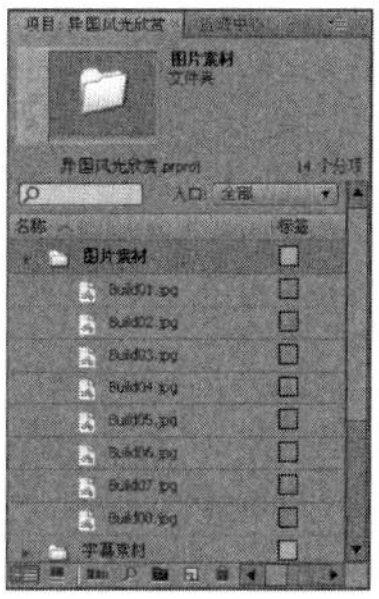

图 1-17　将图片素材导入“图片素材”文件夹

❾接下来继续导入制作本例所需要的音频素材。在“项目”面板中，右击“音频素材”文件夹，从弹出的快捷菜单中选择“导入”命令，弹出“导入”对话框，如图 1-18 所示，然后选择要导入的音频素材，再单击“打开”按钮。

❿这样，即可将所选的音频素材导入到“音频素材”文件夹中，如图 1-19 所示。展开“音频素材”文件夹，选中音频素材“背景音乐.mp3”，然后单击预览区左侧的“播放”按钮，即可试听音频效果。

图 1-18　“导入”对话框

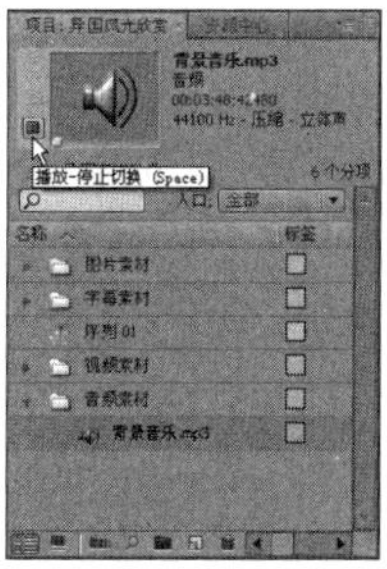

图 1-19　试听音频效果

1.3.3 编辑与整合素材

将素材导入到“项目”面板后，需要对素材进行修改、编辑和整合，以达到符合视频编辑要求的效果。

❶在“项目”面板中展开“视频素材”文件夹，将素材“背景视频.mov”拖放到“时间线”面板中“视频 1”轨道的开始（第 0 秒）处，如图 1-20 所示。

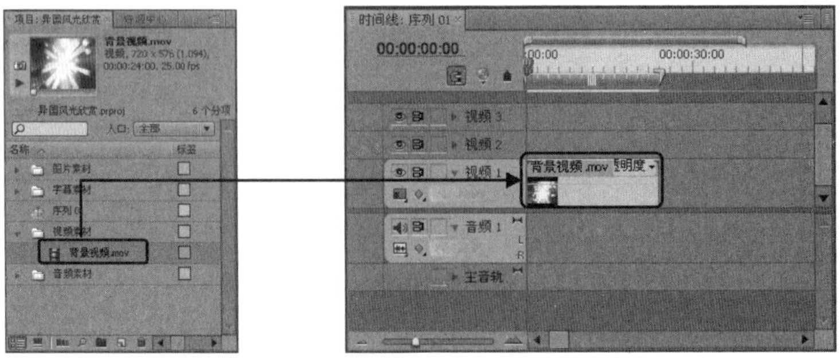

图 1-20 将素材“背景视频.mov”拖放到“视频 1”轨道的开始处

❷在“时间线”面板中拖动时间线指示器，如图 1-21 所示，这样，即可在“节目”面板中预览视频动画效果，如图 1-22 所示。

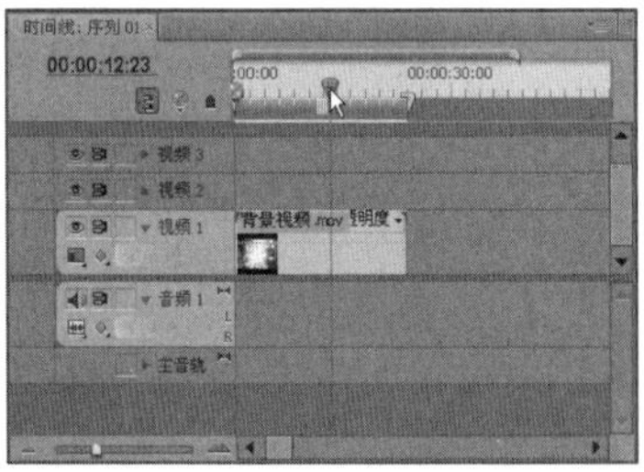

图 1-21 在“时间线”面板中拖动时间线指示器

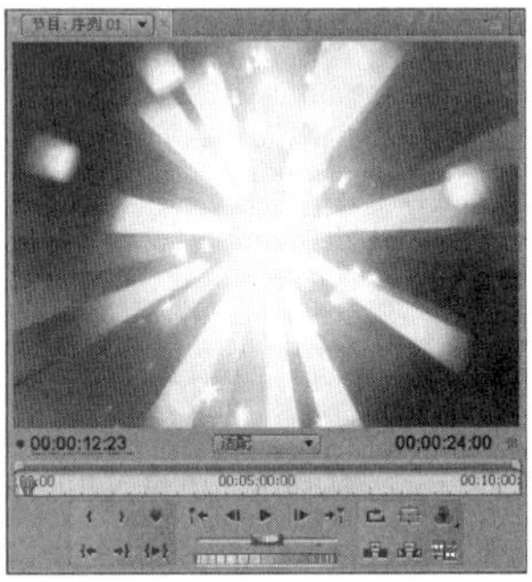

图 1-22 预览视频动画效果

❸在“项目”面板中展开“图片素材”文件夹，按住 Shift 键依次选择素材 Build01.jpg ~ Build08.jpg，如图 1-23 所示，将其拖放到“时间线”面板的“视频 2”轨道中的第 0 秒处，此时轨道中的素材将按照其选择的顺序依次排列。

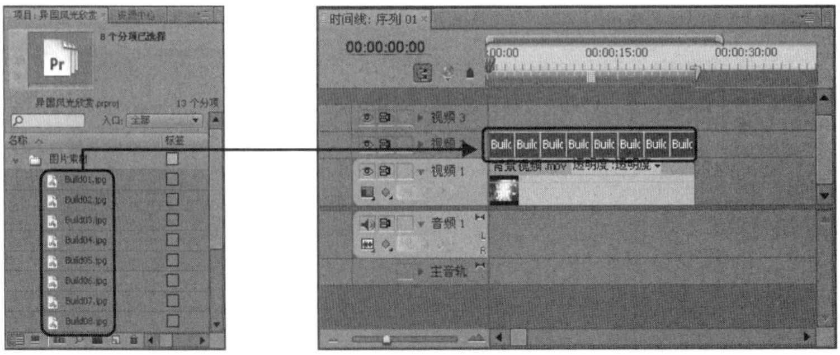

图 1-23 添加图片素材

操作技巧

当轨道中的素材比较多时，为了更清楚地查看添加到轨道中的素材，可以在“时间线”面板中直接拖拉时间标尺上方的控制条，以改变时间单位的显示比例，如图 1-24 所示，这给需要微调的操作带来很大的方便。

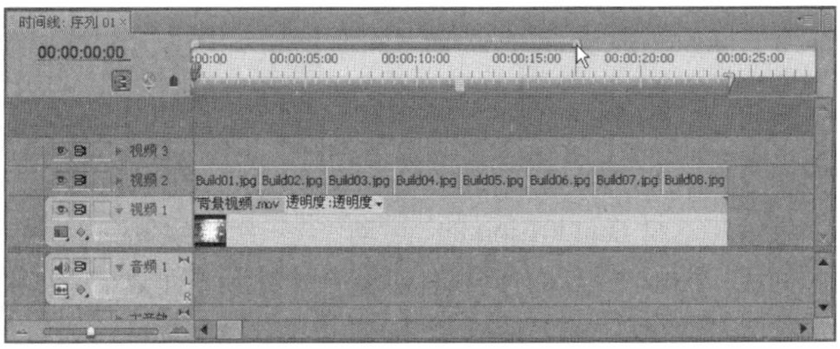

图 1-24　改变时间单位的显示比例

❹单击“视频 2”轨道中的 Build01.jpg，然后选择 “窗口”|“特效控制台”命令，打开“特效控制台”面板，单击“运动”选项组左边的三角形按钮，将其展开，如图 1-25 所示。当鼠标指针移动到“缩放比例”后面的数值上时，指针变为带有左右箭头的手形图标，此时按住鼠标左键左右拖动即可调整其大小比例，用户也可以在数值上单击，然后输入需要的数值后按 Enter 键，如这里输入 40，这样，使图片素材略小于背景视频。用户可以边调整缩放比例数值边在“节目监视器”面板中查看效果，直到满意为止。

图 1-25　调整“缩放比例”

操作提示

在“效果控制”面板中设置某个素材的参数时，要将时间线指示器移动到该素材的上方，这样才可以在“节目监视器”面板中随时查看到设置的效果。

❺本例中的 8 张图片素材尺寸一样大，所以可以通过复制的方式，将素材 Build01.jpg 的属性复制给其他 7 张素材，这样可以提高工作效率。如图 1-26 所示，在素材 Build01.jpg 的“特效控制台”面板中，右击“运动”选项组，从弹出的快捷菜单中选择“复制”命令。

❻在“时间线”面板中选择第 2 张图片素材 Build02.jpg，然后在其“特效控制台”面板中的空白处右击，从弹出的快捷菜单中选择“粘贴”命令，如图 1-27 所示，这样，即可将素材 Build01.jpg 的“运动”选项组参数设置复制给素材 Build02.jpg。

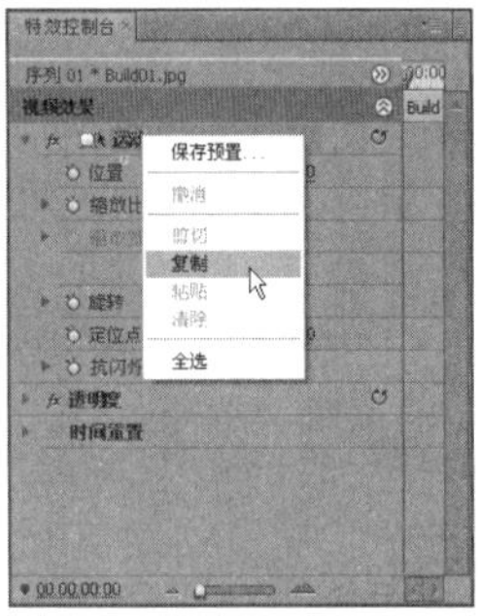

图 1-26　选择“复制”命令

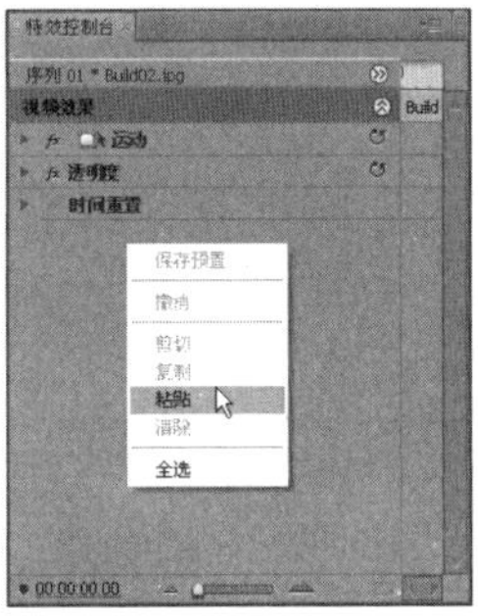

图 1-27　选择“粘贴”命令

❼同样的方法，继续将素材 Build01.jpg 的“运动”选项组参数复制给其他剩余的图片素材。复制完成后，在“时间线”面板中拖动时间线指示器预览视频画面效果，如图 1-28 所示。

图 1-28　拖动时间线指示器预览视频画面效果

1.3.4　添加字幕

字幕是 DV 视频制作中常用的信息表现元素，纯画面信息不可能完全取代文字信息的功能，完美的 DV 作品必须图文并茂，正因为如此，很多 DV 作品的片头都会用到精彩的标题字幕，以使影片显得更为完整。

❶在“项目”面板中单击选择“字幕素材”文件夹，接下来将新建的字幕保存在该文件夹中。选择“字幕”|“新建字幕”|“基于模板”命令，弹出如图 1-29 所示的“新建字幕”对话框。

❷可以看到，Premiere Pro CS4 预置了很多类型的模板，非常丰富，用户可以根据需要从中选择适合自己视频作品的字幕模板。这里展开“字幕设计预置”|“旅行”|“夏天”文件夹，如图 1-30 所示，从中选择“夏天_屏下三分之一”，在窗口的右侧可以预览到该模板的效果，设置字幕的“名称”为“旅游”，然后单击“确定”按钮。

❸弹出如图 1-31 所示的字幕设置窗口，将原来的标题文字 Title 修改为“异国风光欣赏”，然后在字幕窗口的右侧设置文字的字体和大小，在窗口下方选择一种字体样式。

❹设置完成后，单击字幕窗口右上角的“关闭”按钮☒，此时在“项目”面板中出现了刚创建的字幕文件“旅游”，如图 1-32 所示，将字幕文件“旅游”拖放到“视频 3”轨道的开始处，然后单击“时间线”面板中的时间码，输入“00:00:24:00”，并拖动字幕的出点使其与时间线指示器对齐。

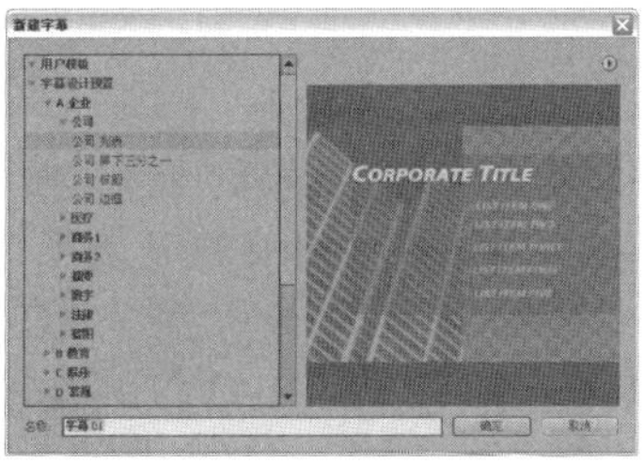

图 1-29　“新建字幕”对话框

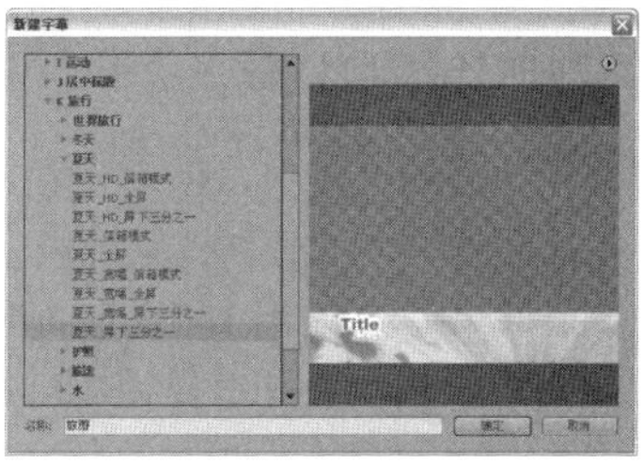

图 1-30　选择字幕模板

图 1-31　设置标题文字

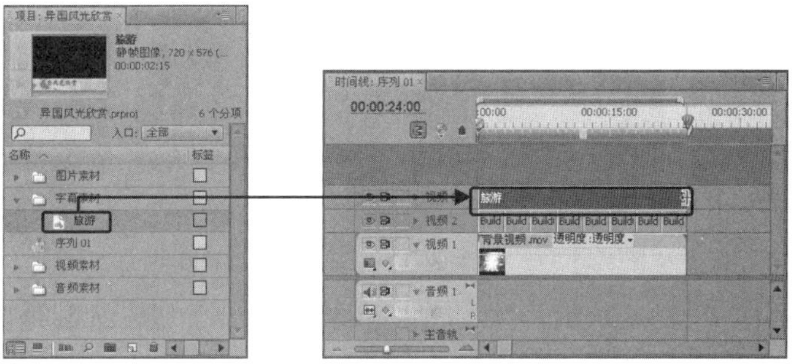

图 1-32　向“时间线”面板中添加字幕素材

操作技巧

在输入时间码时，不用完整地按照时间格式输入，例如，要输入 24 秒，则可输入 2400，按 Enter 键后即会自动变为“00:00:24:00”的格式，这样可快速地将时间线指示器定位到相应的位置，从而提高工作效率。

❺到此，字幕素材创建并添加完毕，拖动时间线预览视频作品效果，如图 1-33 所示。

图 1-33　拖动时间线预览视频作品效果

1.3.5 添加转场和特效

在编辑视频节目的过程中，使用视频转换效果能使素材间的连接更自然。为“时间线”面板中两个相邻的素材添加某种视频转换效果，可以在“效果”面板中展开该类型的文件夹，然后将视频转换效果拖动到“时间线”面板的相邻素材之间即可。

❶在“效果”面板中展开“视频切换”|“卷页”文件夹，将其中的“中心剥落”转场效果拖放到 Build01.jpg 和 Build02.jpg 之间，如图 1-34 所示。

图 1-34 添加“中心剥落”转场效果

❷拖动时间线预览添加的转场过渡效果，如图 1-35 所示。

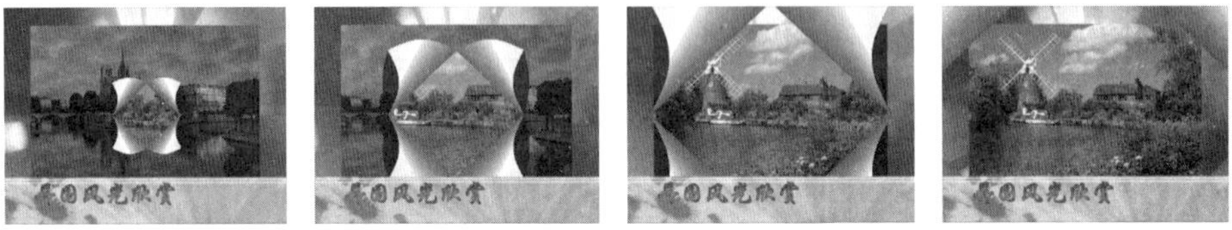

图 1-35 拖动时间线预览添加的转场过渡效果

❸同样的方法，为“视频 2”轨道中的其他图片素材之间添加转场效果，这里为 Build02.jpg 和 Build03.jpg 之间添加“帘式”转场；为 Build03.jpg 和 Build04.jpg 之间添加“球体”转场；为 Build04.jpg 和 Build05.jpg 之间添加“交叉伸展”转场；为 Build05.jpg 和 Build06.jpg 之间添加“划像交叉”转场；为 Build06.jpg 和 Build07.jpg 之间添加“中心合并”转场；为 Build07.jpg 和 Build08.jpg 之间添加“缩放框”转场。添加转场后的“时间线”面板如图 1-36 所示。

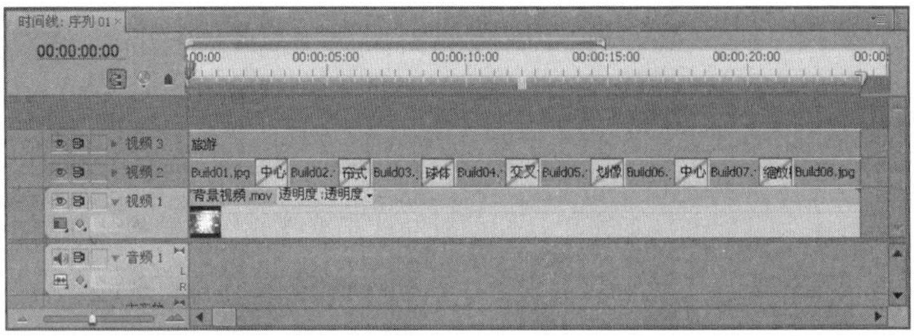

图 1-36 添加转场后的“时间线”面板

❹为了使字幕的出场不显得突然和生硬，可以给字幕添加一个模糊特效，使其产生一个动感模糊的效果。对素材添加特效的操作是在“特效控制台”面板中完成的。

❺在“效果”面板中展开“视频特效”|“模糊与锐化”文件夹，将其中的“摄像机模糊”拖放到“旅游”字幕上面，如图 1-37 所示。

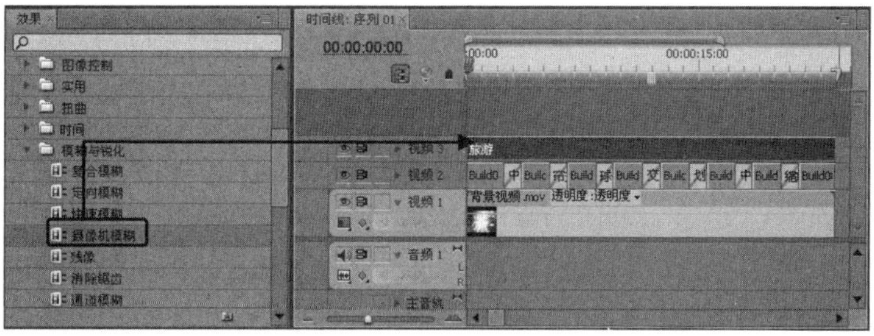

图 1-37　将“摄像机模糊”拖放到“旅游”字幕上

操作提示

添加特效的操作和添加转场的操作类似，不同的是：特效是添加在素材本身上的，而转场是添加在素材与素材之间的。

❻选中“时间线”面板中的字幕“旅游”，然后选择“窗口”|“特效控制台”命令，打开“特效控制台”面板，如图 1-38 所示，单击“摄像机模糊”选项组左侧的三角形按钮将其展开。将时间线置于“00:00:00:00”的位置，单击“模糊百分比”选项前面的“切换动画”按钮，添加 1 个关键帧，并将“模糊百分比”值设置为 100，使其高度模糊。

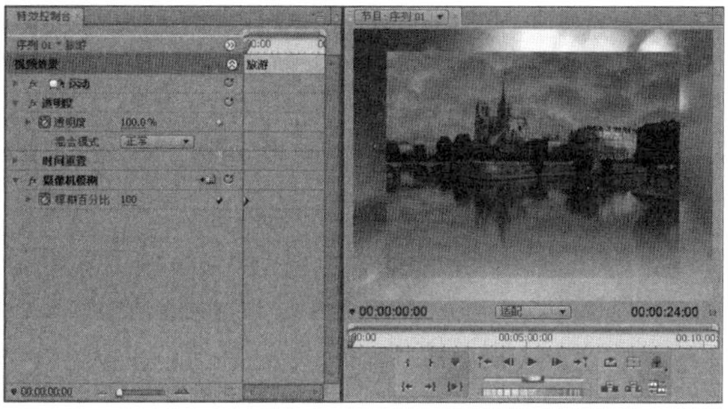

图 1-38　添加关键帧

❼在“特效控制台”面板左下方的时间码处输入“00:00:02:00”，将时间线移到第 2 秒的位置，单击“模糊百分比”选项后面的“添加/移除关键帧”按钮，再添加一个关键帧，并将“模糊百分比”值改为 0，如图 1-39 所示。

图 1-39　设置关键帧的值

❽单击“节目监视器”面板下方的“播放”按钮▶，对添加特效后的素材进行预览，如图 1-40 所示。

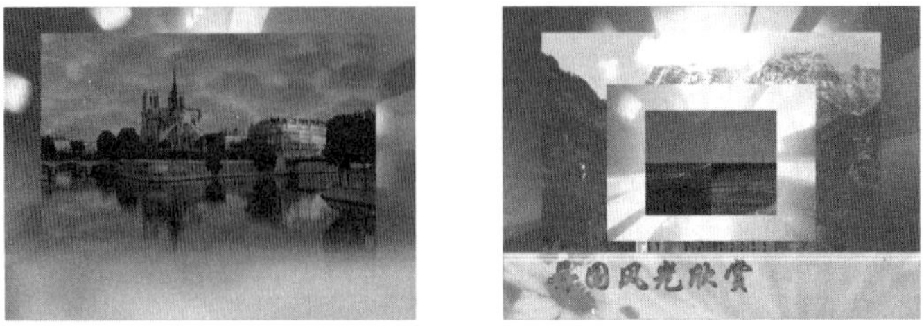

图 1-40　添加特效后进行预览

1.3.6　添加背景音乐

一般的 DV 视频作品都是由视频和音频两部分组成的，利用 Premiere Pro CS4 不仅可以对视频进行编辑，还可以对音频进行编辑，使作品真正做到有声有色。

❶在“项目”面板中展开“音频素材”文件夹，将“背景音乐.mp3”拖放到“时间线”面板的“音频 1”轨道开始处，如图 1-41 所示。

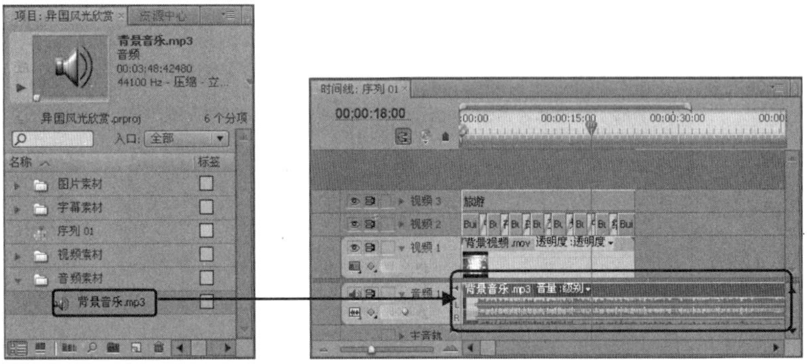

图 1-41　添加音频素材

❷由于背景音乐有超出的部分，需要将多余的部分删除掉，将时间线定位到“00:00:24:00”处，然后单击“工具”面板中的“剃刀”工具，如图 1-42 所示，在背景音乐素材上单击，将素材一分为二，最后删除后半部分，如图 1-43 所示。

图 1-42　将音频素材一分为二

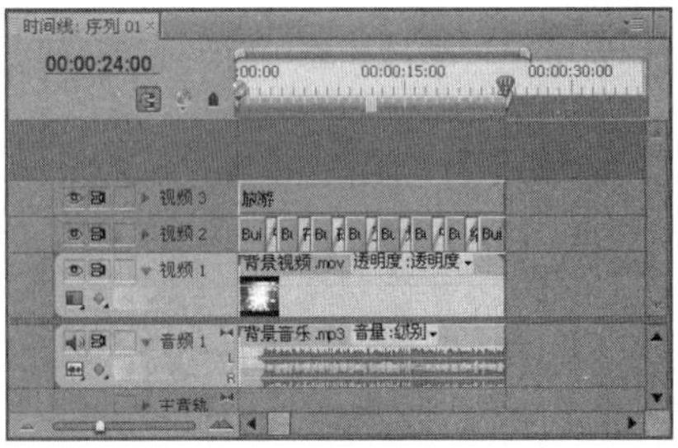

图 1-43　删除音频素材后半部分

❸为背景音乐添加淡入淡出的效果，如图 1-44 所示，在“效果”面板中展开“音频过渡”|“交叉渐隐”文件夹，将其中的“恒定增益”效果分别拖放到背景音乐的开头和结尾处。

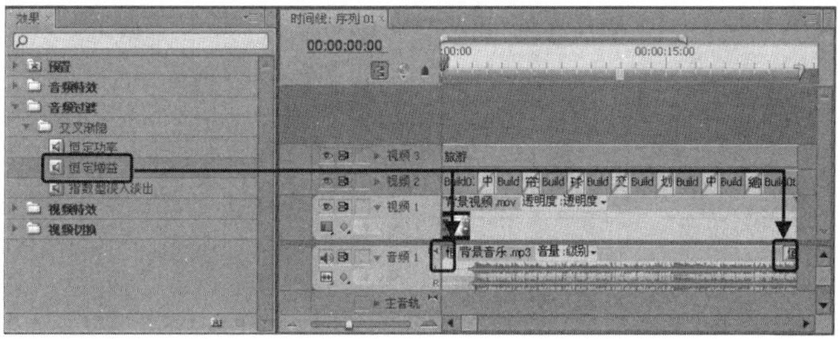

图 1-44　为背景音乐添加淡入淡出的效果

❹完成背景音乐的添加和切换效果设置后，选择“文件”|“保存”命令，保存项目文件。

1.3.7　视频输出

DV 视频作品制作完成后，如果要与家人和亲朋好友一起分享，则需要将编辑好的项目文件以视频的格式输出，这样，就可以随时随地观看欣赏了。接下来输出上面制作的视频作品。

❶单击“时间线”面板将其激活，然后选择“文件”|“导出”|“媒体”命令，弹出提示对话框，如图 1-45 所示，提示更新媒体编码器，这里直接单击“确定”按钮。

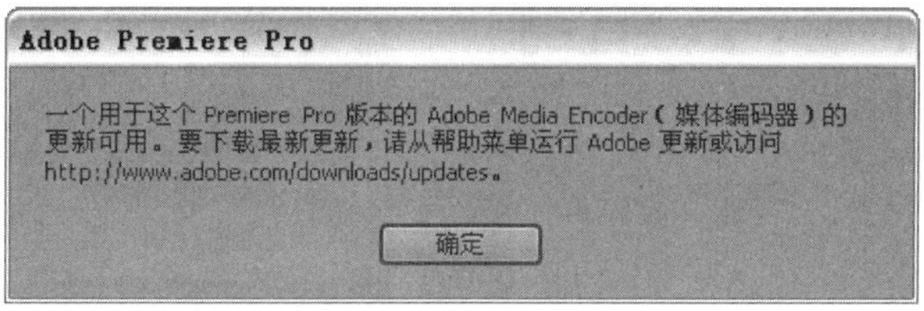

图 1-45　提示更新媒体编码器

❷在弹出的如图 1-46 所示的“导出设置”对话框中，从左侧选择“输出”选项卡，这样就可以随时预览设置的效果。

❸在对话框右侧单击“输出名称”后面的路径，弹出“另存为”对话框，如图 1-47 所示，设置导出视频的路径和名称，单击“保存”按钮。

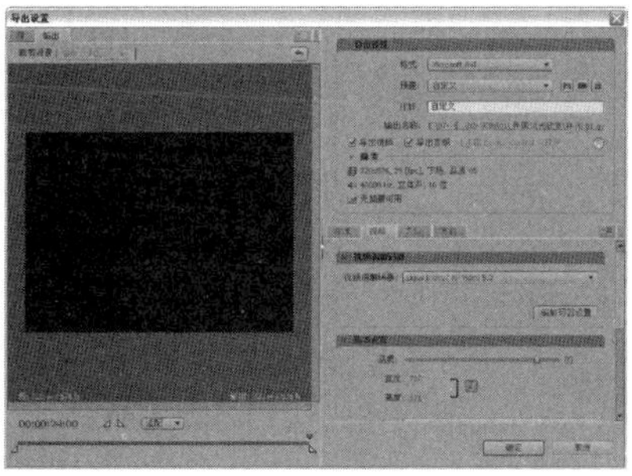

图 1-46　“导出设置”对话框

图 1-47　“另存为”对话框

❹回到“导出设置”对话框，在右侧选择“视频”选项卡，如图 1-48 所示，然后设置“视频编解码器”为 Ligos Indeo? XP Video 5.2，设置“帧速率”为 25，设置“纵横比”为 D1/DV NTSC(0.9091)。

❺继续选择“音频”选项卡，如图 1-49 所示，然后设置“采样率”为 44100Hz，其他选项保持默认设置，最后单击“确定”按钮。

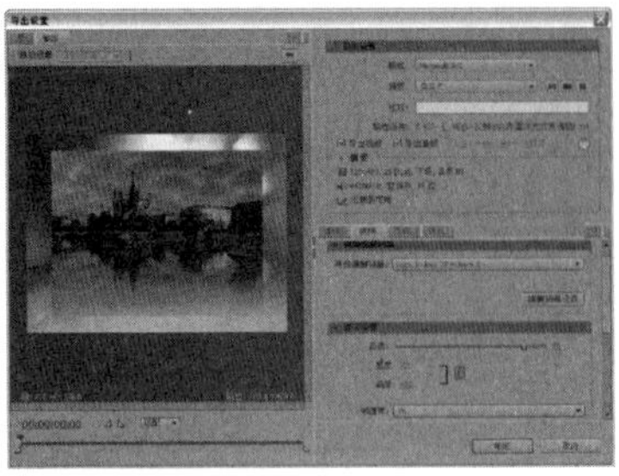

图 1-48　设置“视频”选项卡

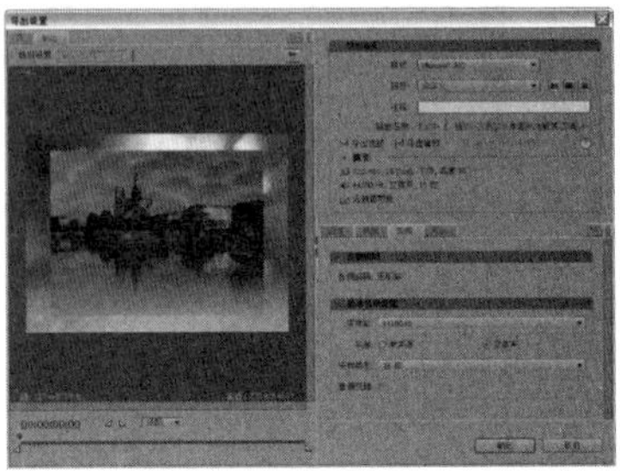

图 1-49　设置“音频”选项卡

❻此时会弹出如图 1-50 所示的 Adobe Media Encoder 对话框，其中列出了要导出的项目文件，单击“开始队列”按钮，即可开始导出视频文件。

❼视频导出结束后，最后使用暴风影音播放视频文件“旅游.avi”，观看影片的播放效果，如图 1-51 所示。

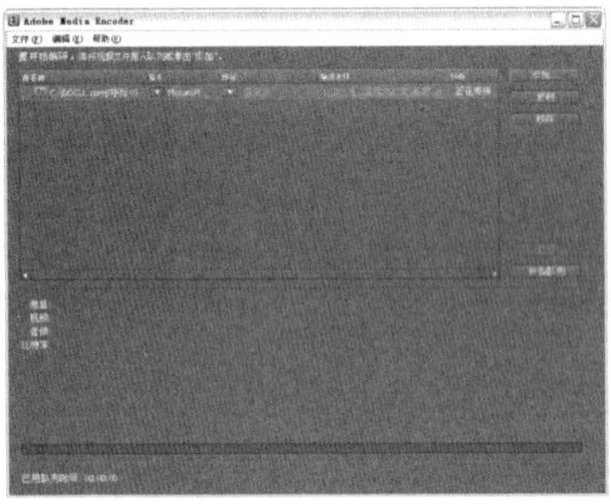

图 1-50　Adobe Media Encoder 对话框

图 1-51　观看影片的播放效果

第 2 章　素材的采集与导入

学习提示

本章将介绍如何将拍摄的 DV 视频采集到计算机中，同时通过实例的形式介绍如何导入各种格式的文件等，这些内容是每一个视频项目都会涉及到的内容，因此用户要在实践的基础上多加练习，目的是熟练掌握其用法。

实例文件

- 百花丛中.prproj
- 宝宝相册.prproj
- 法拉利汽车.prproj
- 迷你汽车.prproj

实例欣赏（图 2-1）

图 2-1　本章实例一览

要对拍摄的 DV 视频素材进行编辑，首先要采集所需的素材。对于模拟摄像机拍摄的模拟视频素材，需要进行数字化采集，将模拟视频转化为可以在计算机中编辑的数字视频；对于数字摄像机拍摄的数字视频素材，可以通过配有 IEEE 1394 接口的视频采集卡直接采集到计算机中。

2.1 手动采集素材——百花丛中（1）

手动采集是任何情况下都可以使用的最简单的采集方法。对于不支持 Premiere 设备控制的摄像机机型，只能使用手动采集的方式。

操作提示

现在的 DV 机都带有 USB 与 IEEE 1394 标准接口，两者都可以向计算机传送拍摄的影像资料，由于传输速度等各方面的因素，USB 接口主要用来传输拍摄的照片，而 IEEE 1394 作为高性能的传输接口，目前很多主板、笔记本电脑都集成 IEEE 1394 接口。如果需要连接的计算机上没有 IEEE 1394 接口，可以购买并安装一个 1394 卡。

实例欣赏（图 2-2）

图 2-2　实例欣赏

操作秘籍

- 视频采集前，要首先确保计算机与 DV 摄像机连接正常。
- 由于 Premiere Pro CS4 采集的是 DV 格式的视频编码，应尽可能选择磁盘可用空间大的目录作为保存采集素材的路径。

实战演练

❶运行 Premiere Pro CS4，单击欢迎窗口中的“新建项目”图标，如图 2-3 所示。在弹出的“新建项目”对话框中选择“常规”选项卡，在对话框下方选择项目文件的存放路径，并输入项目文件名称为“百花丛中”，如图 2-4 所示，项目设置完成后，单击“确定”按钮。

❷此时弹出“新建序列”对话框，如图 2-5 所示，这里选择列表中的“DV – PAL” | “标准 48kHz”选项，这是标准的 PAL 制视频的项目设置，其他选项保持默认设置，最后单击“确定”按钮。

❸进入 Premiere Pro CS4 主界面后，将装入 DV 带的数码摄像机用专用电缆与计算机的 IEEE 1394 接口连接。然后选择 “文件” | “采集”命令，或者按 F5 快捷键，打开“采集”窗口，如图 2-6 所示。

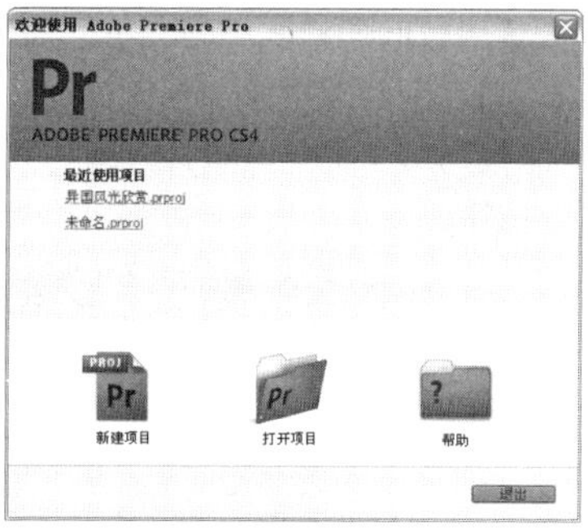

图 2-3　Premiere Pro CS4 欢迎窗口

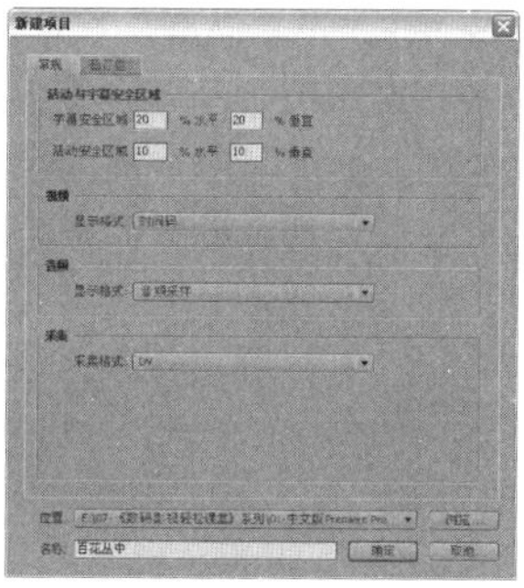

图 2-4　“新建项目”对话框

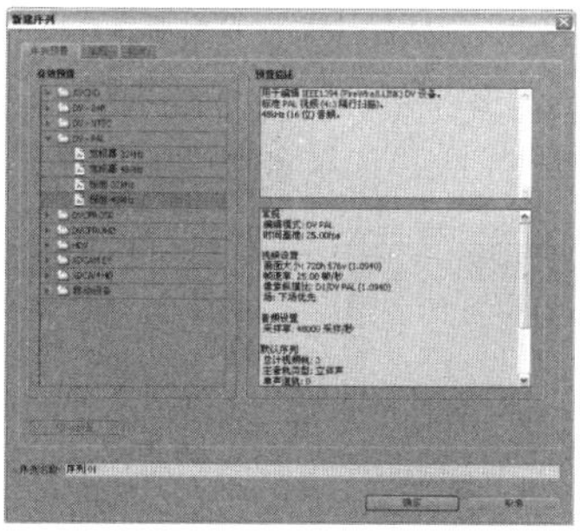

图 2-5　“新建序列”对话框

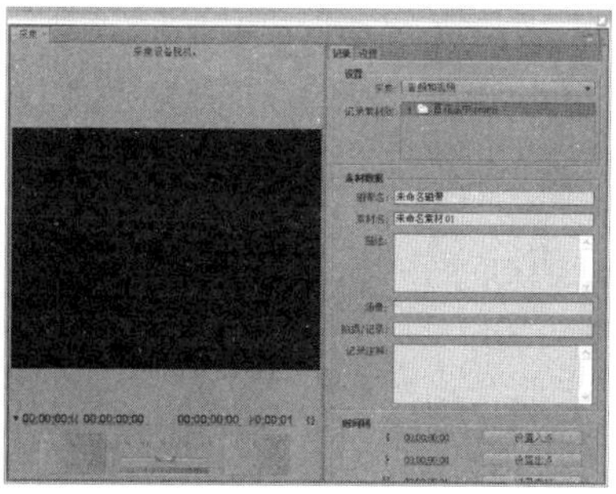

图 2-6　“采集”窗口

❹打开摄像机，并将摄像机设置在 VCR（播放挡），然后单击“采集”窗口中的“设置”标签，出现“设置”选项卡，如图 2-7 所示，由于 Premiere Pro CS4 采集素材时是采集 DV 格式编码的，故应该尽可能选择磁盘可用空间大的目录作为保存采集素材的路径。

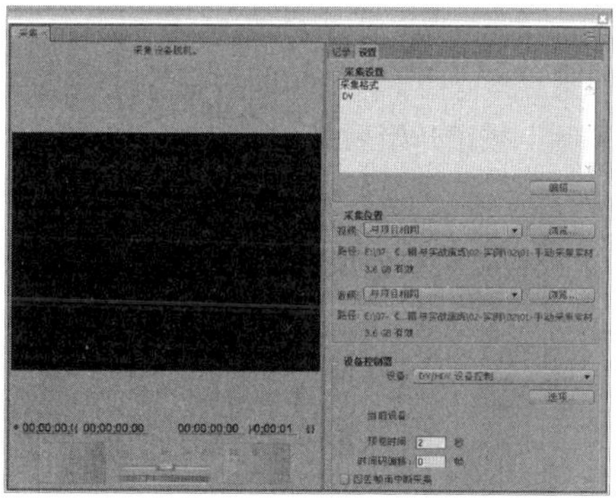

图 2-7　采集前的设置

❺单击“编辑”按钮，首先设置采集格式。如图 2-8 所示，弹出“采集设置”对话框，由于这里采集的是 Mini DV 带中的 DV 信息，所以选择采集格式为 DV，然后单击“确定”按钮返回“设置”选项卡。

❻选择“设备控制”中的“设备”为“DV/HDV 设备控制”，然后单击“采集”窗口中的“选项”按钮，此时弹出“DV/HDV 设备控制设置”对话框，如图 2-9 所示。为了能够在“采集”窗口遥控数码摄像机上的操作，应该在“DV/HDV 设备控制设置”对话框进行设备确认，这里使用的数码摄像机是索尼公司的 DCR-TRV25E，所以设置“视频制式”为 PAL；设置“设

备品牌”为 Sony；“设备类型”默认为“其他”；设置“时间码格式”为“不丢帧”。设置完成后单击“检查状态”按钮，如果显示“联机在线”，则表示数码摄像机与计算机连接正常，可以进行采集工作，如果显示“离线脱机”，则有可能数码摄像机电源未打开或与计算机连接有误，请检查并重新连接，设置完成后单击“确定”按钮。

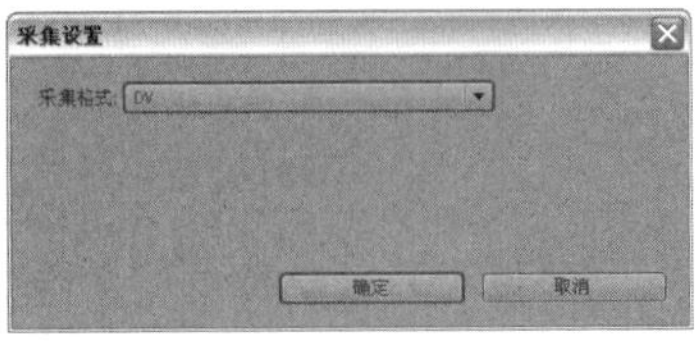

图 2-8 “采集设置”对话框

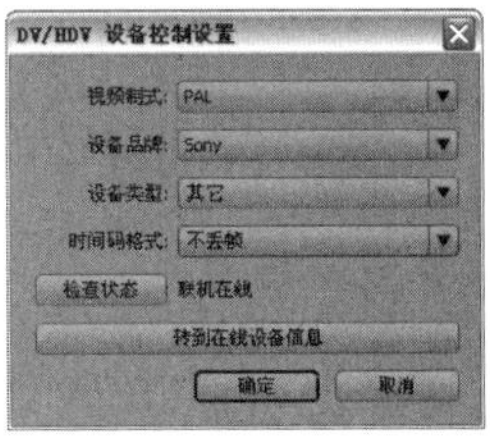

图 2-9 “DV/HDV 设备控制设置”对话框

❼返回“采集”窗口中，选中“因丢帧而中断采集”复选框，如图 2-10 所示，这样如果采集时有丢帧现象发生就会自动中断采集。

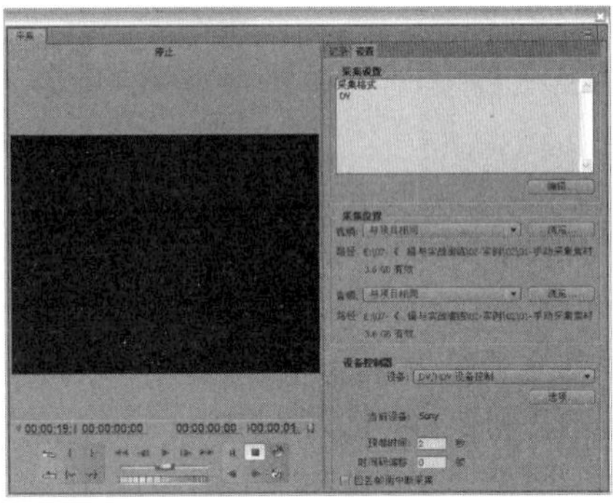

图 2-10 “采集”窗口

❽设置完成后，利用“采集”窗口下方的控制按钮遥控数码摄像机中 Mini DV 带的播放，在需要采集的位置单击“录制”按钮开始采集，如图 2-11 所示。

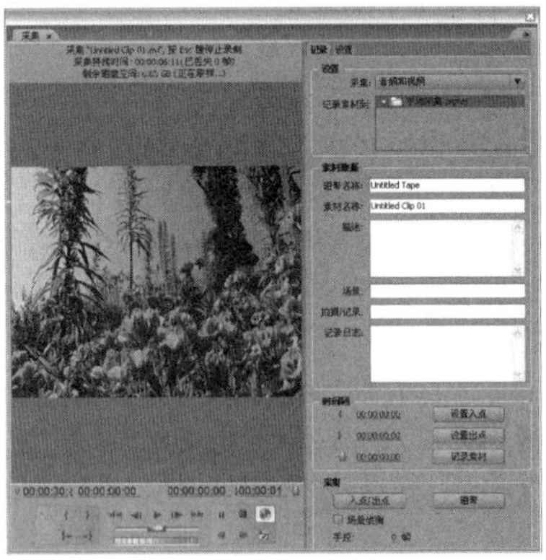

图 2-11 开始采集

❾采集完成时，单击“停止”按钮或直接按 Esc 键结束采集，在弹出的“保存已采集素材”对话框中输入采集的素材名称和描述信息等，如图 2-12 所示，最后单击“确定”按钮。

❿采集到的素材会自动添加到 Premiere Pro CS4 的“项目”面板中，如图 2-13 所示。

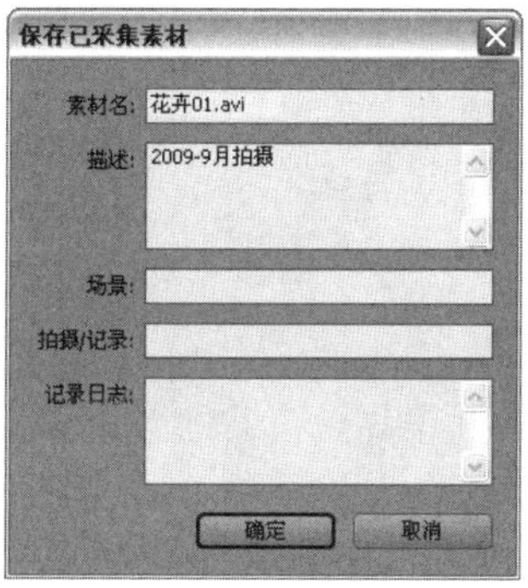

图 2-12　“保存已采集素材”对话框

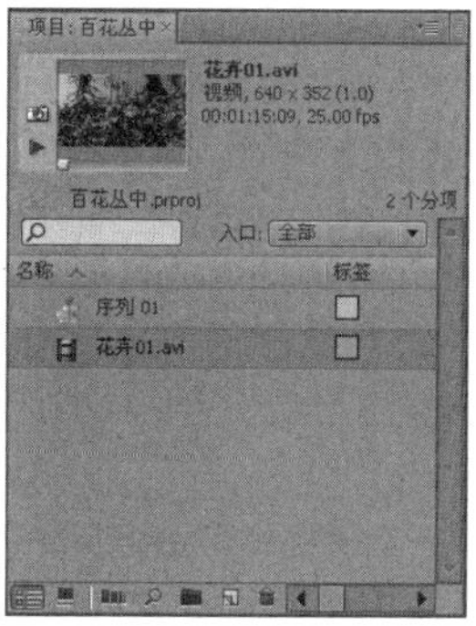

图 2-13　“项目”面板

2.2　自动采集素材——百花丛中（2）

当有很多 DV 带需要采集时，使用手动采集就太慢了，接下来介绍自动采集，以加快采集素材的速度。

实例欣赏（图 2-14）

图 2-14　实例欣赏

操作秘籍

- 如果要对整卷磁带进行采集，需要先将磁带倒回到开始位置，然后单击“采集”栏中的“磁带”按钮，则可以对整卷磁带中的素材进行采集。
- 自动采集可以采集整卷磁带，或对要采集片段的入点和出点进行精确定位并加以采集。

实战演练

❶使用 Premiere 内置的设备控制功能可以进行自动采集。自动采集可以采集整卷磁带，或对要采集片段的入点和出点进行精确定位并加以采集。

❷确认 DV 设备连接正确，然后选择 “文件”|“采集”命令，或者按 F5 快捷键，打开“采集”窗口。在“设置”选项卡下的“设备控制”栏中选择设备的种类，单击“选项”按钮后，弹出“DV/HDV 设备控制设置”对话框，在对话框中进行进一步设置，确定摄像机的品牌和具体型号，如图 2-15 所示。

❸回到“记录”选项卡，使用控制面板上的控制按钮将画面移动到要采集片段的第一帧，然后单击控制面板上的设置入点按钮将其设置为入点；继续移动到要采集片段的最后一帧，单击设置出点按钮将其设置为出点，这样就完成了对欲采集片段的记录，如图 2-16 所示。

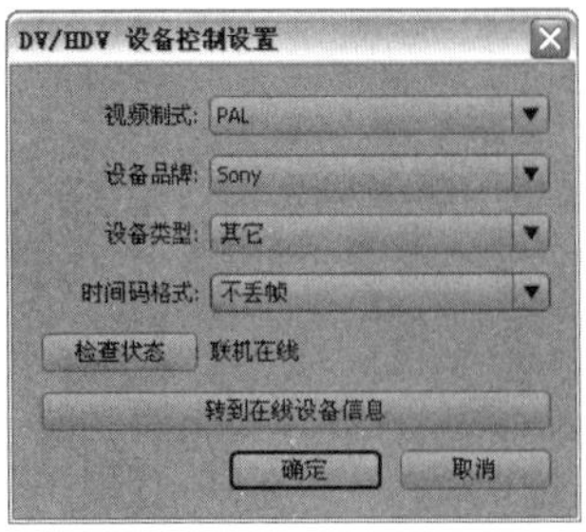

图 2-15 “DV/HDV 设备控制设置”对话框

图 2-16 设置采集入点和出点

❹在“采集”窗口右侧的“采集”栏中，单击“入点/出点”按钮，这样就会自动对记录的入点到出点之间的素材片段进行采集。如果要对整卷磁带进行采集，则需要先将磁带倒回到开始位置，然后单击“采集”栏中的“磁带”按钮，则可以对整卷磁带中的素材进行采集。

2.3 批量采集素材——百花丛中（3）

相对于自动采集来说，批量采集的素材更快更方便，接下来具体介绍。

实例欣赏（图 2-17）

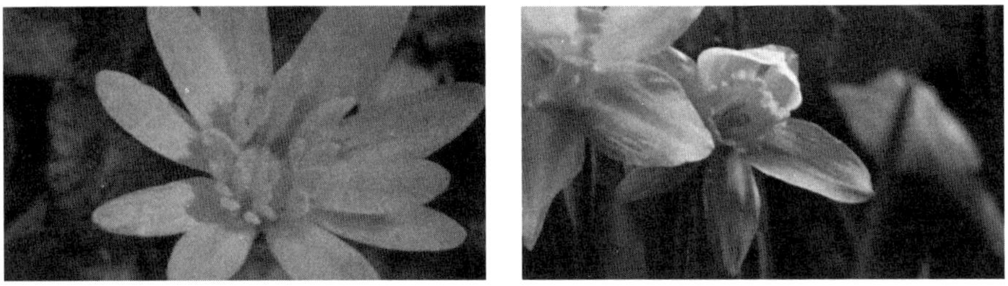

图 2-17 实例欣赏

操作秘籍

- 在调整素材的显示比例时，可以将“节目”监视器中的“安全框”打开，以确保图片完全显示出来。
- 将要采集的素材片段全部以离线文件的方式记录，可以大大提高采集效率。

实战演练

当需要对多个素材片段进行采集时，使用批量采集的方式可以大大提高工作效率。

❶批量采集是基于自动采集的，当完成对要采集的素材片段的记录后，在“采集”窗口中选择“记录”选项卡，然后单击“时间编码”栏中的“记录素材”按钮，在弹出的“记录素材”对话框中填写记录信息，如图 2-18 所示。填写好记录信息后，单击“确定”按钮。

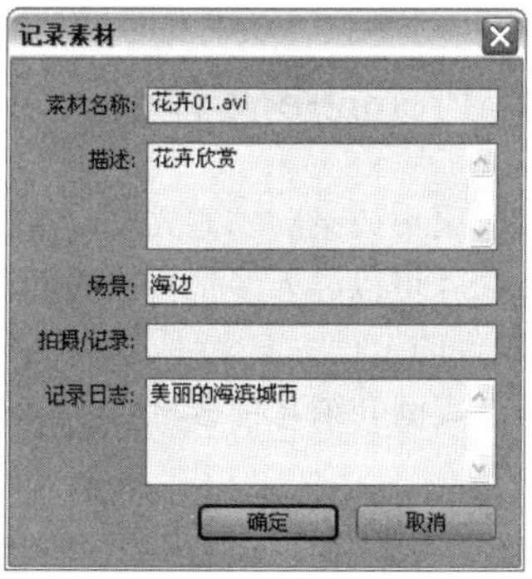

图 2-18　“记录素材”对话框

❷记录的片段将以离线文件的形式出现在“项目”面板中，如图 2-19 所示。

❸反复记录，将要采集的素材片段全部以离线文件的方式记录，如图 2-20 所示。

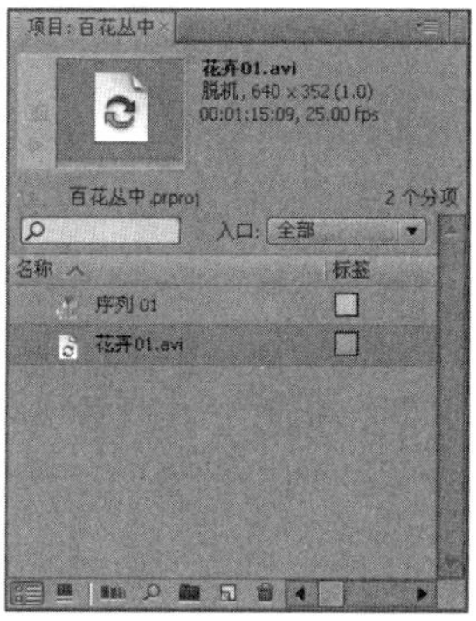

图 2-19　“项目”面板

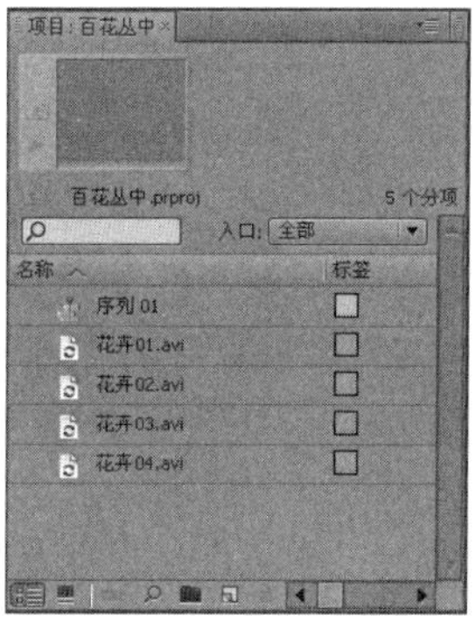

图 2-20　以离线文件的方式记录

❹关闭“采集”窗口，回到“项目”面板中，选中要采集的离线文件，选择 “文件”|“批量采集”命令，或者按 F6 快捷键，在弹出的“批量采集”对话框中可以选择设置手动采集帧数以及保留或更改采集设置，如图 2-21 所示，一般保持默认即可，设置完成后，单击“确定”按钮，开始对记录的片段进行自动采集。

❺采集完毕，离线文件全部替换成采集的片段，如图 2-22 所示。

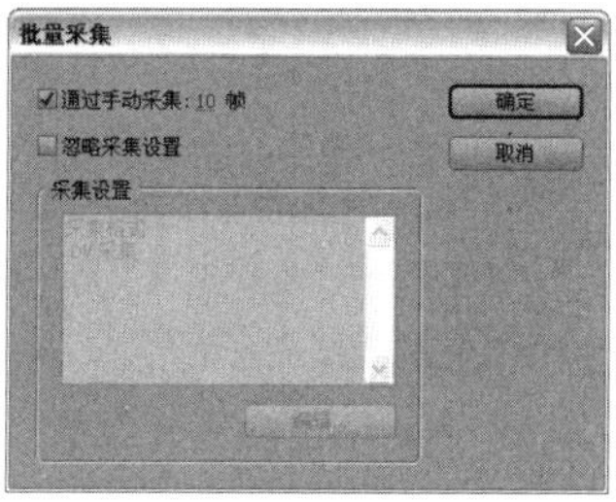

图 2-21　“批量采集”对话框

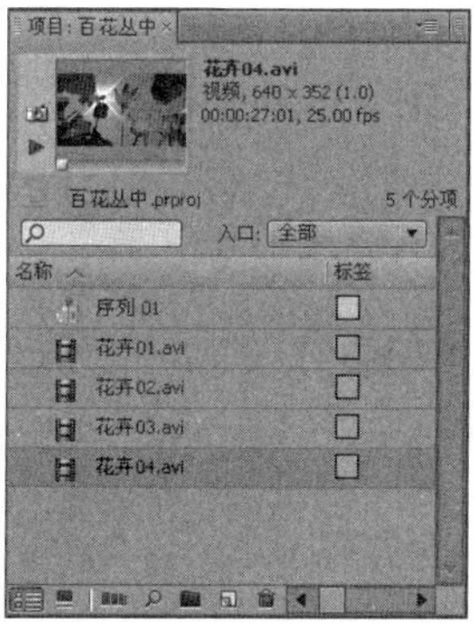

图 2-22　离线文件全部替换成采集的片段

2.4 导入 Premiere 文件——名车欣赏

Premiere Pro CS4 不但可以通过采集或录制的方式获取素材，还可以将硬盘上的素材文件导入其中进行编辑。Premiere Pro CS4 可以导入多种格式的素材，包括音频格式、视频格式、图像格式，还可以导入同类相关软件的工程方案文件，如其他 Premiere 项目文件、字幕文件、After Effects 方案文件等，下面通过实例介绍几种素材的导入方法。

实例欣赏（图 2-23）

图 2-23 实例欣赏

操作秘籍

- 在“时间线”面板中可以轻松导入另一个 Premiere 项目文件。
- 在“导入”对话框中按快捷键 Ctrl+A 全选素材，可以一次性导入多个素材文件。

实战演练

❶运行 Premiere Pro CS4，单击欢迎窗口中的“新建项目”图标，如图 2-24 所示。在弹出的“新建项目”对话框中选择“常规”选项卡，在对话框下方选择项目文件的存放路径，并输入项目文件名称为“奔驰汽车”，如图 2-25 所示，项目设置完成后，单击“确定”按钮。

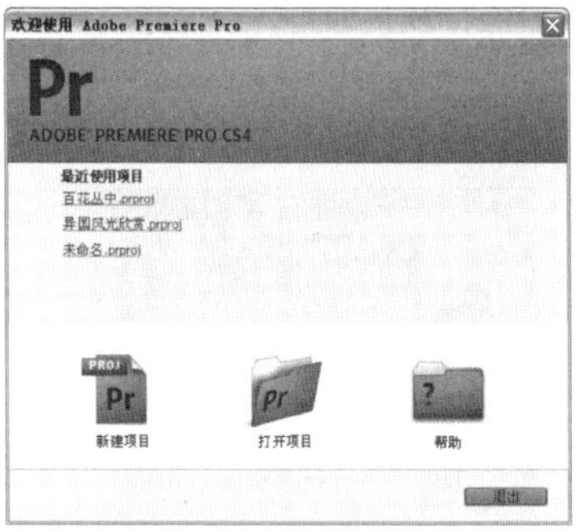

图 2-24 Premiere Pro CS4 欢迎窗口

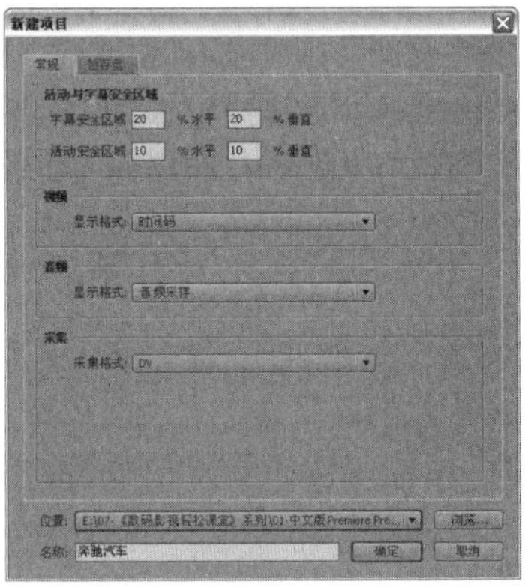

图 2-25 “新建项目”对话框

❷此时弹出“新建序列”对话框，如图 2-26 所示，这里选择列表中的“DV – PAL” | “标准 48kHz”选项，这是标准的 PAL 制视频的项目设置，其他选项保持默认设置，最后单击“确定”按钮。

❸选择“编辑” | “参数” | “常规”命令，打开“参数”对话框，设置“静帧图像默认持

续时间”为 125 帧（即 5 秒），如图 2-27 所示，单击“确定”按钮保存设置。

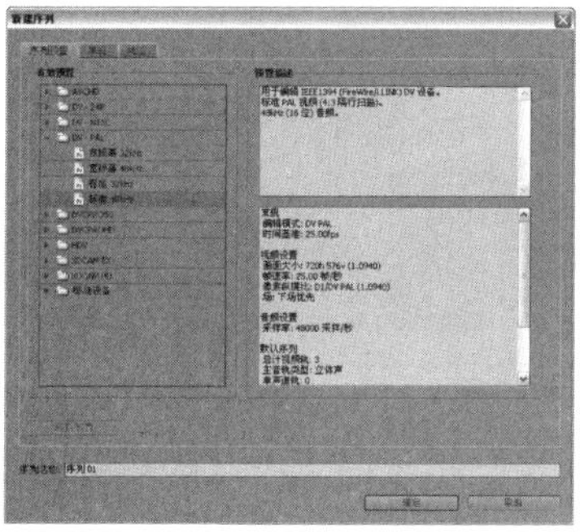

图 2-26　“新建序列”对话框

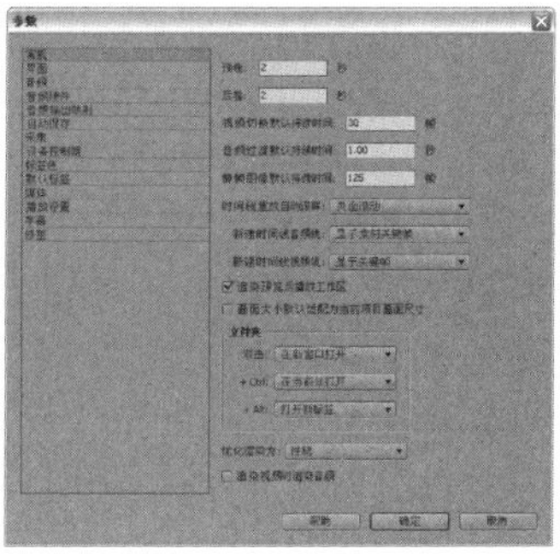

图 2-27　“参数”对话框

❹在“项目”面板空白处双击，在弹出的“导入”对话框中导入光盘中相应的奔驰汽车图片，如图 2-28 所示。

图 2-28　导入奔驰汽车图片

❺按快捷键 Ctrl+A 全选图片，然后单击“打开”按钮，将奔驰汽车图片导入 Premiere 的“项目”面板中，如图 2-29 所示。按住 Shift 键依次选择图片 Mercedes01.jpg~Mercedes06.jpg，将其拖放到“时间线”面板中“视频 1”轨道的开始处。

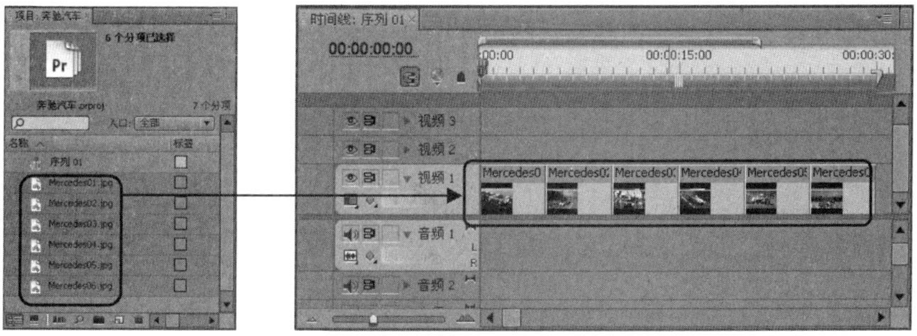

图 2-29　将素材拖放至“视频 1”轨道的开始处

❻在“特效控制台”面板中适当缩小每张图片的显示比例，如图 2-30 所示，用户可以边设置边在右边的“节目”监视器中观察设置结果。

图 2-30　设置效果参数

操作技巧

在调整图片的显示比例时，可以将“节目”监视器中的“安全框”打开，以确保图片完全显示出来。

❼设置完成后，按快捷键 Ctrl+S 保存项目。到此简单的“奔驰汽车”项目创建完毕。接下来创建“法拉利汽车”项目。

❽选择“文件”|“新建”|“项目”命令，创建名为“法拉利汽车”的新项目，如图 2-31 所示，设置完成后单击“确定”按钮。

❾此时弹出“新建序列”对话框，如图 2-32 所示，这里选择列表中的“DV – PAL”|“标准 48kHz”选项，其他选项保持默认设置，最后单击“确定”按钮。

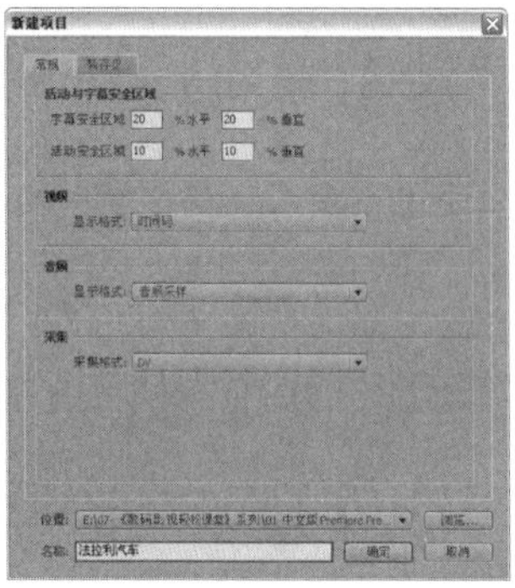

图 2-31　创建“法拉利汽车”项目

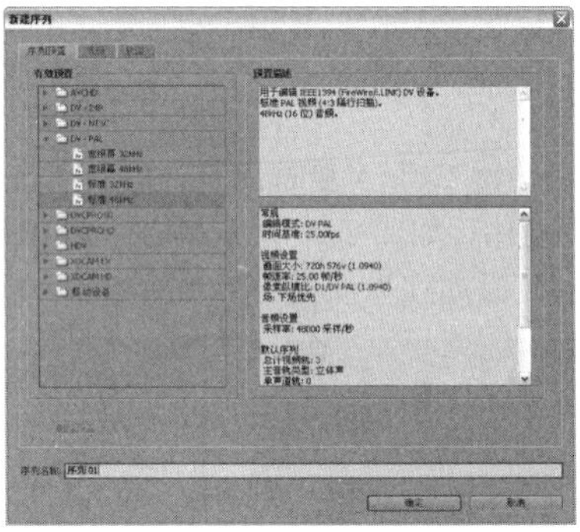

图 2-32　“新建序列”对话框

❿在“项目”面板的空白处双击，在弹出的“导入”对话框中导入光盘中相应的法拉利汽车图片，如图 2-33 所示。

⓫按快捷键 Ctrl+A 全选图片，然后单击“打开”按钮，将法拉利汽车图片导入“项目”面板中，如图 2-34 所示。

⓬按住 Shift 键依次选择图片 Ferrari01.jpg~Ferrari06.jpg，将其拖放到“视频 1”轨道的开始处，如图 2-35 所示。

⓭在“特效控制台”面板中适当缩小每张图片的显示比例，如图 2-36 所示，用户可以边设置边在右边的“节目”监视器中观察设置结果。

图 2-33　导入法拉利汽车图片

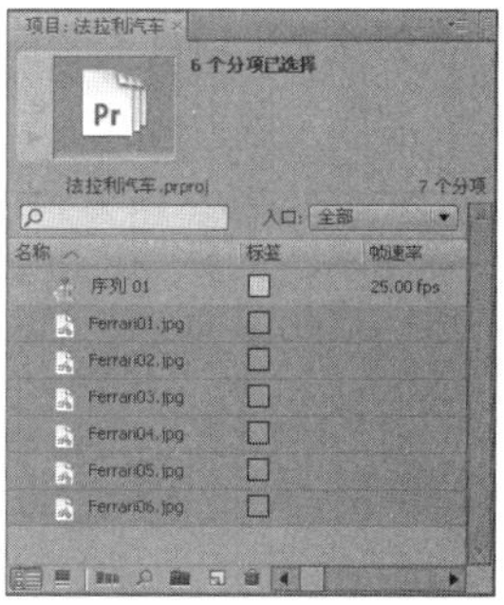

图 2-34　将法拉利图片导入“项目”面板中

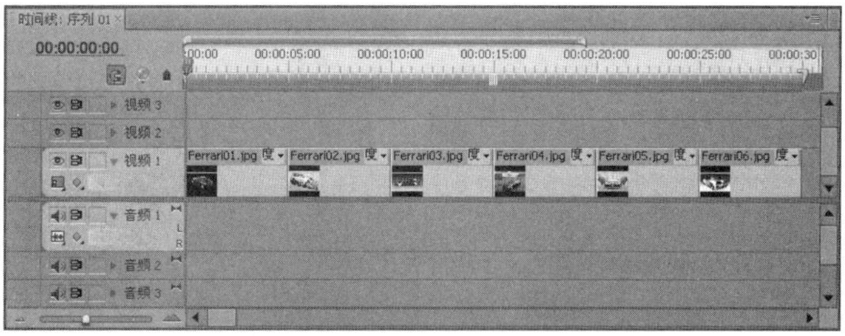

图 2-35　将素材拖放到“视频 1”轨道的开始处

图 2-36　设置效果参数

⓮设置完成后，按快捷键 Ctrl+S 保存项目。至此，简单的“法拉利汽车”项目创建完毕。接下来再创建“迷你汽车”的项目，如图 2-37 所示，方法请参考上面创建“奔驰汽车”或“法拉利汽车”的步骤。

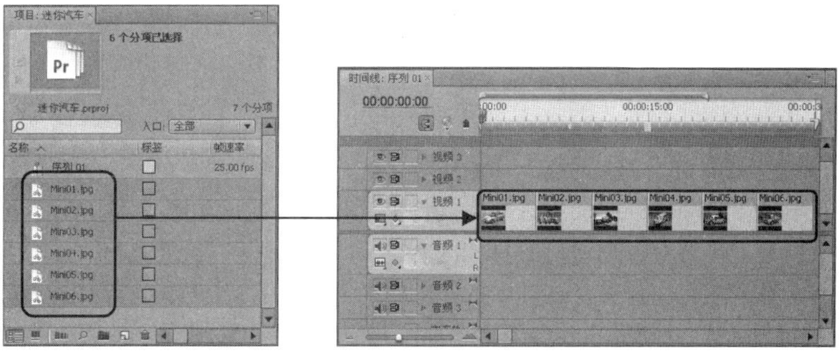

图 2-37　创建“迷你汽车”的项目

⑮接下来，再创建一个项目“名车欣赏”，该项目用来将前面创建的三个项目整合起来，组成一个大项目，如图 2-38 所示。

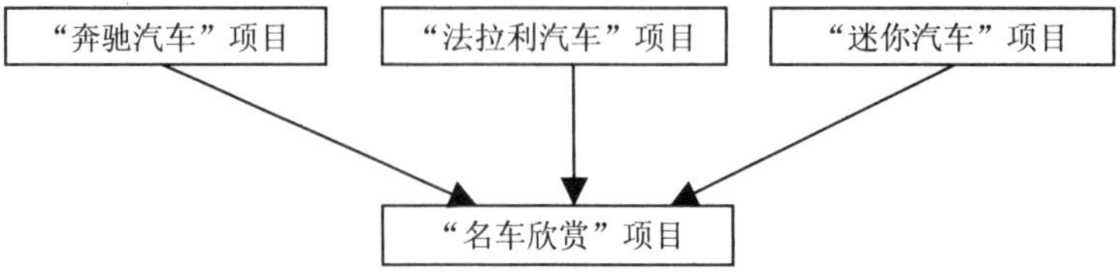

图 2-38 项目“名车欣赏”的结构

⑯选择“文件”|“新建”|“项目”命令，创建名为“名车欣赏”的新项目，如图 2-39 所示，设置完成后单击“确定”按钮。

⑰弹出“新建序列”对话框，如图 2-40 所示，这里选择列表中的“DV – PAL”|“标准 48kHz”选项，其他选项保持默认设置，最后单击“确定”按钮。

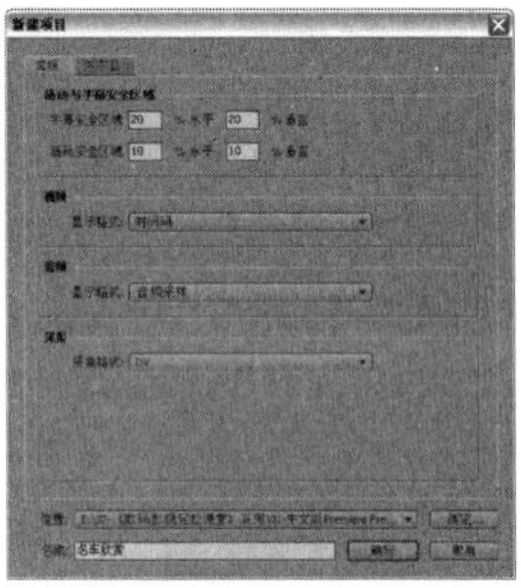

图 2-39 创建“名车欣赏”项目

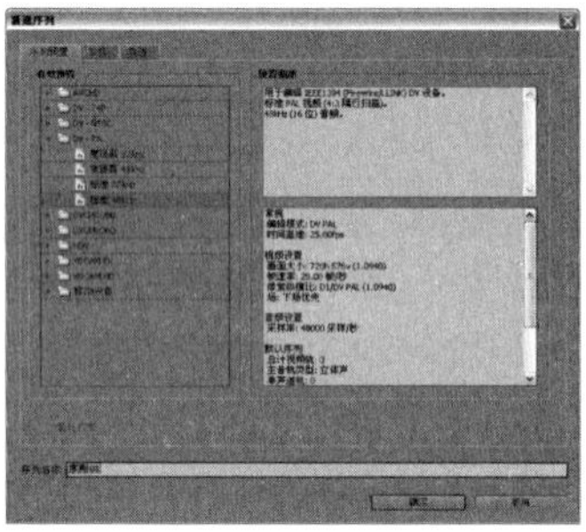

图 2-40 “新建序列”对话框

⑱在弹出的“导入”对话框中，按住 Ctrl 键的同时分别选择“奔驰汽车.prproj”、“法拉利汽车.prproj”和“迷你汽车.prproj”项目文件，如图 2-41 所示，单击“打开”按钮。

⑲此时弹出“导入项目”对话框，设置“项目导入类型”为“导入完整项目”，单击“确定”按钮，如图 2-42 所示。

图 2-41 导入项目文件

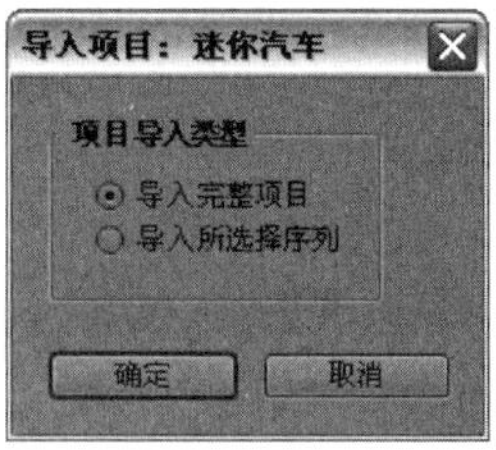

图 2-42 “导入项目”对话框

⑳导入的项目在“项目”面板中分别以文件夹的形式出现，如图 2-43 所示，单击文件夹左侧的三角形按钮，可查看每个项目的具体内容。

㉑分别展开每个项目文件夹，在其中的时间线“序列 01”上右击，从中选择“重命名”命令，如图 2-44 所示，分别将其改名为“迷你汽车子项目”、“法拉利汽车子项目”和“奔驰汽车子项目”，这样做的目的是便于后面操作时的分辨。

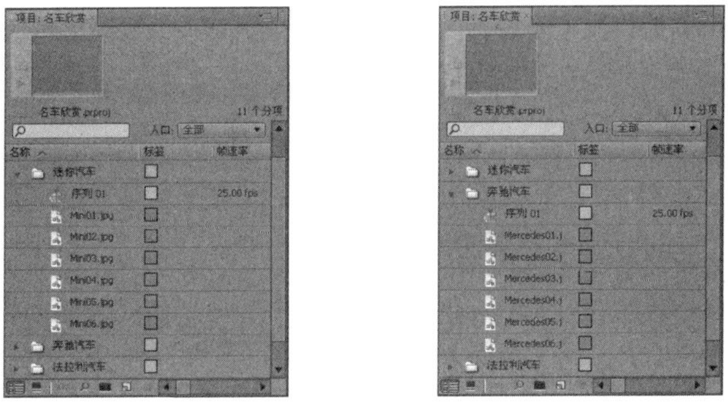

图 2-43　查看每个项目的具体内容

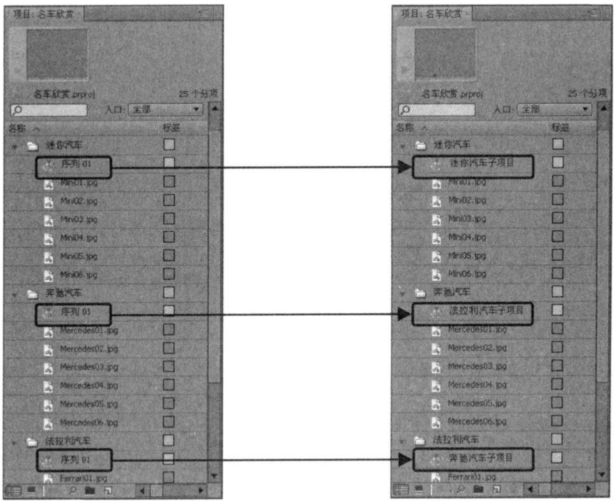

图 2-44　重命名项目文件

操作提示

在“项目”面板中修改每个子项目的时间线名称不会对子项目产生任何影响。

㉒将“项目”面板中的“迷你汽车子项目”拖放到“视频 1”轨道开始处，如图 2-45 所示。

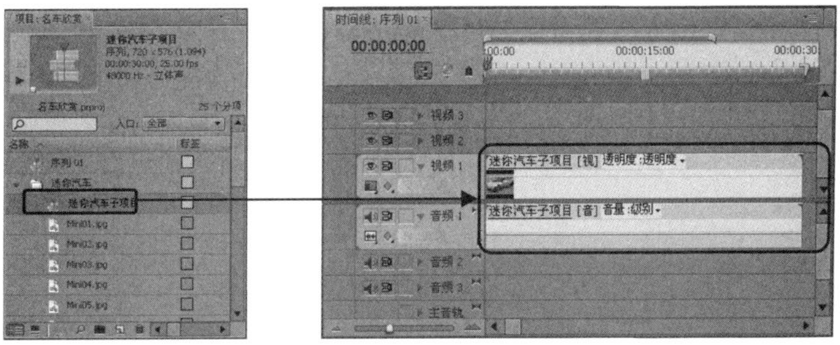

图 2-45　将“迷你汽车子项目”拖放到“视频 1”轨道开始处

㉓拖动时间线预览迷你汽车子项目，如图 2-46 所示，可以看出，它和之前没有任何区别。

图 2-46　拖动时间线预览迷你汽车子项目

㉔继续将“项目”面板中的“法拉利汽车子项目”和“奔驰汽车子项目”分别拖放到“视频 1”轨道中并依次排列，如图 2-47 所示。

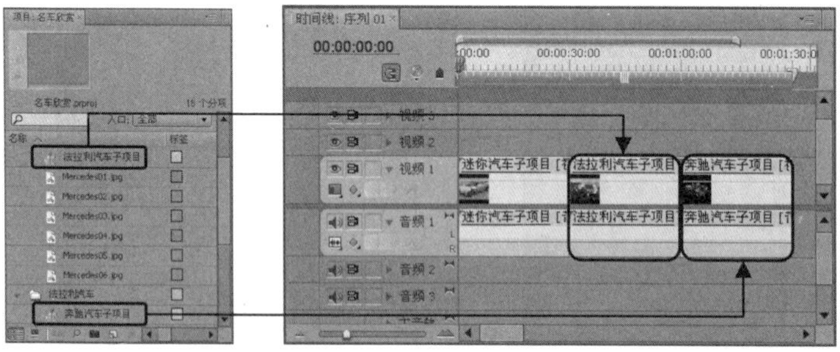

图 2-47　添加项目文件

㉕这样就实现了将几个小项目整合成一个大项目，由此可以得出一个结论，在制作复杂节目的过程中，可以先编辑子项目，最后再汇总为总项目，以减少编辑时的系统资源占用。

㉖如果发现某一个子项目需要修改时，可以在“时间线”面板上直接双击该子项目，如图 2-48 所示，即可进入该子项目的编辑状态。

图 2-48　进入子项目的编辑状态

㉗编辑结束后，再单击总项目的“时间线”面板，即可发现已经进行了同步更新。Premiere Pro CS4 就是这样方便和人性化，在以后的学习中，这些将会得到更充分的体现。

操作提示

在上面的实例中，我们侧重讲解了项目的嵌套，用户可以动手继续将该项目完善一下，比如为素材之间添加转场等操作，使实例更加完美。

2.5　导入分层的 PSD 文件——宝宝相册（1）

Premiere 还支持分层的 Photoshop 或 Illustrator 文件的导入。将 Photoshop 导入到 Premiere 项目中后，其原有文件中的透明部分将转化为 Alpha 通道，继续保持透明；将 Illustrator 文件导入到 Prcmiere 项目中，Premiere 将自动对其进行栅格化，将基于路径的矢量图形转化为像素的图像，并自动平滑边缘，所有的空白区域将转化为 Alpha 通道，保持透明。

实例欣赏（图 2-49）

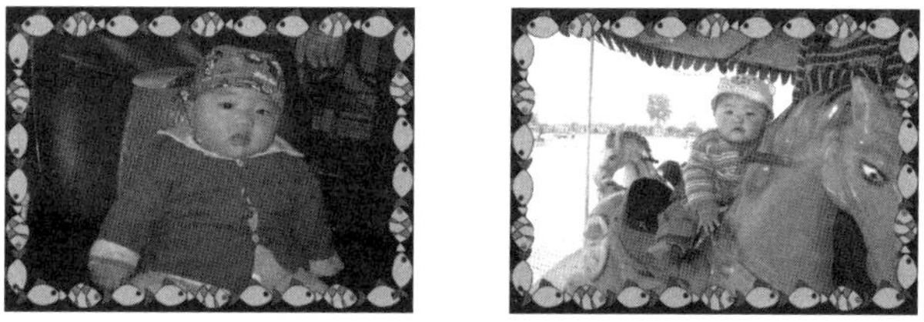

图 2-49　实例欣赏

操作秘籍

- PSD 文件在 Premiere 中的使用和设置方法与图片素材文件一样。
- 在“导入分层文件”对话框中，可以在“导入为”下拉列表中选择导入方式。

实战演练

❶运行 Premiere Pro CS4，单击欢迎窗口中的“新建项目”图标，如图 2-50 所示。在弹出的“新建项目”对话框中选择“常规”选项卡，在对话框下方选择项目文件的存放路径，并输入项目文件名称为“宝宝相册”，如图 2-51 所示，项目设置完成后，单击“确定”按钮。

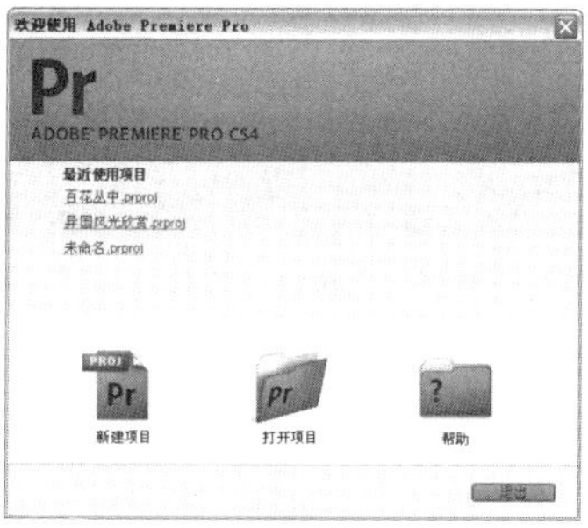

图 2-50　Premiere Pro CS4 欢迎窗口

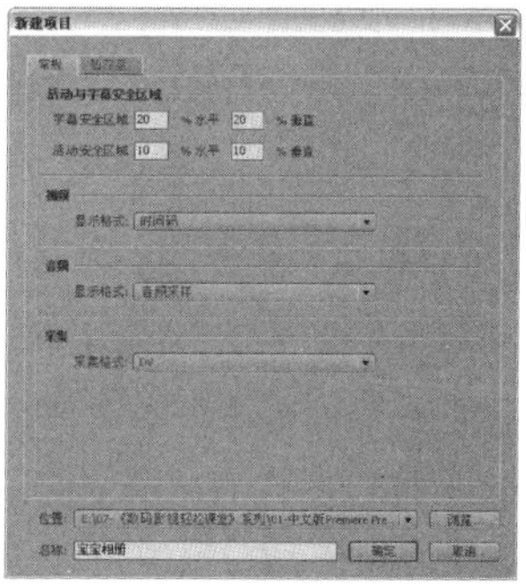

图 2-51　“新建项目”对话框

❷此时弹出“新建序列”对话框，如图 2-52 所示，这里选择列表中的“DV – PAL”|“标准 48kHz”选项，其他选项保持默认设置，最后单击“确定”按钮。

❸在“项目”面板的空白处双击，在弹出的“导入”对话框中选择要导入的 PSD 文件，如图 2-53 所示。

❹单击“打开”按钮后，将弹出“导入分层文件”对话框。在对话框的“导入为”下拉列表中可以选择导入方式，如图 2-54 所示。

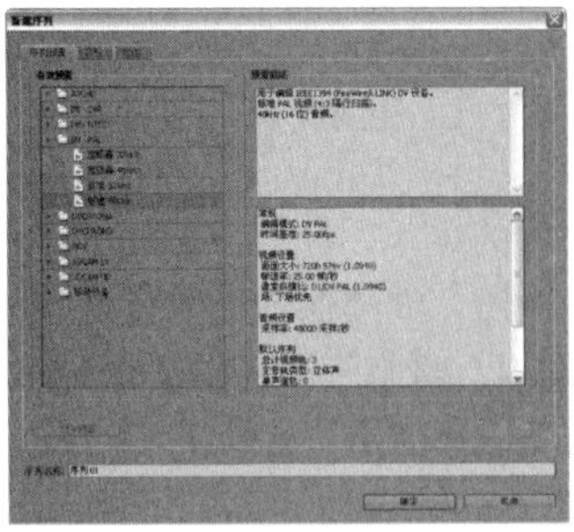

图 2-52 “新建序列”对话框

图 2-53 “导入”对话框

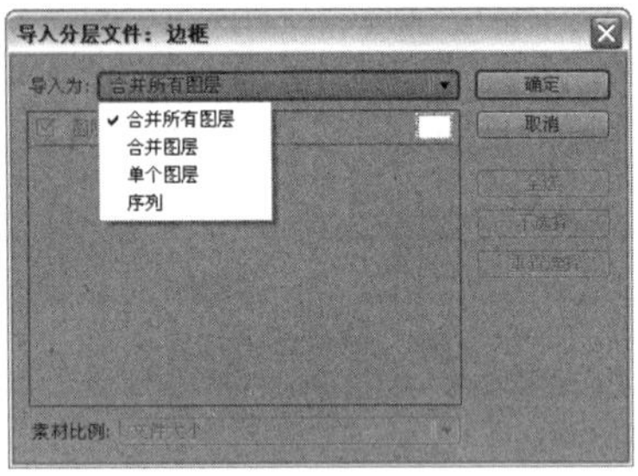

图 2-54 “导入分层文件”对话框

❺设置完成后，单击“确定”按钮，即可完成文件的导入。如图 2-55 所示，在“项目”面板中选择素材“边框.psd”，然后将其拖放至“时间线”面板中的“视频 2”轨道开始处。

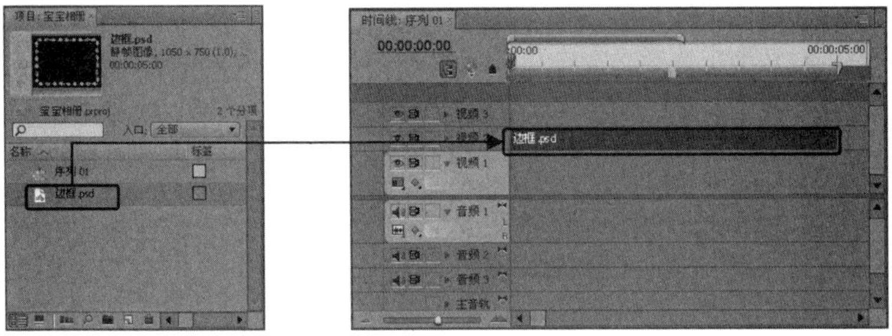

图 2-55 将素材“边框.psd”拖放至“视频 2”轨道开始处

❻在“时间线”面板中选中“视频 2”轨道中的“边框.psd”，然后在其“特效控制台”面板中适当缩小 PSD 图片的显示比例，如图 2-56 所示，用户可以边设置边在右边的“节目”监视器中观察设置结果。

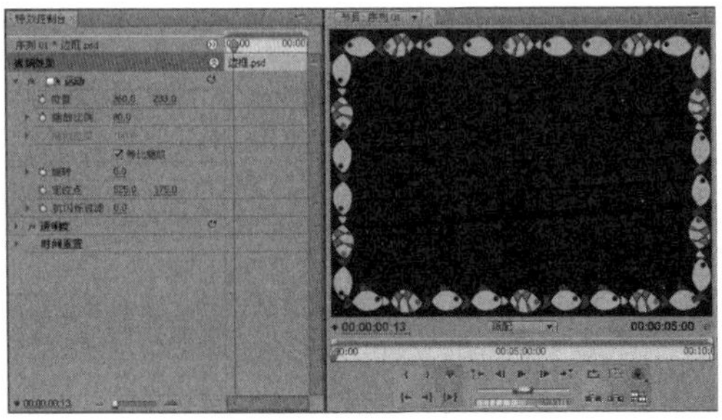

图 2-56 适当缩小 PSD 图片的显示比例

操作提示

Premiere 支持分层文件的层的位置、不透明度、可视性、透明、蒙版、调节层、层效果、剪辑路径、矢量蒙版和图层等属性，并进行相应的转换，以保持其外观和可编辑性。

2.6　导入素材文件夹——宝宝相册（2）

如果有多个素材在一个文件夹中，可以直接选择这个文件夹将其导入，这相当于在“项目”面板中新建一个文件夹，然后将这些素材文件导入到这个文件夹中。继续实例“宝宝相册”的制作，在本节中将继续导入该实例所需要的图片素材文件夹。

实例欣赏（图 2-57）

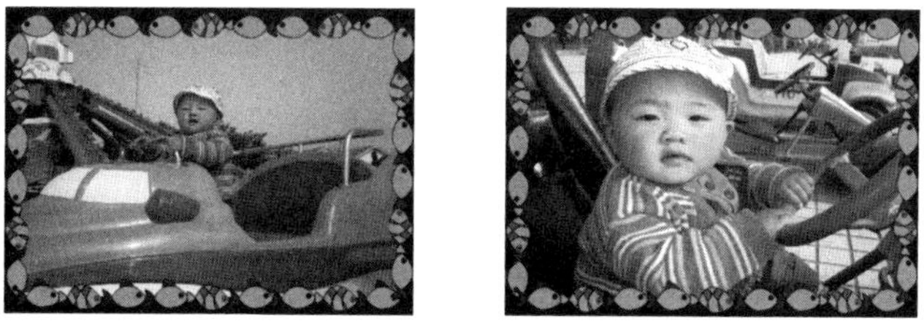

图 2-57　实例欣赏

操作秘籍

- 在“导入”对话框中选择要导入的素材文件夹，然后单击“导入文件夹”按钮，即可将文件夹导入到“项目”面板中。
- 导入文件夹时，如果文件夹中还包含子文件夹时，子文件夹将不被导入，但子文件夹中的文件则被正常导入。

实战演练

❶启动 Premiere Pro CS4 应用程序，单击欢迎窗口中的“打开项目”图标，如图 2-58 所示。在弹出的“打开项目”对话框中，选择要打开的项目文件“宝宝相册”，如图 2-59 所示，然后单击“确定”按钮，将该项目打开。

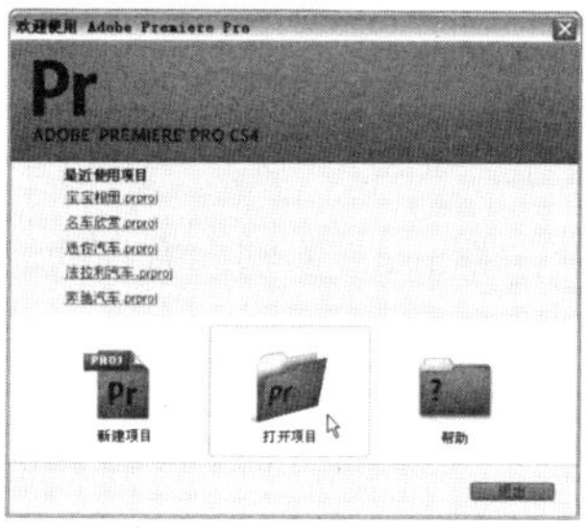

图 2-58　双击“打开项目”图标

图 2-59　“打开项目”对话框

❷在“项目”面板的空白处双击，在弹出的“导入”对话框中选择要导入的图片文件夹，如图 2-60 所示，这里选择“宝宝照片”，然后单击“导入”对话框右下角的“导入文件夹”按钮，即可将“宝宝照片”文件夹导入到“项目”面板中，如图 2-61 所示。

图 2-60　导入“宝宝照片”文件夹

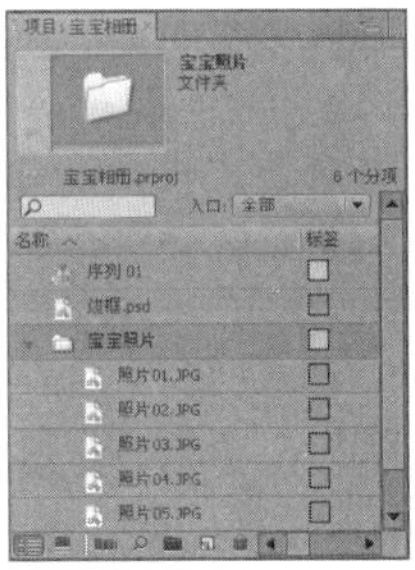

图 2-61　将文件夹导入到“项目”面板中

❸在“项目”面板中选择素材文件夹“宝宝照片”，然后将其拖放至“时间线”面板中的“视频 1”轨道开始处，如图 2-62 所示。

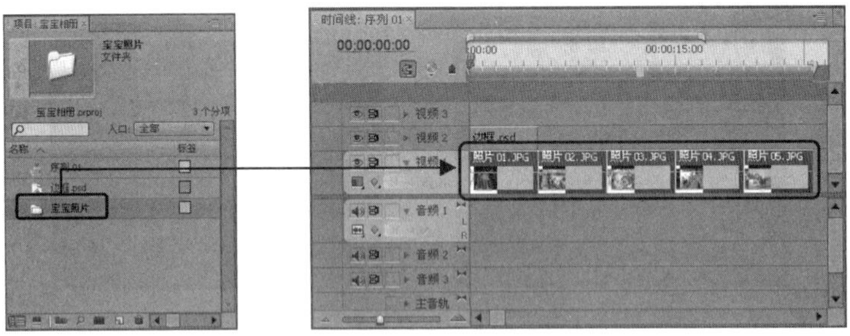

图 2-62　添加素材文件夹“宝宝照片”

❹在“时间线”面板中选中“视频 1”轨道中的“照片 01.JPG”，然后在其“特效控制台”面板中适当缩小 PSD 图片的显示比例，如图 2-63 所示，取消“等比缩放”复选框，然后设置“缩放高度”值为 26，“缩放宽度”值为 28，“位置”的坐标值为（360，292）。

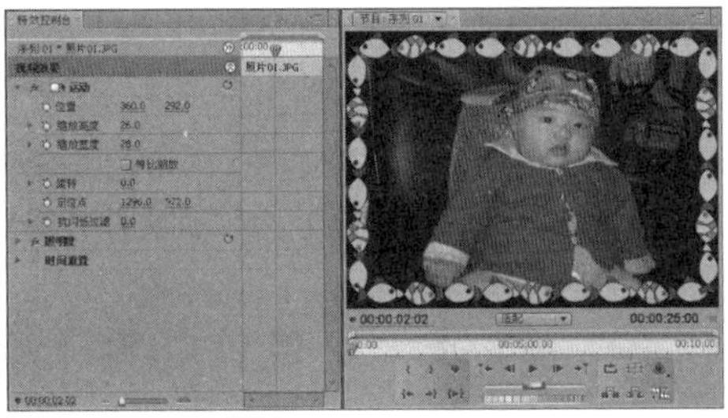

图 2-63　设置“特效控制台”面板

❺在“时间线”面板中将“视频 2”轨道中的“边框.psd”右端向右拖动，使其与“视频 1”轨道中的素材齐长，如图 2-64 所示。

❻在“时间线”面板中，按住 Shift 键的同时拖动时间线指示器，当移动到“照片 01.JPG”与“照片 02.JPG”之间时，会有明显的磁性吸附功能，如图 2-65 所示，这样可以准确定位到两个素材之间。

❼按快捷键 Ctrl+D 为素材之间添加默认的转场过渡，如图 2-66 所示。同样的方法，在“时间线”面板中按 Shift 键将时间线指示器移动到下一处素材之间，然后为其他素材之间添加同样的转场过渡，如图 2-67 所示。

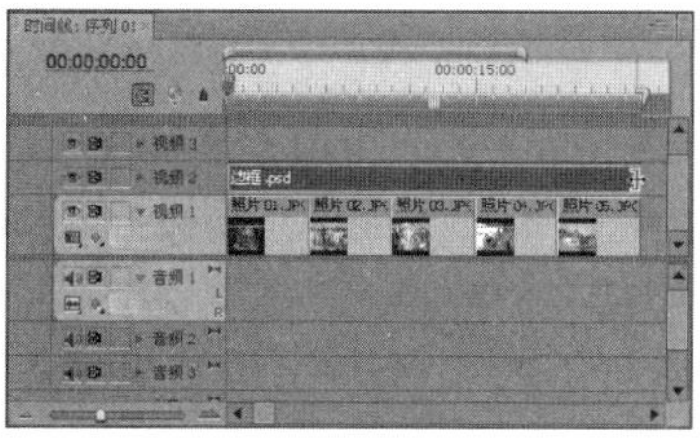

图 2-64　延长“边框.psd”的右端

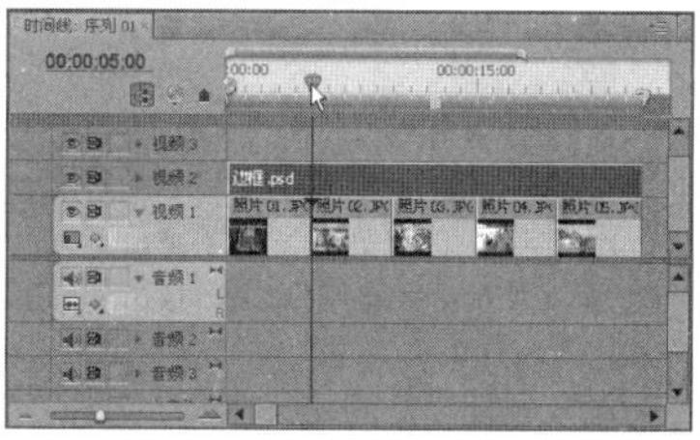

图 2-65　按住 Shift 键的同时拖动时间线指示器

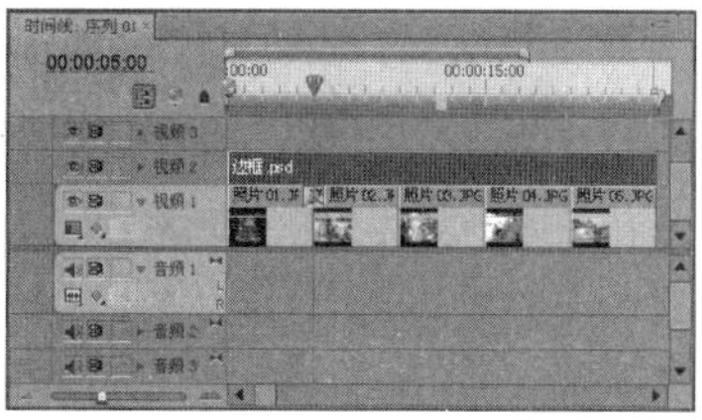

图 2-66　为素材之间添加默认的转场过渡

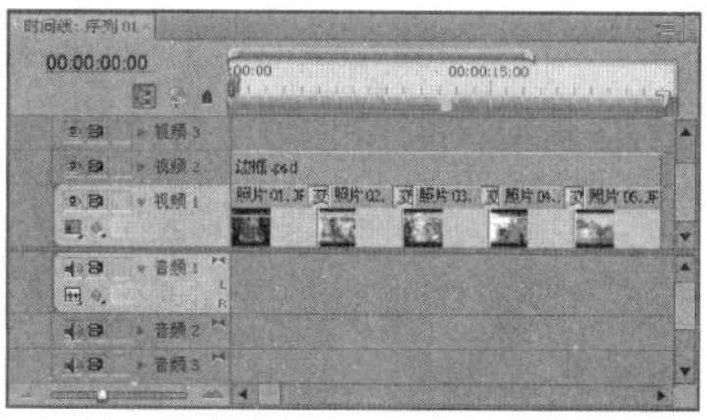

图 2-67　为其他素材之间添加同样的转场过渡

❽设置完成后，在“时间线”面板中拖动时间线指示器预览视频效果，用户也可以按 Enter 键对项目进行渲染后再播放，效果如图 2-68 所示。

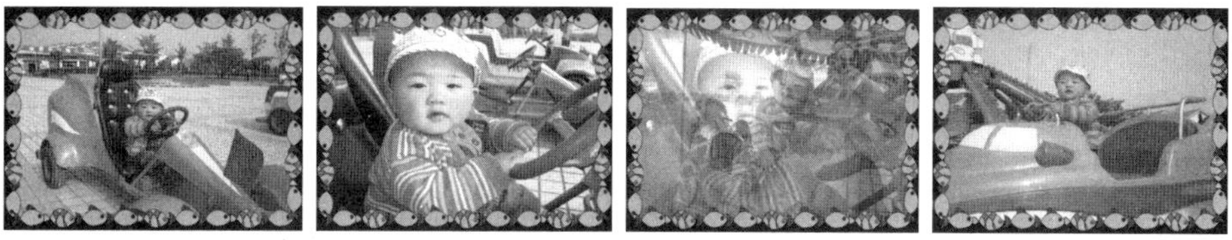

图 2-68　拖动时间线指示器预览视频效果

2.7　导入图片序列——宝宝相册（3）

有些动画文件是由许多单帧图片的序列文件组成的，例如 1 秒的动画文件一般是由 25 个图片文件组成的。

Premiere Pro CS4 可以导入 GIF 格式的动画图片文件，还可以将同一个文件夹中的一组静态图片文件（如 TGA 格式）按照文件名的数字或字母顺序以图片序列的方式导入，图片将被合成一个视频素材片段。

TGA 图片序列可以通过其他软件来生成，例如这里用 particleIllusion 特效软件来生成一个简单的 TGA 图片序列，然后将该序列添加到 Premiere Pro CS4 中。

实例欣赏（图 2-69）

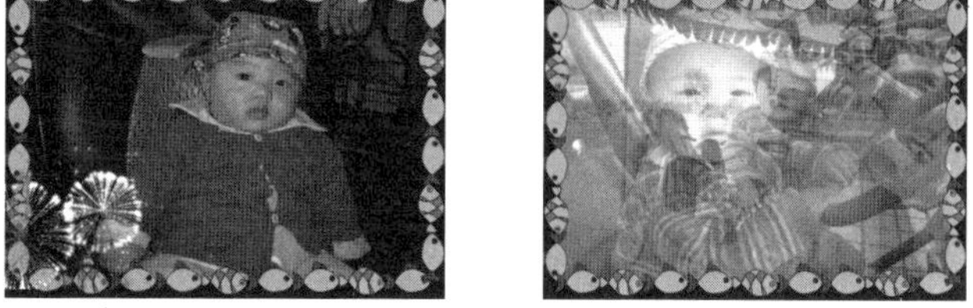

图 2-69　实例欣赏

操作秘籍

- 使用 particleIllusion 特效软件可以快速制作出 TGA 图片序列。
- 如果画面预览不流畅，可以按 Enter 键先对项目进行渲染后再播放。

实战演练

❶运行 Illusion 特效软件，进入其主界面，如图 2-70 所示。在“粒子库”窗口中单击选择一种粒子效果，如图 2-71 所示，这里选择一种烟花效果，在“预览”窗口中可以看到效果。

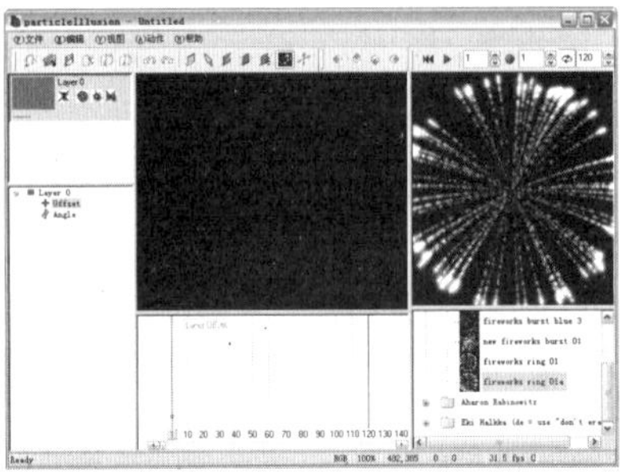

图 2-70　Illusion 特效软件主界面

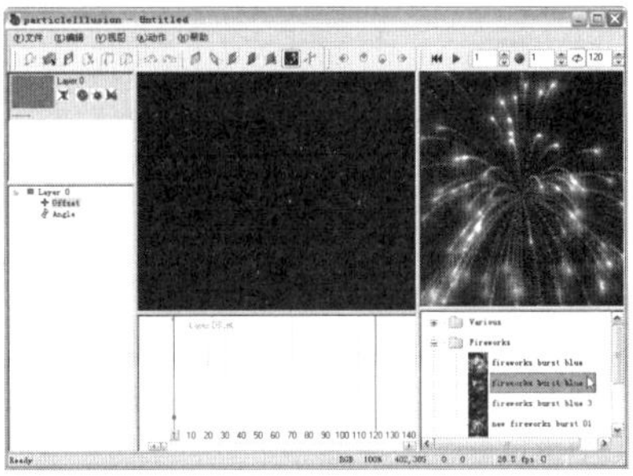

图 2-71　在“预览”窗口中查看效果

❷在“舞台”窗口中单击，如图 2-72 所示。单击工具栏中的“播放”按钮▶，预览效果，如图 2-73 所示。

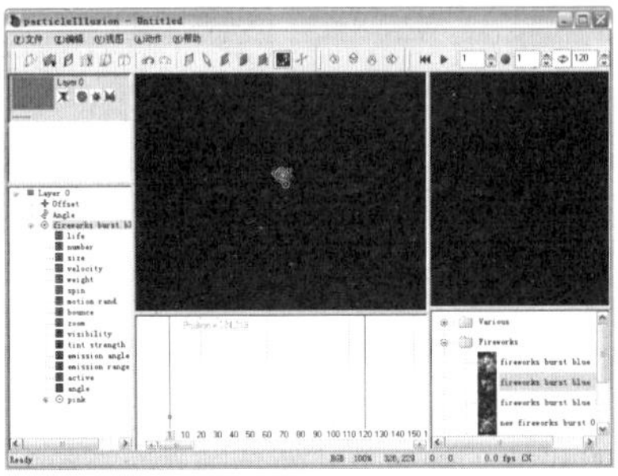

图 2-72　“舞台”窗口

图 2-73　单击“播放”按钮预览效果

❸为了使烟花效果更加丰富，再添加两种烟花效果。拖动时间线到 30 格处，如图 2-74 所示。

❹分别选择两种不同的烟花效果，并分别在舞台的不同位置单击，如图 2-75 所示。

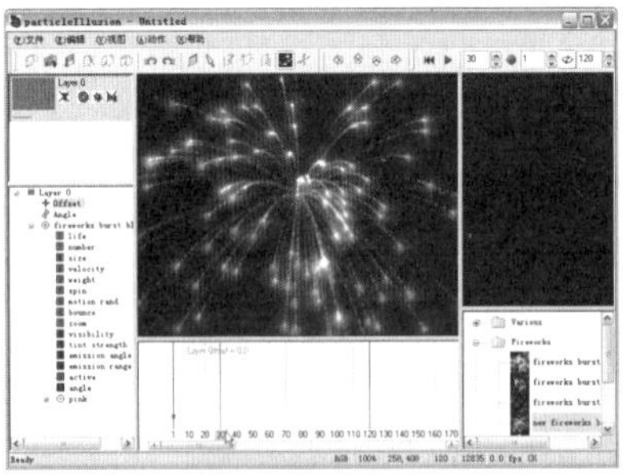

图 2-74　再添加两种烟花效果

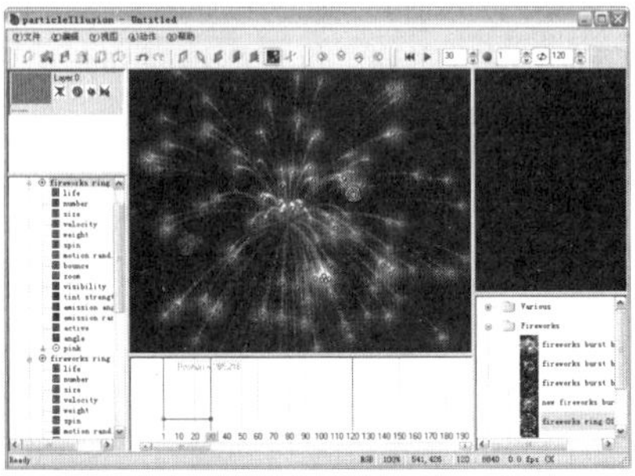

图 2-75　选择两种不同的烟花效果

❺单击工具栏中的“导出”按钮，如图 2-76 所示，打开“另存为”对话框，将 TGA 序列导出到一个文件中，这里设置名字为“烟花”，保存类型为 TGA files（*.TGA），这一步很关键。

❻设置完成后单击“保存”按钮，弹出如图 2-77 所示的“输出选项”对话框，选中“存储 Alpha”复选框，与此同时出现两个复选框，选中其中的“从 RGB 通道中去除黑色背景”复选框。

图 2-76　“另存为”对话框

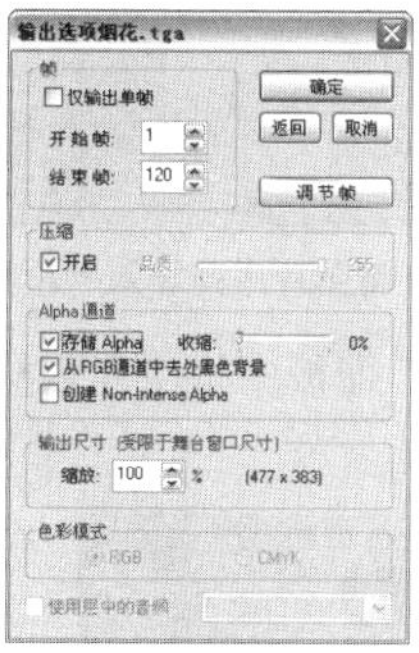

图 2-77　“输出选项”对话框

操作提示

选中“从 RGB 通道中去除黑色背景”这一复选框很重要，如果没有选中它，则导出的 TGA 图片序列有黑色背景，那么将不能很好地和 Premiere 项目中的其他素材无缝结合。

❼单击“确定”按钮开始导出 TGA 图片序列。此时可以看到动画播放过程，待播放结束后即可完成导出。打开保存 TGA 序列的文件夹，如图 2-78 所示，查看导出的 TGA 图片，一共有 120 张。

❽到此，我们需要的 TGA 图片序列已经生成，然后进入 Premiere Pro CS4，在“项目”面板的空白处双击，在弹出的“导入”对话框中，选择序列文件中的第一个文件“烟花 0001.tga”，同时将“序列图像”复选框选中，如图 2-79 所示。

图 2-78　查看导出的 TGA 图片

图 2-79　导入 TGA 图片序列

❾设置完成后，单击“打开”按钮，即可将 TGA 图片序列文件导入到“项目”面板中。需要说明的是，在“项目”面板中，从“烟花 0001.tga”开始到最后结束的所有图片序列被合成为一个视频素材，并以“烟花 0001.tga”命名，如图 2-80 所示。

❿在“项目”面板中双击视频素材“烟花 0001.tga”，使其出现在“源素材监视器”面板中，单击“源素材监视器”面板中的“播放/停止”按钮，即可预览这一 TGA 动画序列的播放效果，如图 2-81 所示。

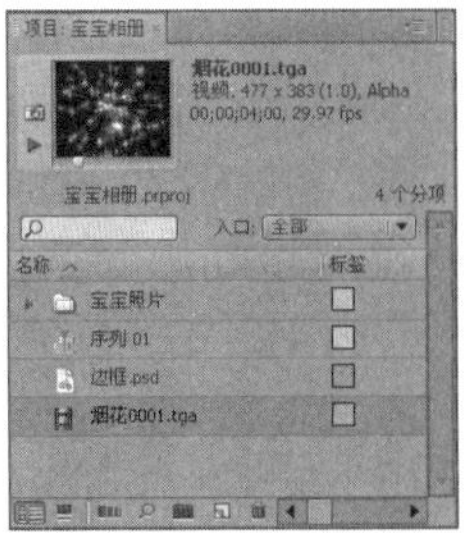

图 2-80　将图片序列导入“项目”面板

图 2-81　预览 TGA 动画序列效果

⓫在“项目”面板中将序列素材“烟花 0001.tga”拖放至“视频 3”轨道开始处，如图 2-82 所示。

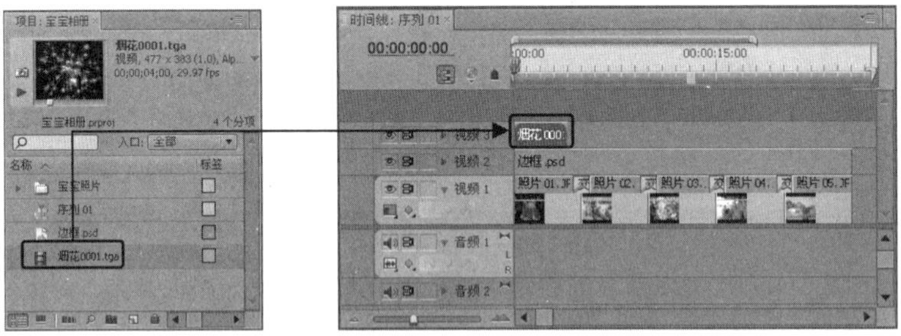

图 2-82　将序列素材“烟花 0001.tga”拖放至“视频 3”轨道开始处

⓬在“时间线”面板中选中“视频 3”轨道中的“烟花 0001.tga”，然后在其“特效控制台”面板中适当缩小 PSD 图片的显示比例，如图 2-83 所示，设置“缩放比例”值为 65，“位置”的坐标值为（116.4，436.9）。

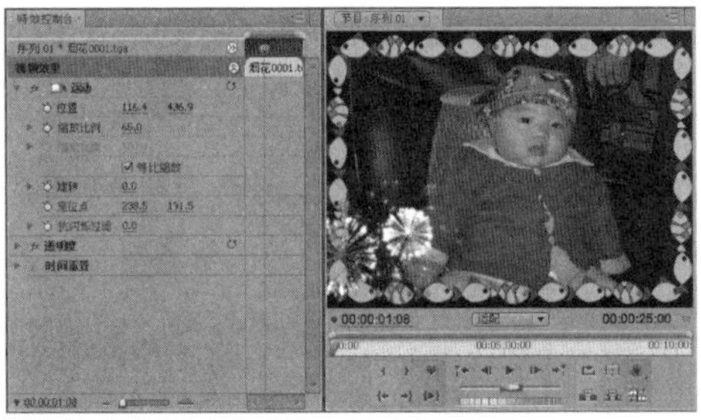

图 2-83　设置“特效控制台”面板

⓭到此，本实例全部制作完成，最后在“时间线”面板中，拖动时间线指示器预览视频效果，用户也可以按 Enter 键对项目进行渲染后再播放，效果如图 2-84 所示。

图 2-84　预览视频效果

第 3 章　视频过渡效果应用

学习提示

在 DV 视频制作中，转场起着非常重要的作用，它能使素材的连接更加和谐，画面变化更加丰富多彩。在 Premiere Pro CS4 中，提供了多种转场特技来满足转场的需求。

素材之间最常见的转换方式是直接转换。在 Premiere Pro CS4 中只要将两个素材前后相连即可实现直接转换。但是，如果要使两个素材的转换更加自然、变化更丰富，就需要加入 Premiere Pro CS4 提供的各种转换效果。

实例文件

- 野生动物园.prproj
- 花卉大观园.prproj
- 神奇的九寨沟.prproj
- 城市夜景.prproj
- 美丽山水间.prproj
- 户外漫步.prproj
- 足球世界.prproj
- 蜂花之恋.prproj

实例欣赏（图 3-1）

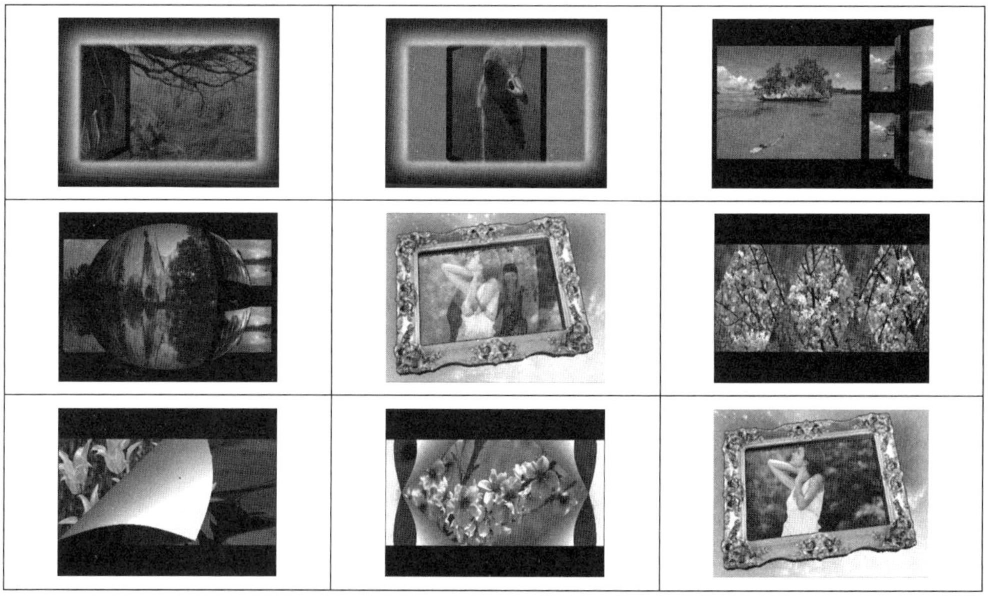

图 3-1（一）　本章实例一览

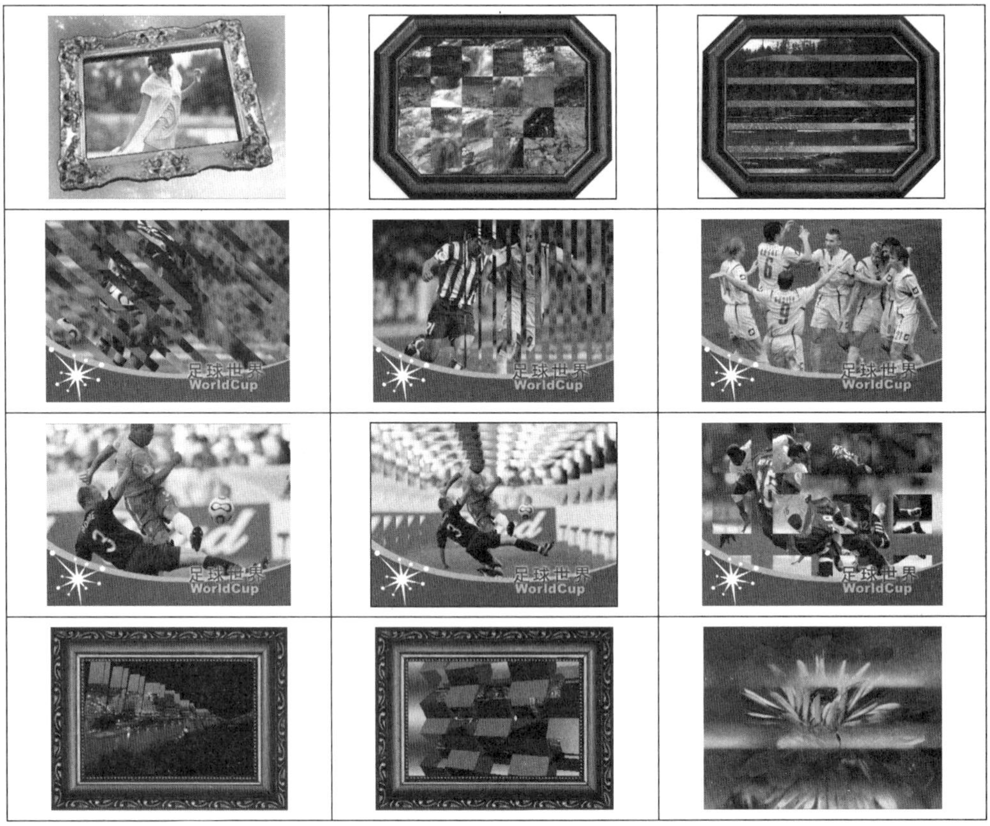

图 3-1（二） 本章实例一览

3.1 3D 运动转场效果——游览野生动物园

3D 运动类视频转场可以给转场的素材带有三维运动效果，其共包含 10 种三维场景的转场效果，接下来通过实例介绍该转场效果的应用。

实例欣赏（图 3-2）

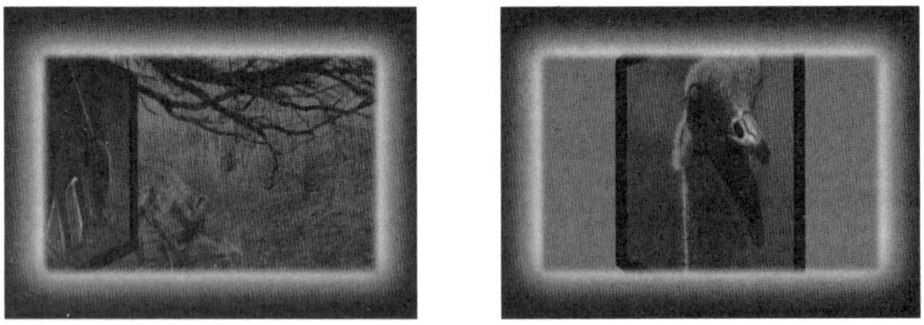

图 3-2 实例欣赏

操作秘籍

- 要顺利打开在 Premiere Pro CS4 中新建的 Photoshop 文件，其前提条件是用户的计算机中必须装有 Photoshop 软件，如果没有安装，则不能打开。

■ 在“特效控制台”面板中右部的转场时间线图示中，可以用鼠标在转场图示的两端更改长度，在中间也可以自定义开始点对齐。

实战演练

❶运行 Premiere Pro CS4，单击欢迎窗口中的“新建项目”图标，如图 3-3 所示。在弹出的“新建项目”对话框中选择“常规”选项卡，在对话框下方选择项目文件的存放路径，并输入项目文件名称为“野生动物园”，如图 3-4 所示，项目设置完成后，单击“确定”按钮。

图 3-3　Premiere Pro CS4 欢迎窗口

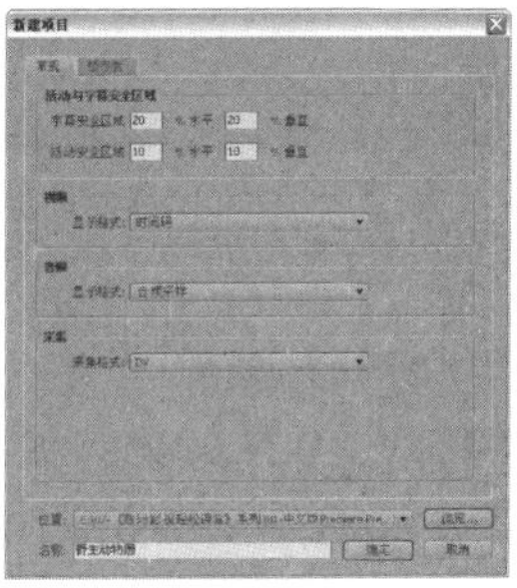

图 3-4　“新建项目”对话框

❷弹出“新建序列”对话框，这里选择列表中的“DV – PAL”|“标准 48kHz”选项，其他选项保持默认设置，单击“确定”按钮。

❸在“项目”面板的空白处双击，弹出“导入”对话框，如图 3-5 所示，选中要导入的视频文件夹“视频素材”，单击“导入文件夹”按钮。

❹这样，即可将“视频素材”文件夹连同其中的素材一起导入到“项目”面板中，如图 3-6 所示。

图 3-5　“导入”对话框

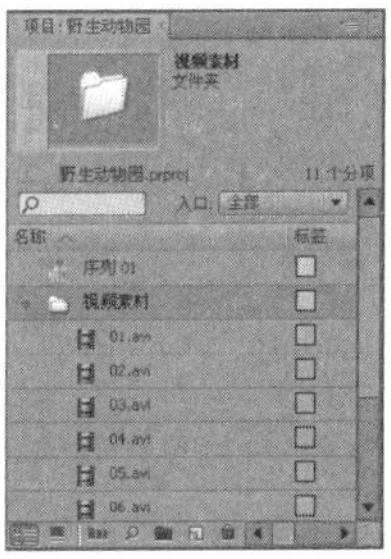

图 3-6　“项目”面板

❺在“项目”面板中选择素材文件夹“视频素材”，然后将其拖放至“时间线”面板中的“视频 1”轨道开始处，如图 3-7 所示。

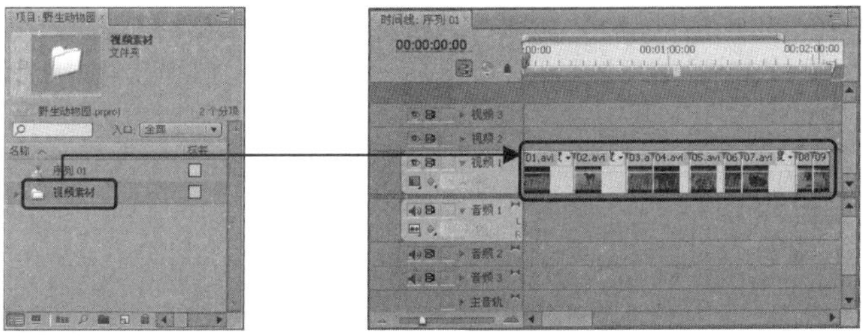

图 3-7　添加文件夹“视频素材”到视频轨道

❻设置完成后，在“时间线”面板中拖动时间线指示器预览视频效果，如图 3-8 所示，可以看出，此时的画面效果比较平淡，接下来给视频添加一种遮罩效果。

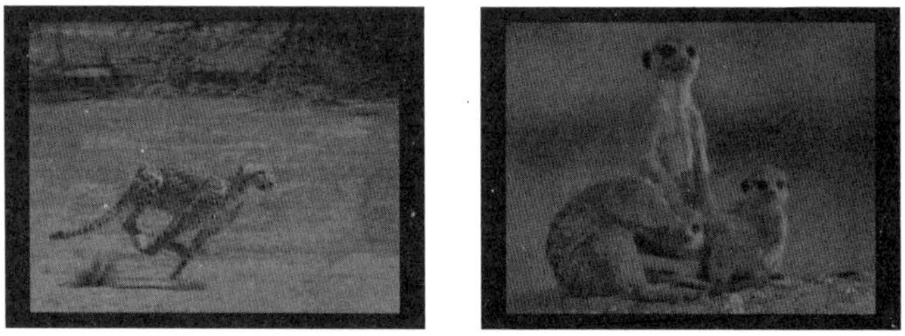

图 3-8　拖动时间线指示器预览视频效果

❼选择“文件”|“新建”|“Photoshop 文件”命令，在弹出的“新建 Photoshop 文件”对话框中，设置“宽”为 720，设置“高”为 576，设置“时间基准”为 25.00fps，设置“像素纵横比”为 D1/DV PAL(1.0940)，如图 3-9 所示，单击“确定”按钮。

❽在弹出的“保存 Photoshop 文件为”对话框中设置新建的 PSD 文件名称为“遮罩”，如图 3-10 所示，单击“保存”按钮。

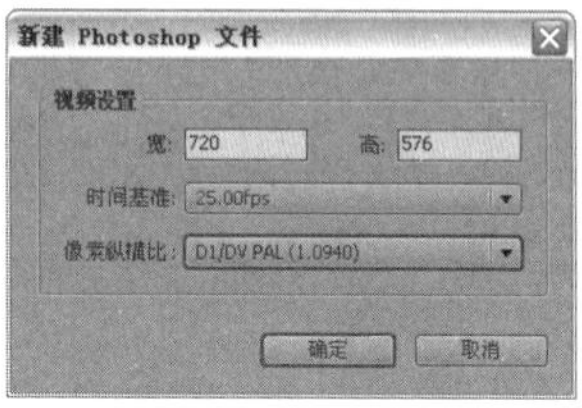

图 3-9　新建 Photoshop 遮罩文件

图 3-10　“保存 Photoshop 文件为”对话框

❾此时将自动运行 Photoshop 软件，并打开刚新建的“遮罩”文件，如图 3-11 所示。

❿在 Photoshop 软件中单击工具栏中的“设置前景色”按钮，在弹出的“拾色器”对话框中设置前景色为黑色，如图 3-12 所示，设置完成后单击“确定”按钮。

图 3-11　新建的“遮罩”文件

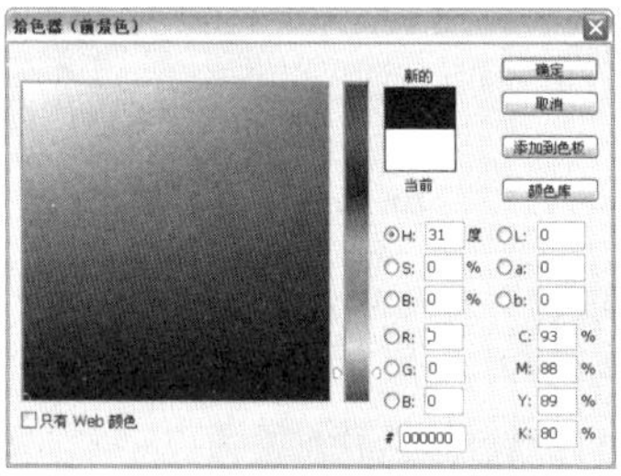

图 3-12　“拾色器”对话框

操作提示

要顺利打开在 Premiere Pro CS4 中新建的 Photoshop 文件，其前提条件是用户的计算机中必须装有 Photoshop 软件，如果没有安装，则不能打开。

⓫选择工具栏中的“油漆桶”工具，在设计窗口单击将“遮罩.psd”的前景色设置为黑

色。按快捷键 Ctrl+J 新建一个图层“Layer 0 副本”，如图 3-13 所示。

⑫选择工具栏中的“矩形选框”工具，设置羽化为 30px，然后绘制一个圆角矩形，如图 3-14 所示。

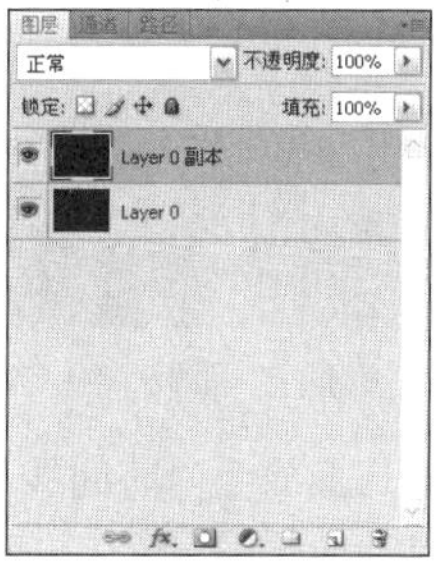

图 3-13　绘制矩形选框

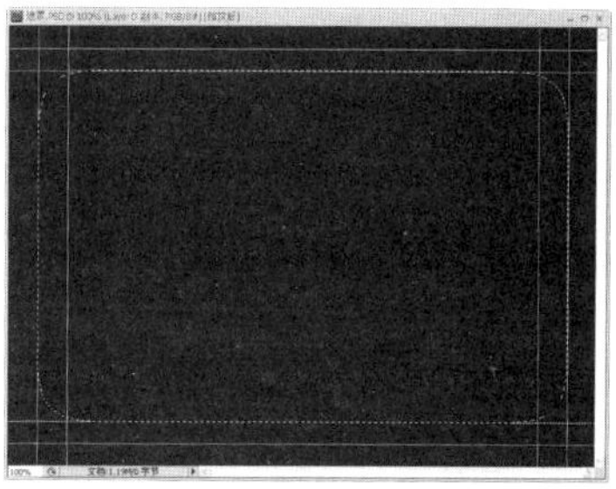

图 3-14　绘制一个圆角矩形

⑬继续设置前景色为白色，如图 3-15 所示，单击“确定”按钮。

⑭选择工具栏中的“油漆桶”工具，在选区中单击，将选区设置为黑色，如图 3-16 所示。

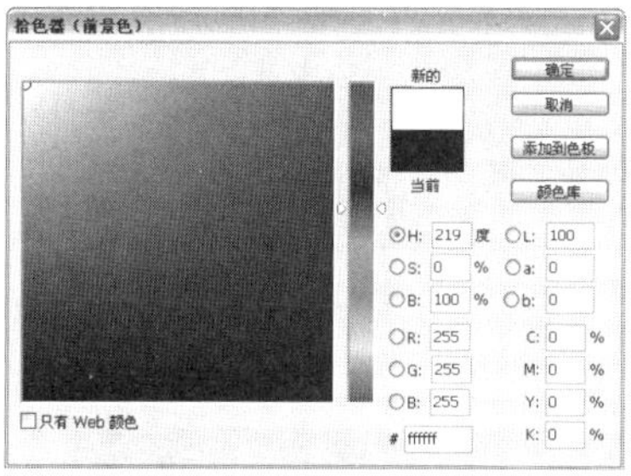

图 3-15　设置前景色为白色

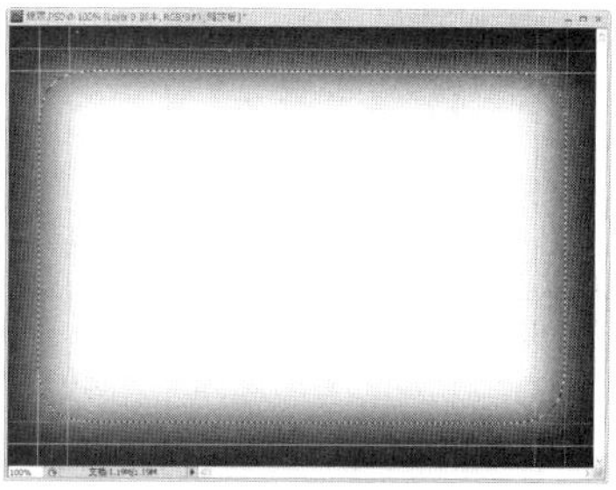

图 3-16　将选区设置为黑色

⑮按快捷键 Ctrl+D 取消选区的选择。接下来合并可见图层，如图 3-17 所示，在“图层”窗口中右击，在弹出的快捷菜单中选择“合并可见图层”命令。

⑯选择工具栏中的“矩形选框”工具，设置羽化为 5px，然后绘制一个圆角矩形，如图 3-18 所示。

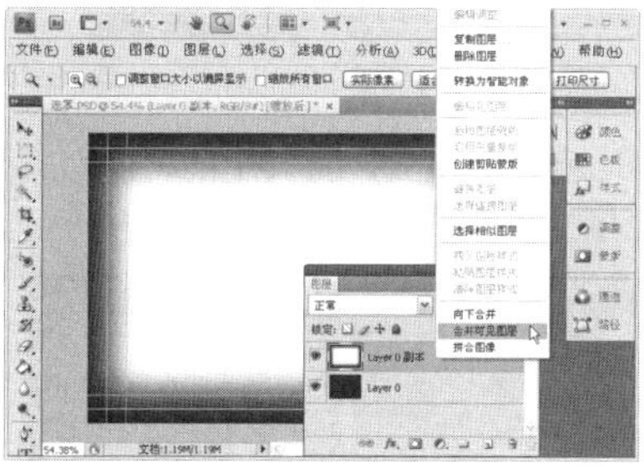

图 3-17　合并可见图层

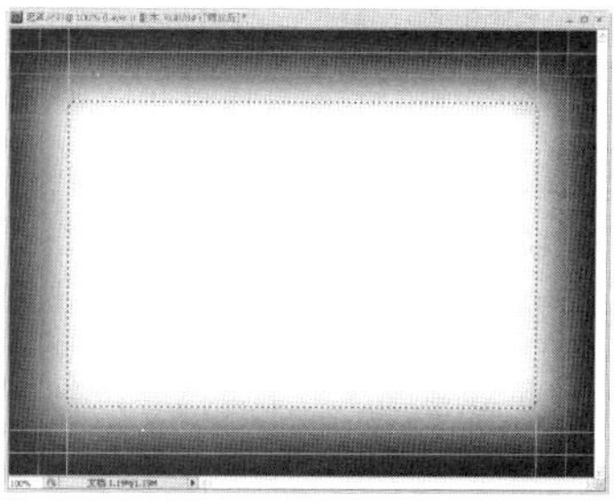

图 3-18　绘制一个圆角矩形

⑰按 Delete 键删除选中的选区，如图 3-19 所示。这样就制作好了一个 Photoshop 遮罩文件，最后按快捷键 Ctrl+S 保存文件并关闭 Photoshop 软件。

⑱回到 Premiere Pro CS4 中，此时发现新建的 Photoshop 遮罩文件“遮罩.psd”已经在“项目”面板中了，如图 3-20 所示。由此可见，Premiere Pro CS4 在与其他软件协同工作方面做得非常好，这也是 Adobe CS4 系列软件的一大特点。

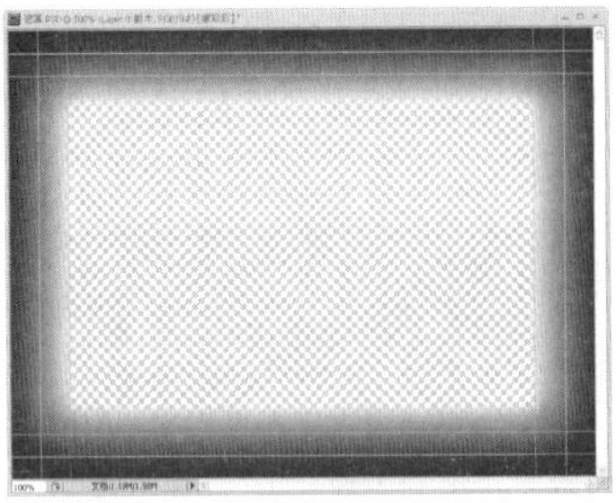

图 3-19　删除选中的选区

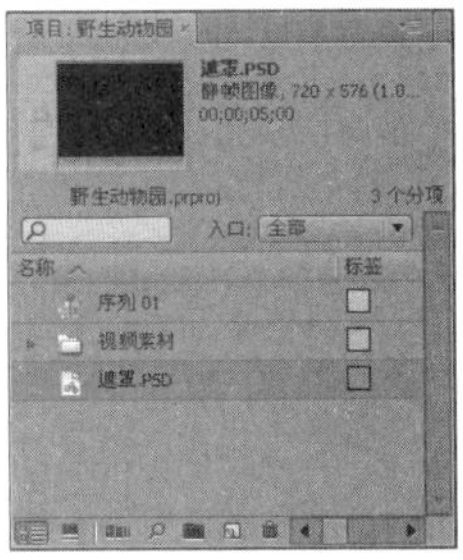

图 3-20　“项目”面板中的“遮罩.psd”

⑲在“项目”面板中选择遮罩素材“遮罩.psd”，然后将其拖放至“时间线”面板中的“视频 2”轨道开始处，如图 3-21 所示，设置其出点与“视频 1”轨道齐长。

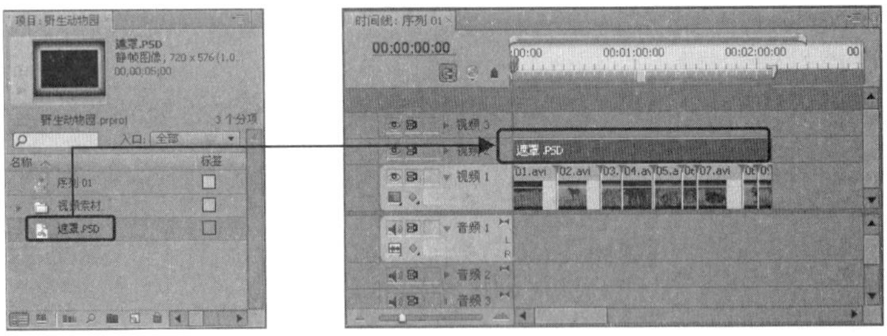

图 3-21　添加遮罩素材“遮罩.psd”到视频轨道

⑳拖动时间线预览添加遮罩后的效果，如图 3-22 所示。

图 3-22　拖动时间线预览添加遮罩后的效果

㉑在“效果”面板中展开“视频切换”|“3D 运动”文件夹，将其中的“向上折叠”转场拖放到“视频 1”轨道中 01.avi 与 02.avi 之间，如图 3-23 所示。

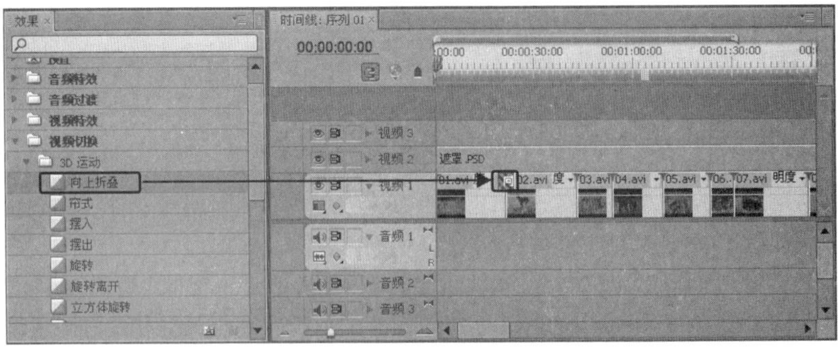

图 3-23　添加“向上折叠”转场

操作提示

在默认设置下，转换效果的持续时间为 30 帧，可以单击“效果”面板右上角的三角形按钮，在弹出的菜单中选择“默认切换持续时间”命令，如图 3-24 所示，打开“参数”对话框，在该对话框的“常规”页面中可以设置转换效果的默认持续时间长度，如

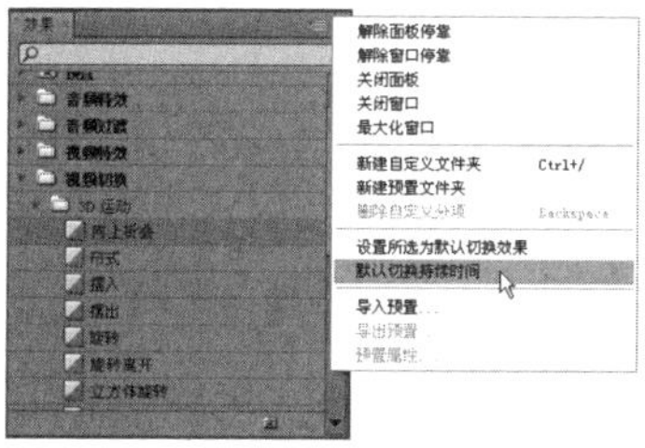

图 3-24　选择“默认切换持续时间”命令

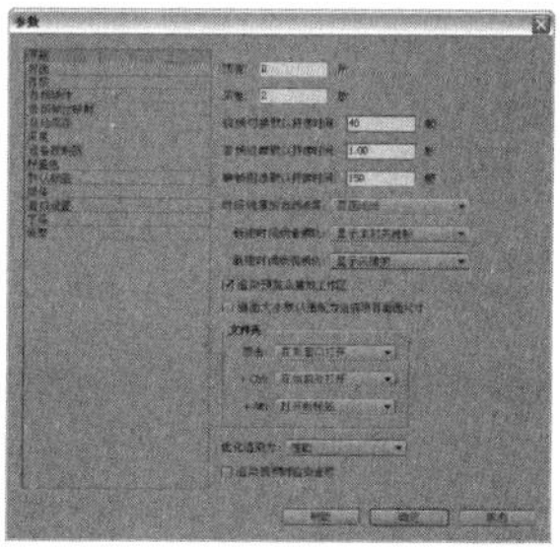

图 3-25　设置转换效果的默认持续时间长度

㉒当将“向上折叠”转场效果拖放到素材 01.avi 和 02.mov 之间时，Premiere Pro CS4 会弹出提示对话框，如图 3-26 所示，提示所添加的转场长度太短，为了使转场更加明显，建议用户适当地延长转场的长度。

㉓拖动时间标尺上方的控制条，适当放大素材的显示比例，然后和拖放素材长度一样，适当拖放“向上折叠”转场的长度，如图 3-27 所示。

图 3-26　提示所添加的转场长度太短

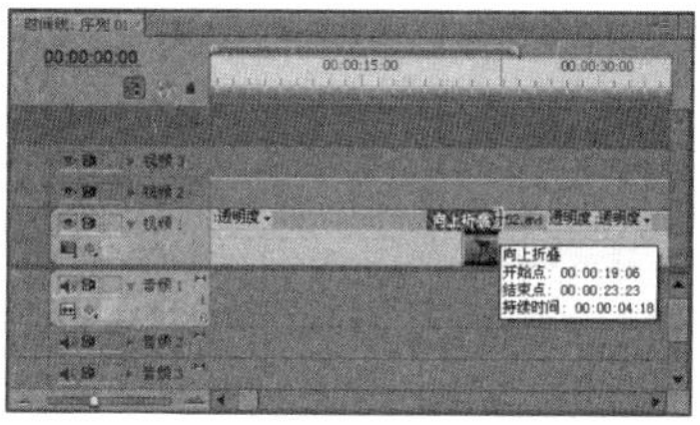

图 3-27　拖放“向上折叠”转场的长度

㉔单击选择“向上折叠”转场，在“特效控制台”面板中可以看到这个转场的相关信息，如图 3-28 所示，设置持续时间为 2 秒，并选中“显示实际来源”复选框，这样就可以看到实际素材之间的转场效果。

㉕在“特效控制台”面板中，单击右上角的⊗可以隐藏这两段素材和其转场的时间线显示。在“对齐”之后可以选择转场在两段素材之间的对齐方式，这里选择对齐方式为“居中于切点”，如图 3-29 所示。

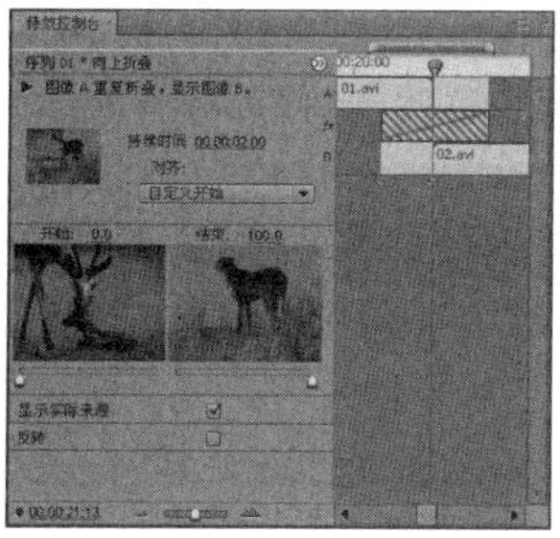

图 3-28　“特效控制台”面板

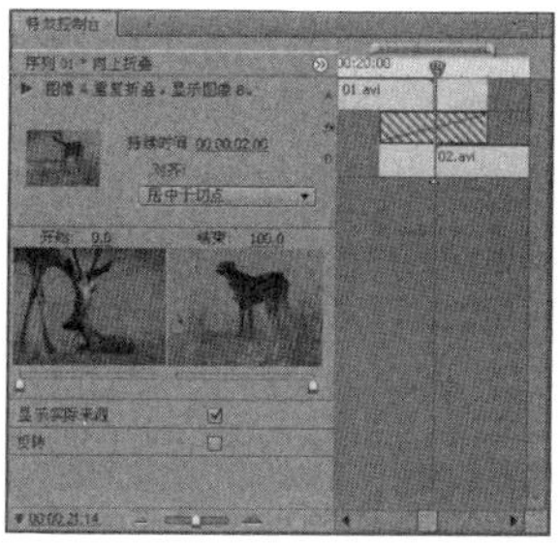

图 3-29　选择对齐方式为“居中于切点”

㉖在“特效控制台”面板中右部的转场时间线图示中，可以用鼠标在转场图示的两端更改长度，在中间也可以自定义开始点对齐，如图 3-30 所示。

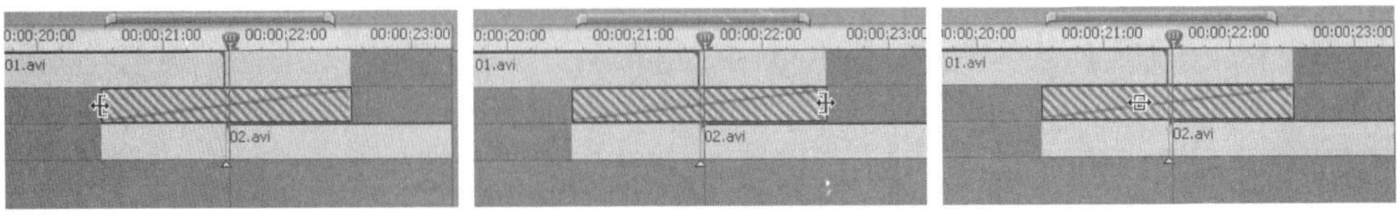

图 3-30　自定义开始点对齐

㉗拖动时间线查看“向上折叠”转场效果，如图 3-31 所示。

㉘同样的方法，为素材 02.avi 与 03.avi 之间添加“帘式”转场，预览效果如图 3-32 所示。

图 3-31　查看转场效果

图 3-32　预览“帘式”转场效果

㉙为素材 03.avi 与 04.avi 之间添加“摆入”转场，预览效果如图 3-33 所示。

㉚为素材 04.avi 与 05.avi 之间添加“摆出”转场，预览效果如图 3-34 所示。

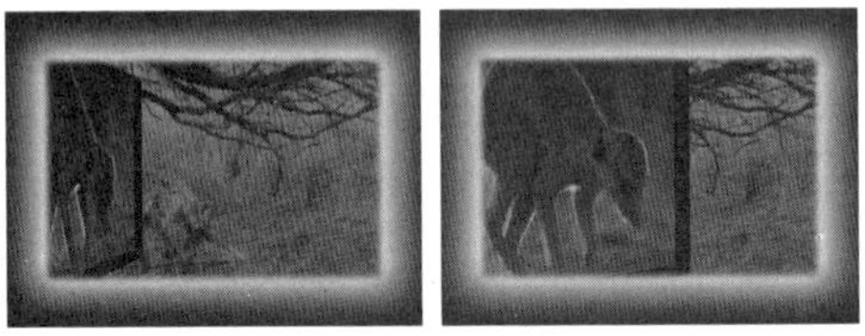

图 3-33　预览“摆入”转场效果

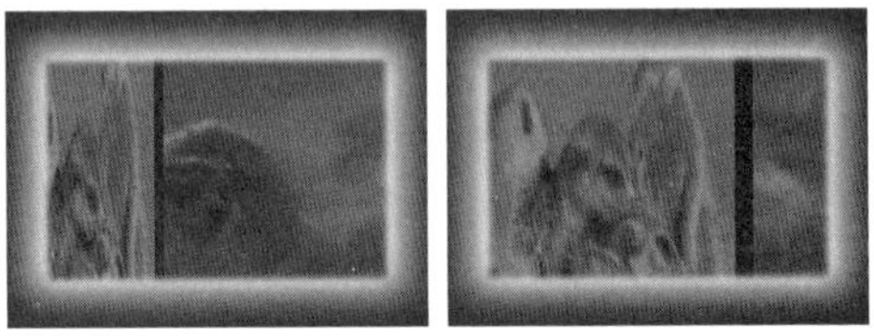

图 3-34　预览“摆出”转场效果

㉛为素材 05.avi 与 06.avi 之间添加“旋转”转场，预览效果如图 3-35 所示。

㉜为素材 06.avi 与 07.avi 之间添加“筋斗过渡”转场，预览效果如图 3-36 所示。

图 3-35　预览“旋转”转场效果

图 3-36　预览“筋斗过渡”转场效果

㉝为素材 07.avi 与 08.avi 之间添加“翻转”转场，预览效果如图 3-37 所示。

㉞为素材 08.avi 与 09.avi 之间添加“门”转场，预览效果如图 3-38 所示。

图 3-37　预览“翻转”转场效果

图 3-38　预览“门”转场效果

3.2　GPU 过渡转场效果——美丽山水间（1）

GPU 转场切换是模拟看书翻页的效果，将前一段素材画面作为翻过去的一页，从而露出后一段素材画面，达到切换过渡的效果。

实例欣赏（图 3-39）

图 3-39　实例欣赏

操作秘籍

- 在“项目”面板中，拖动素材文件夹可以一次性添加文件夹中的各个素材到轨道中。
- 在“特效控制台”面板中，可以复制一个素材的特效参数给其他素材。

实战演练

❶运行 Premiere Pro CS4，单击欢迎窗口中的“新建项目”图标，如图 3-40 所示。在弹出的“新建项目”对话框中选择“常规”选项卡，在对话框下方选择项目文件的存放路径，并输入项目文件名称为“美丽山水间”，如图 3-41 所示，项目设置完成后，单击“确定”按钮。

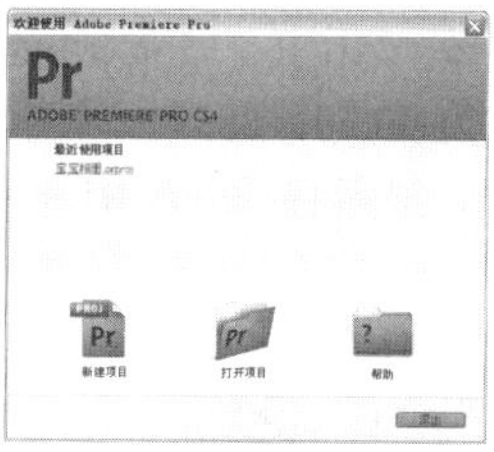

图 3-40　Premiere Pro CS4 欢迎窗口

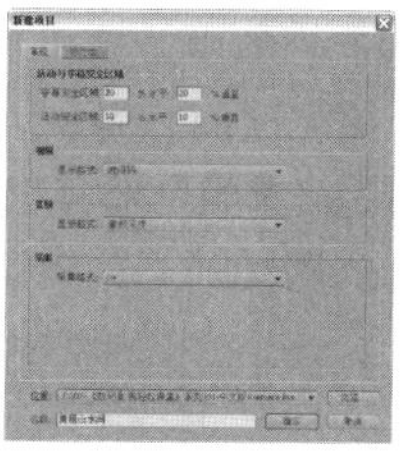

图 3-41　“新建项目”对话框

❷此时弹出“新建序列”对话框，这里选择列表中的“DV – PAL” | “标准 48kHz”选项，其他选项保持默认设置，单击“确定”按钮。

❸在“项目”面板中的空白处双击，此时弹出“导入”对话框，如图 3-42 所示，选中要导入的图片文件夹“图片素材”，然后单击“导入文件夹”按钮。

❹这样，即可将“图片素材”文件夹连同其中的素材一起导入到“项目”面板中，如图 3-43 所示。

图 3-42　“导入”对话框

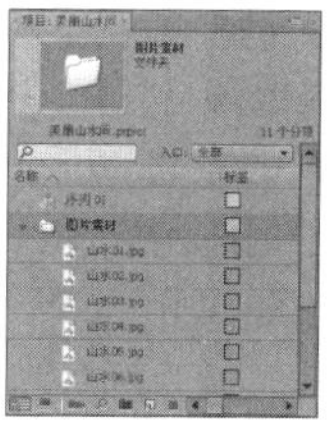

图 3-43　“项目”面板

❺在“项目”面板中选择素材文件夹“图片素材”，然后将其拖放至“时间线”面板中的“视频 1”轨道开始处，如图 3-44 所示。

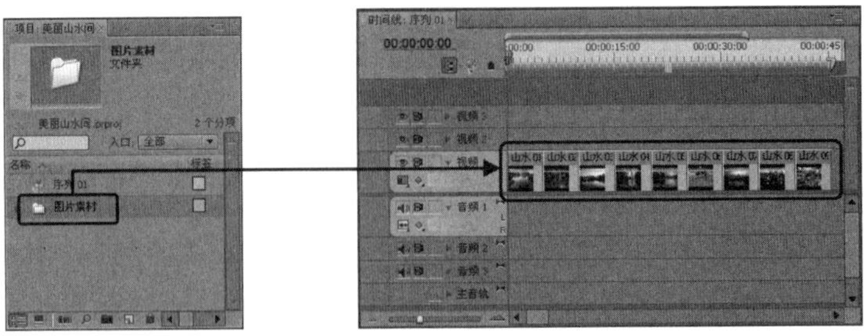

图 3-44　将文件夹“图片素材”拖放至“视频 1”轨道开始处

❻同样的方法，继续在“项目”面板中选择素材文件夹“图片素材”，再次分别将其拖放至“视频 2”和“视频 3”轨道开始处，添加素材后的“时间线”面板如图 3-45 所示，分别单击“视频 2”和“视频 3”前面的“切换轨道输出”图标，将轨道隐藏。

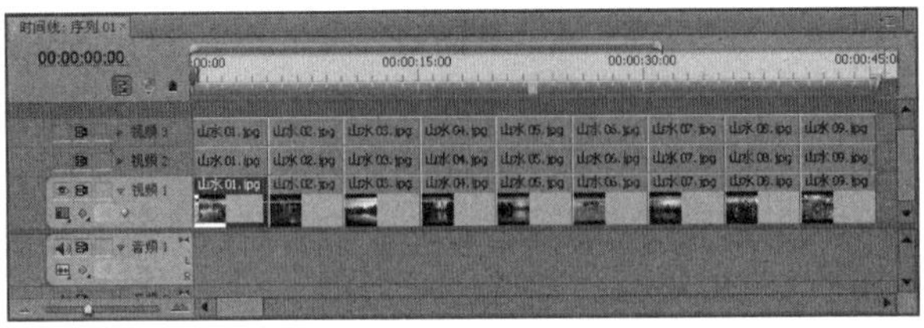

图 3-45　添加素材后的“时间线”面板

❼在“时间线”面板中，选中“视频 1”轨道中的“山水 01.jpg”，然后在其“特效控制台”面板中设置“缩放比例”为 32，“位置”坐标值为（250，285），如图 3-46 所示，用户可以边设置边在右边的“节目”监视器中观察设置结果。最后将“山水 01.jpg”素材的特效参数复制给同轨道的其他素材。

图 3-46　设置“特效控制台”面板

❽在“时间线”面板中，单击“视频 2”前面的“切换轨道输出”图标，显示该轨道。然后选中“视频 2”轨道中的“山水 01.jpg”，在其“特效控制台”面板中设置“缩放比例”为 13，“位置”坐标值为（605，398），如图 3-47 所示。最后将“山水 01.jpg”素材的特效参数复制给同轨道的其他素材。

❾在“时间线”面板中，单击“视频 3”前面的“切换轨道输出”图标，显示该轨道。然后选中“视频 3”轨道中的“山水 01.jpg”，在其“特效控制台”面板中设置“缩放比例”为 13，“位置”坐标值为（605，171），如图 3-48 所示。最后将“山水 01.jpg”素材的特效参数复制给同轨道的其他素材。

图 3-47　设置“特效控制台”面板

图 3-48　设置“特效控制台”面板

❿拖动时间线预览设置特效参数后的效果，如图 3-49 所示。

图 3-49　拖动时间线预览设置特效参数后的效果

⓫在“效果”面板中展开“视频切换”|“GPU 过渡”文件夹，将其中的“中心剥落”转场分别拖放到“视频 1”、“视频 2”和“视频 3”轨道中“山水 01.jpg”与“山水 02.jpg”之间，如图 3-50 所示。

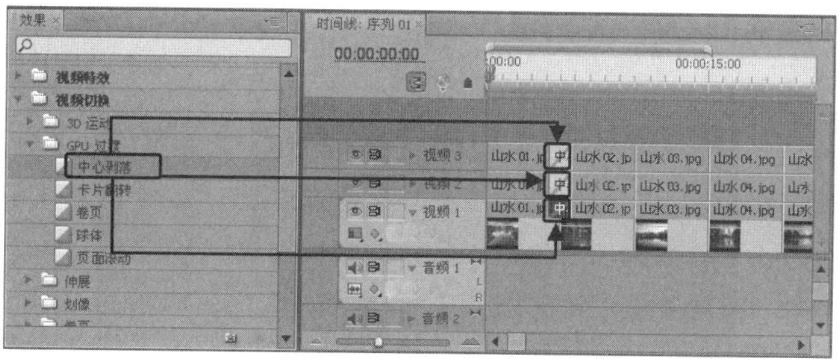

图 3-50　添加“中心剥落”转场效果

⓬拖动时间线查看“中心剥落”转场效果，如图 3-51 所示。

⓭同样的方法，分别为“视频 1”、“视频 2”和“视频 3”轨道中的素材“山水 02.jpg”与“山水 03.jpg”之间添加“卡片翻转”转场，预览效果如图 3-52 所示。

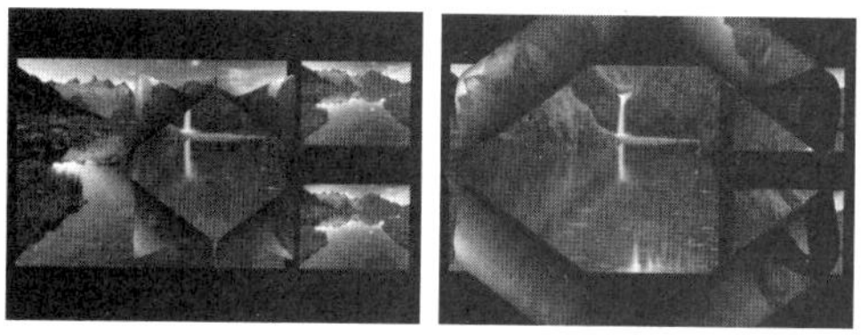

图 3-51　拖动时间线查看“中心剥落”转场效果

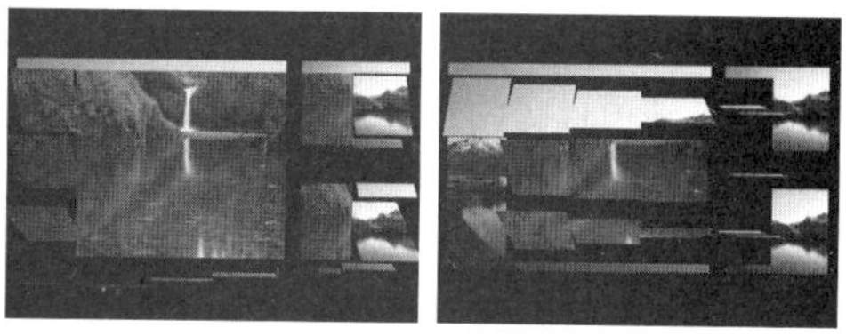

图 3-52　预览“卡片翻转”转场效果

⓮分别为“视频 1”、“视频 2”和“视频 3”轨道中的素材“山水 03.jpg”与“山水 04.jpg”之间添加“卷页”转场，预览效果如图 3-53 所示。

⓯分别为“视频 1”、“视频 2”和“视频 3”轨道中的素材“山水 04.jpg”与“山水 05.jpg”之间添加“球体”转场，预览效果如图 3-54 所示。

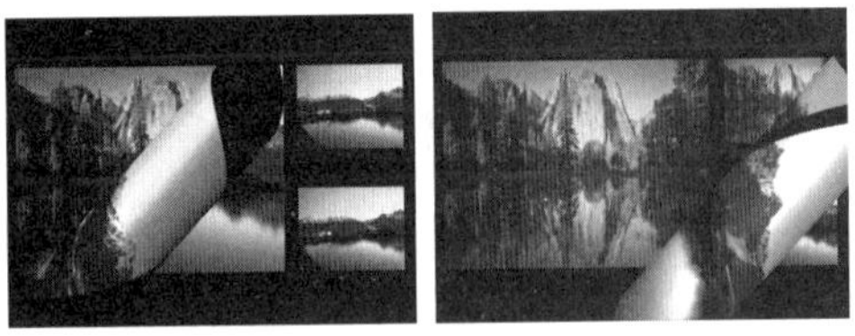

图 3-53 预览“卷页”转场效果

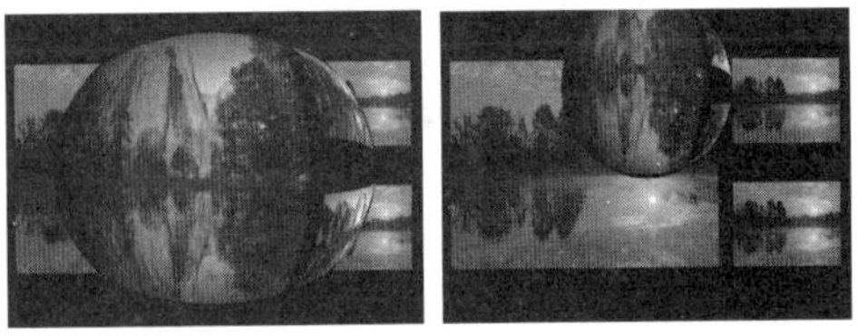

图 3-54 预览“球体”转场效果

⑯分别为“视频 1”、“视频 2”和“视频 3”轨道中的素材“山水 05.jpg”与“山水 06.jpg”之间添加“页面滚动”转场，预览效果如图 3-55 所示。

图 3-55 预览“页面滚动”转场效果

3.3 伸展转场效果——美丽山水间（2）

伸展类转场主要通过使素材片段伸缩，达到转场过渡的效果。其中包含 4 种不同的转场，本节中继续实例“美丽山水间”的制作。

实例欣赏（图 3-56）

图 3-56 实例欣赏

操作秘籍

- 如果画面预览不流畅，可以按 Enter 键先对项目进行渲染后再播放。
- 在“效果”面板中，拖动视频转场到两个素材之间，即可添加一个转场过渡。

实战演练

❶打开项目文件“美丽山水间”，在“效果”面板中展开“视频切换”|“伸展”文件夹，将其中的“交叉伸展”转场分别拖放到“视频 1”、“视频 2”和“视频 3”轨道中“山水 06.jpg”与“山水 07.jpg”之间，如图 3-57 所示。

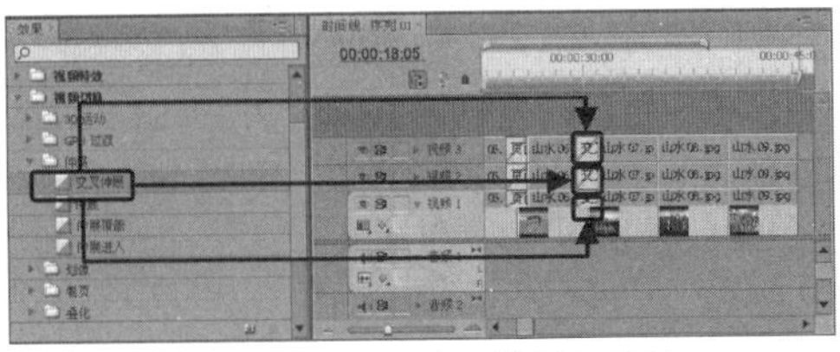

图 3-57 添加“交叉伸展”转场

❷拖动时间线查看“交叉伸展”转场效果，如图 3-58 所示。

❸同样的方法，分别为“视频 1”、“视频 2”和“视频 3”轨道中的素材“山水 07.jpg”与“山水 08.jpg”之间添加“伸展覆盖”转场，预览效果如图 3-59 所示。

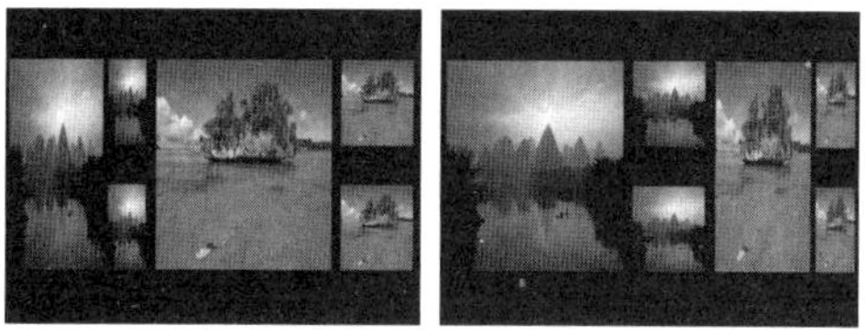

图 3-58 预览“交叉伸展”转场效果

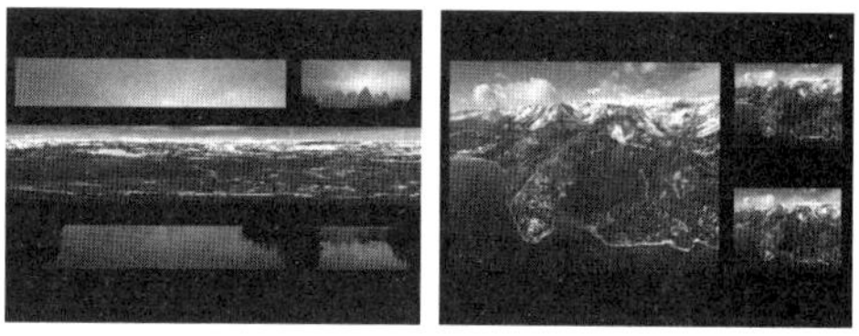

图 3-59 预览“伸展覆盖”转场效果

❹分别为“视频 1”、“视频 2”和“视频 3”轨道中的素材“山水 08.jpg”与“山水 09.jpg”之间添加“伸展进入”转场，预览效果如图 3-60 所示。

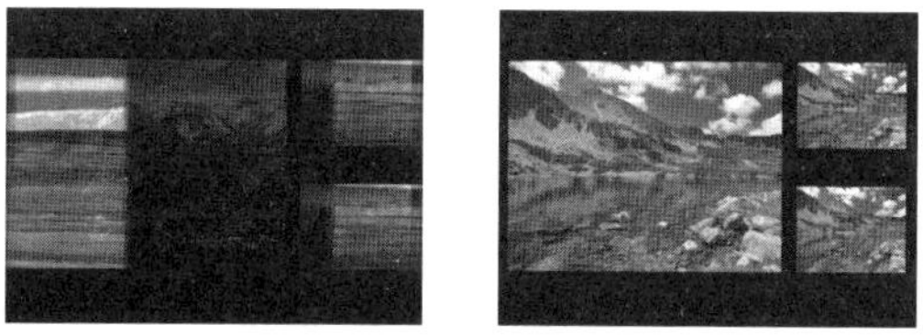

图 3-60 预览“伸展进入”转场效果

3.4 划像转场效果——花卉大观园（1）

划像类转场主要是通过画面中不同形状的孔形面积的变化，达到转场过渡的效果，其中包含 7 种不同的转场，接下来继续通过实例来介绍划像转场效果。

实例欣赏（图 3-61）

图 3-61 实例欣赏

操作秘籍

- 在“新建字幕”对话框中预置了好多字幕模板，用户可以快速选取需要的模板应用到自己的项目中。
- 素材的使用方法和图片素材类似，可以改变其显示长度、大小和位置等。

实战演练

❶运行 Premiere Pro CS4，单击欢迎窗口中的“新建项目”图标，如图 3-62 所示。在弹出的“新建项目”对话框中，选择“常规”选项卡，在对话框下方选择项目文件的存放路径，并输入项目文件名称为“花卉大观园”，如图 3-63 所示，项目设置完成后，单击“确定”按钮。

❷此时弹出“新建序列”对话框，这里选择列表中的“DV – PAL”|“标准 48kHz”选项，其他选项保持默认设置，最后单击“确定”按钮。

图 3-62　Premiere Pro CS4 欢迎窗口

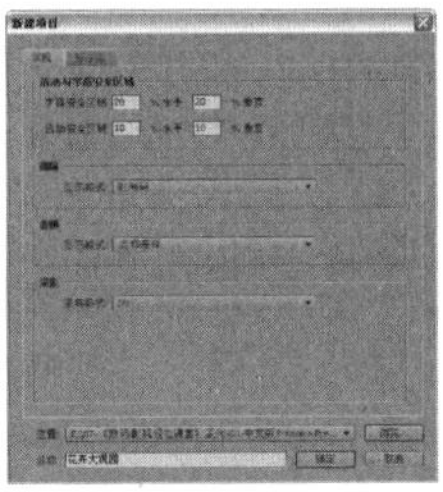

图 3-63　“新建项目”对话框

❸在“项目”面板的空白处双击，此时弹出“导入”对话框，如图 3-64 所示，选中要导入的图片文件夹“图片素材”，然后单击“导入文件夹”按钮。

❹这样，即可将“图片素材”文件夹连同其中的素材一起导入到“项目”面板中，如图 3-65 所示。

图 3-64　“导入”对话框

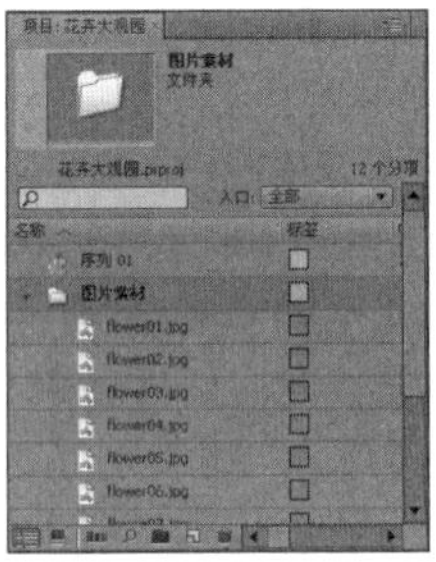

图 3-65　“项目”面板

❺在“项目”面板中选择素材文件夹“图片素材”，然后将其拖放至“时间线”面板中的“视频 1”轨道开始处，如图 3-66 所示。

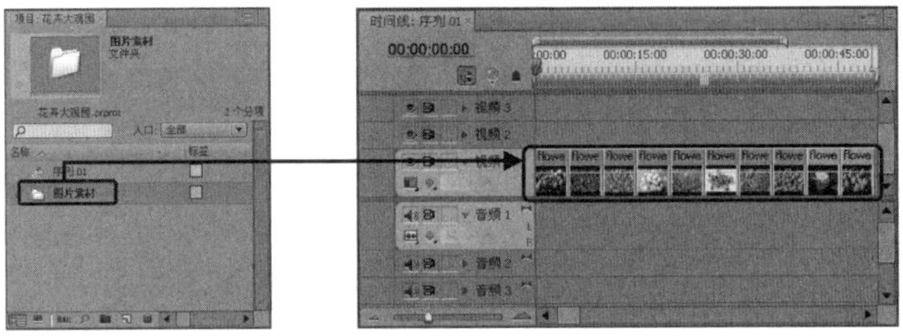

图 3-66　将文件夹“图片素材”拖放至“视频 1”轨道开始处

❻在“时间线”面板中选中“视频 1”轨道中的 flower01.jpg，然后在其“特效控制台”面板中设置“缩放比例”为 49，如图 3-67 所示，用户可以边设置边在右边的“节目”监视器中观察设置结果。最后将 flower01.jpg 素材的特效参数复制给同轨道的其他素材。

图 3-67　设置“特效控制台”面板参数

❼选择“字幕”|“新建字幕”|“基于模板”命令，弹出“新建字幕”对话框，如图 3-68 所示，展开“字幕设计预置”|“H 遮幅”选项，选择其中的“信箱遮幅模式”字幕模板，然后命名为“上下遮幅”，单击“确定”按钮。

❽在弹出的字幕编辑窗口中可以预览画面效果，如图 3-69 所示，这里保持默认设置，直接单击“关闭”按钮☒。

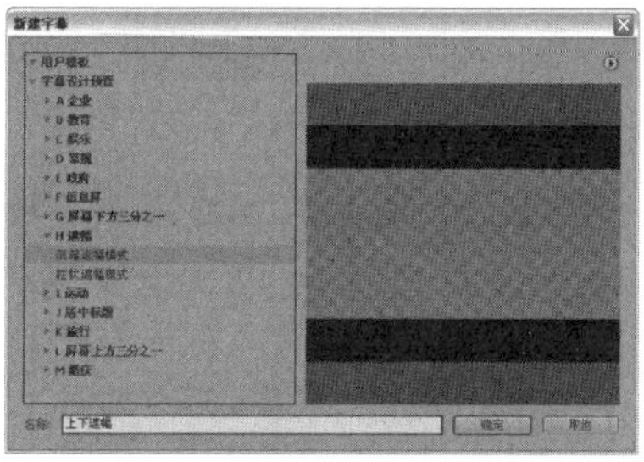
图 3-68　选择“信箱遮幅模式”字幕模板

图 3-69　字幕编辑窗口

❾将新创建的字幕“上下遮幅”拖放到“视频 2”轨道开始处，如图 3-70 所示，并拖放字幕尾部与“视频 1”轨道素材齐长。

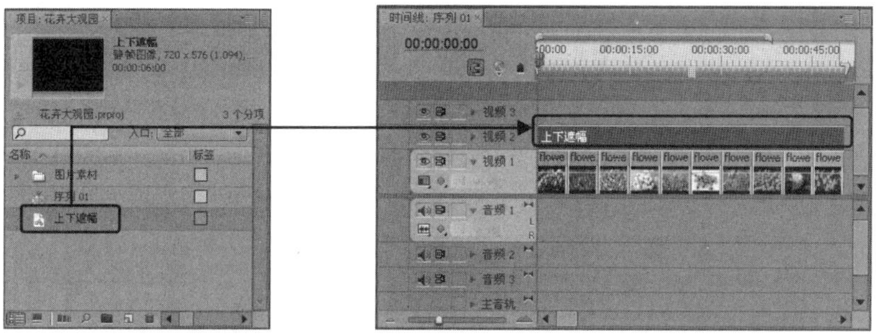
图 3-70　添加素材

❿继续新建标题字幕，如图 3-71 所示，选择一种标题字幕，如这里选择“居中标题 1007”模板，然后设置“名称”为“标题”，再单击“确定”按钮。

⓫在出现的“字幕”窗口中，修改文字为“花卉大观园”，然后设置标题的字体和字号，并为其应用一种文字样式，如图 3-72 所示，设置完成后单击“关闭”按钮☒。

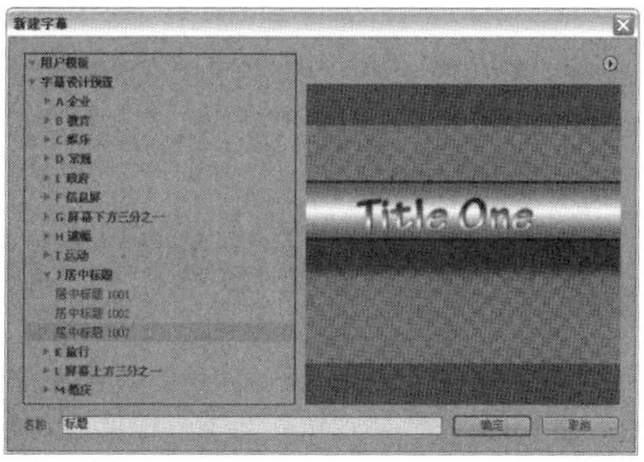
图 3-71　新建标题字幕

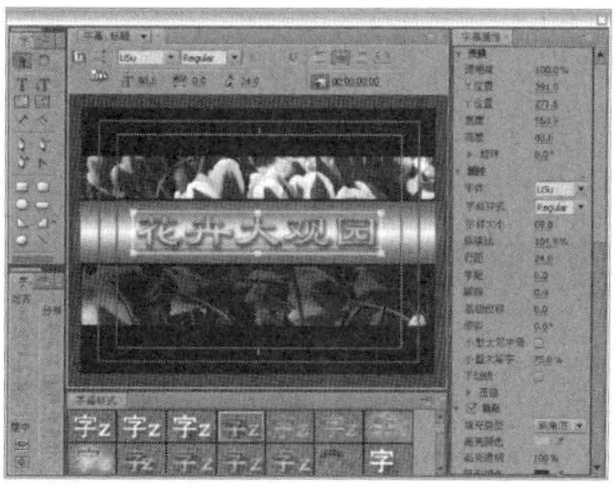
图 3-72　应用文字样式

⓬将字幕“标题”拖放到“视频 3”轨道开始处，如图 3-73 所示，设置其入点和出点分别为“00:00:00:00”和“00:00:03:00”。

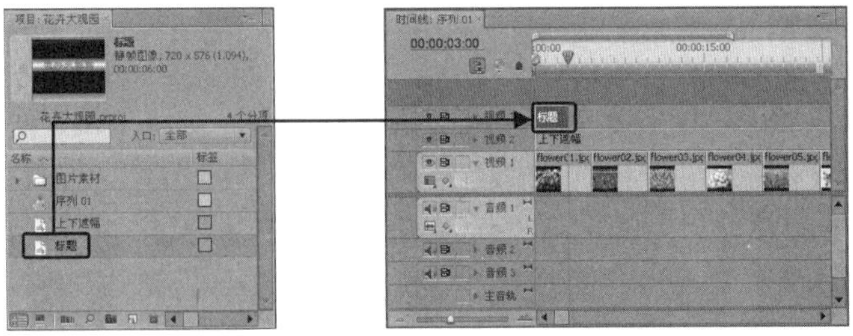

图 3-73　添加字幕素材

⑬按快捷键 Ctrl+D 分别为“标题”字幕的左右两端添加默认的“交叉叠化”转场效果，如图 3-74 所示。

⑭至此，字幕制作完成，拖动时间线指示器预览字幕和遮幅效果，如图 3-75 所示。

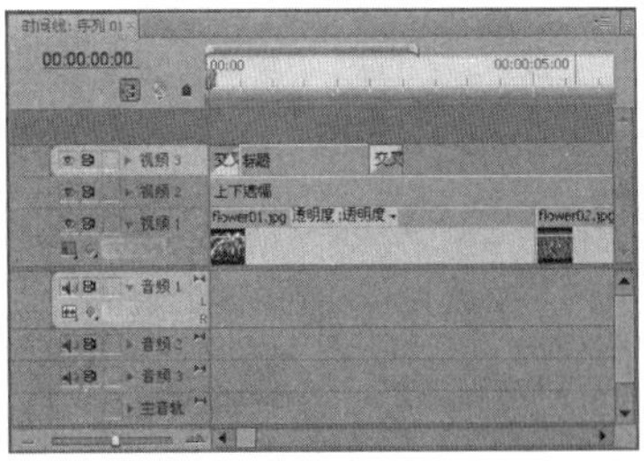

图 3-74　添加“交叉叠化”转场效果

图 3-75　预览字幕和遮幅效果

⑮在“效果”面板中展开“视频切换”|“划像”文件夹，将其中的“划像交叉”转场拖放到“视频 1”轨道中 flower01.jpg 与 flower02.jpg 之间，如图 3-76 所示。

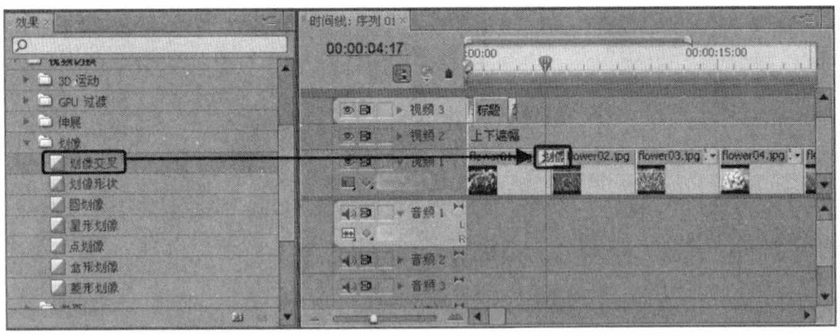

图 3-76　添加“划像交叉”转场

⑯拖动时间线查看“划像交叉”转场效果，如图 3-77 所示。

⑰同样的方法，为素材 flower02.jpg 与 flower03.jpg 之间添加“划像形状”转场，预览效果如图 3-78 所示。

图 3-77　拖动时间线查看“划像交叉”转场效果

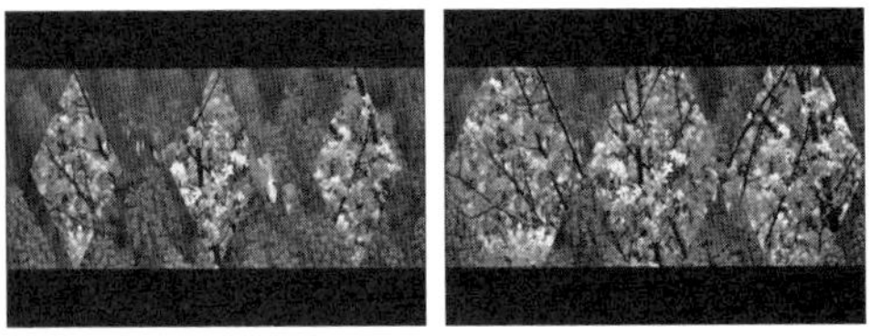

图 3-78　拖动时间线查看“划像形状”转场效果

⑱为素材 flower03.jpg 与 flower04.jpg 之间添加“圆划像”转场，预览效果如图 3-79 所示。

⑲为素材 flower04.jpg 与 flower05.jpg 之间添加“点划像”转场，预览效果如图 3-80 所示。

图 3-79　拖动时间线查看“圆划像”转场效果

图 3-80　拖动时间线查看“点划像”转场效果

⑳为素材 flower05.jpg 与 flower06.jpg 之间添加“菱形划像”转场，预览效果如图 3-81 所示。

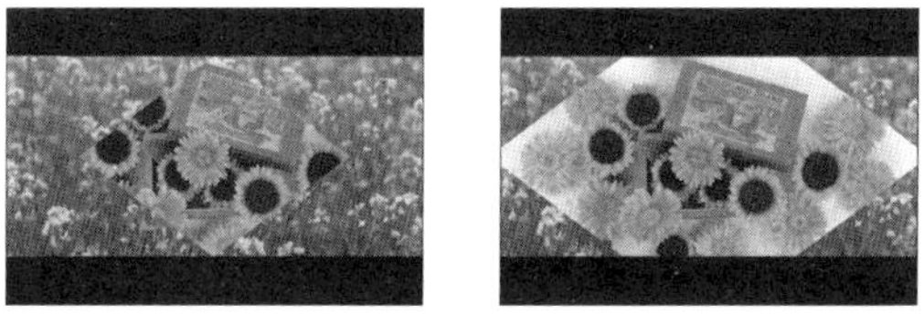

图 3-81　拖动时间线查看“菱形划像”转场效果

3.5　卷页转场效果——花卉大观园（2）

实例欣赏（图 3-82）

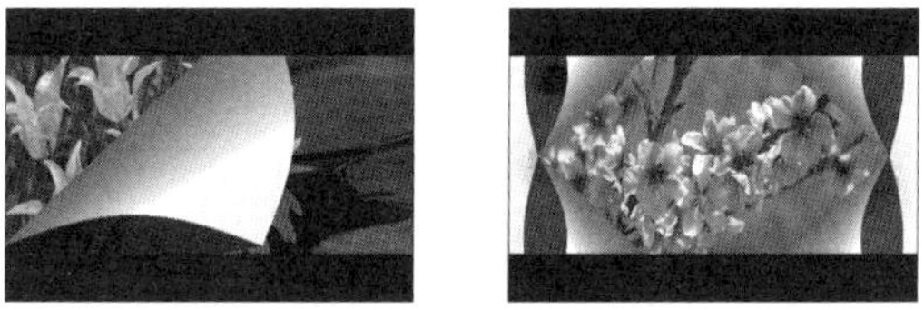

图 3-82　实例欣赏

操作秘籍

- 如果要实现逼真的翻页效果，可以为素材间添加“卷页”转场。
- 如果不清楚某个转场的具体效果是怎样的，可以将其先随便添加到任意两个素材之间，预览效果后，再删除即可。

实战演练

❶继续实例“花卉大观园”的制作。在“效果”面板中展开“视频切换”|“卷页”文件夹，将其中的“中心剥落”转场拖放到“视频 1”轨道中 flower06.jpg 与 flower07.jpg 之间，如图 3-83 所示。

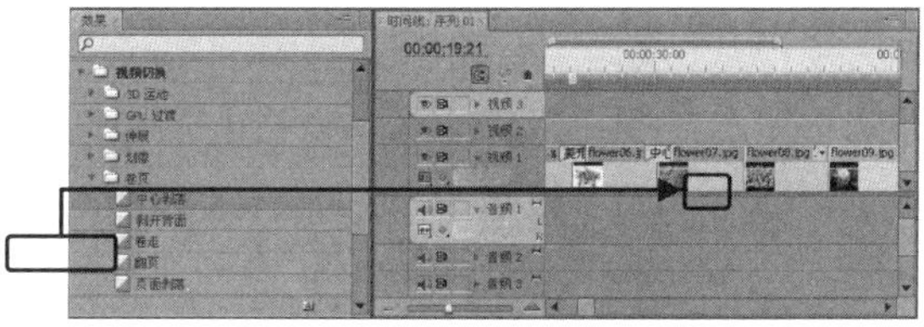

图 3-83　添加“中心剥落”转场

❷拖动时间线查看“中心剥落”转场效果，如图 3-84 所示。

❸同样的方法，为素材 flower07.jpg 与 flower08.jpg 之间添加“剥开背面”转场，预览效果如图 3-85 所示。

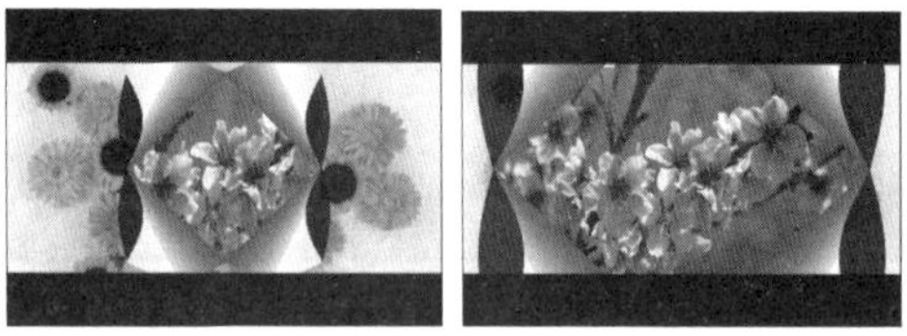

图 3-84 拖动时间线查看“中心剥落”转场效果

图 3-85 拖动时间线查看“剥开背面”转场效果

❹为素材 flower08.jpg 与 flower09.jpg 之间添加“翻页”转场，预览效果如图 3-86 所示。

❺为素材 flower09.jpg 与 flower10.jpg 之间添加“页面剥落”转场，预览效果如图 3-87 所示。

图 3-86 拖动时间线查看“翻页”转场效果

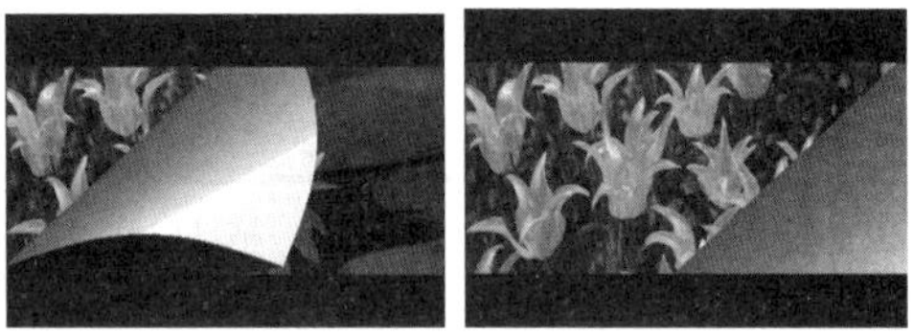

图 3-87 拖动时间线查看“页面剥落”转场效果

3.6 叠化转场效果——户外漫步（1）

叠化类转场主要是通过画面的溶解消失，达到转场过渡的效果，包含 7 种不同的转场。接下来，通过实例“户外漫步”来介绍叠化类转场的应用。

实例欣赏（图 3-88）

图 3-88 实例欣赏

操作秘籍

- 如果为已经添加转场的两个素材之间再次添加转场，则会覆盖之前的转场过渡。
- 在 Premiere Pro CS4 中，为了导入后缀为 MOV 格式的视频文件，需要安装 QuickTime 播放器，且 QuickTime 的版本必须是 7.2 或更高版本。

实战演练

❶运行 Premiere Pro CS4，单击欢迎窗口中的“新建项目”图标，如图 3-89 所示。在弹出的“新建项目”对话框中选择“常规”选项卡，在对话框下方选择项目文件的存放路径，并输入项目文件名称为“户外漫步”，如图 3-90 所示，项目设置完成后，单击“确定”按钮。

❷此时弹出“新建序列”对话框，这里选择列表中的“DV – PAL”|“标准 48kHz”选项，其他选项保持默认设置，最后单击“确定”按钮。

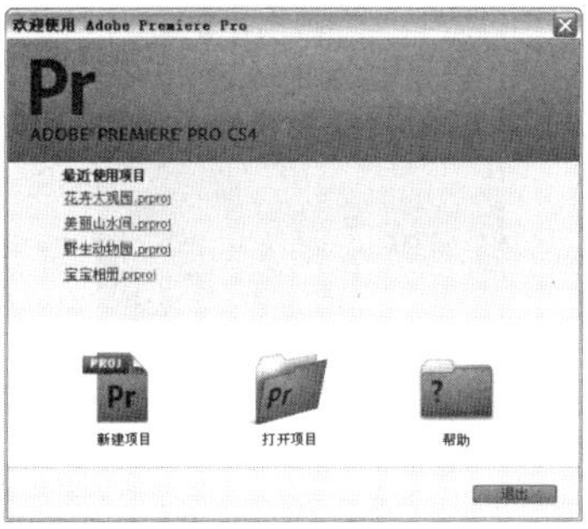

图 3-89　Premiere Pro CS4 欢迎窗口

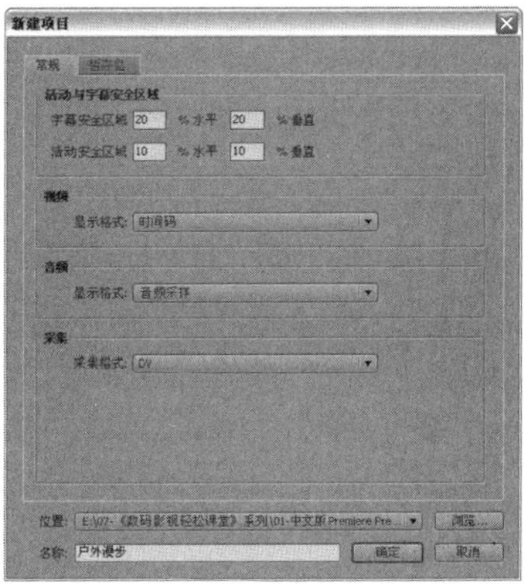

图 3-90　“新建项目”对话框

❸选择“编辑”|“参数”|“常规”命令，弹出“参数”对话框，如图 3-91 所示，在“常规”选项中，设置“静帧图像默认持续时间”为 75 帧；在“媒体”选项中，设置“不确定的媒体时间基准”为 25.00fps，如图 3-92 所示，设置完成后单击“确定”按钮。

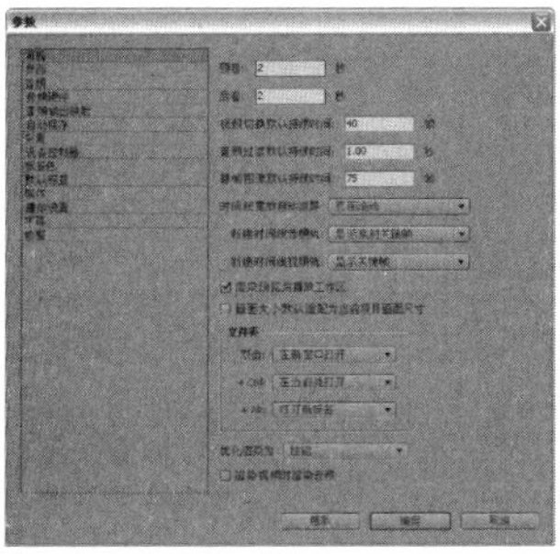

图 3-91　设置“常规”选项

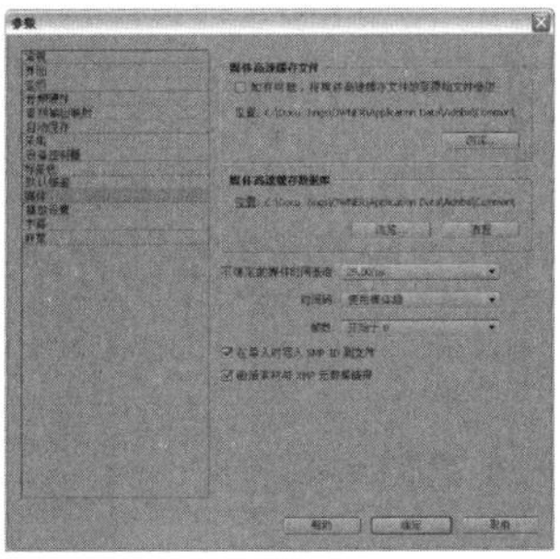

图 3-92　设置“媒体”选项

❹在“项目”面板的空白处双击，弹出“导入”对话框，如图 3-93 所示，选中要导入的图片文件夹“图片素材”，然后单击“导入文件夹”按钮。

❺这样，即可将“图片素材”文件夹连同其中的素材一起导入到“项目”面板中，如图 3-94 所示。

图 3-93　“导入”对话框

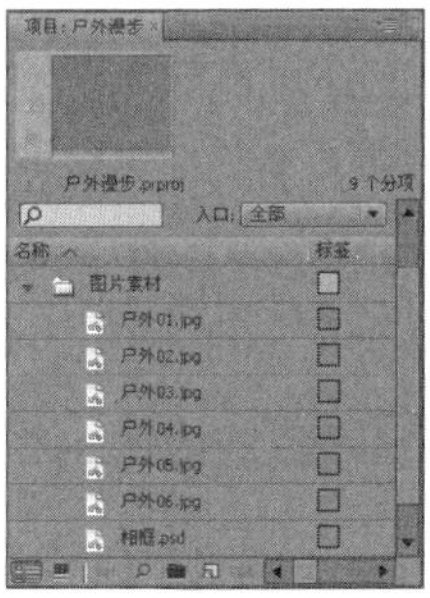

图 3-94　“项目”面板

❻继续在“项目”面板的空白处双击，弹出“导入”对话框，如图 3-95 所示，选中要导入的视频素材“视频背景.mov”，单击“打开”按钮。

❼这样，即可将视频素材导入到“项目”面板中，如图 3-96 所示。

图 3-95 “导入”对话框

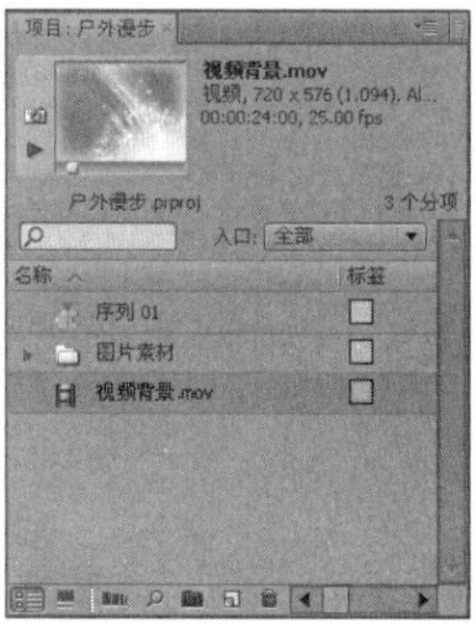

图 3-96 “项目”面板中的视频素材

操作提示

在 Premiere Pro CS4 中，为了导入后缀为 MOV 格式的视频文件，需要安装 QuickTime 播放器，且 QuickTime 的版本必须是 7.2 或更高版本。QuickTime 安装完成后，重新启动 Premiere Pro CS4 即可成功导入。

❽在“项目”面板中将视频素材“视频背景.mov”拖放至“时间线”面板中的“视频 1”轨道开始处，如图 3-97 所示。

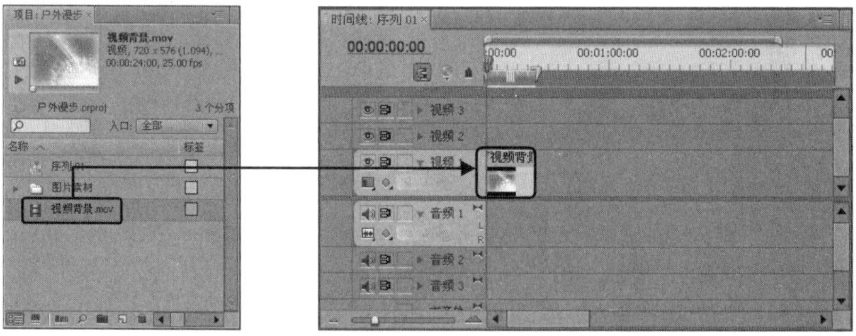

图 3-97 将“视频背景.mov”拖放至“视频 1”轨道开始处

❾在“项目”面板中展开“图片素材”文件夹，然后依次选择“户外 01.jpg”~“户外 06.jpg”，将其拖放至“时间线”面板中的“视频 2”轨道开始处，如图 3-98 所示。

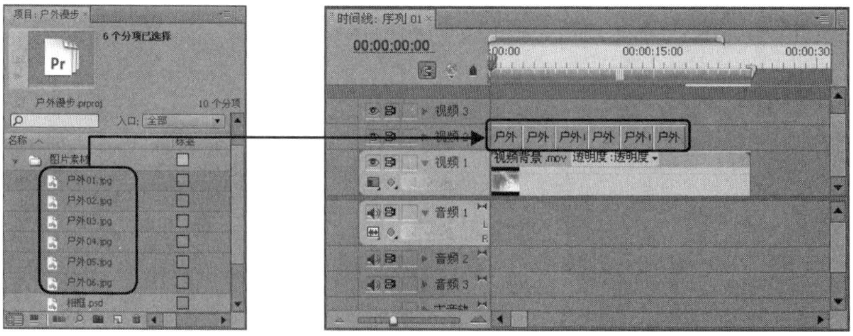

图 3-98 添加图片素材到“视频 2”轨道开始处

❿在“项目”面板中展开“图片素材”文件夹，选择“相框.psd”将其拖放至“时间线”面板中的“视频 3”轨道开始处，如图 3-99 所示，并设置素材“相框.psd”的出点与视频 2 轨道中的素材齐长。

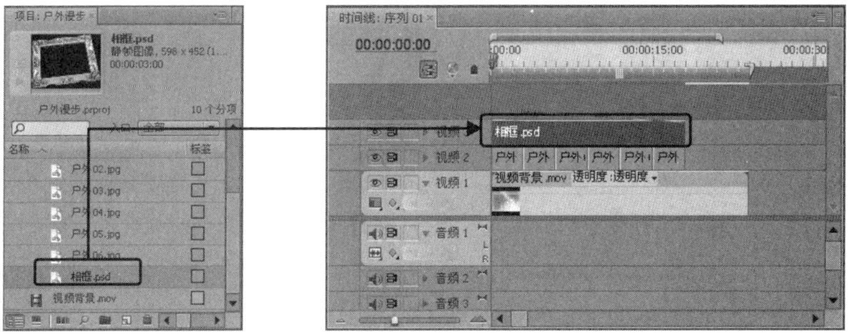

图 3-99　添加图片素材到“视频 3”轨道开始处

⓫选中视频 3 轨道中的素材“相框.psd”，然后在其“特效控制台”面板中展开“运动”选项，设置“缩放比例”为 120，“缩放比例”坐标值为（353，282），如图 3-100 所示。

⓬选中视频 3 轨道中的素材“户外 01.jpg”，在其“特效控制台”面板中展开“运动”选项，设置“缩放比例”为 33，“缩放比例”坐标值为（341，276），如图 3-101 所示。

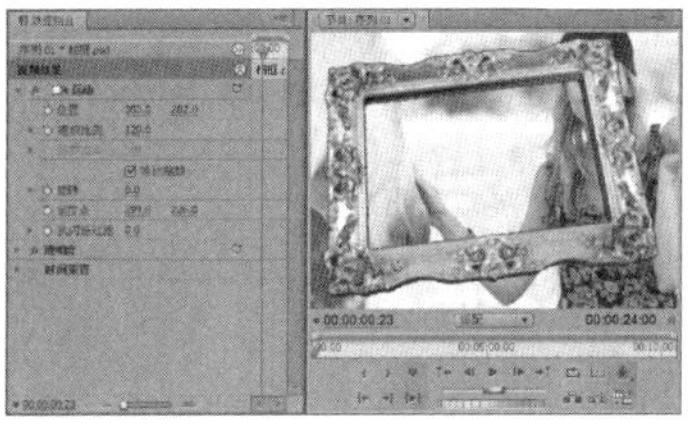

图 3-100　设置“特效控制台”面板

图 3-101　设置“特效控制台”面板

⓭复制“户外 01.jpg”的“运动”选项设置，分别粘贴给同轨道中的“户外 02.jpg”~“户外 06.jpg”，然后拖动时间线预览设置后的效果，如图 3-102 所示。

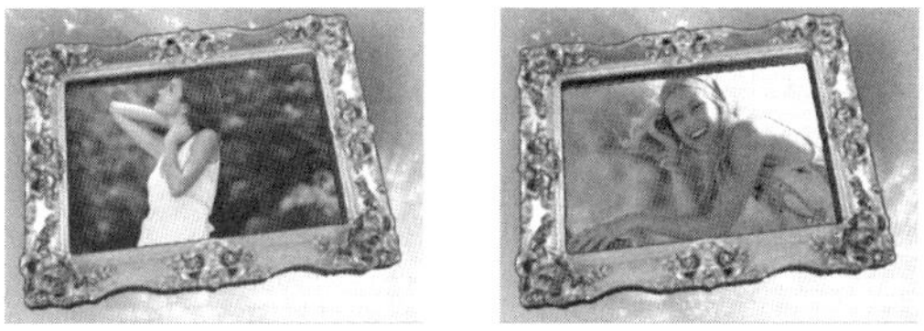

图 3-102　拖动时间线预览设置后的效果

⓮在“效果”面板中展开“视频切换”|“叠化”文件夹，将其中的“抖动溶解”转场拖放到“视频 2”轨道中“户外 01.jpg”与“户外 02.jpg”之间，如图 3-103 所示。

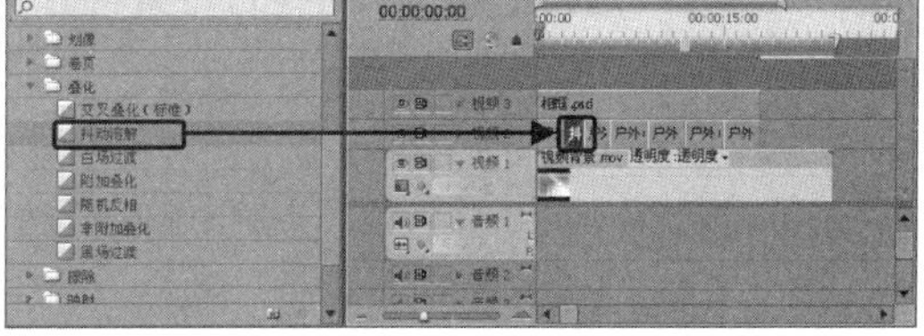

图 3-103　添加“抖动溶解”转场

⑮拖动时间线查看“抖动溶解”转场效果，如图 3-104 所示。

⑯同样的方法，为素材“户外 02.jpg”与“户外 03.jpg”之间添加“附加叠化”转场，预览效果如图 3-105 所示。

图 3-104 拖动时间线查看“抖动溶解”转场效果

图 3-105 预览“附加叠化”转场效果

⑰为素材“户外 03.jpg”与“户外 04.jpg”之间添加“白场过渡”转场，预览效果如图 3-106 所示。

⑱为素材“户外 04.jpg”与“户外 05.jpg”之间添加“黑场过渡”转场，预览效果如图 3-107 所示。

图 3-106 预览“白场过渡”转场效果

图 3-107 预览“黑场过渡”转场

3.7 映射转场效果——户外漫步（2）

实例欣赏（图 3-108）

图 3-108 实例欣赏

操作秘籍

- 在“时间线”面板中，按快捷键 PageDown 可以将时间线指示器定位到轨道中最后一段素材尾部，按快捷键 PageUp 可以将时间线指示器定位到轨道中最先出现的素材首部。
- 按键盘上的 C 键，可以快速选择“剃刀工具”进行素材剪辑。

实战演练

❶打开项目文件“户外漫步”，在“效果”面板中展开“视频切换”|“映射”文件夹，将其中的“明亮度映射”转场拖放到“视频 2”轨道中“户外 05.jpg”与“户外 06.jpg”之间，如图 3-109 所示。

❷拖动时间线查看“明亮度映射”转场效果，如图 3-110 所示。

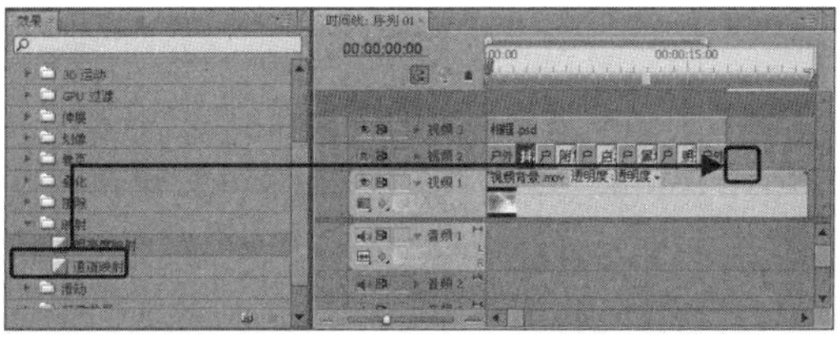

图 3-109　拖放“明亮度映射”转场至“户外 05.jpg”与“户外 06.jpg”之间

图 3-110　预览“明亮度映射”转场

❸在“时间线”面板中，按快捷键 PageDown 将时间线指示器定位到视频 2 轨道中最后一段素材尾部，然后在“工具”面板中选择“剃刀工具”，再在视频 1 轨道的时间线指示器上单击，将素材一分为二，如图 3-111 所示。选中剪裁下来的后半部分，按 Delete 键将其删除，如图 3-112 所示。至此，本实例制作完成。

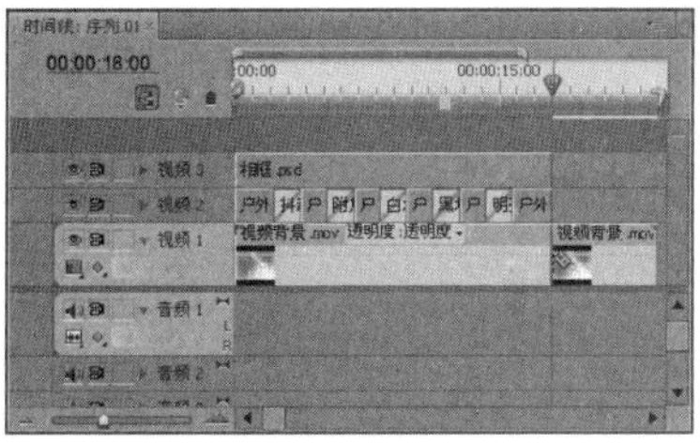

图 3-111　将素材一分为二

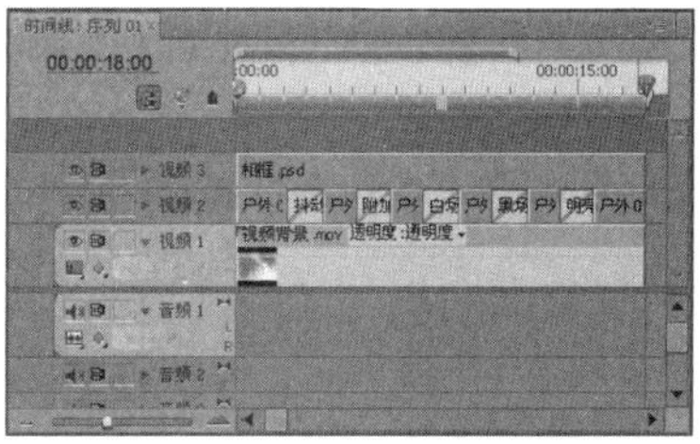

图 3-112　最终的“时间线”面板

3.8　擦除转场效果——神奇的九寨沟

擦除类转场主要通过各种形状和方式的划像渐隐，达到转场过渡的效果，其中包含 17 种不同的转场。接下来，通过实例“神奇的九寨沟”介绍“擦除”类转场的应用。

实例欣赏（图 3-113）

图 3-113　实例欣赏

操作秘籍

- 在素材上右击，选择“解除视音频链接”命令，可以快速解除视音频的关联。
- 为画面增加适当的边框效果，可以为其增色不少。

实战演练

❶运行 Premiere Pro CS4，单击欢迎窗口中的“新建项目”图标，如图 3-114 所示。在弹出的“新建项目”对话框中选择“常规”选项卡，在对话框下方选择项目文件的存放路径，并输入项目文件名称为“神奇的九寨沟”，如图 3-115 所示，项目设置完成后，单击“确定”按钮。

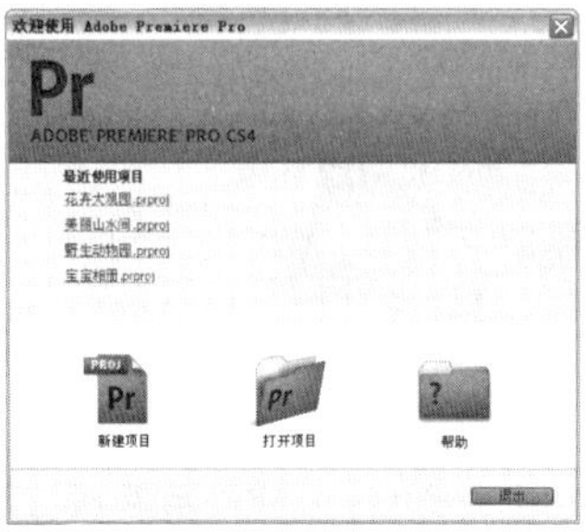

图 3-114　Premiere Pro CS4 欢迎窗口

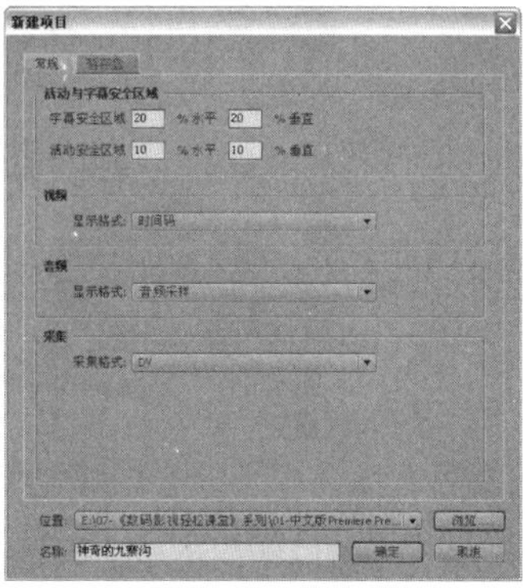

图 3-115　“新建项目”对话框

❷弹出“新建序列”对话框，这里选择列表中的“DV – PAL” | “标准 48kHz”选项，其他选项保持默认设置，单击“确定”按钮。

❸在“项目”面板中的空白处双击，弹出“导入”对话框，如图 3-116 所示，选中要导入的图片文件夹“视频素材”，单击“导入文件夹”按钮。

❹这样，即可将“视频素材”文件夹连同其中的素材一起导入到“项目”面板中，如图 3-117 所示。

图 3-116　“导入”对话框

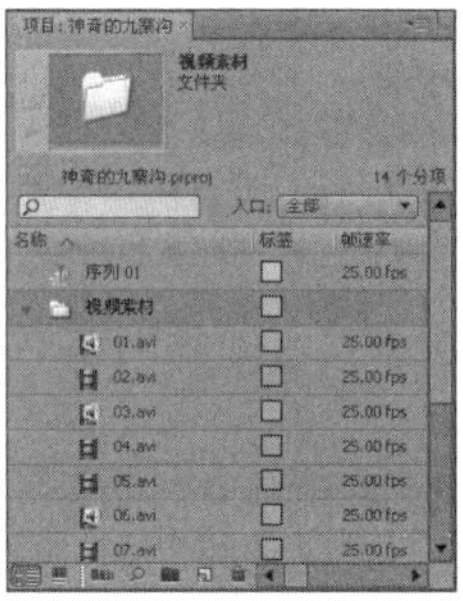

图 3-117　“项目”面板

❺在“项目”面板中选择素材文件夹“视频素材”，将其拖放至“时间线”面板中的“视频 1”轨道开始处，如图 3-118 所示。

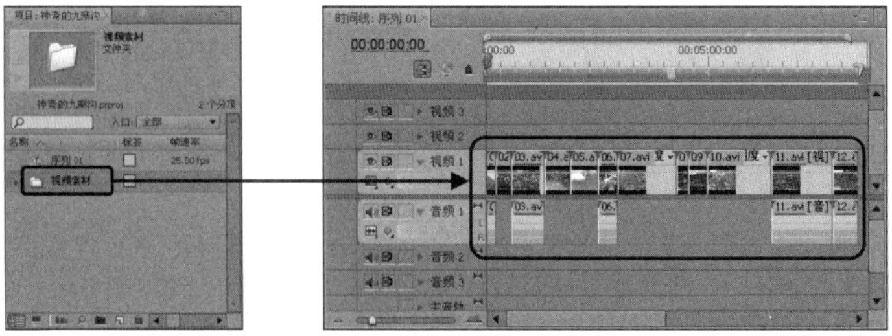

图 3-118　添加“视频素材”文件夹到“视频 1”轨道开始处

❻在“视频 1”轨道中的第 1 段素材 01.avi 上右击，从弹出的快捷菜单中选择“解除视音频链接”命令，如图 3-119 所示，将素材的视音频分离，选择音频部分，按 Delete 键将其删除。

❼同样的方法，将“视频 1”轨道中其他带有音频的视频素材进行视音频分离，并分别删除音频部分，删除后的“时间线”面板如图 3-120 所示。

图 3-119　选择“解除视音频链接”命令

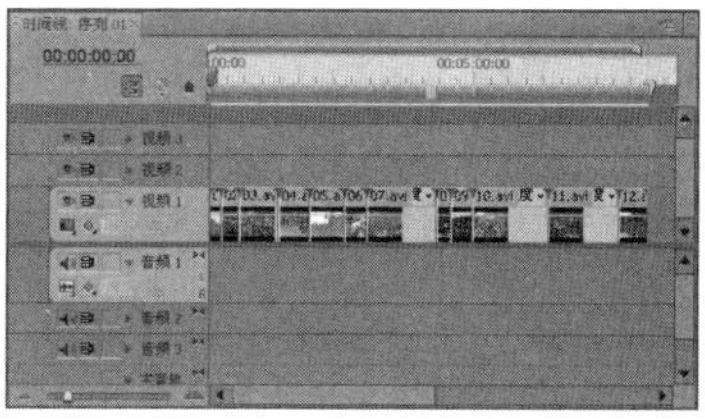
图 3-120　删除音频后的“时间线”面板

❽在“项目”面板中，将图片素材“相框.psd”拖放至“时间线”面板中的“视频 2”轨道开始处，如图 3-121 所示，并设置素材“相框.psd”的出点与视频 1 轨道中的素材齐长。

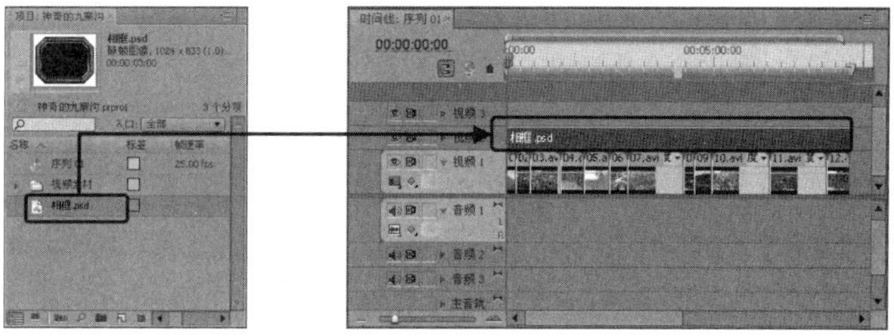
图 3-121　添加图片素材“相框.psd”到“视频 2”轨道开始处

❾在“时间线”面板中选中“视频 2”轨道中的“相框.psd”，在其“特效控制台”面板中设置“缩放比例”为 79，如图 3-122 所示，用户可以边设置边在右边的“节目”监视器中观察设置结果。

图 3-122　设置“特效控制台”面板

❿在“效果”面板中展开“视频切换”|“擦除”文件夹，将其中的“双侧平推门”转场拖放到“视频 1”轨道中 01.avi 与 02.avi 之间，如图 3-123 所示。

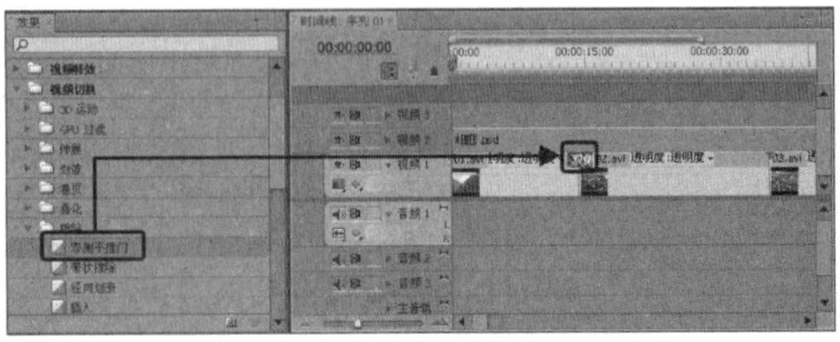

图 3-123 添加“双侧平推门”转场

⑪拖动时间线查看“双侧平推门”转场效果，如图 3-124 所示。

⑫同样的方法，为素材 02.avi 与 03.avi 之间添加“带状擦除”转场，预览效果如图 3-125 所示。

图 3-124 预览“双侧平推门”转场效果

图 3-125 预览“带状擦除”转场效果

⑬为素材 03.avi 与 04.avi 之间添加“擦除”转场，预览效果如图 3-126 所示。

⑭为素材 04.avi 与 05.avi 之间添加“时钟式划变”转场，预览效果如图 3-127 所示。

图 3-126 预览“擦除”转场

图 3-127 预览“时钟式划变”转场

⑮为素材 05.avi 与 06.avi 之间添加“棋盘”转场，预览效果如图 3-128 所示。

⑯为素材 06.avi 与 07.avi 之间添加“楔形划变”转场，预览效果如图 3-129 所示。

图 3-128 预览“棋盘”转场

图 3-129 预览“楔形划变”转场

⑰为素材 07.avi 与 08.avi 之间添加“渐变擦除”转场，预览效果如图 3-130 所示。

⑱为素材 08.avi 与 09.avi 之间添加“百叶窗”转场，预览效果如图 3-131 所示。

图 3-130 预览“渐变擦除”转场

图 3-131 预览“百叶窗”转场

⑲为素材 09.avi 与 10.avi 之间添加“随机块”转场，预览效果如图 3-132 所示。

⑳为素材 10.avi 与 11.avi 之间添加“随机擦除”转场，预览效果如图 3-133 所示。

图 3-132　预览“随机块”转场

图 3-133　预览“随机擦除”转场

㉑为素材 11.avi 与 12.avi 之间添加“风车”转场，预览效果如图 3-134 所示。至此，本实例制作完成。

图 3-134　预览“风车”转场

3.9　滑动转场效果——足球世界（1）

实例欣赏（图 3-135）

图 3-135　实例欣赏

操作秘籍

- 为了有效地管理素材，可以在“项目”面板中对素材分类存放在各自的文件夹中。
- 在“字幕”面板中只需要简单地修改文字，就可以将内置字幕模板变为自己的字幕素材。

实战演练

❶运行 Premiere Pro CS4，单击欢迎窗口中的“新建项目”图标，如图 3-136 所示。在弹出的“新建项目”对话框中选择“常规”选项卡，在对话框下方选择项目文件的存放路径，并输入项目文件名称为“足球世界”，如图 3-137 所示，项目设置完成后，单击“确定”按钮。

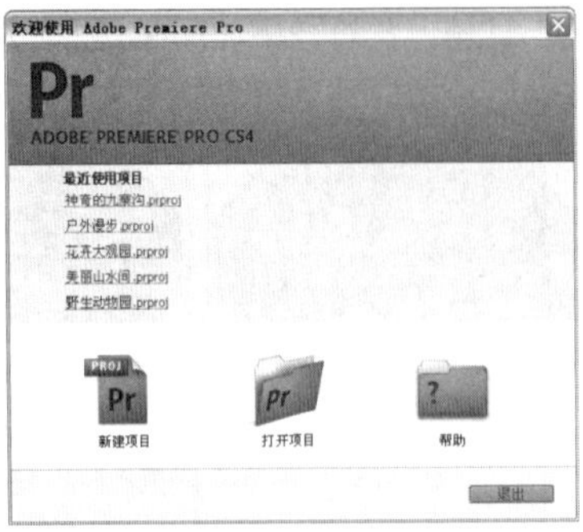

图 3-136　Premiere Pro CS4 欢迎窗口

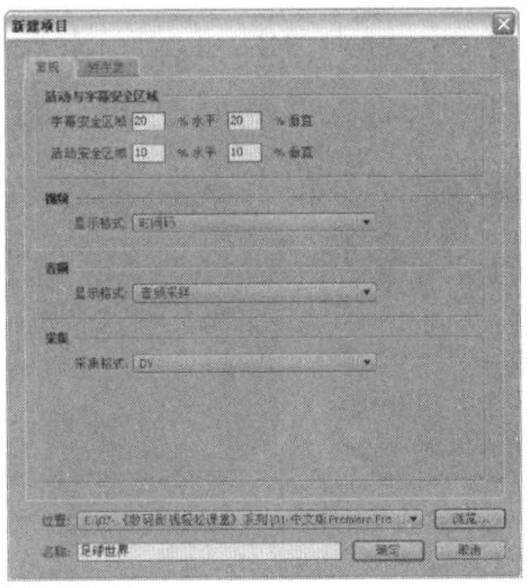

图 3-137　“新建项目”对话框

❷弹出“新建序列”对话框，这里选择列表中的“DV – PAL”|“标准 48kHz”选项，其他选项保持默认设置，单击“确定”按钮。

❸在“项目”面板中的空白处双击，弹出“导入”对话框，如图 3-138 所示，选中要导入的图片文件夹“图片素材”，单击“导入文件夹”按钮。

❹这样，即可将“图片素材”文件夹连同其中的素材一起导入到“项目”面板中，如图 3-139 所示。

图 3-138　“导入”对话框

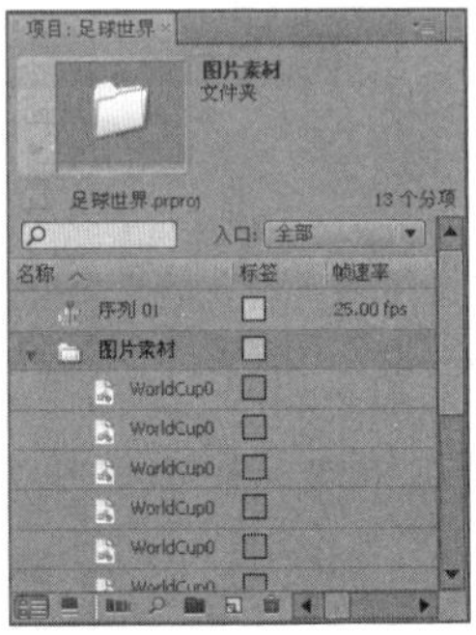

图 3-139　“项目”面板

❺在“项目”面板中选择素材文件夹“图片素材”，将其拖放至“时间线”面板中的“视频 1”轨道开始处，如图 3-140 所示。

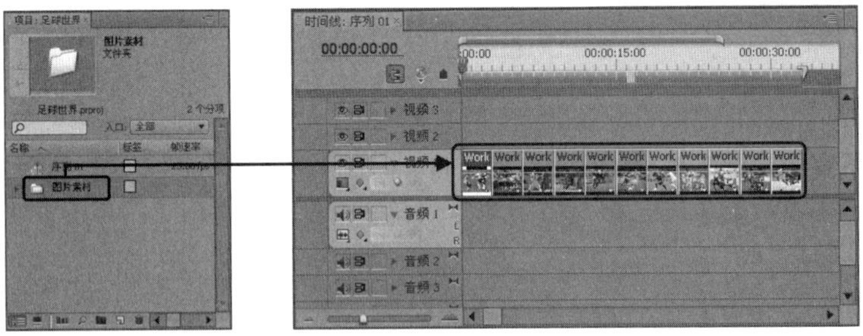

图 3-140　将“图片素材”拖放至“视频 1”轨道开始处

❻在“时间线”面板中选中“视频 1”轨道中的 WorldCup01.jpg，在其“特效控制台”面板中设置“缩放比例”为 62，如图 3-141 所示，用户可以边设置边在右边的“节目”监视器中观察设置结果。最后将 WorldCup01.jpg 素材的特效参数复制给同轨道的其他素材。

图 3-141　设置“特效控制台”面板

❼同样的方法，将素材 WorldCup01.jpg 的特效参数值全部复制给其他素材 WorldCup02.jpg~WorldCup11.jpg，这样就调整好了素材的大小和位置。

❽选择“字幕”|“新建字幕”|“基于模板”命令，在弹出的“新建字幕”对话框中，展开“字幕设计预置”|“D 常规”|“时尚回归”选项，从中选择“时尚回归_屏下三分之一”，设置字幕的“名称”为“边框”，如图 3-142 所示，设置完成后单击“确定”按钮。

❾在弹出的“字幕”对话框中调整边框的大小与位置，然后在字幕窗口中单击选择标题文字，单击“工具”栏中的“文字”工具T，将标题修改为“足球世界”，并设置其字体和样式。同样的方法，将副标题修改为 WorldCup，设置其字体和样式，如图 3-143 所示。

图 3-142　“新建字幕”对话框

图 3-143　设置字体和样式

❿从“项目”面板中将字幕“边框”拖放至“视频 2”轨道的开始处，如图 3-144 所示，设置边框的入点为“00:00:00:00”，出点与“视频 1”轨道中的素材齐长。

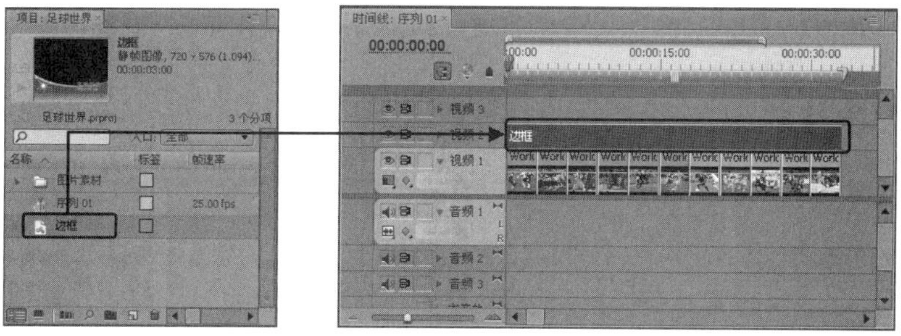

图 3-144　添加字幕素材

⓫在“效果”面板中展开“视频切换”|“滑动”文件夹，将其中的“中心合并”转场拖放到“视频 1”轨道中 WorldCup01.jpg 与 WorldCup02.jpg 之间，如图 3-145 所示。

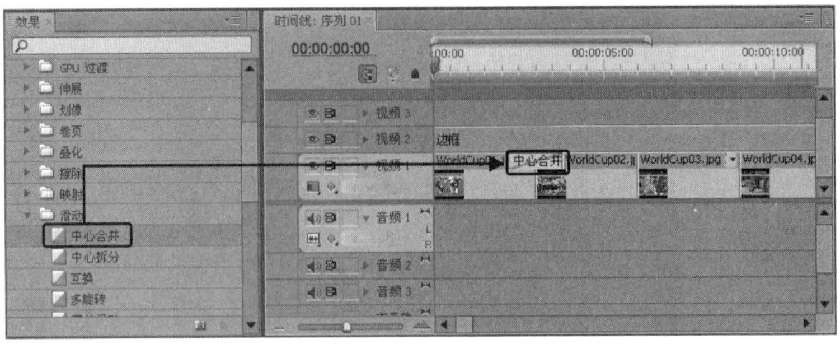

图 3-145 添加“中心合并”转场

⓬拖动时间线查看“中心合并”转场效果，如图 3-146 所示。

⓭同样的方法，为素材 WorldCup02.jpg 与 WorldCup03.jpg 之间添加“中心拆分”转场，预览效果如图 3-147 所示。

图 3-146 预览“中心合并”转场效果

图 3-147 预览“中心拆分”转场效果

⓮为素材 WorldCup03.jpg 与 WorldCup04.jpg 之间添加“多旋转”转场，预览效果如图 3-148 所示。

⓯为素材 WorldCup04.jpg 与 WorldCup05.jpg 之间添加“斜线滑动”转场，预览效果如图 3-149 所示。

图 3-148 预览“多旋转”转场效果

图 3-149 预览“斜线滑动”转场效果

⓰为素材 WorldCup05.jpg 与 WorldCup06.jpg 之间添加“滑动带”转场，预览效果如图 3-149 所示。

⓱为素材 WorldCup06.jpg 与 WorldCup07.jpg 之间添加“滑动框”转场，预览效果如图 3-151 所示。

图 3-150 预览“滑动带”转场效果

图 3-151 预览“滑动框”转场效果

3.10 特殊转场效果——足球世界（2）

实例欣赏（图 3-152）

图 3-152 实例欣赏

操作秘籍

- 如果想通过变色实现素材间的过渡效果，可以为其添加“映射红蓝通道”转场效果。
- 在选择字幕模板时，要注意模板和画面本身的颜色搭配及场合协调。

实战演练

❶继续实例“足球世界”的制作，在“效果”面板中展开“视频切换”|“特殊效果”文件夹，将其中的“映射红蓝通道”转场拖放到“视频 1”轨道中 WorldCup07.jpg 与 WorldCup08.jpg 之间，如图 3-153 所示。

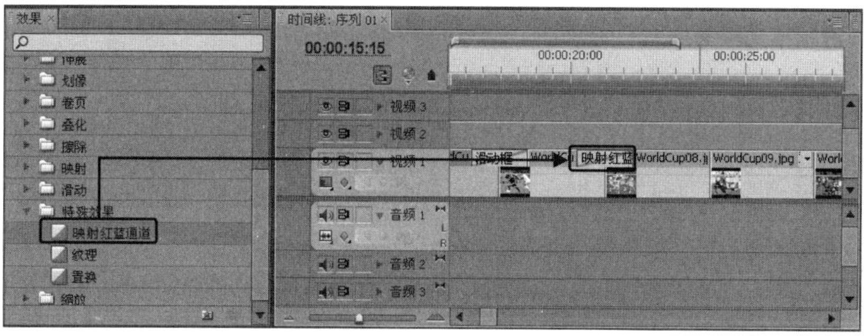

图 3-153 添加“映射红蓝通道”转场

❷拖动时间线查看“映射红蓝通道”转场效果，如图 3-154 所示。

❸同样的方法，为素材 WorldCup08.jpg 与 WorldCup09.jpg 之间添加“纹理”转场，预览效果如图 3-155 所示。

图 3-154 预览“映射红蓝通道”转场

图 3-155 预览“纹理”转场

3.11 缩放转场效果——足球世界（3）

实例欣赏（图 3-156）

图 3-156 实例欣赏

操作秘籍

- 如果想实现一种画面拖尾的效果，可以为其添加“缩放拖尾”转场。
- 按键盘上的空格键，可以快速实现从当前时间线开始播放画面。

实战演练

❶继续实例“足球世界”的制作，在“效果”面板中展开“视频切换”|“缩放”文件夹，将其中的“缩放拖尾”转场拖放到“视频 1”轨道中 WorldCup09.jpg 与 WorldCup10.jpg 之间，如图 3-157 所示。

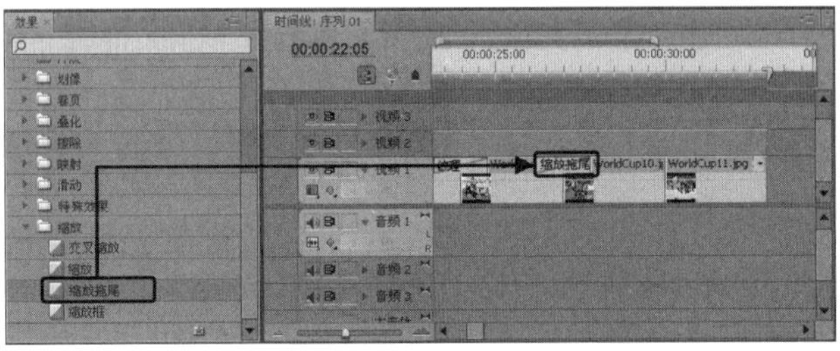

图 3-157 添加“缩放拖尾”转场

❷拖动时间线查看“缩放拖尾”转场效果，如图 3-158 所示。

❸同样的方法，为素材 WorldCup10.jpg 与 WorldCup11.jpg 之间添加“缩放框”转场，预览效果如图 3-159 所示。至此，实例“足球世界”制作完成。

图 3-158 预览“缩放拖尾”转场效果

图 3-159 预览“缩放框”转场效果

3.12 好莱坞插件转场效果——城市夜景

Hollywood FX 是使用最广、比较著名的特技效果制作软件之一，它由 Synergy International Inc 公司出品。Hollywood FX 既是一个可以单独运行的数字视频处理软件，也是一个插件。通过安装和使用这一插件，可以丰富视频转场效果，制作出更精彩的视频节目。

实例欣赏（图 3-160）

图 3-160　实例欣赏

操作秘籍

- Hollywood FX 转场的用法和 Premiere 自带的转场一样，首先拖动到相应的素材之间，然后在 Hollywood FX 的工作界面中设置即可。
- 在 Hollywood 插件中，双击某一个转场特效，即可在预览窗口中进行效果预览。

实战演练

❶要使用 Hollywood 插件，首先必须进行安装。下面以目前流传最广的版本 Hollywood FX PRO 5.1 来介绍 Hollywood 的安装方法。运行 HollywoodFX.exe 安装程序，如图 3-161 所示，在弹出的“选择语言”对话框中选择 Chinese[Simplified]（简体中文），单击“确定”按钮。

❷在安装文件开始前，安装程序会自动搜寻支持的应用程序，如 Premiere、Avid AVX Hosts 等，搜寻完支持的应用程序安装后，安装程序要求用户输入安装的串行数字，即安装序列号，没有正确的串行数字将不能安装，在如图 3-162 所示的对话框中，输入正确的 Hollywood FX 序列号后，单击“确定”按钮。

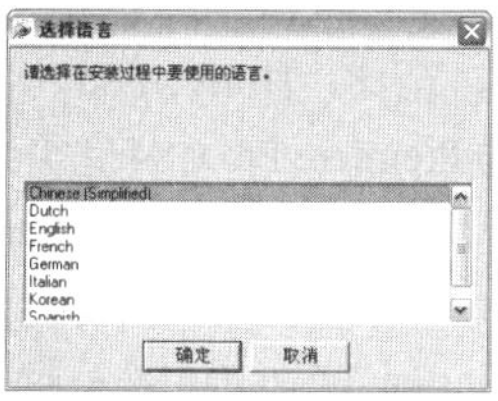

图 3-161　选择语言

图 3-162　输入 Hollywood FX 序列号

❸弹出 Hollywood FX 5 的安装向导，如图 3-163 所示，单击“下一步”按钮。

❹在“选择目标位置”对话框中，选择 Hollywood FX 5 的安装目录，如图 3-164 所示，这里保持默认，单击“下一步”按钮。

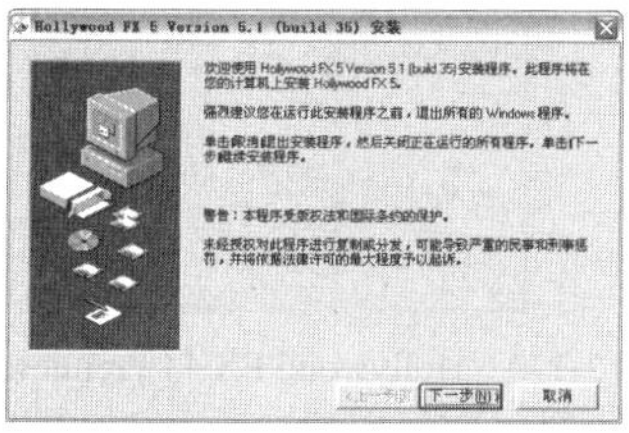

图 3-163　Hollywood FX 5 安装向导

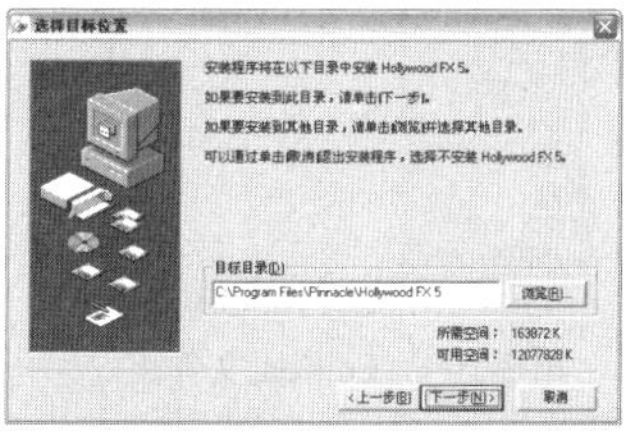

图 3-164　选择 Hollywood FX 5 安装目录

❺这样，即可开始安装 Hollywood FX 5 应用程序，如图 3-165 所示。

❻在安装快结束时会出现一个提示窗口，如图 3-166 所示，其中列出了一些相关信息，Serial Number 是安装序列号，Machine ID 是用户自己计算机的 ID 号码（这个 ID 号码不是唯一的，每台计算机上都会在安装时产生一个独立的 ID 号码）。

图 3-165　Hollywood FX 5 安装进度

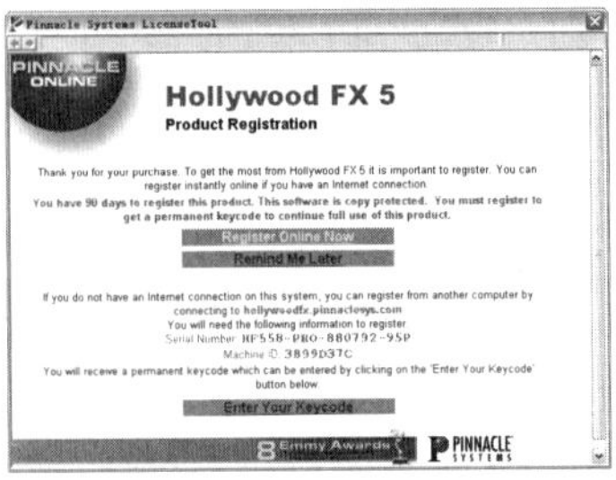

图 3-166　激活 Hollywood FX 5

❼单击 Enter Your Keycode 链接，弹出如图 3-167 所示的对话框，在这里输入软件开发商提供给用户的键码，即认证号码，输入完成后，单击 OK 按钮关闭对话框。

❽在弹出的如图 3-168 所示的窗口中，单击 Close this Window 按钮关闭该窗口。

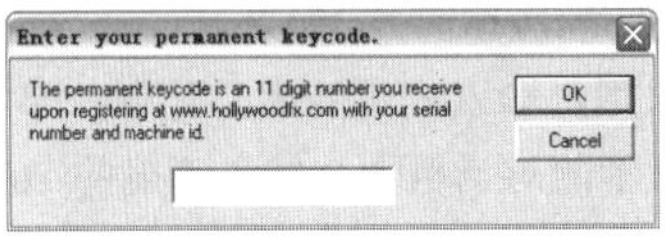

图 3-167　输入认证号码

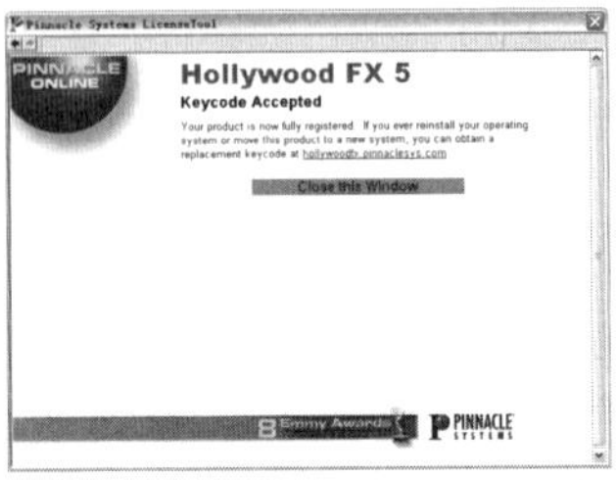

图 3-168　关闭窗口

❾在弹出的“完成”对话框中，单击“关闭”按钮，至此，Hollywood FX 安装完成。

❿安装完成的 Hollywood FX，还需要进行设置，才能与 Premiere Pro CS4 完美结合。如图 3-169 所示，将 Hollywood FX 安装目录的 Edition 文件夹中（默认为 C:\Program Files\Pinnacle\Hollywood FX 5\Host Plugins\Edition）的 HfxEdt5.vfx 复制到 Premiere Pro CS4 安装目录的 en_US 文件夹（默认为 C:\Program Files\Adobe\Adobe Premiere Pro CS4\Plug-ins\en_US）中，然后把 HfxEdt5.vfx 改为 HfxEdt5.prm，如图 3-170 所示，这样就完成了设置。

图 3-169　Edition 文件夹

图 3-170　Hollywood FX 与 Premiere 关联

⓫启动 Premiere Pro CS4，打开“效果”面板，展开“视频切换”文件夹，此时会看到在转场效果中增加了 Hollywood FX 文件夹，如图 3-171 所示。

⑫Hollywood FX 转场的用法和 Premiere 自带的转场一样，首先拖动到相应的素材之间，然后在 Hollywood FX 的工作界面中设置即可，如图 3-172 所示。

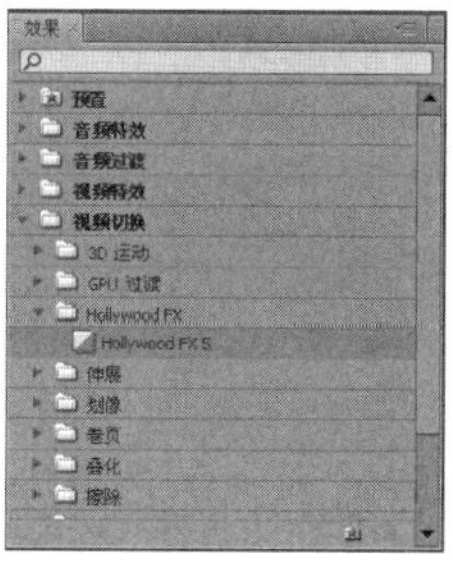

图 3-171　Hollywood FX 文件夹

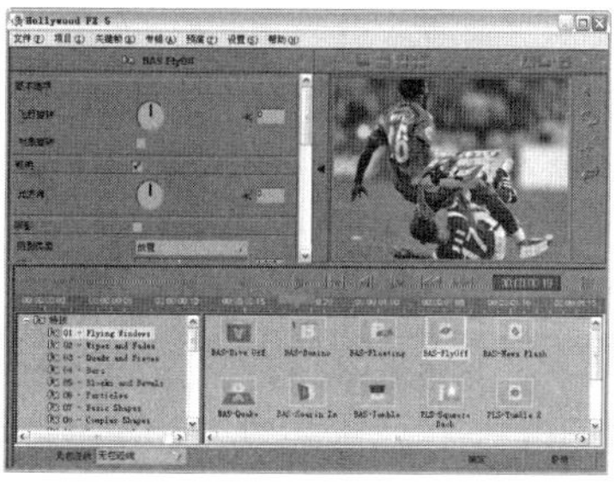

图 3-172　Hollywood FX 工作界面

⑬运行 Premiere Pro CS4，单击欢迎窗口中的“新建项目”图标，如图 3-173 所示。在弹出的“新建项目”对话框中选择“常规”选项卡，在对话框下方选择项目文件的存放路径，并输入项目文件名称为“城市夜景”，如图 3-174 所示，项目设置完成后，单击“确定”按钮。

图 3-173　Premiere Pro CS4 欢迎窗口

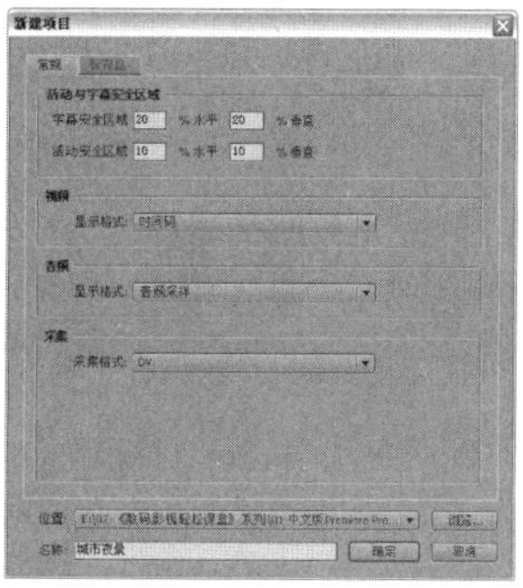

图 3-174　“新建项目”对话框

⑭弹出“新建序列”对话框，这里选择列表中的“DV – PAL” | “标准 48kHz”选项，其他选项保持默认设置，单击“确定”按钮。

⑮在“项目”面板中的空白处双击，弹出“导入”对话框，如图 3-175 所示，选中要导入的图片文件夹“图片素材”，单击“导入文件夹”按钮。

⑯这样，即可将“图片素材”文件夹连同其中的素材一起导入到“项目”面板中，如图 3-176 所示。

图 3-175　“导入”对话框

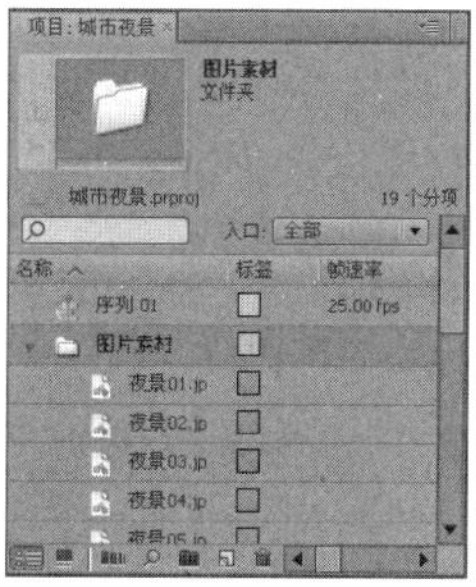

图 3-176　“项目”面板

⑰在“项目”面板中，按住 Shift 键的同时依次选择“夜景 01.jpg” ~ “夜景 16.jpg”图片

素材，将其拖放至“视频 1”轨道开始处；将素材“边框.psd”拖放至“视频 2”轨道开始处，如图 3-177 所示。

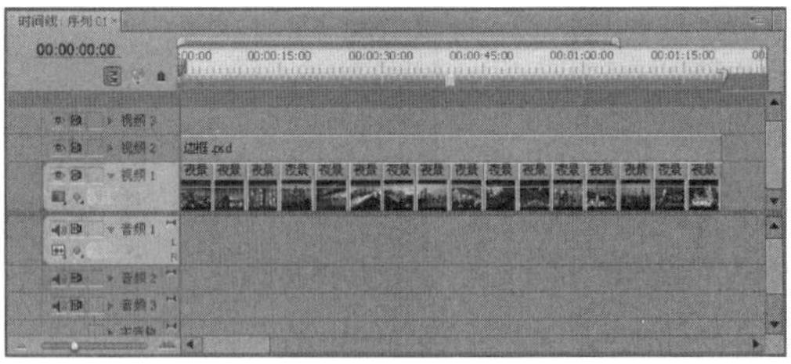

图 3-177　添加素材到“时间线”面板中

⑱在“视频 2”轨道中选择“边框.psd”，在其“特效控制台”面板中设置“缩放比例”为 87，如图 3-178 所示。

⑲继续在“视频 1”轨道中选择“夜景 01.jpg”，在其“特效控制台”面板中设置“缩放比例”为 36，如图 3-179 所示。最后将素材“夜景 01.jpg”的特效参数复制给同轨道中的其他素材。

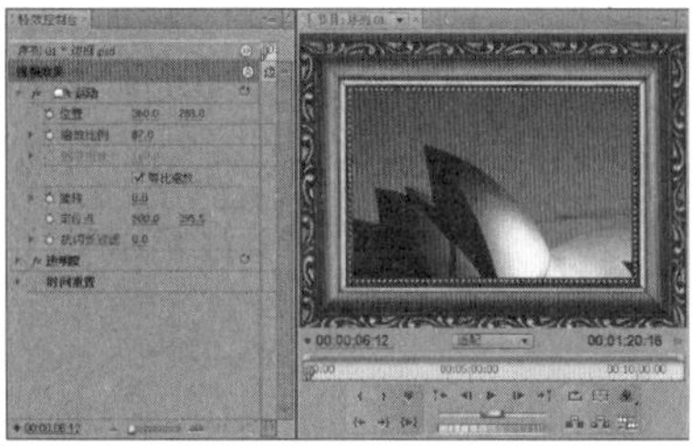

图 3-178　设置“特效控制台”面板参数

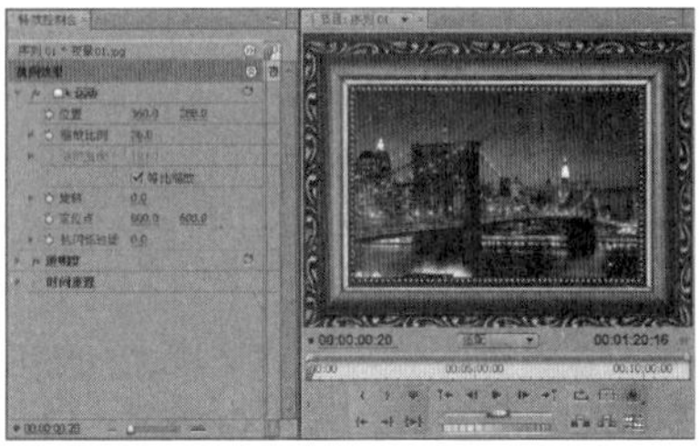

图 3-179　设置“特效控制台”面板参数

⑳设置完成后，可以在“时间线”面板中拖动时间线指示器预览画面效果，如图 3-180 所示。

图 3-180　拖动时间线指示器预览画面效果

㉑在“效果”面板中展开“视频切换”|“Hollywood FX”文件夹，将其中的 Hollywood FX 5 转场拖放到素材“夜景 01.jpg”和“夜景 02.jpg”之间，如图 3-181 所示。

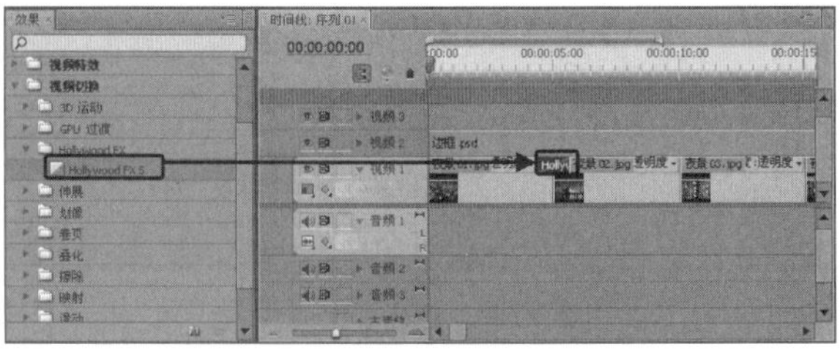

图 3-181　添加 Hollywood FX 特效

㉒在“时间线”面板中选中添加的 Hollywood FX 5 转场，在其“特效控制台”面板中单击“自定义”按钮，如图 3-182 所示。

图 3-182　设置 Hollywood 特效

㉓如图 3-183 所示，可以看到 Hollywood FX 5 由三大部分组成，左上边是转场设置窗口，右上边主要有效果预演窗口，下半部分主要是所有 Hollywood 包含的特技窗口。

㉔展开“Fx 特技”，其下有多种类别的转场特技，从中选择转场特技类别，在其右侧会显示这个类别中所包含的特技，双击右侧的转场特技图示或将图标拖放至预览窗口中，可以选用这个特技。单击“播放”按钮▶预览效果，也可以在标尺上拖动时间滑块预览转场特技的效果。

㉕选择“Fx 特技”选项下面的 01 - Flying Windows，在右边的窗口双击选择 BAS-Domino 转场，如图 3-184 所示，单击“播放”按钮▶预览效果。

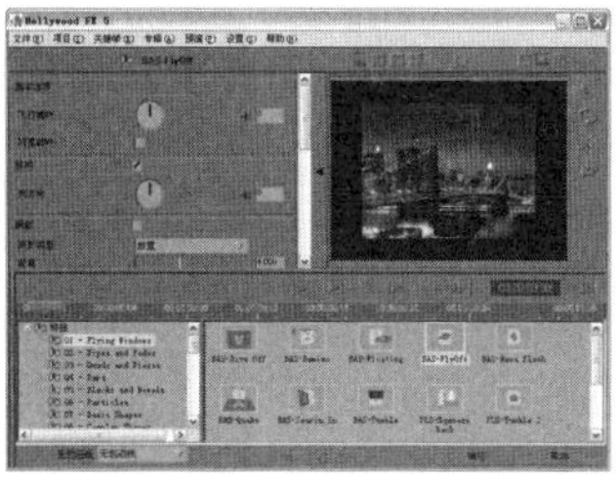

图 3-183　Hollywood FX 5 窗口

图 3-184　选择 01 - Flying Windows 转场

㉖设置完成后，单击“确定”按钮，关闭 Hollywood FX 5 窗口，这样就为素材“夜景 01.jpg”和“夜景 02.jpg”之间添加了一个转场特效，拖动时间线预览效果，如图 3-185 所示。

图 3-185　拖动时间线预览效果

㉗同样的方法，将“效果”面板中的 Hollywood FX 5 转场拖放到素材“夜景 02.jpg”和“夜景 03.jpg”之间。选中添加的 Hollywood FX 5 转场，在“特效控制台”面板中单击“自定义”按钮，在弹出的 Hollywood FX 5 窗口中选择 03 - Quads and Pieces 类别，在其下选择 PLS-2 Out 2 In，将其图标拖放至预览窗口中。预览效果时，可以看到转场特技的画面中，除了前后两个图

像之外，还有第三个图像需要指定，这是一个背景图像，在没有指定之前显示为数字 3。可以在左上部分和下部分分别展开控制窗口，对其进行设置，如图 3-186 所示。

㉘在左下部分窗口中展开 Back 3 下的 Backdrop 3，然后选中 Host Video 3，这样在左上部分的窗口中会显示其设置参数选项，如图 3-187 所示。

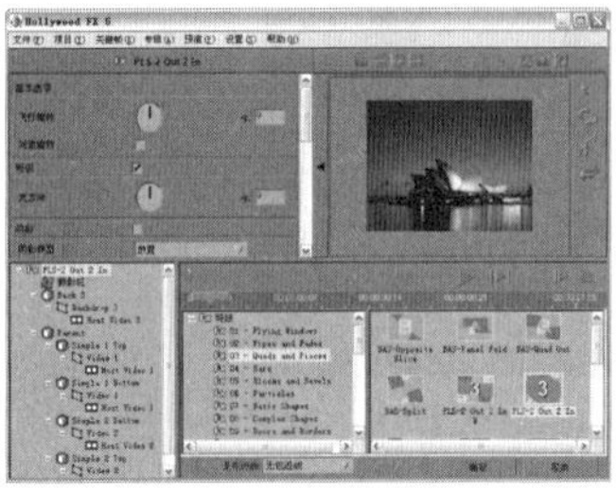

图 3-186　Hollywood FX 5 转场

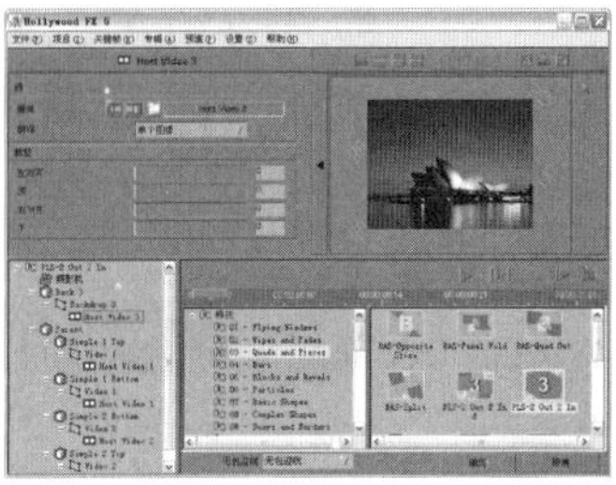

图 3-187　添加 Host Video 3 转场

㉙单击“媒体”右侧的“文件夹”按钮，在弹出的“打开”对话框中选择第三个图像，这里打开 Hollywood FX 5 下的 Images 文件夹，从中选择 PurpleHeaven.png 文件，如图 3-188 所示，单击“打开”按钮。

㉚此时可以看到在转场特技预览窗口中，背景图像已经被更换为所指定的 PurpleHeaven.png 图像，如图 3-189 所示。

图 3-188　添加背景图片

图 3-189　在窗口中预览转场特技

㉛拖动时间线预览效果，如图 3-190 所示。

图 3-190　拖动时间线预览效果

㉜继续将“效果”面板中的 Hollywood FX 5 转场拖放到素材“夜景 03.jpg”和“夜景 04.jpg”之间。选中添加的 Hollywood FX 5 转场，在“特效控制台”面板中单击“自定义”按钮，弹出 Hollywood FX 5 窗口，如图 3-191 所示，选择 04 – Bars 类别，在其下选择 PRO-Helix，将其图标拖放至预览窗口中。设置完成后单击“确定”按钮。

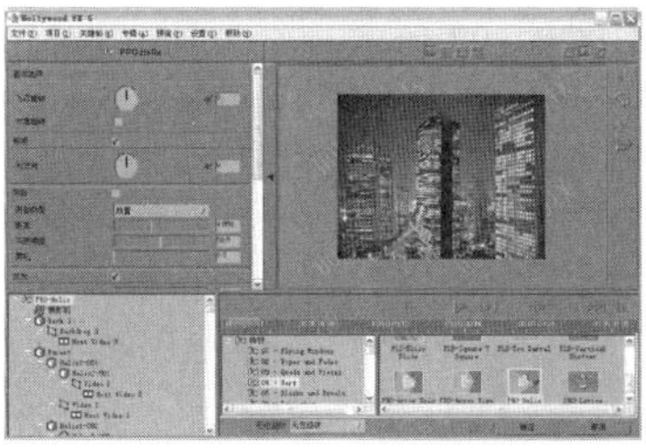

图 3-191　添加 Hollywood FX 5 转场

㉝拖动时间线预览效果，如图 3-192 所示。

图 3-192　拖动时间线预览效果

㉞继续为素材“夜景 04.jpg”和“夜景 05.jpg”之间添加 Hollywood FX 5 转场，为其添加 05 – Blocks and Bevels 类别下的 PLS-Blocks 180，如图 3-193 所示。

㉟该转场需要指定第三个图像，在左下部分窗口中先展开 Back 3 下的 Backdrop 3，选中 Host Video 3，这样在左上部分的窗口会显示其设置参数选项，如图 3-194 所示。

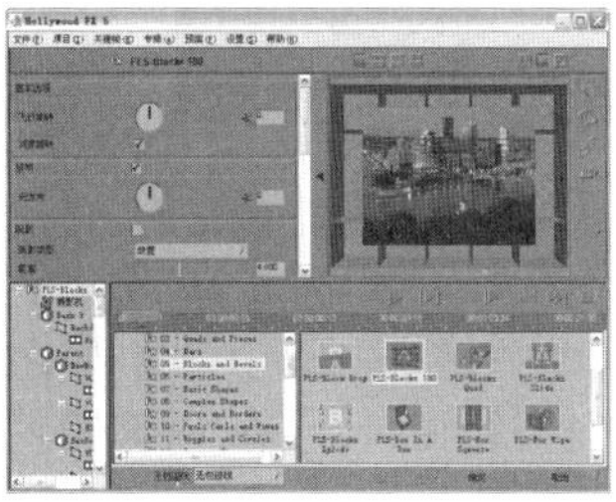

图 3-193　添加 PLS-Blocks 180 转场

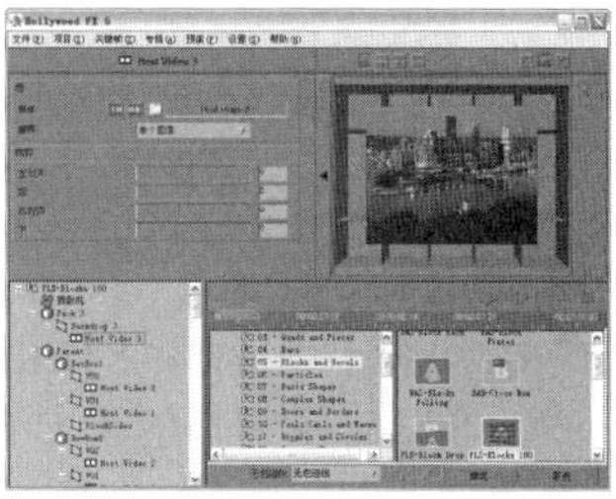

图 3-194　选择 Host Video 3 选项

㊱单击“媒体”右侧的“文件夹”按钮，在弹出的“打开”对话框中选择第三个图像，这里打开 Hollywood FX 5 下的 Images 文件夹，从中选择 Silly Planet 1.png 文件，如图 3-195 所示，单击“打开”按钮。

㊲可以看到在转场特技预览窗口中，背景图像已经被更换为所指定的 Silly Planet 1.png 图像，如图 3-196 所示。

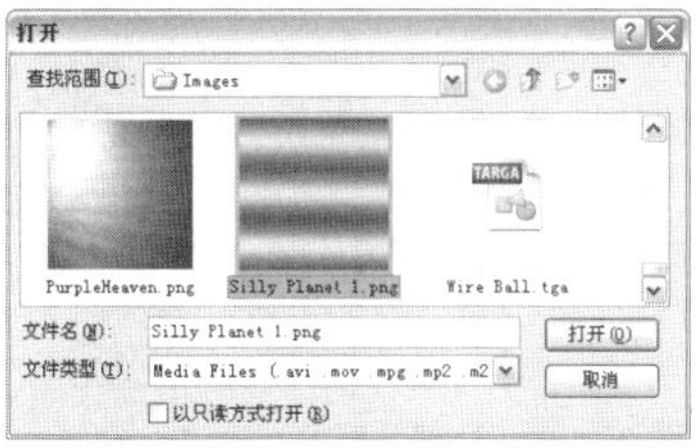

图 3-195　添加背景图片

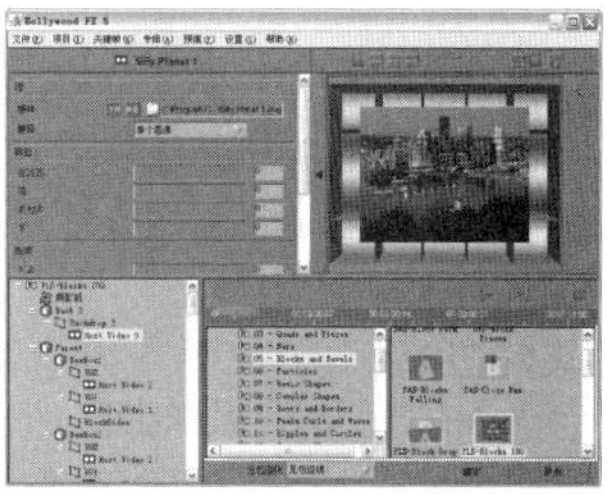

图 3-196　在窗口中预览转场特技

㊳拖动时间线预览效果，如图 3-197 所示。

图 3-197　拖动时间线预览效果

㊴至此，用户可以发现，虽然 Hollywood FX 5 带有众多的转场效果，但使用方法几乎一样，本例剩余的转场添加请读者自己动手完成，在此不再介绍。

3.13　SpineMASTER 插件转场效果——蜂花之恋

SpineMASTER 是一款非常好用的 Premiere 插件，其中包含大量的过渡遮罩转换效果，只要用户应用得当，充分发挥自己的创作思维，可以制作出许多不敢想象的转场特效。下面以 SpineMASTER 2.5 版本为例进行介绍。

实例欣赏（图 3-198）

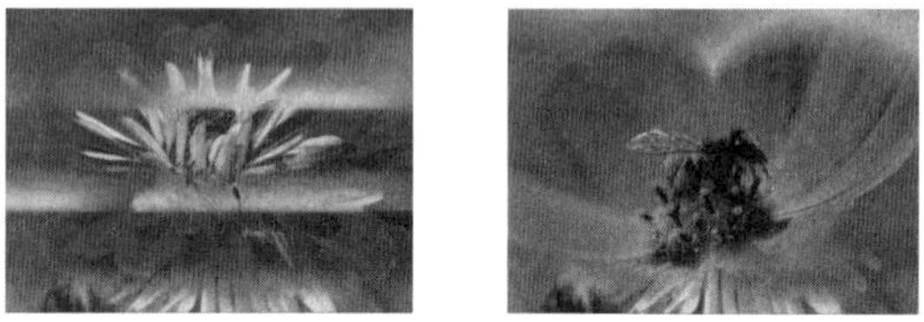

图 3-198　实例欣赏

操作秘籍

- 如果没有成功注册 SpineMASTER 插件，会在转场画面中出现一个错误的叉号。
- 在 SpineMASTER 主窗口的下方有一个时间线窗口，拖动时间线，可以查看转场效果。

实战演练

❶SpineMASTER 2.5 的安装和其他软件没有什么区别，安装完后同样需要进行设置，打开 C:\Program Files\Adobe\Premiere 6.5\Plug-ins，这下面有两个 SpineMASTER 2.5 安装时自动产生的关联文件，如图 3-199 所示。

❷将文件 FL-SpineMaster25.prm 和 FX-SpineMaster25.prm 复制到 Premiere Pro CS4 安装目录的 en_US 文件夹中（这里为 C:\Program Files\Adobe\Adobe Premiere Pro CS4\Plug-ins\en_US），如图 3-200 所示。

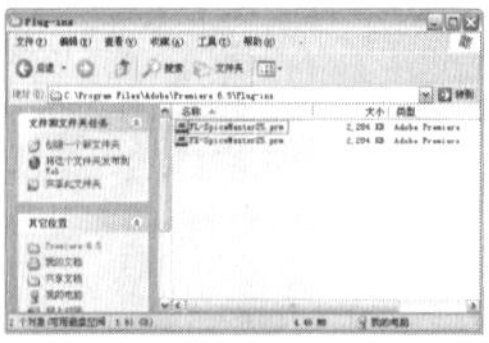

图 3-199　两个 SpineMASTER 2.5 关联文件

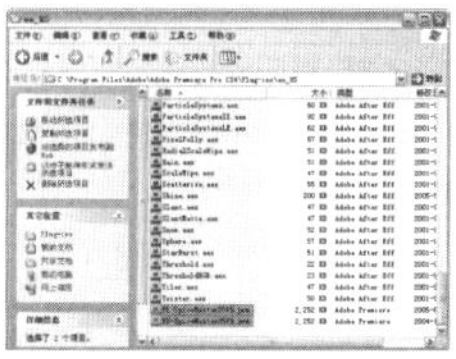

图 3-200　复制关联文件到 Premiere 安装目录

❸运行 Premiere Pro CS4，单击欢迎窗口中的“新建项目”图标，如图 3-201 所示。在弹出的“新建项目”对话框中选择“常规”选项卡，在对话框下方选择项目文件的存放路径，并输入项目文件名称为“城市夜景”，如图 3-202 所示，项目设置完成后，单击“确定”按钮。

图 3-201　Premiere Pro CS4 欢迎窗口

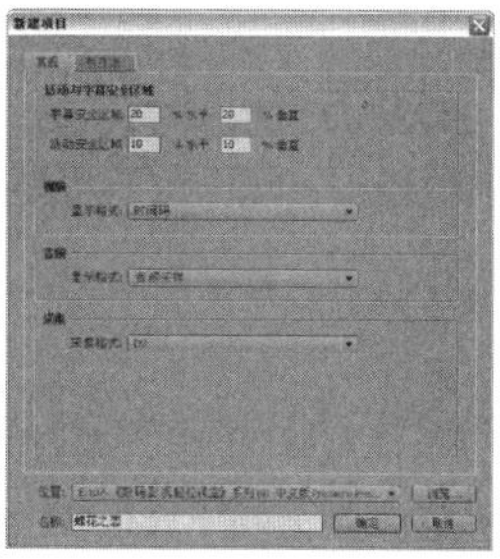

图 3-202　“新建项目”对话框

❹弹出“新建序列”对话框，这里选择列表中的“DV – PAL”|“标准 48kHz”选项，其他选项保持默认设置，单击“确定”按钮。

❺在“项目”面板的空白处双击，弹出“导入”对话框，如图 3-203 所示，选中要导入的图片文件夹“图片素材”，单击“导入文件夹”按钮。

❻这样，即可将“图片素材”文件夹连同其中的素材一起导入到“项目”面板中，如图 3-204 所示。

图 3-203　“导入”对话框

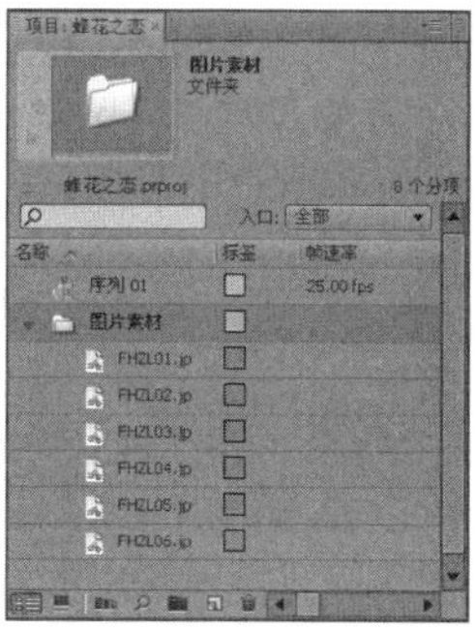

图 3-204　“项目”面板

❼在“项目”面板中选择素材文件夹“图片素材”，将其拖放至“时间线”面板中的“视频 1”轨道开始处，如图 3-205 所示。

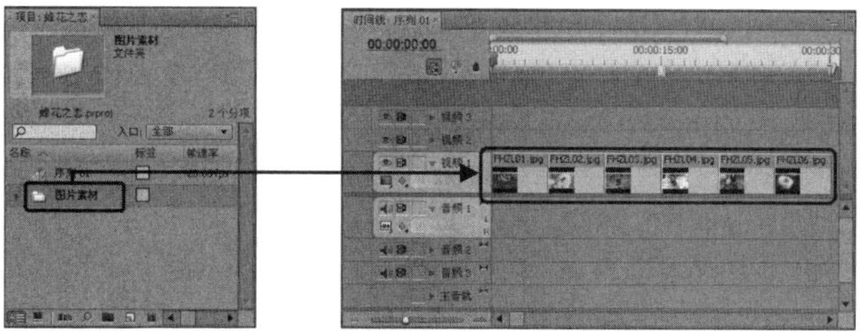

图 3-205　添加图片素材到视频轨道中

❽在“时间线”面板中选中“视频 1”轨道中的 FHZL01.jpg，在其“特效控制台”面板中，设置“缩放比例”为 48，如图 3-206 所示，用户可以边设置边在右边的“节目”监视器中观察

设置结果。最后将 FHZL01.jpg 素材的特效参数复制给同轨道的其他素材。

图 3-206　设置“特效控制台”面板参数

❾在“效果”面板中展开“视频切换效果”|“Pixelan”文件夹，将其中的 SpineMASTER 2.5 PRO DEMO 拖放至素材 FHZL01.jpg 与 FHZL02.jpg 之间，如图 3-207 所示。

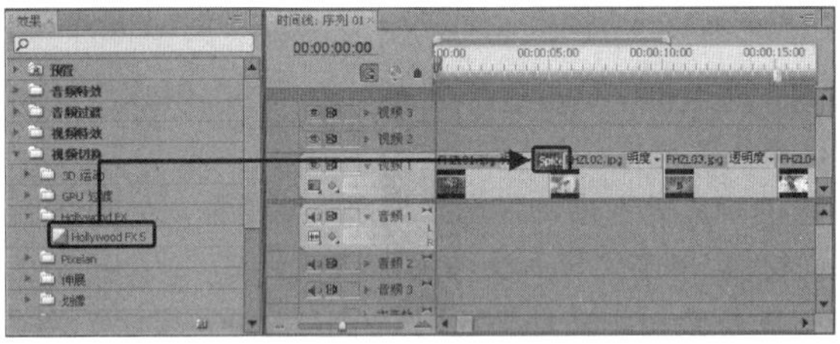

图 3-207　添加 SpineMASTER 2.5 PRO DEMO 特效

❿松开鼠标后，弹出 SpineMASTER 转场设置窗口，如图 3-208 所示。

⓫单击窗口上方的 Choose Spice File:Default 按钮，弹出 SpineMASTER 的 Library 窗口，如图 3-209 所示，在该窗口中可以选择自己喜欢的转场效果。

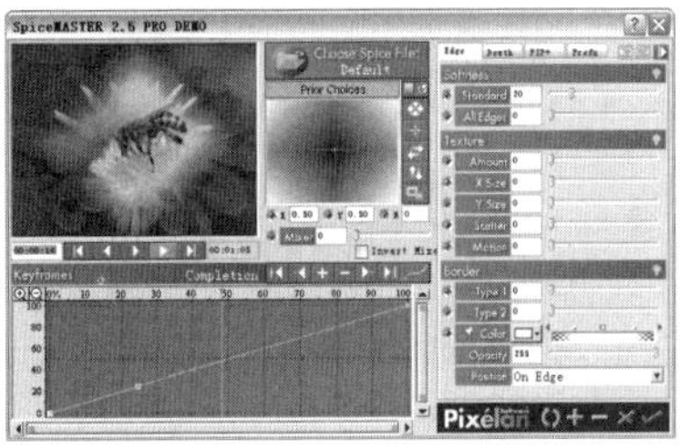

图 3-208　设置 SpineMASTER 转场

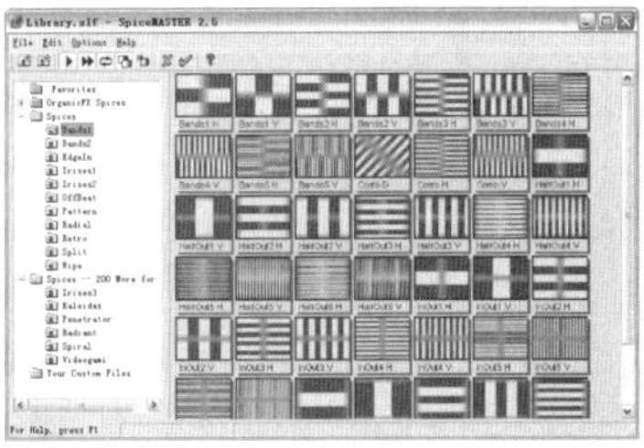

图 3-209　选择自己喜欢的转场效果

⓬在 Library 窗口的左边选择 Bands2 文件夹，在窗口右边会出现对应的转场效果，单击选择 Blinds1 V 转场，如图 3-210 所示，单击 Apply Selected Spice 按钮✔退出 Library 窗口。

⓭回到 SpineMASTER 主窗口，发现此时的预览窗口已经变为指定的转场效果了，如图 3-211 所示。

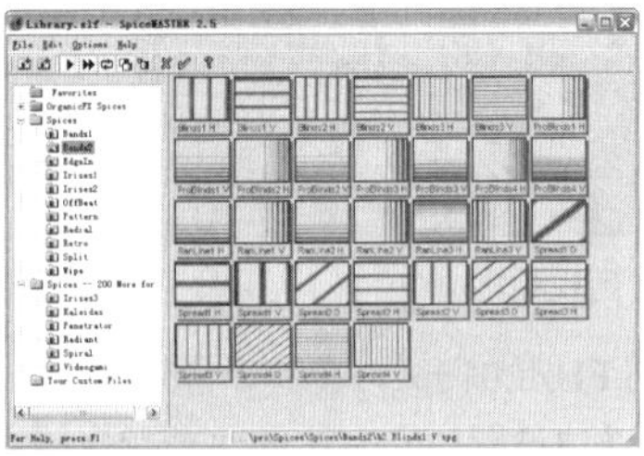

图 3-210　应用转场效果

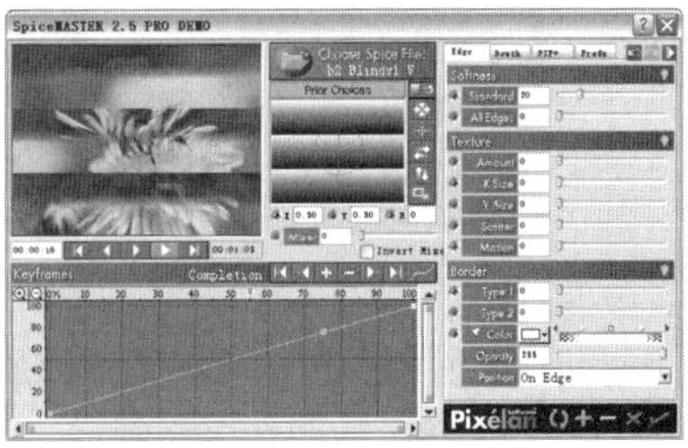

图 3-211　预览转场效果

⑭在 SpineMASTER 主窗口的下方有一个时间线窗口，拖动时间线，查看转场效果，如图 3-212 所示。

⑮在 SpineMASTER 主窗口的右边是转场的参数设置选项，用户可以调节其中的各个参数进行个性化设置，如这里将 Standard 设置为 35，将 All Edges 设置为 25，如图 3-213 所示，设置完成后单击窗口右下角的 Apply Current Settings 按钮应用设置。

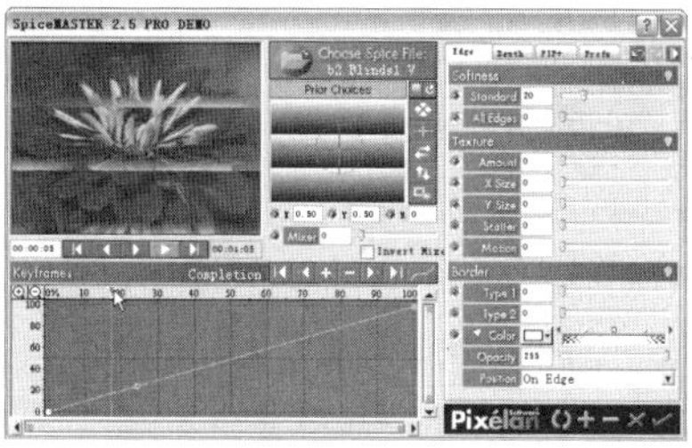

图 3-212　查看转场效果

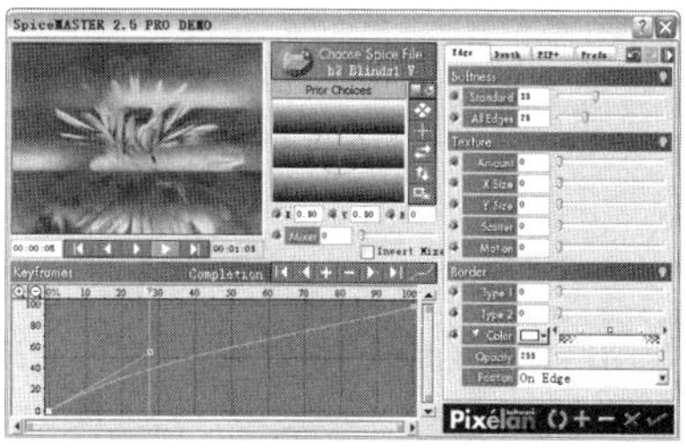

图 3-213　设置转场参数

⑯回到 Premiere Pro CS4 主界面中，然后拖动时间线查看转场效果，如图 3-214 所示。

图 3-214　拖动时间线查看转场效果

⑰同样的方法，为素材 FHZL02.jpg 与 FHZL03.jpg 之间应用 Binocs1 转场效果，如图 3-215 所示。

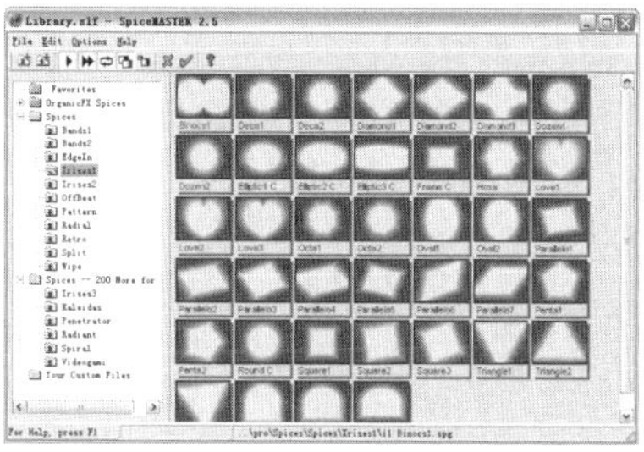

图 3-215　应用 Binocs1 转场效果

⑱拖动时间线查看转场效果，如图 3-216 所示。

图 3-216　拖动时间线查看转场效果

⑲继续为素材 FHZL03.jpg 与 FHZL04.jpg 之间应用 Star06e 转场效果，如图 3-217 所示。

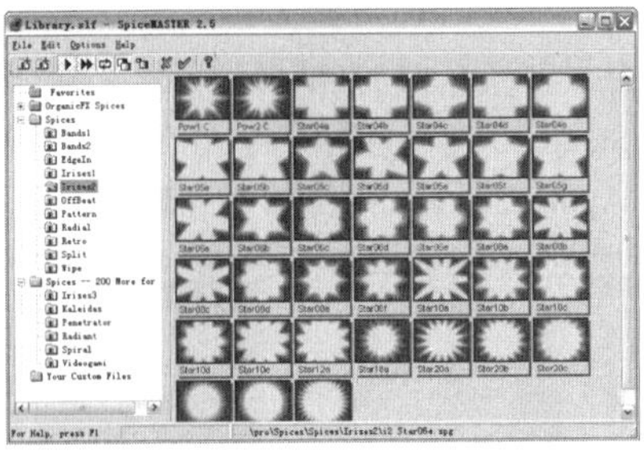

图 3-217　应用 Star06e 转场效果

⑳拖动时间线查看转场效果，如图 3-218 所示。至此就完成了本实例的制作。

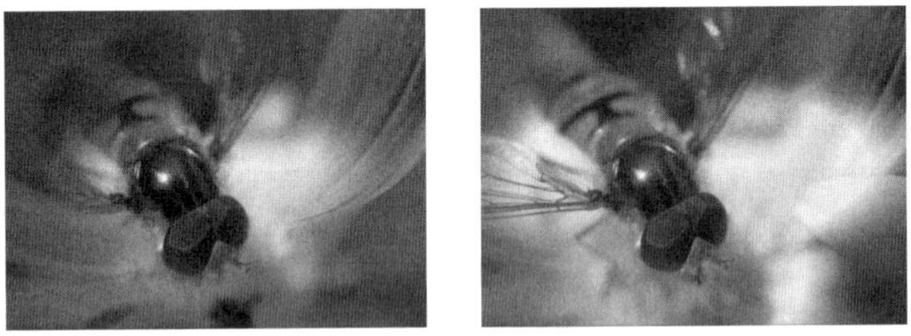

图 3-218　拖动时间线查看转场效果

第 4 章　添加视频特效

学习提示

在第 3 章中介绍了视频编辑工作中的转场特技，这主要是在两个镜头之间进行切换过渡使用。本章将介绍一种类似于 Photoshop 滤镜功能的影片镜头效果——视频特效。通过为素材或序列添加视频特效，并进行适当的设置，可以做出许多让人惊叹的特技效果。

实例文件

- 情人节礼物.prproj
- 摇篮宝贝.prproj
- 品牌广告宣传.prproj
- 风景名胜.prproj
- 世界各地.prproj
- 鲜花写真.prproj
- 周末郊外游.prproj
- 浪漫婚纱相册.prproj
- 游在夏威夷.prproj

实例欣赏（图 4-1）

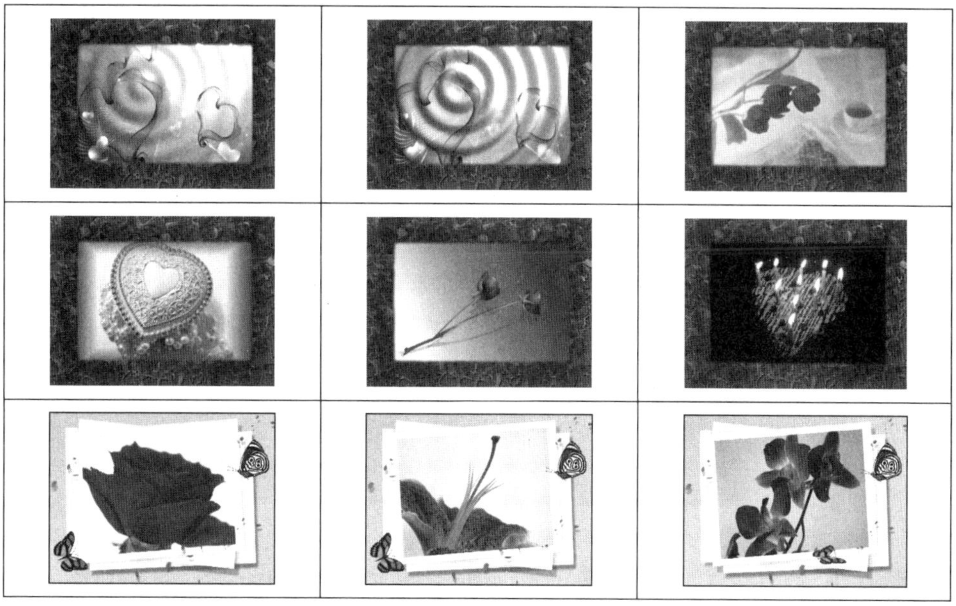

图 4-1（一）　本章实例一览

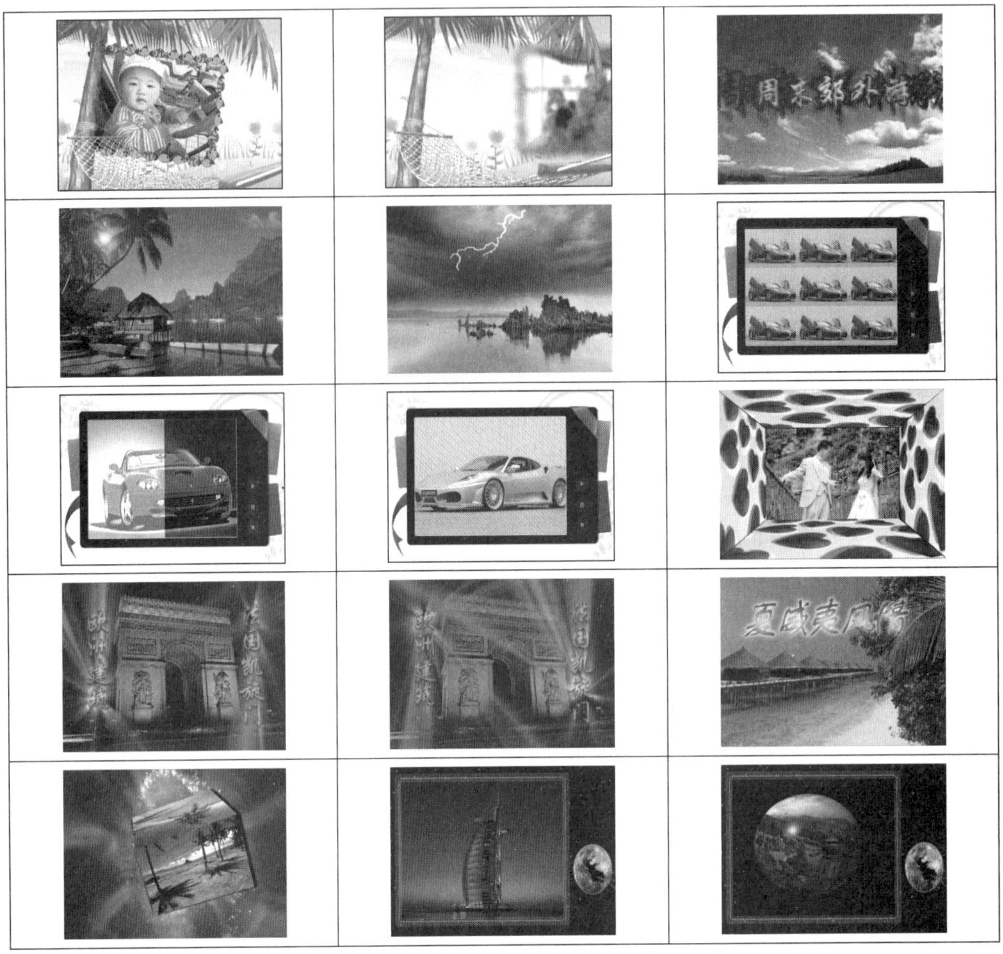

图 4-1（二） 本章实例一览

4.1 GPU 特效——情人节礼物（1）

实例欣赏（图 4-2）

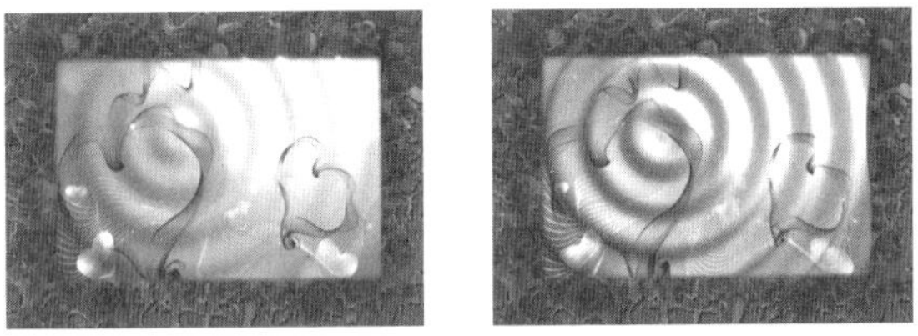

图 4-2 实例欣赏

操作秘籍

- 在“特效控制台”面板中，按住 Shift 键的同时，拖动时间线轻松移动到关键帧上。
- 添加特效后的素材底部有一根线条，这是区别素材上有没有特效的一个重要标志。

实战演练

❶运行 Premiere Pro CS4，单击欢迎窗口中的“新建项目”图标，如图 4-3 所示。在弹出的“新建项目”对话框中选择“常规”选项卡，在对话框下方选择项目文件的存放路径，并输入项目文件名称为“情人节礼物”，如图 4-4 所示，项目设置完成后，单击“确定”按钮。

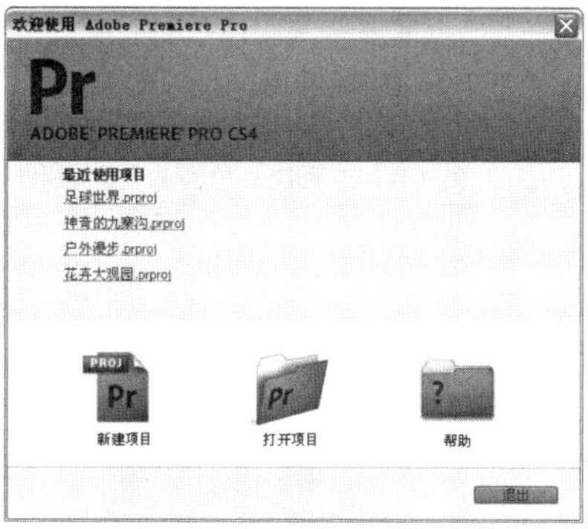

图 4-3　Premiere Pro CS4 欢迎窗口

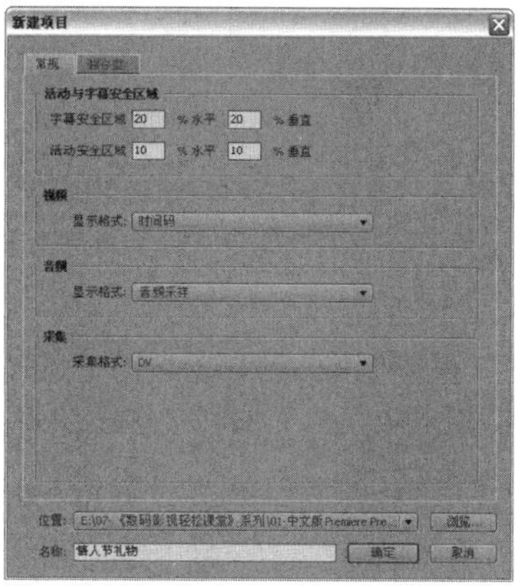

图 4-4　“新建项目”对话框

❷弹出“新建序列”对话框，这里选择列表中的“DV – PAL” | “标准 48kHz”选项，其他选项保持默认设置，单击“确定”按钮。

❸在“项目”面板的空白处双击，弹出“导入”对话框，如图 4-5 所示，选中要导入的图片文件夹“图片素材”，单击“导入文件夹”按钮。

❹这样，即可将“图片素材”文件夹连同其中的素材一起导入到“项目”面板中，如图 4-6 所示。

图 4-5　“导入”对话框

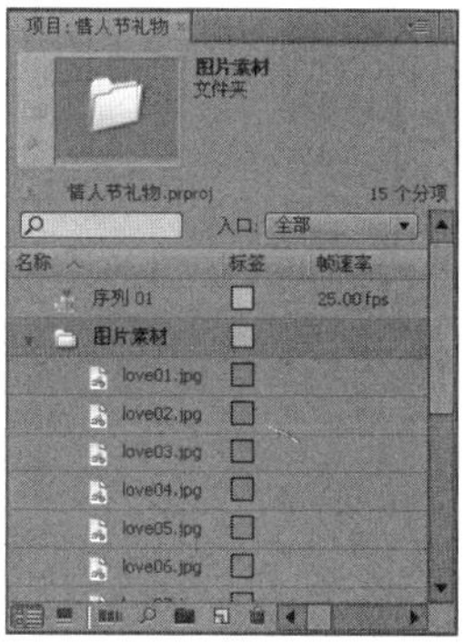

图 4-6　“项目”面板

❺同样的方法，继续添加本实例所需要的 PSD 素材“玫瑰花框.psd”。

❻在“项目”面板底部单击“新建分项”按钮，从弹出的菜单中选择“彩色蒙板”选项，如图 4-7 所示，此时，弹出“新建彩色蒙板”对话框，如图 4-8 所示，设置“时间基准”为 25.00fps，其他选项保持默认设置，单击“确定”按钮。

❼弹出“颜色拾取”对话框，如图 4-9 所示，设置 RGB 值为（255，0，102），单击“确定”按钮。在弹出的“选择名称”对话框中，设置蒙板的名称为“彩色蒙板”，如图 4-10 所示，单击“确定”按钮。

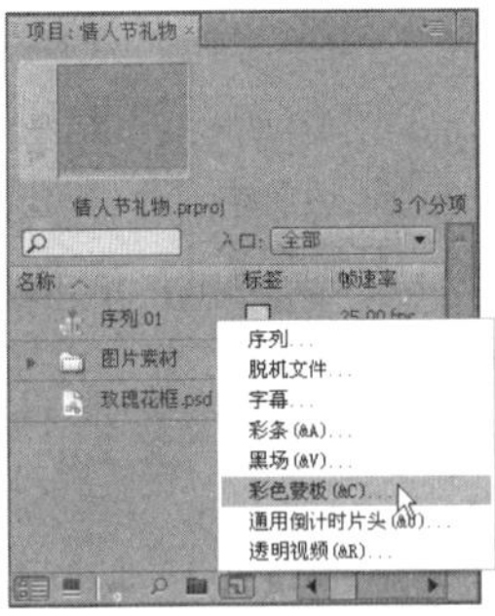

图 4-7 选择“彩色蒙板”选项

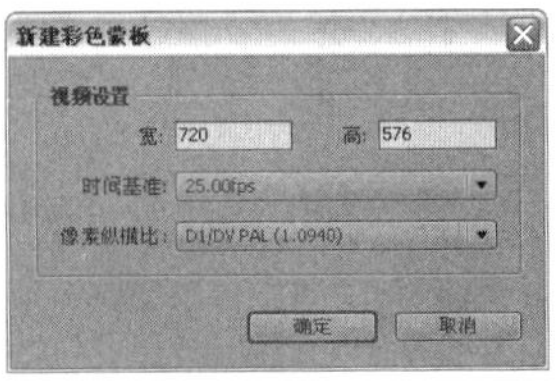

图 4-8 “新建彩色蒙板”对话框

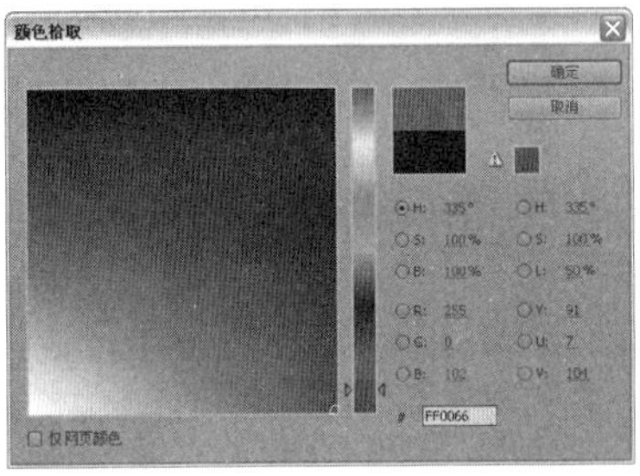

图 4-9 “颜色拾取”对话框

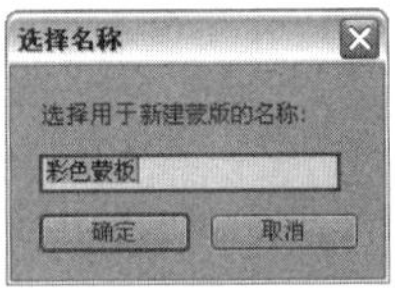

图 4-10 “选择名称”对话框

❽在“项目”面板中，选择蒙板素材“彩色蒙板”，将其拖放至“时间线”面板中的“视频 1”轨道开始处；选择素材文件夹“图片素材”，将其拖放至“视频 2”轨道开始处；选择边框素材“玫瑰花瓣.psd”，将其拖放至“视频 3”轨道开始处，如图 4-11 所示，最后设置“视频 1”和“视频 3”轨道中的素材与“视频 2”轨道中的素材齐长。

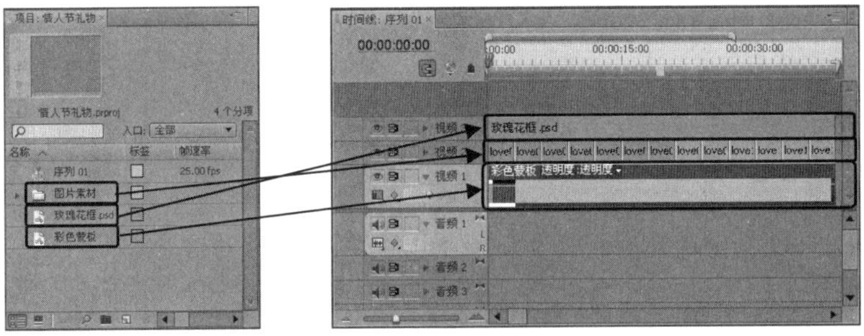

图 4-11 添加素材到相应的轨道中

❾在“时间线”面板中选择“视频 2”轨道中的素材 love01.jpg，在其“特效控制台”面板中设置“缩放比例”为 62，如图 4-12 所示。

❿由于“视频 2”轨道中的所有素材都具有相同的尺寸，因此这里将素材 love01.jpg 的“运动”选项参数复制给 love02.jpg~love13.jpg，然后拖动时间线预览设置后的效果，如图 4-13 所示。

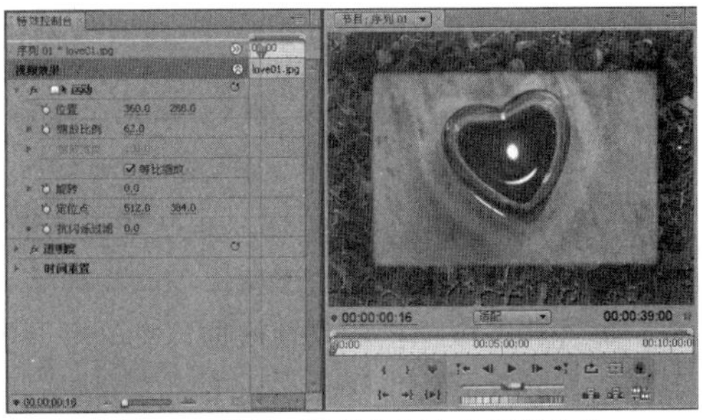

图 4-12 设置“特效控制台”面板参数

图 4-13　拖动时间线预览设置后的效果

⓫在“效果”面板中展开“视频特效”|“GPU 特效”选项，将“卷页”特效拖放至“视频 2”轨道中的 love01.jpg 上，如图 4-14 所示，松开鼠标后即可为该素材添加一个特效，细心的用户会发现，添加特效后的素材底部有一根线条，这是区别素材上有没有特效的一个重要标志。

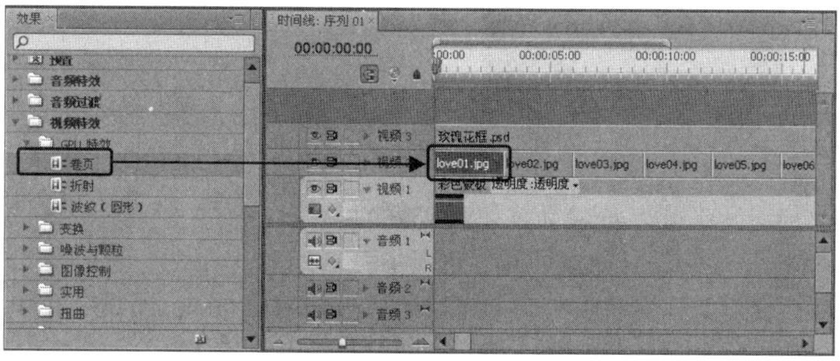

图 4-14　为素材添加“卷页”特效

⓬在“时间线”面板中选择“视频 2”轨道中的素材 love01.jpg，在其“特效控制台”面板中展开“卷页”特效，如图 4-15 所示，将时间线移动到“00:00:00:00”处，然后单击“卷曲数量”参数前面的“切换动画”按钮，这样，即可添加一个关键帧。

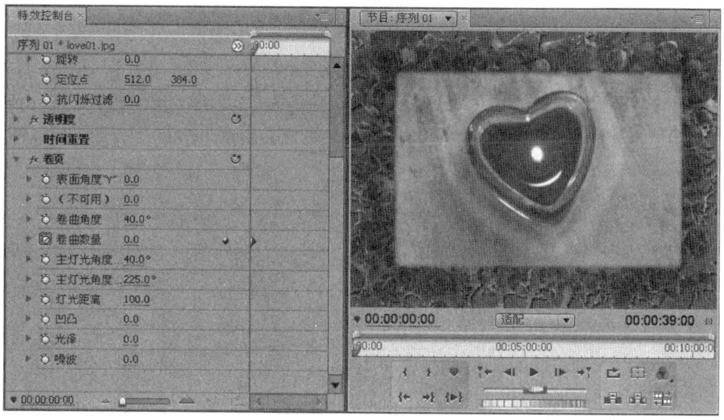

图 4-15　添加关键帧

⓭继续将时间线移动到“00:00:02:24”处，单击“卷曲数量”参数后面的“添加/移除关键帧”按钮，即可添加一个关键帧，如图 4-16 所示。

⓮设置关键帧动画之后，拖动时间线指示器预览动画效果，如图 4-17 所示。

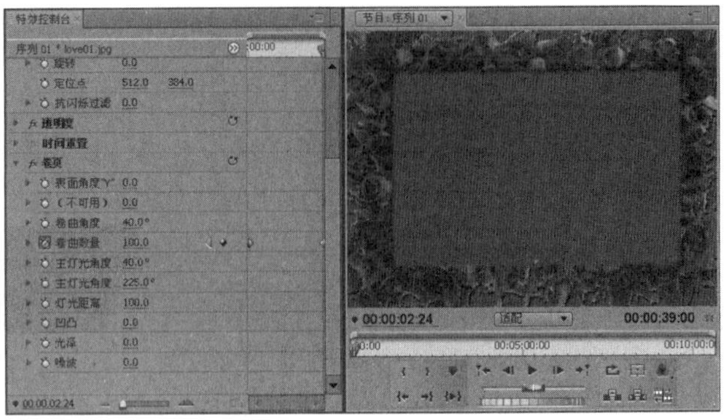

图 4-16　添加第二个关键帧

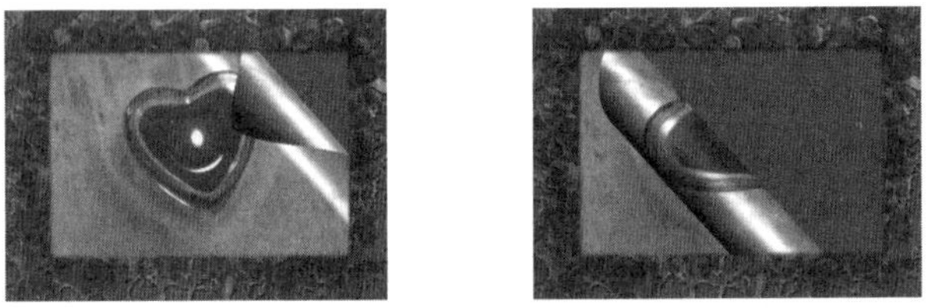

图 4-17　拖动时间线指示器预览动画效果

⑮在“效果”面板中，将“折射”特效拖放至“视频 2”轨道中的 love02.jpg 上，松开鼠标后即可为该素材添加特效。在其“特效控制台”面板中展开“折射”特效，然后为“波纹数量”参数添加四个关键帧，时间点分别为“00:00:03:00”、“00:00:03:22”、“00:00:04:22”和“00:00:05:24”处，四个关键帧对应的“波纹数量”分别为 0、60、0 和 60，如图 4-18 所示。

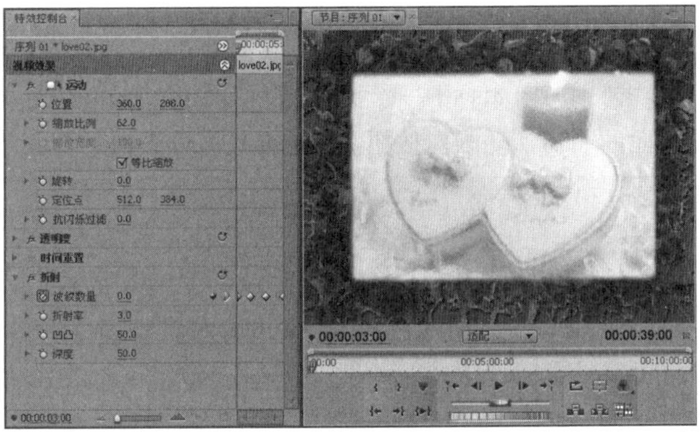

图 4-18　“特效控制台”面板

⑯在“特效控制台”面板中，将时间线定位在“00:00:03:00”处，单击“凹凸”参数前面的“切换动画”按钮，添加一个关键帧，如图 4-19 所示，设置其值为 0。

⑰在“特效控制台”面板中，按住 Shift 键的同时，拖动时间线轻松移动到“波纹数量”参数的第二个关键帧上，如图 4-20 所示，单击“凹凸”参数后面的“添加/移除关键帧”按钮，继续添加一个关键帧，设置其值为 30。

⑱同样的方法，在“特效控制台”面板中，将时间线定位至“00:00:04:22”处，添加第三个关键帧，设置其值为 0；将时间线定位至“00:00:05:24”处，添加第四个关键帧，设置其值为 30，如图 4-21 所示。

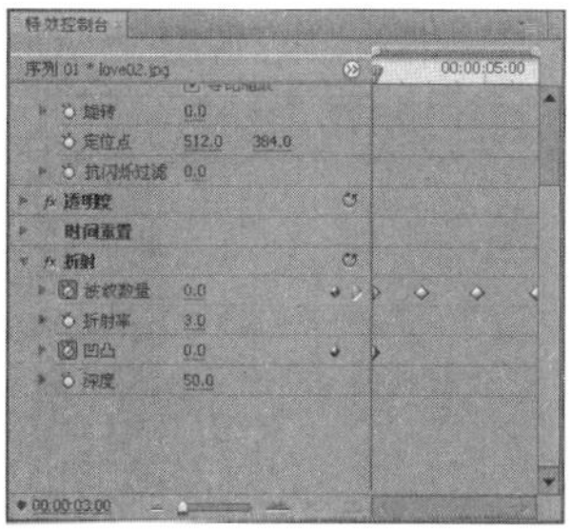

图 4-19　为“凹凸”添加一个关键帧

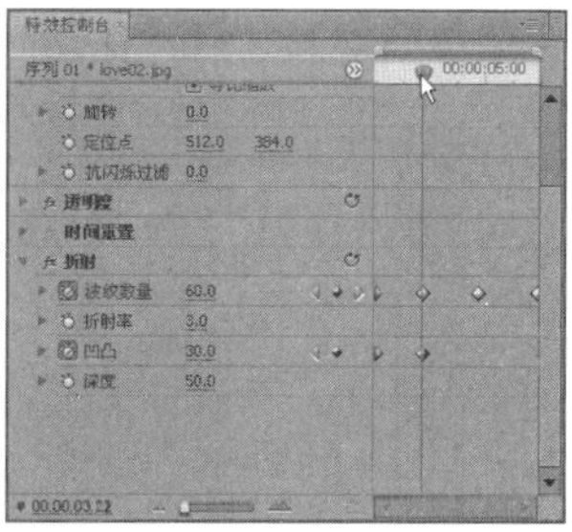

图 4-20　添加第二个关键帧

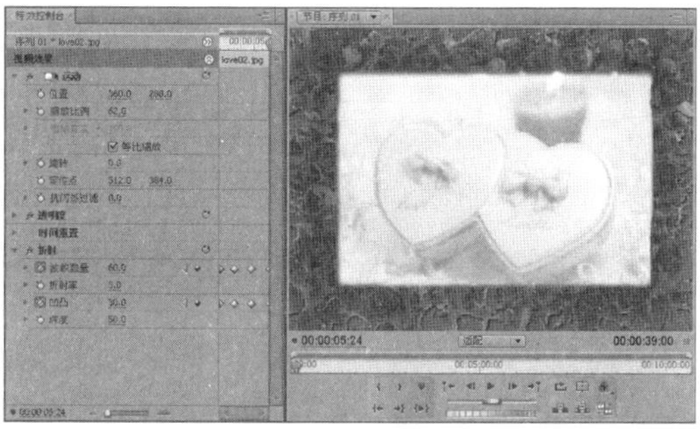

图 4-21　添加第三个和第四个关键帧

⓳设置关键帧动画之后，拖动时间线指示器预览动画效果，如图 4-22 所示。

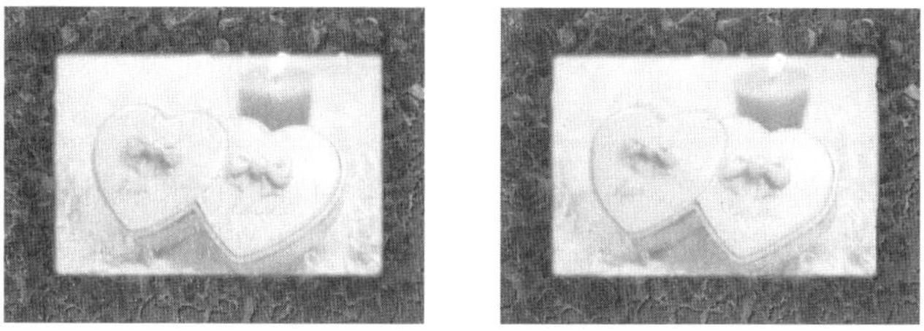

图 4-22　拖动时间线指示器预览动画效果

⓴在“效果”面板中，继续将“波纹（圆形）”特效拖放至“视频 2”轨道中的 love03.jpg 上，松开鼠标后即可为该素材添加特效。在其“特效控制台”面板中展开“波纹（圆形）”特效，然后为“波纹数量”参数添加三个关键帧，时间点分别为“00:00:06:00”、“00:00:07:14”和“00:00:08:24”处，三个关键帧对应的“波纹数量”分别为 50、0、50，如图 4-23 所示。

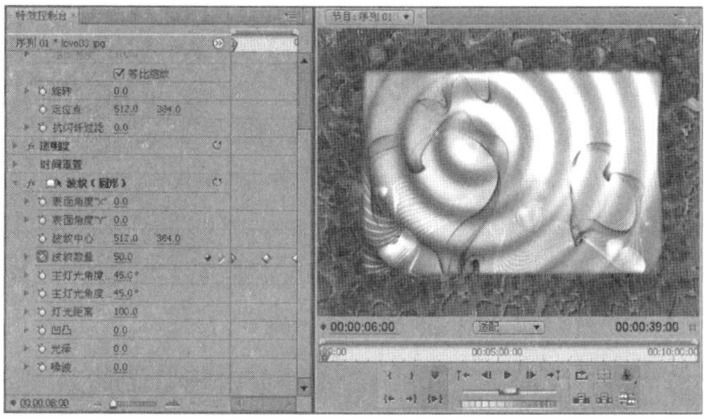

图 4-23　为“波纹数量”参数添加三个关键帧

㉑设置关键帧动画之后，拖动时间线指示器预览动画效果，如图 4-24 所示。

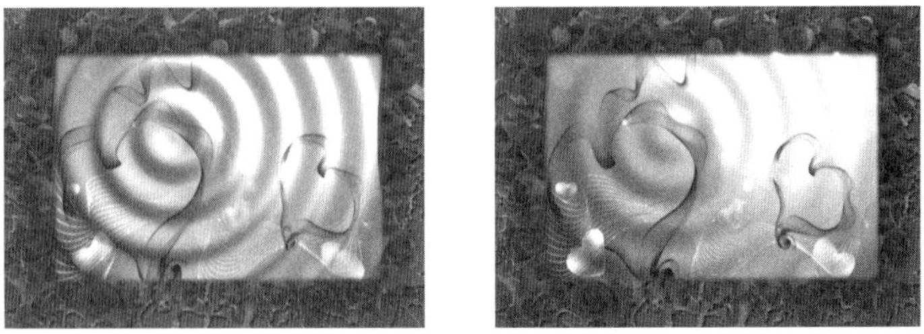

图 4-24　拖动时间线指示器预览动画效果

4.2　变换特效——情人节礼物（2）

实例欣赏（图 4-25）

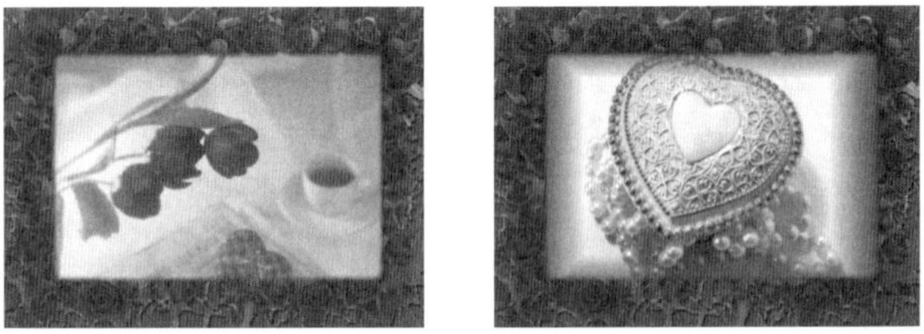

图 4-25　实例欣赏

操作秘籍

- 添加“水平翻转”特效之后，可以对原图像画面进行水平翻转。
- 有些视频特效很耗系统资源，在使用时会出现计算机性能降低的情况。

实战演练

❶继续实例“情人节礼物”的制作。在“效果”面板中展开“视频特效”|“变换”选项，将“水平翻转”特效拖放至“视频 2”轨道中的 love04.jpg 上，如图 4-26 所示，松开鼠标后即可为该素材添加一个特效。

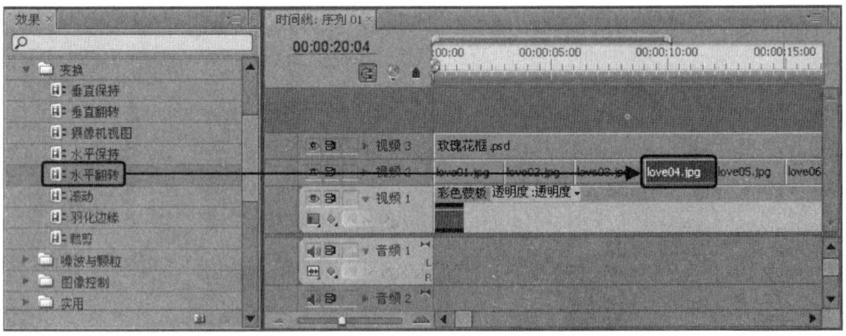

图 4-26　添加“水平翻转”特效

❷添加“水平翻转”特效之后，拖动时间线指示器预览画面效果，如图 4-27 所示，可以看出，原图像画面进行了水平翻转。

图 4-27　拖动时间线指示器预览画面效果

❸接下来在“时间线”面板中新增一个视频轨道。选中“视频 3”轨道中的素材“玫瑰花框.psd”并向上拖动，如图 4-28 所示，松开鼠标后，即可新增加一个视频轨道——“视频 4”，如图 4-29 所示，同时，将素材“玫瑰花框.psd”移到了“视频 4”轨道中。

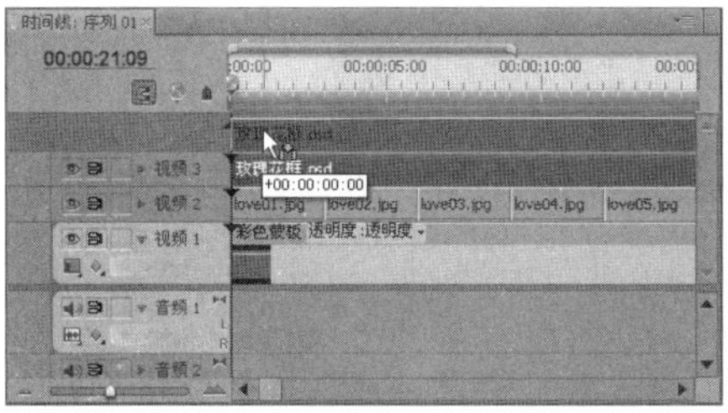

图 4-28　向上拖动素材“玫瑰花框.psd”

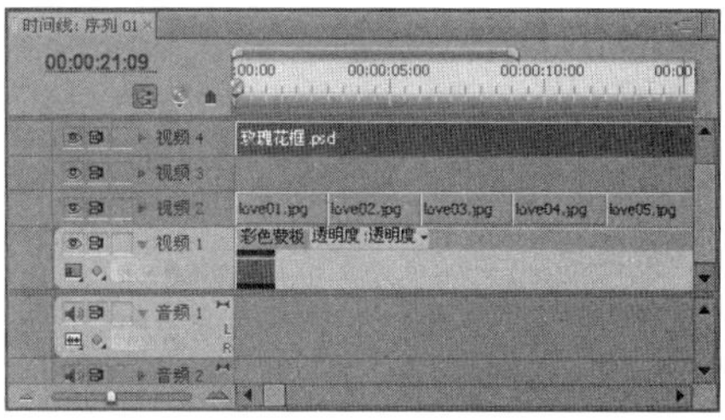

图 4-29　将素材移到“视频 4”轨道中

❹在“项目”面板中展开“图片素材”文件夹，将素材“love05.jpg”拖放至“视频 3”轨道中的“00:00:12:00”处，如图 4-30 所示。

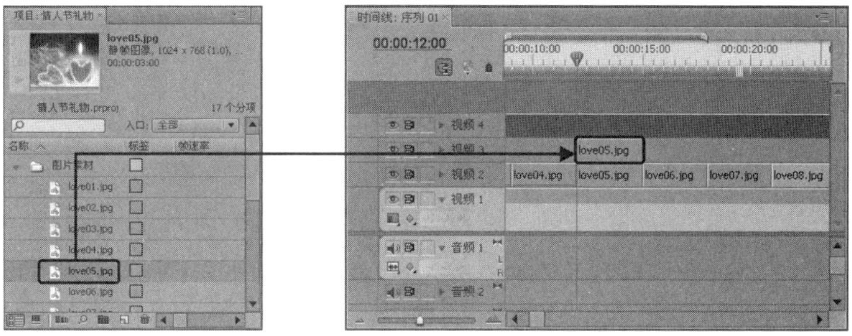

图 4-30　添加素材 love05.jpg 至视频轨道

❺在“时间线”面板中选择“视频 3”轨道中的 love05.jpg，在其“特效控制台”面板中展开“运动”选项，首先取消选中“等比缩放”复选框，然后设置“缩放高度”为 28，“缩放宽度”为 63，“位置”坐标轴为（360，186），如图 4-31 所示。

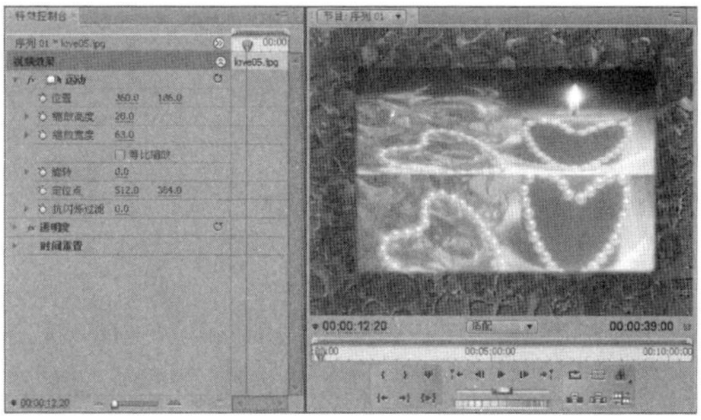

图 4-31　设置“特效控制台”面板中的“运动”选项

❻在“效果”面板中展开“视频特效”|“变换”选项，将“垂直翻转”特效拖放至“视频 2”轨道中的 love05.jpg 上。然后在素材 love05.jpg 的“特效控制台”面板中，取消“等比缩放”复选框的选中，设置“缩放高度”为 28，“缩放宽度”为 62，设置“位置”坐标轴为（360，399），如图 4-32 所示。

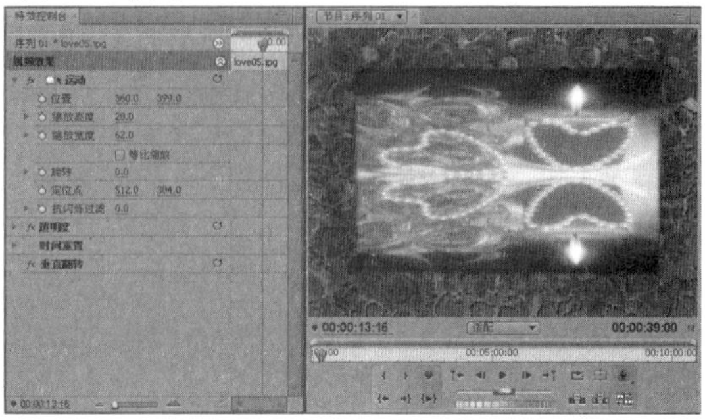

图 4-32　设置“特效控制台”面板中的“运动”选项

❼在“效果”面板中将“摄像机视图”特效拖放至“视频 2”轨道中的 love06.jpg 上。在其“特效控制台”面板中展开“摄像机视图”选项，将时间线定位至“00:00:15:00”处，如图 4-33 所示，为“摄像机视图”选项中的所有参数各添加一个关键帧，并设置“经度”为 37，“纬度”为 199，“垂直滚动”为 33，“焦距”为 500，“距离”为 162，“缩放”为 39，“填充颜色”为“黄色”。

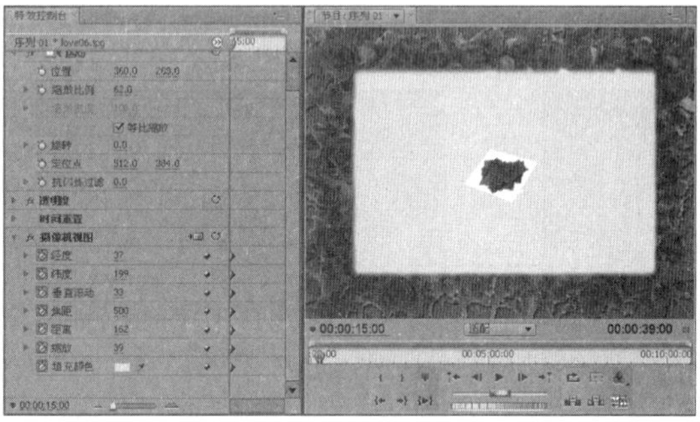

图 4-33　添加关键帧

❽同样的方法，在“特效控制台”面板中将时间线移动到“00:00:17:24”处，如图 4-34 所示，继续为“摄像机视图”选项中的所有参数各添加一个关键帧，单击“摄像机视图”选项右侧的“设置”按钮，弹出“摄像机视图设置”对话框，如图 4-35 所示，单击底部的“复位”按钮，将“摄像机视图”选项的所有参数设置为默认值，单击“确定”按钮。

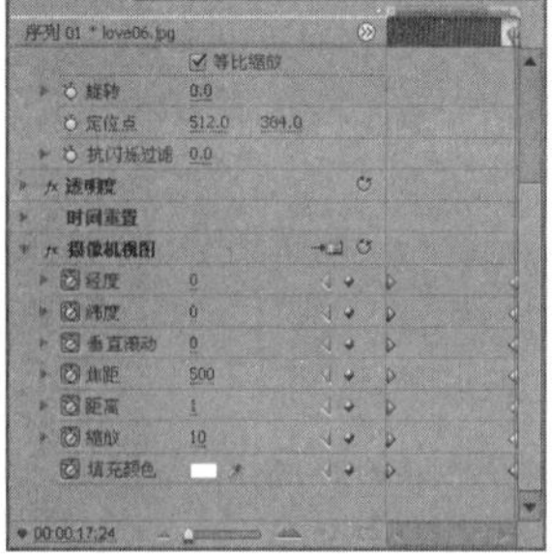

图 4-34　添加关键帧

图 4-35　“摄像机视图设置”对话框

❾添加“摄像机视图”特效之后，拖动时间线指示器预览画面效果，如图 4-36 所示。

❿在“效果”面板中展开“视频特效”|“变换”选项，将“滚动”特效拖放至“视频 2”轨道中的 love07.jpg 上，然后拖动时间线指示器预览画面效果，如图 4-37 所示。

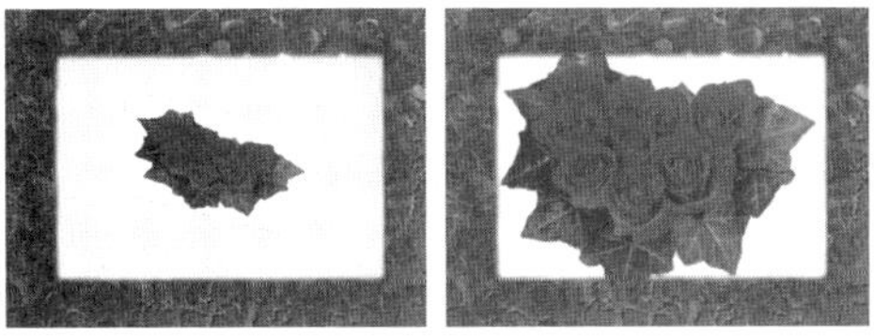

图 4-36　拖动时间线指示器预览画面效果（1）

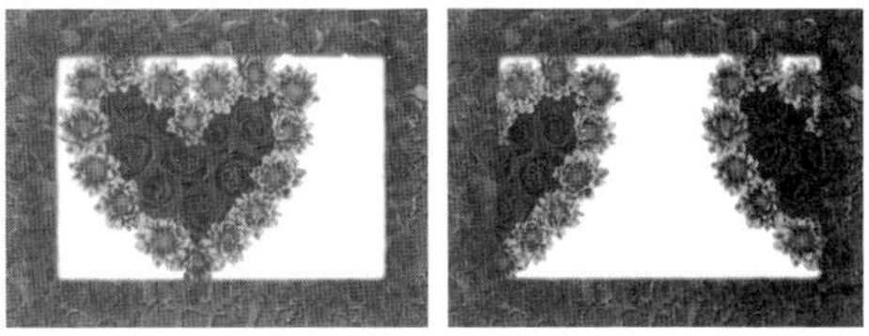

图 4-37　拖动时间线指示器预览画面效果（2）

⓫在“效果”面板中展开“视频特效”|“变换”选项，将“滚动”特效拖放至“视频 2”轨道中的 love08.jpg 上，然后在其“特效控制台”面板中，将时间线移动到“00:00:21:00”处，如图 4-38 所示，为“裁剪”特效分别添加四个关键帧。

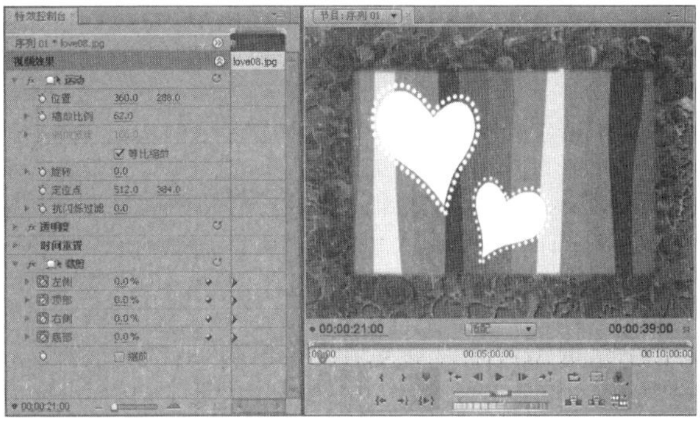

图 4-38　分别添加四个关键帧（1）

⓬在素材 love08.jpg 的“特效控制台”面板中，将时间线移动到“00:00:23:24”处，如图 4-39 所示，继续为“裁剪”特效分别添加四个关键帧，然后设置“左侧”为 50%，“顶部”为 50%，“右侧”为 50%，“底部”为 50%。

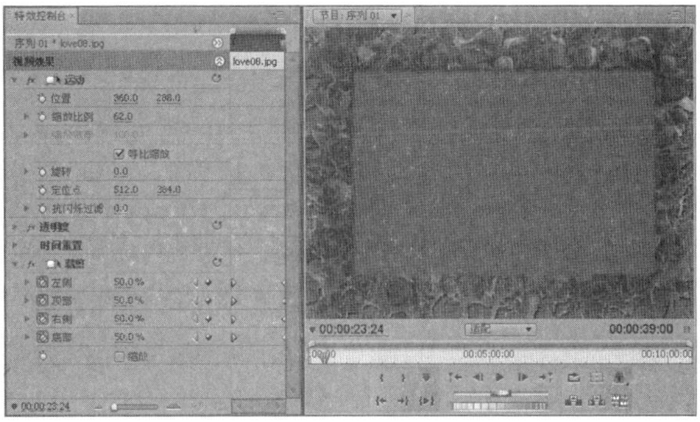

图 4-39　分别添加四个关键帧（2）

⓭添加“裁剪”特效之后，拖动时间线指示器预览画面效果，如图 4-40 所示。

⓮在“效果”面板中，将“羽化边缘”特效拖放至“视频 2”轨道中的 love09.jpg 上，在其“特效控制台”面板中，将时间线移动到“00:00:24:00”处，如图 4-41 所示，为“数量”参数添加一个关键帧，并设置其值为 0。

图 4-40　拖动时间线指示器预览画面效果

图 4-41　为“数量”参数添加一个关键帧（1）

⑮在“特效控制台”面板中，继续将时间线移动到“00:00:25:12”处，如图 4-42 所示，为“数量”参数添加一个关键帧，并设置其值为 100。

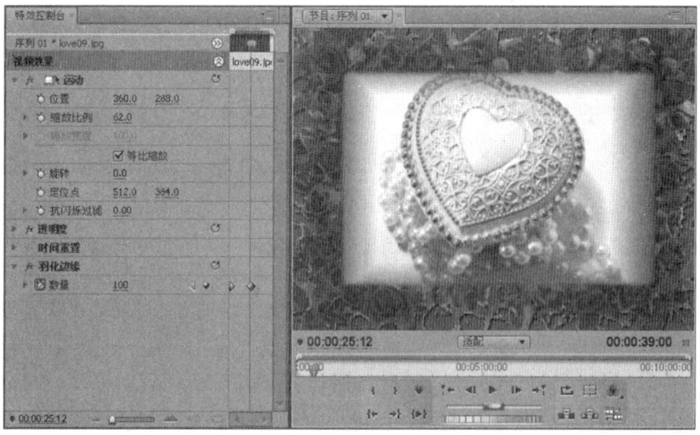

图 4-42　为“数量”参数添加一个关键帧（2）

⑯添加“羽化边缘”特效之后，拖动时间线指示器预览画面效果，如图 4-43 所示。

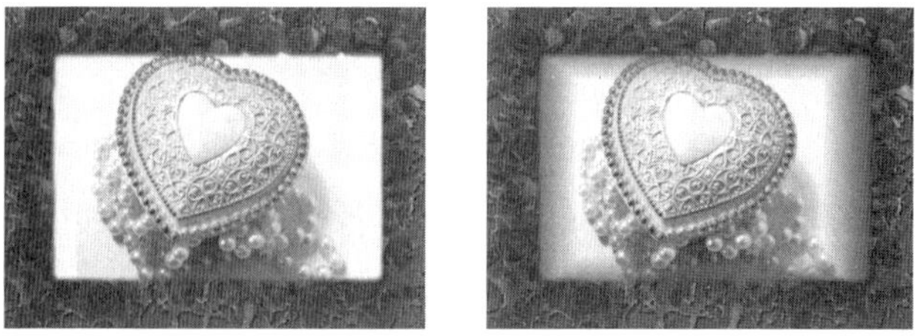

图 4-43　拖动时间线指示器预览画面效果

4.3　噪波与颗粒特效——情人节礼物（3）

实例欣赏（图 4-44）

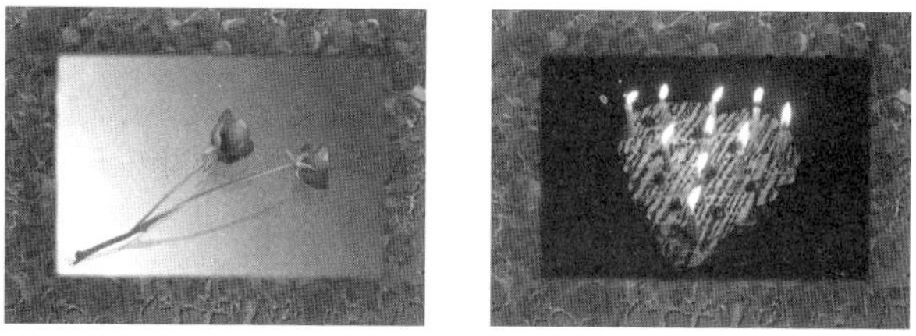

图 4-44　实例欣赏

操作秘籍

- 如果要实现一种视频画面模糊的效果，可以使用“中间值”视频特效。
- 为了流畅地预览添加特效后的画面，可以先对画面进行渲染后再播放。

实战演练

❶继续实例“情人节礼物”的制作。在“效果”面板中展开“视频特效”|“噪波与颗粒”选项，将“中间值”特效拖放至“视频 2”轨道中的 love10.jpg 上，如图 4-45 所示，松开鼠标后即可为该素材添加一个特效。

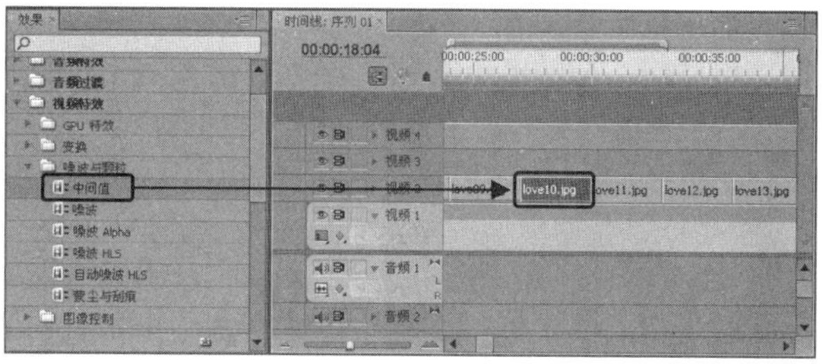

图 4-45　添加“中间值”特效

❷在素材 love10.jpg 的“特效控制台”面板中展开“中间值”选项，为参数“半径”添加两个关键帧，如图 4-46 所示，时间点分别为“00:00:27:00”和“00:00:28:15”，各自对应的值为 30 和 0。

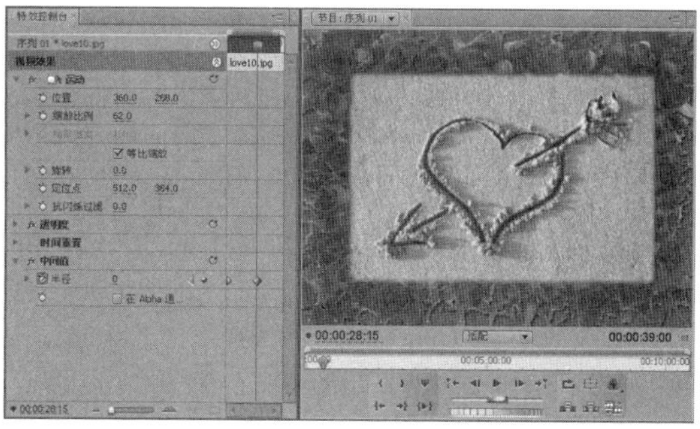

图 4-46　为参数“半径”添加两个关键帧

❸添加“中间值”特效之后，拖动时间线指示器预览画面效果，如图 4-47 所示。

图 4-47　拖动时间线指示器预览画面效果

❹将“噪波 HLS”特效拖放至“视频 2”轨道中的 love11.jpg 上，在其“特效控制台”面板中展开“噪波 HLS”选项，如图 4-48 所示，将时间线移动到“00:00:30:00”处，分别为参数“色相”、“明度”、“饱和度”和“噪波相位”各添加一个关键帧，它们各自对应的值为 100%、100%、100%和 18°；将时间线移动到“00:00:31:02”处，继续为参数“色相”、“明度”、“饱和度”和“噪波相位”各添加一个关键帧，它们各自对应的值为 0%、0%、0%和 0°。

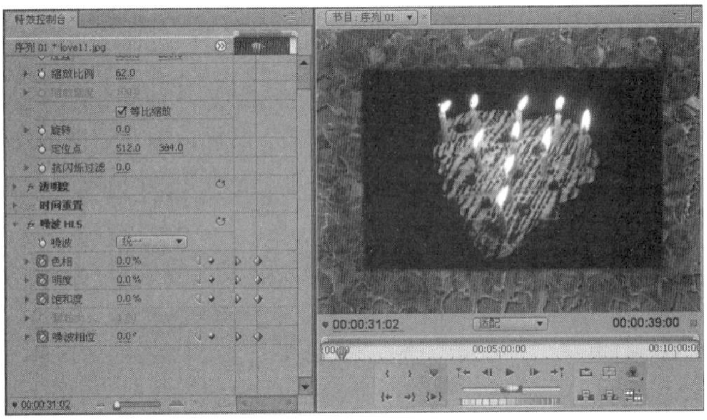

图 4-48　添加关键帧并设置其值

❺添加并设置“噪波 HLS”特效后，拖动时间线指示器预览画面效果，如图 4-49 所示。

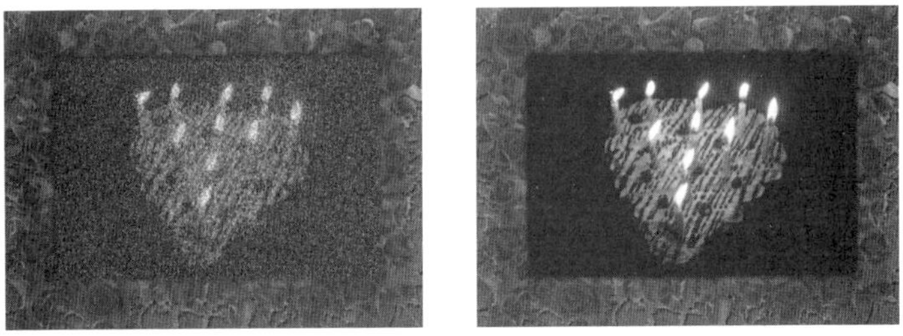

图 4-49　拖动时间线指示器预览画面效果

❻将“蒙尘与刮痕”特效拖放至“视频 2”轨道中的 love12.jpg 上，在其“特效控制台”面板中展开“蒙尘与刮痕”选项，如图 4-50 所示，分别将时间线移动到“00:00:33:00”和“00:00:34:07”处，为参数“半径”添加两个关键帧，并设置其值分别为 107 和 1。

❼添加并设置“蒙尘与刮痕”特效后，拖动时间线指示器预览画面效果，如图 4-51 所示。

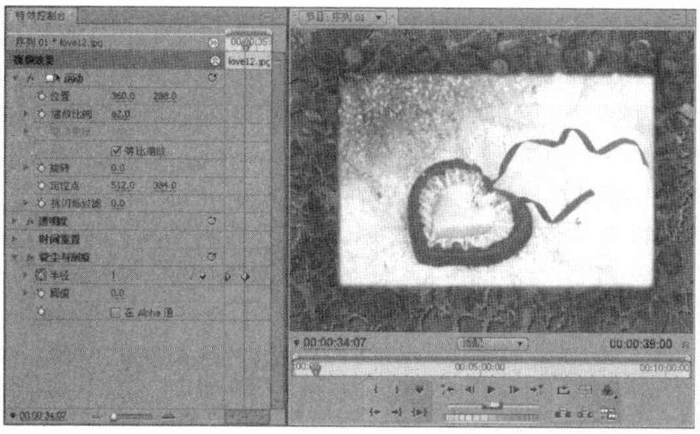

图 4-50　为参数“半径”添加两个关键帧

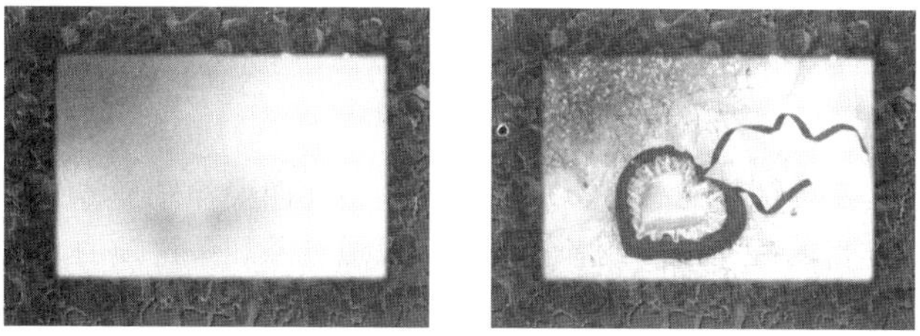

图 4-51　拖动时间线指示器预览画面效果

❽将“自动噪波 HLS”特效拖放至“视频 2”轨道中的 love13.jpg 上，在其“特效控制台”面板中展开“自动噪波 HLS”选项，如图 4-52 所示，将时间线移动到“00:00:36:00”处，分别为参数“色相”、“饱和度”和“颗粒大小”各添加一个关键帧，它们各自对应的值为 100%、100%和 5；再将时间线移动到“00:00:37:17”处，分别为参数“色相”、“饱和度”和“颗粒大小”各添加一个关键帧，它们各自对应的值为 0%、0%和 0。

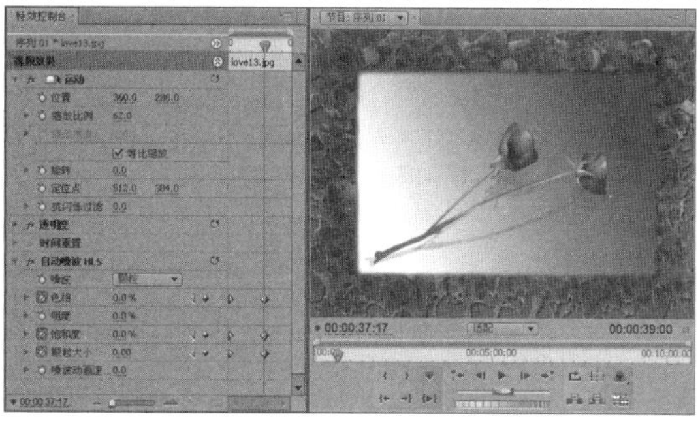

图 4-52　添加并设置关键帧

❾添加并设置“自动噪波 HLS”特效后，拖动时间线指示器预览画面效果，如图 4-53 所示。至此，本实例制作完成。

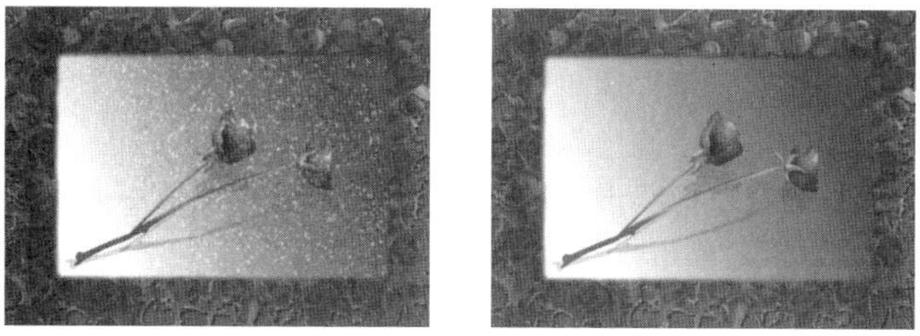

图 4-53　拖动时间线指示器预览画面效果

4.4 图像控制特效——鲜花写真（1）

实例欣赏（图 4-54）

图 4-54 实例欣赏

操作秘籍

- 如果要实现画面的色彩转变，可以为素材添加图像控制类特效。
- 为了实现丰富的画面过渡或者特效，可以通过添加关键帧的方式实现。

实战演练

❶运行 Premiere Pro CS4，单击欢迎窗口中的“新建项目”图标，如图 4-55 所示。在弹出的“新建项目”对话框中选择“常规”选项卡，在对话框下方选择项目文件的存放路径，并输入项目文件名称为“鲜花写真”，如图 4-56 所示，项目设置完成后，单击“确定”按钮。

图 4-55 Premiere Pro CS4 欢迎窗口

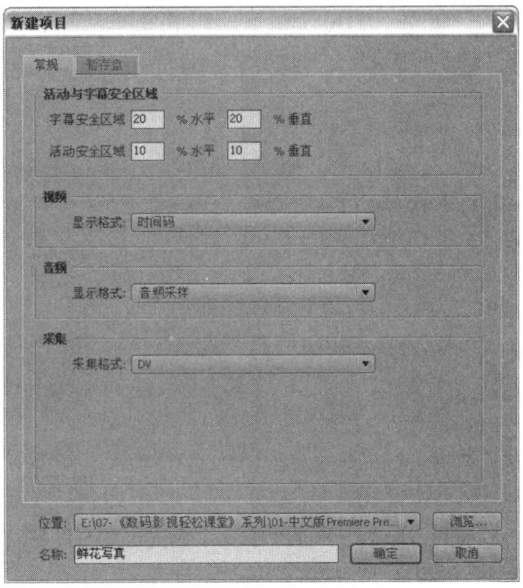

图 4-56 “新建项目”对话框

❷弹出“新建序列”对话框，这里选择列表中的“DV – PAL”|“标准 48kHz”选项，其他选项保持默认设置，单击“确定”按钮。

❸在“项目”面板的空白处双击，弹出“导入”对话框，如图 4-57 所示，选中要导入的图片文件夹“图片素材”，单击“导入文件夹”按钮。

❹这样，即可将“图片素材”文件夹连同其中的素材一起导入到“项目”面板中，如图 4-58 所示。

图 4-57　“导入”对话框

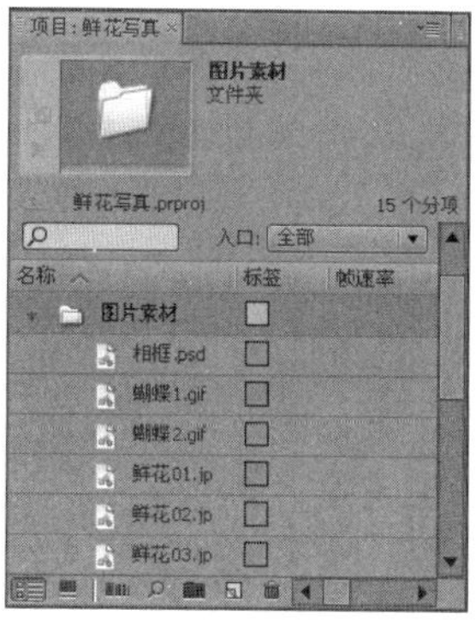

图 4-58　“项目”面板

❺在“项目”面板中依次选择素材“鲜花 01.jpg”~“鲜花 10.jpg”，将其拖放至“视频 1”轨道的开始处；将素材“相框.psd”拖放至“视频 2”轨道中的开始处，并设置其出点与“视频 1”轨道中的素材齐长；同样的方法，分别将素材“蝴蝶 1.gif”和“蝴蝶 2.gif”拖放至“视频 3”和“视频 4”轨道中的开始处，并设置它们的出点与“视频 1”轨道中的素材齐长，如图 4-59 所示，最后隐藏“视频 3”和“视频 4”轨道，以便于后面的操作。

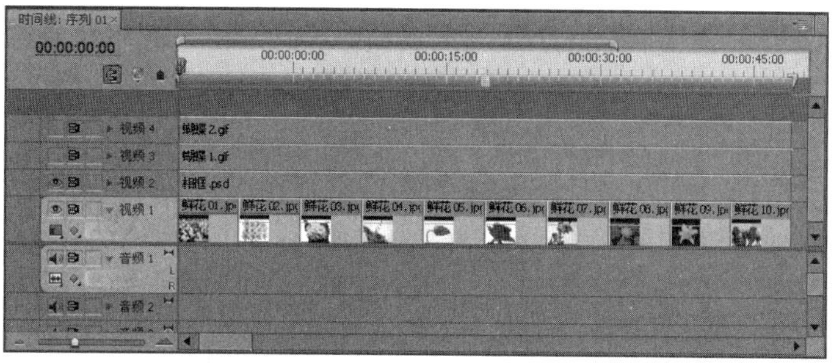

图 4-59　添加各种素材到“时间线”面板中

❻在“效果”面板中展开“视频特效”|“图像控制”选项，将其中的“色彩传递”特效拖放到素材“鲜花 01.jpg”上，如图 4-60 所示。

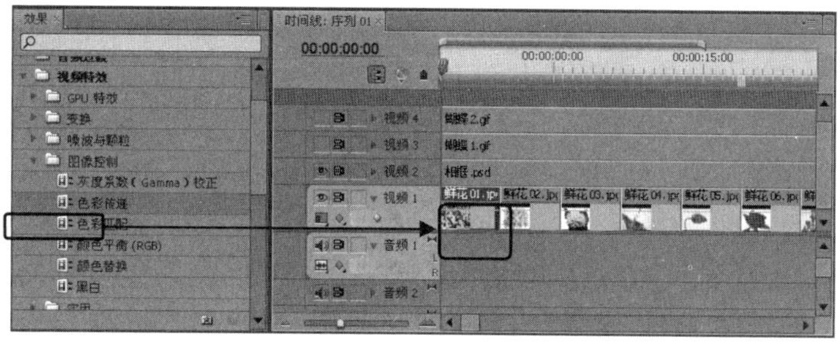

图 4-60　将“色彩传递”特效拖放到素材“鲜花 01.jpg”上

❼选中“视频 1”轨道中的素材“鲜花 01.jpg”，在其“特效控制台”面板中展开“运动”选项，设置“缩放比例”为 38，“旋转”为-5°；展开“色彩传递”选项，分别在时间点“00:00:00:00”和“00:00:03:18”处添加两个关键帧，设置其值分别为 0 和 100，如图 4-61 所示。

图 4-61　添加两个关键帧

❽添加关键帧后，在“时间线”面板中拖动时间线指示器预览动画效果，如图 4-62 所示。

图 4-62　拖动时间线指示器预览动画效果

❾在“时间线”面板中重新显示“视频 3”轨道，选中“蝴蝶 1.gif”素材，再在其“特效控制台”面板中设置“缩放比例”为 28，“旋转”为-57°，如图 4-63 所示。

❿在“时间线”面板中重新显示“视频 4”轨道，选中“蝴蝶 2.gif”素材，再在其“特效控制台”面板中设置“缩放比例”为 28，单击选择“运动”选项，此时“节目”监视器中的“蝴蝶 2.gif”素材将处于选中状态，用鼠标拖动选框中间的坐标点，将其移动到画面的左下角，效果如图 4-64 所示。

图 4-63　设置“特效控制台”面板参数

图 4-64　设置“特效控制台”面板参数

⓫在“效果”面板中将“颜色平衡(RGB)”特效拖放到素材“鲜花 02.jpg”上，在其“特效控制台”面板中展开“颜色平衡(RGB)”选项，如图 4-65 所示，在时间点“00:00:06:00”、“00:00:09:06”和“00:00:11:24”处，分别为参数“红色”、“绿色”和“蓝色”添加一个关键帧，其值分别为“100，100，100”、“32，91，143”、“200，101，76”。

图 4-65　设置“特效控制台”面板参数

⑫添加关键帧后，在“时间线”面板中拖动时间线指示器预览动画效果，如图 4-66 所示。

图 4-66　拖动时间线指示器预览动画效果

⑬在“效果”面板中将“颜色替换”特效拖放到素材“鲜花 03.jpg”上，在其“特效控制台”面板中展开“颜色替换”选项，如图 4-67 所示，设置“目标颜色”为“红色”，“替换颜色”为“蓝色”，然后分别在“00:00:09:06”和“00:00:11:24”处为“相似性”参数添加两个关键帧，设置其值分别为 0 和 60。

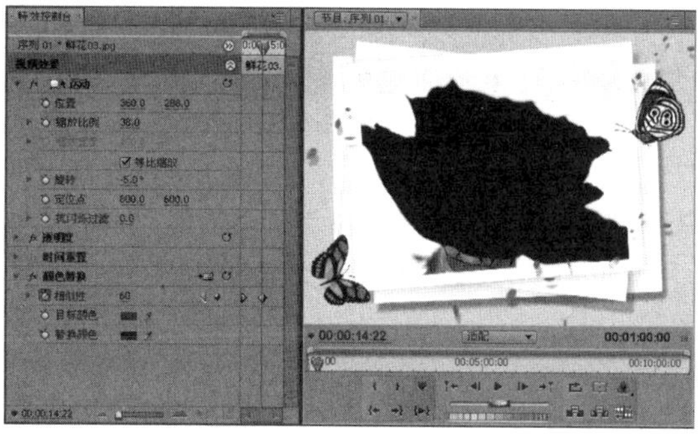

图 4-67　设置“颜色替换”特效参数

⑭添加关键帧后，在“时间线”面板中拖动时间线指示器预览动画效果，如图 4-68 所示。

图 4-68　拖动时间线指示器预览动画效果

4.5 实用特效——鲜花写真（2）

实例欣赏（图 4-69）

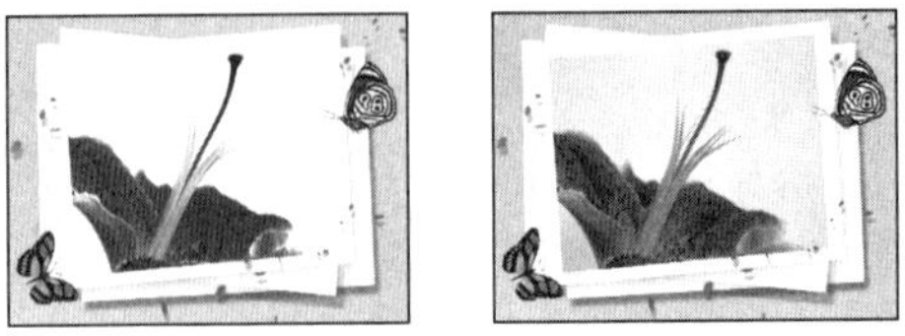

图 4-69 实例欣赏

操作秘籍

- 为了流畅地预览添加特效后的画面，可以先对画面进行渲染后再播放。
- 在“特效控制台”面板中，单击效果选项前面的“切换效果开关”按钮，即可取消素材上的特效，此时可以通过“节目”监视器面板预览设置前后的效果。

实战演练

❶继续实例“鲜花写真”的制作。在“效果”面板中展开“视频特效”|“变换”选项，将“Cineon 转换”特效拖放至“视频 1”轨道中的“鲜花 04.jpg”上，如图 4-70 所示，松开鼠标后即可为该素材添加一个特效。

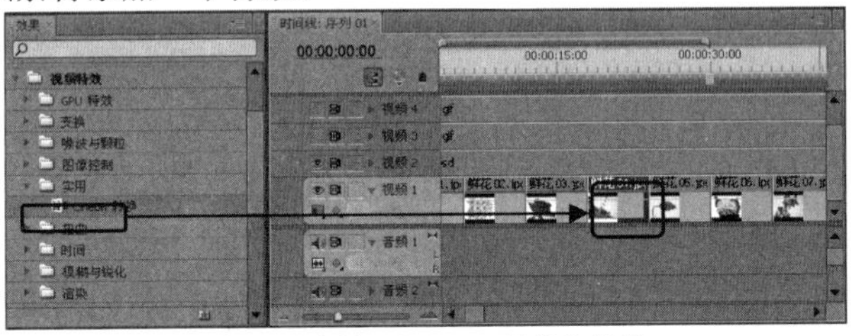

图 4-70 添加“Cineon 转换”特效

❷选中“视频 1”轨道中的“鲜花 04.jpg”，在其“特效控制台”面板中展开“Cineon 转换”选项，如图 4-71 所示，设置“转场类型”为“对数到对数”，设置“10 位黑场”为 0，“内部黑场”为 0，“10 位白场”为 954，“内部白场”为 1，“灰度系数”为 5，“高光滤除”为 20。

图 4-71 设置“特效控制台”面板参数

❸在“特效控制台”面板中，单击“Cineon 转换”选项前面的“切换效果开关”按钮

，如图 4-72 所示，这样即可取消素材上的该特效，此时可以通过“节目”监视器面板预览设置前后的效果。

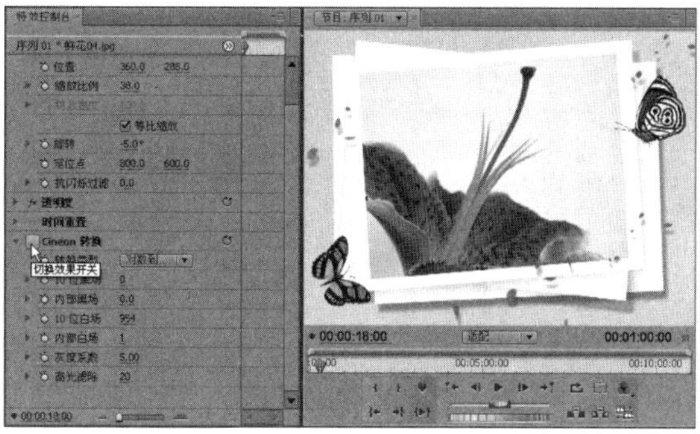

图 4-72　开关特效预览设置前后的效果

4.6　色彩校正特效——鲜花写真（3）

实例欣赏（图 4-73）

图 4-73　实例欣赏

操作秘籍

- 如果只需要更改画面中的某一种颜色，可以使用“更改颜色”特效来实现。
- 关键帧可以通过使用快捷键来进行复制和粘贴操作。

实战演练

❶继续实例“鲜花写真”的制作。在“效果”面板中展开“视频特效”|“色彩校正”选项，将“RGB 曲线”特效拖放至“视频 1”轨道中的“鲜花 05.jpg”上，如图 4-74 所示，松开鼠标后即可为该素材添加一个特效。

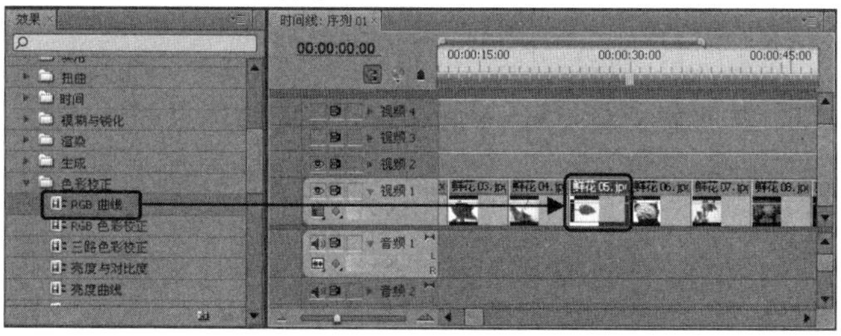

图 4-74　将“RGB 曲线”特效拖放至素材“鲜花 05.jpg”上

❷选中“视频 1”轨道中的“鲜花 05.jpg”，在其“特效控制台”面板中展开“RGB 曲线”选项，分别设置“主音轨”、“红色”、“绿色”和“蓝色”曲线，如图 4-75 所示，这样，

即可将花朵变为另外一种颜色。

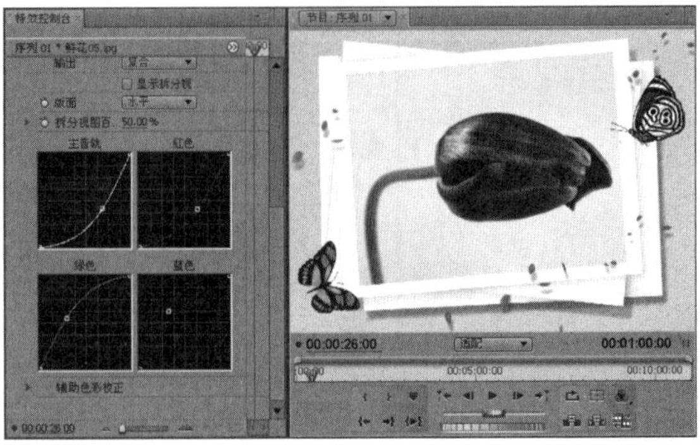

图 4-75　设置“主音轨”、“红色”、“绿色”和“蓝色”曲线

❸设置各个曲线后，在“时间线”面板中拖动时间线指示器预览画面效果，如图 4-76 所示。

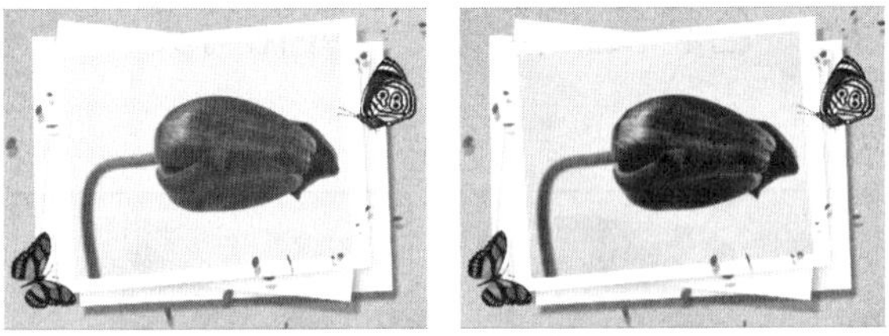

图 4-76　拖动时间线指示器预览画面效果

❹在“效果”面板中将“亮度与对比度”特效拖放到素材“鲜花 08.jpg”上，然后在其“特效控制台”面板中展开“亮度与对比度”选项，如图 4-77 所示，设置“亮度”为 16，“对比度”为 56。

图 4-77　设置“特效控制台”面板参数

❺添加并设置“亮度与对比度”特效后，在“时间线”面板中拖动时间线指示器预览画面效果，如图 4-78 所示。

❻在“效果”面板中将“更改颜色”特效拖放到素材“鲜花 09.jpg”上，然后在其“特效控制台”面板中展开“更改颜色”选项，如图 4-79 所示，单击参数“要更改的颜色”后面的“取色”按钮，在“节目”监视器画面中的黄色花瓣上单击拾取黄色，再设置“色相变换”为－100，“明度变换”为－2，“饱和度变换”为 14，“匹配宽容度”为 2%，其他参数保持默认设置。

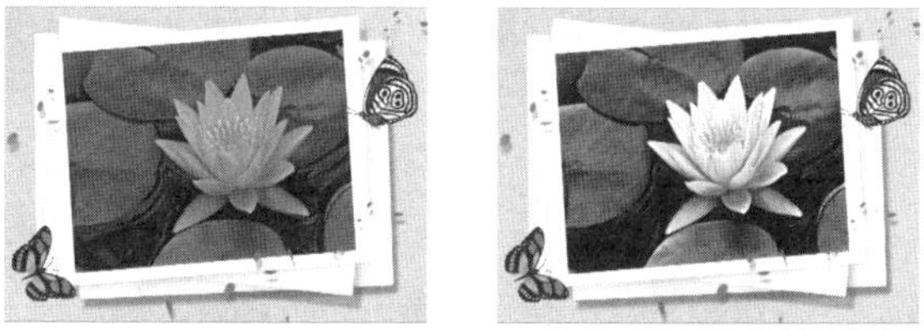

图 4-78　拖动时间线指示器预览画面效果

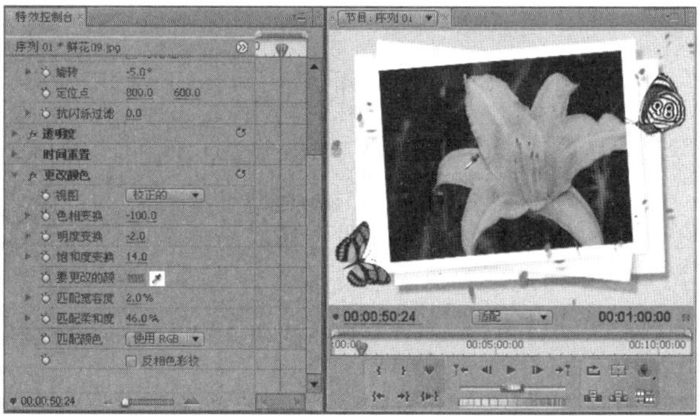

图 4-79　设置“特效控制台”面板参数

❼添加并设置“更改颜色”特效后，在“时间线”面板中拖动时间线指示器预览画面效果，如图 4-80 所示。

图 4-80　拖动时间线指示器预览画面效果

❽在“效果”面板中将“色彩平衡”特效拖放到素材“鲜花 07.jpg”上，然后在其“特效控制台”面板中展开“色彩平衡”选项，如图 4-81 所示，设置“阴影红色平衡”为-88，“阴影绿色平衡”为 100，“阴影蓝色平衡”为 100，“中间调红色”为-100，“中间调绿色”为-64，“中间调蓝色”为 7，“高光红色平衡”为-5，“高光绿色平衡”为-100，“高光蓝色平衡”为 79。

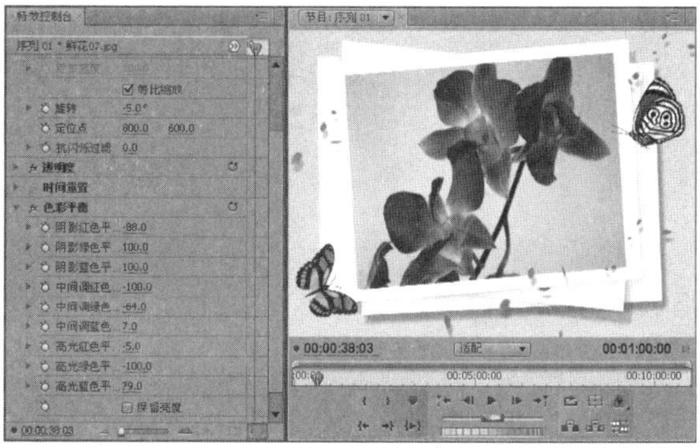

图 4-81　设置“特效控制台”面板参数

❾添加并设置“色彩平衡”特效后，在“时间线”面板中拖动时间线指示器预览画面效果，如图 4-82 所示。

图 4-82　拖动时间线指示器预览画面效果

❿接下来，为“视频 4”轨道中的素材“蝴蝶 2.gif”添加一个从左到右的飞舞动画。在素材“蝴蝶 2.gif”的“特效控制台”面板中，将时间线定位至“00:00:00:00”处，取消选中“等比缩放”复选框，分别为“位置”和“缩放高度”各添加一个关键帧，并设置其值分别为（67.4，470.4）和 10，设置“缩放高度”为 24，如图 4-83 所示。

⓫将时间线定位至“00:00:59:24”处，为“位置”添加一个关键帧，并设置其坐标值为（678.4，470.4），如图 4-84 所示。

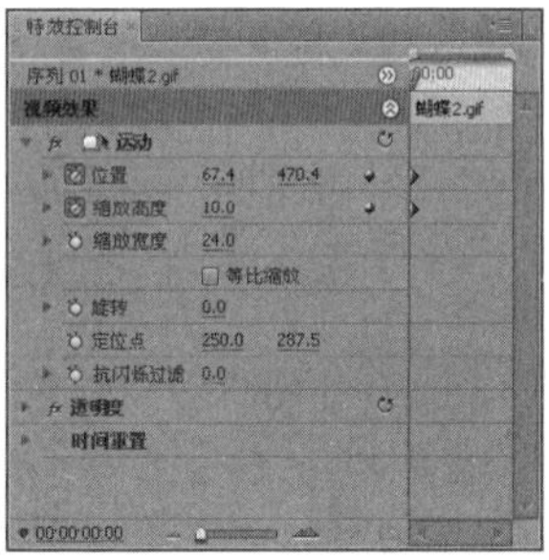

图 4-83　设置“特效控制台”面板（1）

图 4-84　设置“特效控制台”面板（2）

⓬将时间线定位至“00:00:00:10”处，为“缩放高度”添加一个关键帧，并设置其值为 24，如图 4-85 所示。为了操作方便，可以拖动“特效控制台”面板底部的显示大小调节滑块，向右拖动将其显示比例放大。

⓭在“特效控制台”面板中用鼠标框选“缩放宽度”参数的两个关键帧，如图 4-86 所示，然后按快捷键 Ctrl+C 复制关键帧，将时间线往后移动 10 帧，然后按快捷键 Ctrl+V 粘贴关键帧。

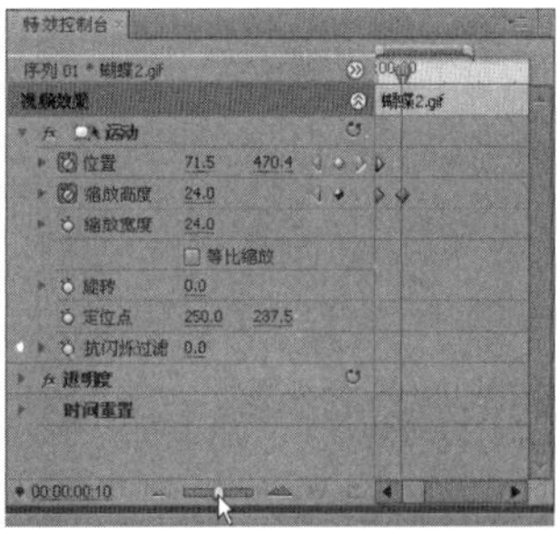

图 4-85　放大显示比例

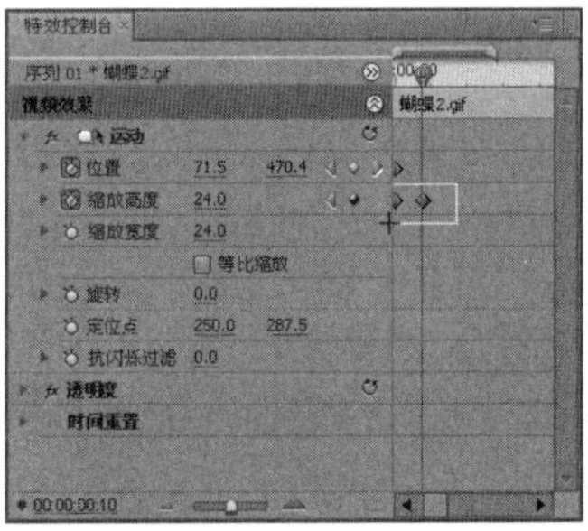

图 4-86　复制关键帧

⓮重复上面的移动时间线、复制和粘贴操作，直到实例最后一帧，操作完成后的“特效控制台”面板如图 4-87 所示。

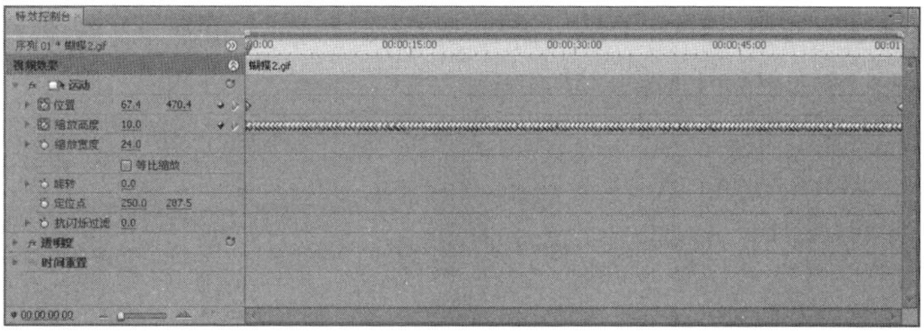

图 4-87 “特效控制台”面板

⓯至此，本实例全部制作完成，最后拖动时间线指示器预览动画效果，如图 4-88 所示，可以看出，已经实现了素材“蝴蝶 2.gif”从左到右的飞舞动画。

图 4-88 拖动时间线指示器预览动画效果

操作提示

也可以尝试为素材“蝴蝶 1.gif”添加一个从右到左的飞舞动画。

4.7 键控特效——摇篮宝贝（1）

实例欣赏（图 4-89）

图 4-89 实例欣赏

操作秘籍

- 使用“亮度键”特效，可以快速去除视频素材的黑色背景。
- 为了完整地显示“时间线”面板中的素材，可以通过拖放以改变显示比例的方式实现。

实战演练

❶运行 Premiere Pro CS4，单击欢迎窗口中的“新建项目”图标，在弹出的“新建项目”对话框中选择“常规”选项卡，在对话框下方选择项目文件的存放路径，并输入项目文件名称为“摇篮宝贝”，项目设置完成后，单击“确定”按钮。

❷弹出“新建序列”对话框，这里选择列表中的“DV – PAL”|“标准 48kHz”选项，其他选项保持默认设置，单击“确定”按钮。

❸在“项目”面板中导入本实例所需要的素材，如图 4-90 所示，将素材“背景.jpg”拖放至“视频 1”轨道中的开始处，并设置其出点为“00:00:24:00”。

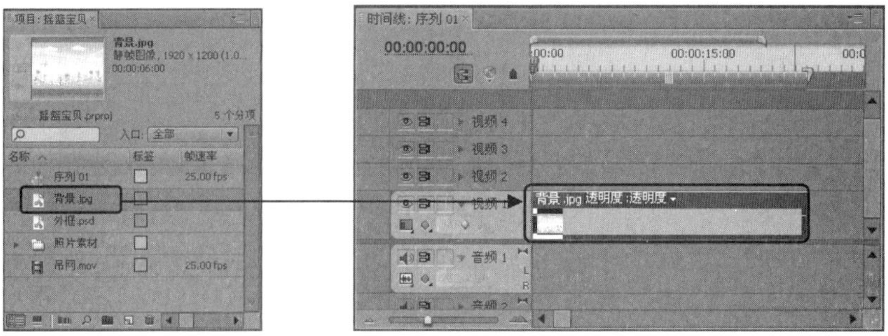

图 4-90　添加素材“背景.jpg”到“时间线”面板

❹在“视频 1”轨道中选择“背景.jpg”素材，然后在其“特效控制台”面板中设置“缩放比例”为 48，如图 4-91 所示。

图 4-91　设置“缩放比例”参数

❺在“项目”面板中导入本实例所需要的素材，如图 4-92 所示，将照片文件夹“照片素材”拖放至“视频 2”轨道中的开始处。

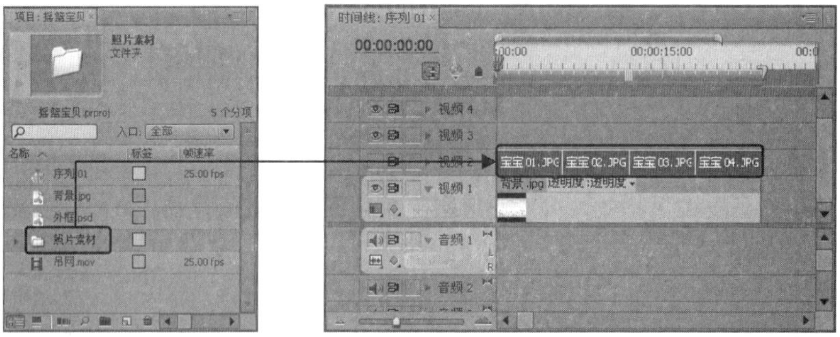

图 4-92　添加照片文件夹“照片素材”

❻在“视频 2”轨道中选择“宝宝 01.JPG”素材，然后在其“特效控制台”面板中设置“缩放比例”为 18，如图 4-93 所示。

图 4-93　设置效果参数

❼在“项目”面板中，将“外框.psd”拖放至“视频 3”轨道中的开始处，如图 4-94 所示。

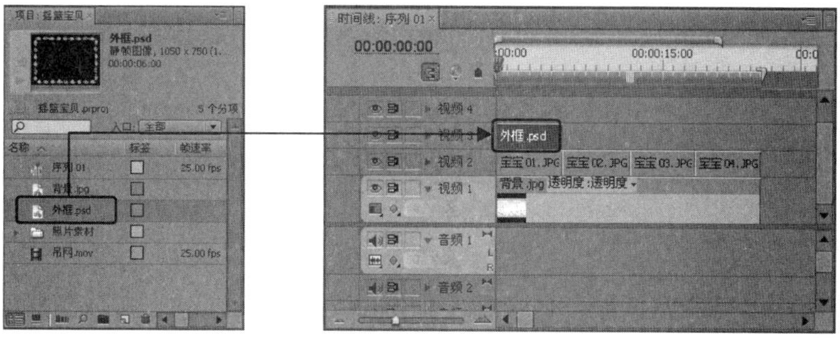

图 4-94　添加素材“外框.psd”

❽在“特效控制台”面板中设置素材“外框.psd”的“比例”参数，如图 4-95 所示，取消选中“等比”复选框，设置“高度比例”为 55，设置“宽度比例”为 50，使其刚好遮住照片的边缘。

图 4-95　设置比例大小

❾在“项目”面板中，将视频素材“吊网.mov”拖放至“视频 4”轨道中的开始处，如图 4-96 所示，并拖动其尾部使其与“视频 3”轨道中的素材齐长。

❿在“特效控制台”面板中设置素材“吊网.mov”的“比例”为 129，如图 4-97 所示，将其适当放大。

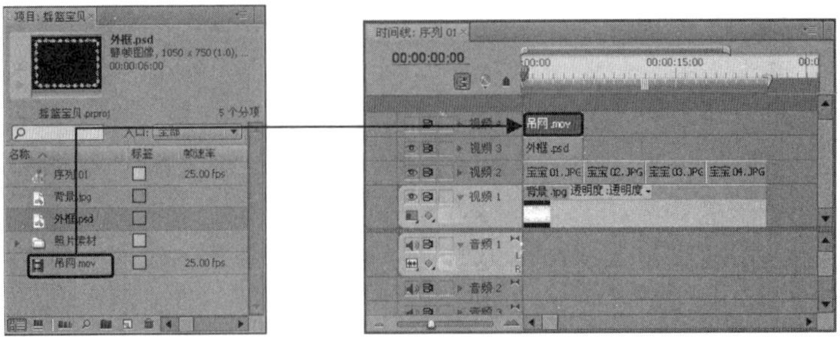

图 4-96　添加视频文件

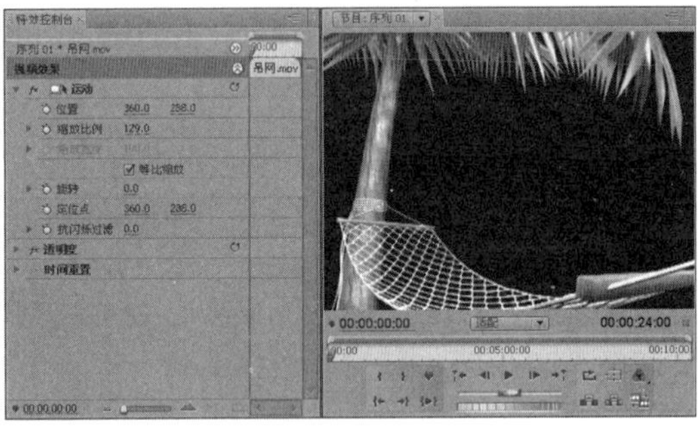

图 4-97　设置视频比例大小

⑪接下来，将素材“吊网.mov”的黑色背景去除，如图 4-98 所示，在“效果”面板中展开“视频特效”|“键控”文件夹，将其中的“亮度键”特效拖放至素材“吊网.mov”上。

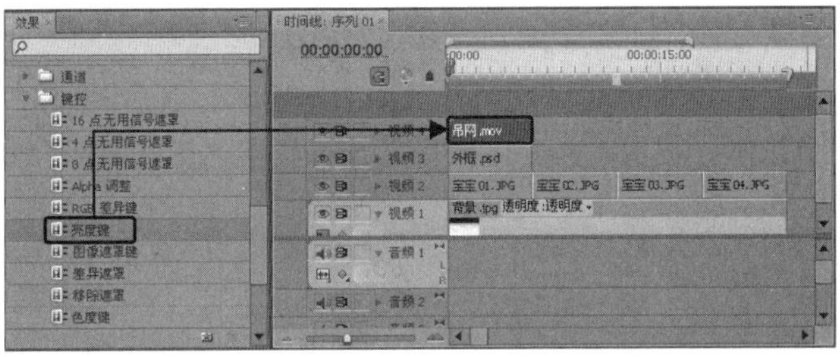

图 4-98　添加“亮度键”特效

⑫在“特效控制台”面板中展开“亮度键”选项，如图 4-99 所示，设置“阈值”为 38%，“屏蔽度”为 12%，这样素材“吊网.mov”的黑色背景就消失了。

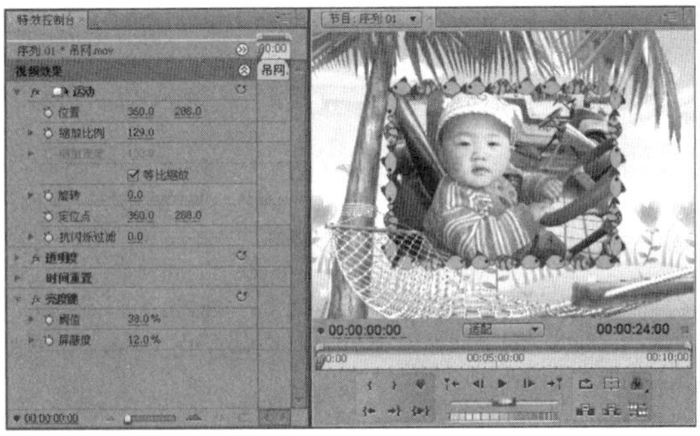

图 4-99　设置效果参数

⓭添加并设置完“亮度键”特效后，在“时间线”面板中拖动时间线预览动画效果，如图 4-100 所示。

图 4-100 拖动时间线预览动画效果

4.8 模糊与锐化特效——摇篮宝贝（2）

实例欣赏（图 4-101）

图 4-101 实例欣赏

操作秘籍

- 在制作过程中，请注意随时保存文件，以防死机或出错退出。
- 使用“快速模糊”特效，可以实现画面模糊效果。

实战演练

❶继续制作实例“摇篮宝贝”，接下来制作照片摇摆淡入和摇摆淡出效果。为了操作方便，暂时将“视频 3”和“视频 4”轨道隐藏。在“效果”面板中展开“视频特效”|“模糊与锐化”文件夹，将其中的“快速模糊”特效拖放至素材“宝宝 01.JPG”上。

❷选择“视频 2”轨道中的素材“宝宝 01.JPG”，将时间线移动至“00:00:00:00”处，在素材“宝宝 01.JPG”的“特效控制台”面板中展开“运动”选项，如图 4-102 所示，为“位置”参数添加一个关键帧，并设置其坐标值为（-260，288）；同样为“旋转”参数添加一个关键帧，设置其值为-8°；展开“快速模糊”选项，为“模糊量”参数添加一个关键帧，设置其值为 130。

❸继续将时间线移动至“00:00:00:20”处，在“特效控制台”面板中设置“位置”坐标值为（300，288），“旋转”参数值为 8°，“模糊量”参数值为 0，设置完的效果如图 4-103 所示。

❹继续将时间线移动至“00:00:05:05”处，在“特效控制台”面板中设置“位置”坐标值为（380，288），“旋转”参数值为-8°，“模糊量”参数值为 0，设置完的效果如图 4-104 所示。

图 4-102　添加关键帧（1）

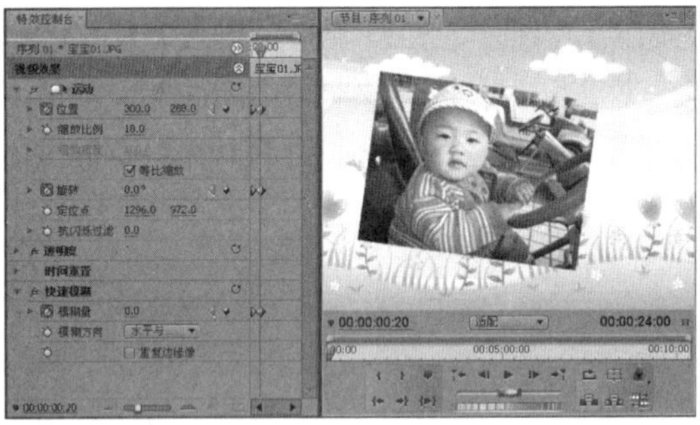

图 4-103　添加关键帧（2）

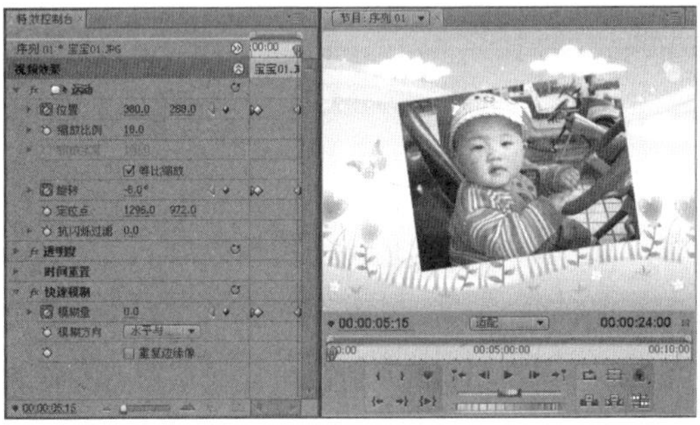

图 4-104　添加关键帧（3）

❺继续将时间线移动至“00:00:05:24”处，在“特效控制台”面板中设置“位置”坐标值为（970，288），“旋转”参数值为 8°，“模糊量”参数值为 130，设置完的效果如图 4-105 所示。

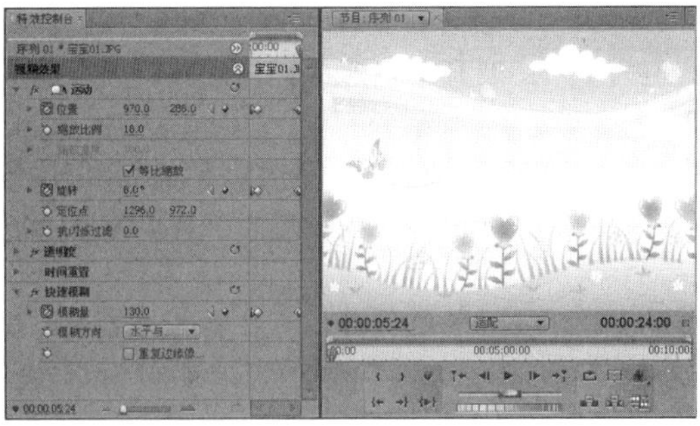

图 4-105　添加关键帧（4）

❻接下来设置素材“外框.psd”的动画效果，由于其跟照片一起运动，且轨迹相同，所以将照片素材“宝宝 01.JPG”的特效参数值复制给素材“外框.psd”。首先取消“视频 3”轨道的隐藏，然后在素材“宝宝 01.JPG”的“特效控制台”面板中按住 Ctrl 键分别选择“运动”选项和“快速模糊”选项，按快捷键 Ctrl+C 复制参数，如图 4-106 所示，然后在素材“外框.psd”的“特效控制台”面板中按快捷键 Ctrl+V 粘贴参数，如图 4-107 所示。

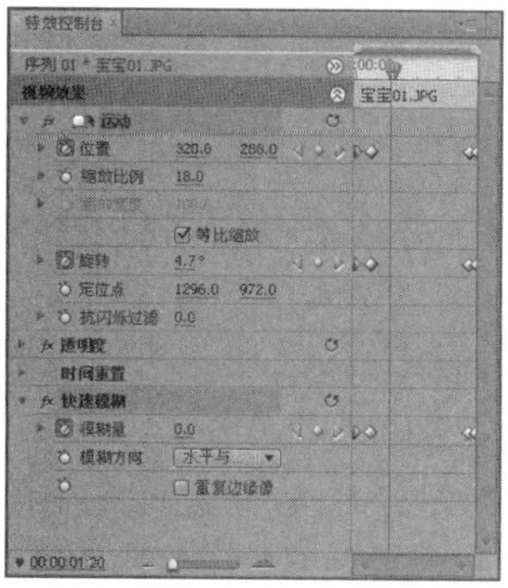

图 4-106　复制特效参数

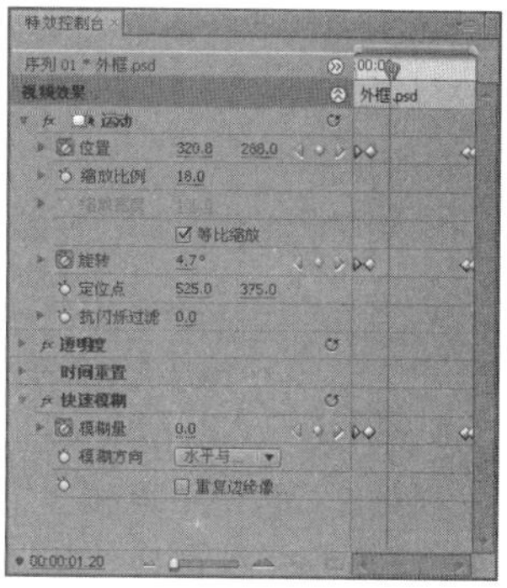

图 4-107　粘贴特效参数

❼重新调整素材“外框.psd”的比例大小，如图 4-108 所示，设置“缩放高度”为 55，“缩放宽度”为 50，在“节目”监视器中预览设置效果。

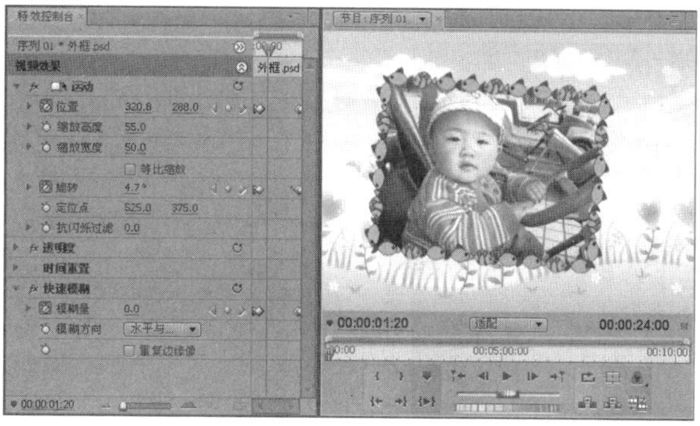

图 4-108　设置效果参数

操作提示

在制作过程中，请注意随时保存文件，以防死机或出错退出。

❽将“视频 4”轨道也显示出来，如图 4-109 所示，推动时间线预览当前制作的效果。

图 4-109　预览动画效果

❾接下来分别复制“视频 3”和“视频 4”轨道中的素材，如图 4-110 所示，在“视频 3”轨道前的文字上单击选中，分别在“00:00:06:00”、“00:00:12:00”和“00:00:18:00”处粘贴素材，如图 4-111 所示。

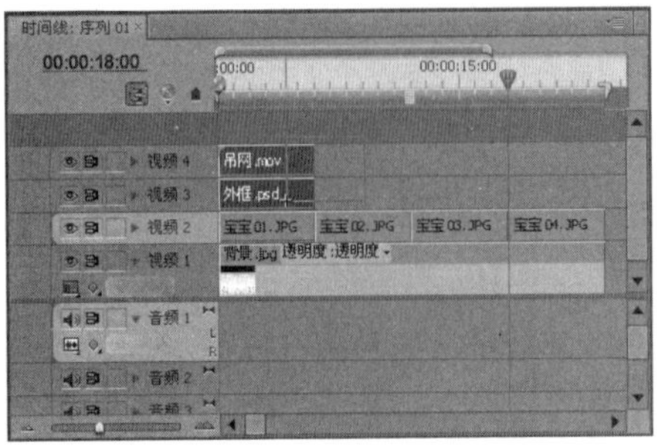
图 4-110　选中素材

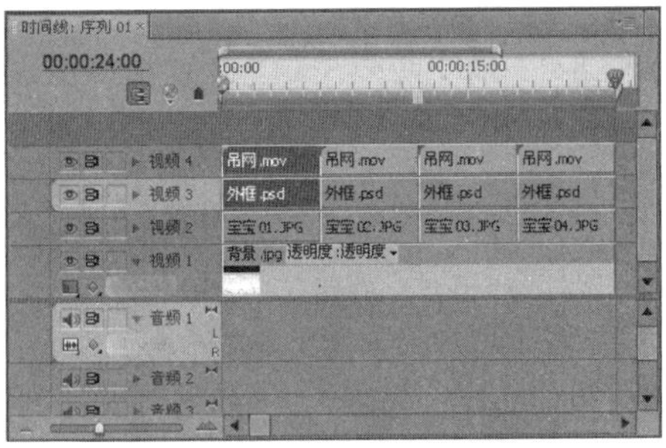
图 4-111　粘贴素材

❿将“视频 2”轨道中素材“宝宝 01.JPG”的全部效果参数复制给同轨道中的其他素材，如图 4-112 所示。在素材“宝宝 01.JPG”的“特效控制台”面板中按快捷键 Ctrl+A 全选参数，然后按快捷键 Ctrl+C 复制（或者右键复制）其参数设置。

⓫选择“视频 2”轨道中的素材“宝宝 02.JPG”，在其“特效控制台”面板中右击，在弹出的快捷菜单中选择“粘贴”命令，如图 4-113 所示，粘贴素材“宝宝 01.JPG”的所有效果给素材“宝宝 02.JPG”。

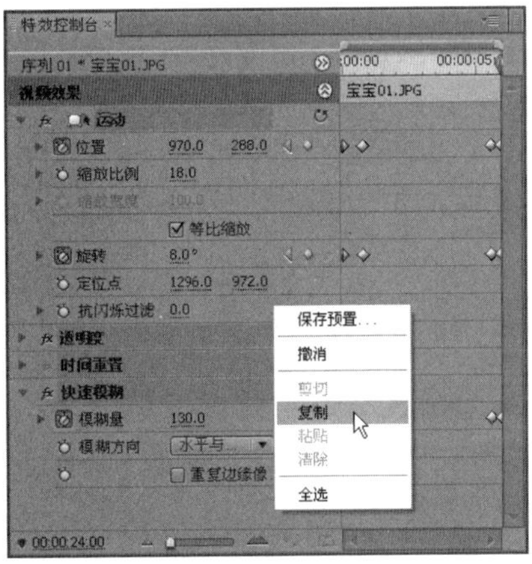
图 4-112　复制特效参数

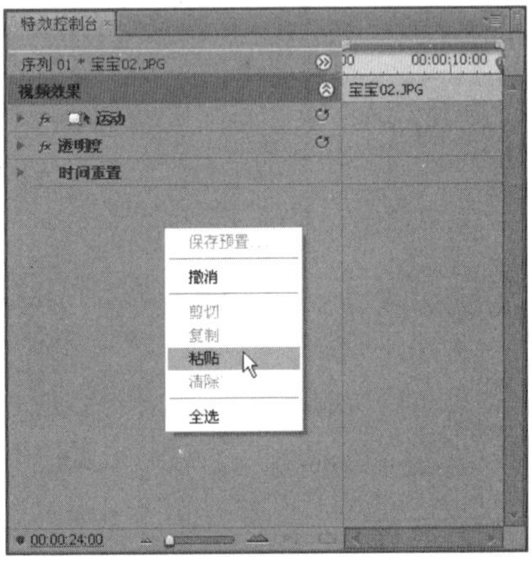
图 4-113　粘贴特效参数

⓬同样的方法，分别在素材“宝宝 03.JPG”和“宝宝 04.JPG”的“效果控制”面板中粘贴素材“宝宝 01.JPG”的设置效果。至此，本实例全部制作完成，最后拖动时间线预览制作后的效果，如图 4-114 所示。

图 4-114　预览动画效果

4.9　时间特效——周末郊外游（1）

实例欣赏（图 4-115）

图 4-115　实例欣赏

操作秘籍

- 如果要从零开始设计字幕，可以选择“字幕”|“新建字幕”|“默认静态字幕”命令，在弹出的“新建字幕”对话框中完成。
- 如果要导出视频文件，可以选择“文件”|“导出”|“媒体”命令。

实战演练

❶运行 Premiere Pro CS4，单击欢迎窗口中的“新建项目”图标，在弹出的“新建项目”对话框中选择“常规”选项卡，在对话框下方选择项目文件的存放路径，并输入项目文件名称为“周末郊外游”，项目设置完成后，单击“确定”按钮。

❷弹出“新建序列”对话框，这里选择列表中的“DV – PAL”|“标准 48kHz”选项，其他选项保持默认设置，单击“确定”按钮。

❸进入 Premiere Pro CS4 主界面后，选择“字幕”|“新建字幕”|“默认静态字幕”命令，弹出“新建字幕”对话框，如图 4-116 所示，设置“时间基准”为 25.00fps，设置“名称”为“片头”，其他选项保持默认设置，单击“确定”按钮。

❹进入“字幕”编辑窗口后，输入文字“周末郊外游”，分别设置文字的字体和字号，并为其应用一种字幕样式，如图 4-117 所示，设置完成后关闭编辑窗口。

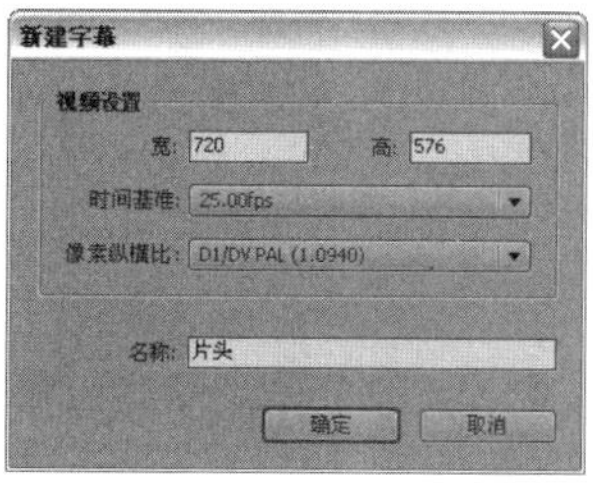

图 4-116　“新建字幕”对话框

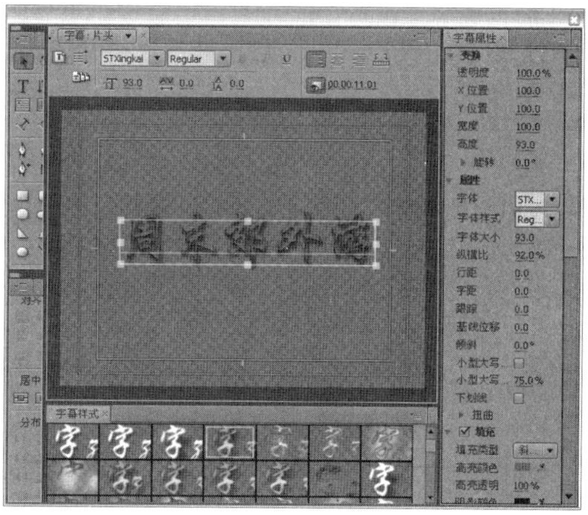

图 4-117　编辑字幕属性

❺在“项目”面板中选择“片头”字幕将其拖放至“视频 1”轨道中，如图 4-118 所示，并设置字幕的入点和出点分别为“00:00:00:00”和“00:00:10:00”。

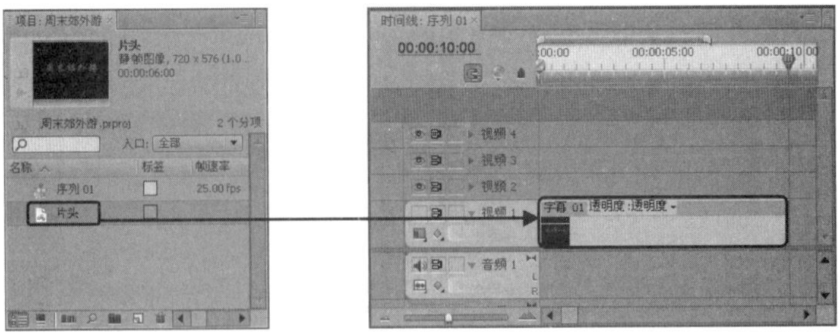

图 4-118　添加“片头”字幕

❻在“时间线”面板中选择字幕素材“片头”，然后在其“特效控制台”面板中，在时间点“00:00:00:00”处为“位置”和“缩放比例”参数各添加一个关键帧，并设置它们的值分别为（360，411）和 600；在时间点“00:00:06:00”处为“位置”和“缩放比例”参数各添加一个关键帧，并设置它们的值分别为（360，288）和 100，如图 4-119 所示。

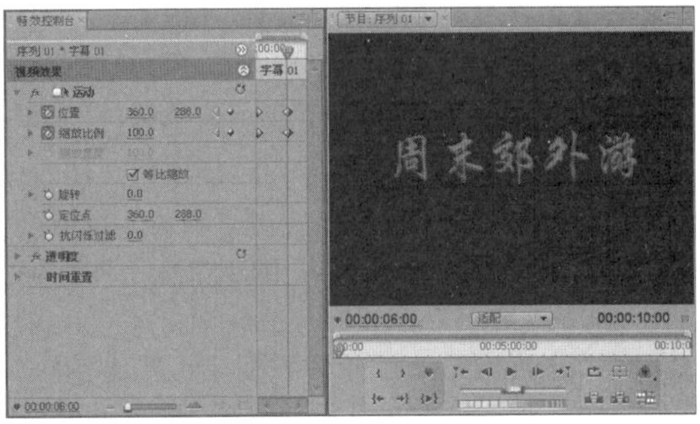

图 4-119　设置字幕动画效果

❼在“时间线”面板中单击，选择“文件”|“导出”|“媒体”命令，弹出“导出设置”对话框，如图 4-120 所示。在“导出设置”栏中，设置“格式”为 Targa，设置“输出名称”后，选择“视频”选项卡，然后选中“导出为序列”复选框，设置“帧速率”为 25，并选中“以最大深度渲染”复选框，最后单击“确定”按钮。

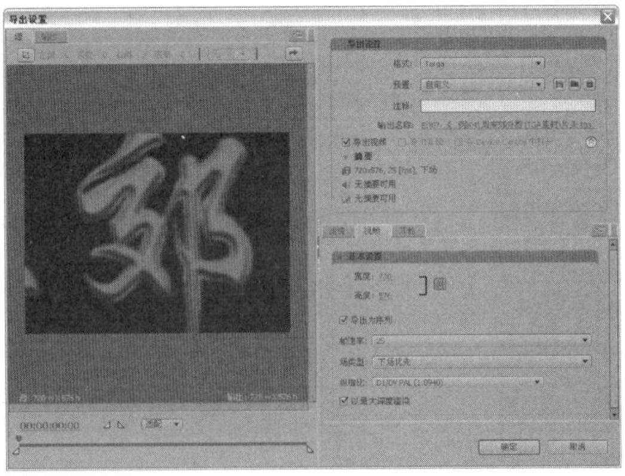

图 4-120　“导出设置”对话框

❽弹出 Adobe Media Encoder 窗口，如图 4-121 所示，直接单击“开始队列”按钮开始导出 TGA 序列，打开导出的 TGA 序列文件夹，如图 4-122 所示，可以看到导出的 TGA 序列素材。

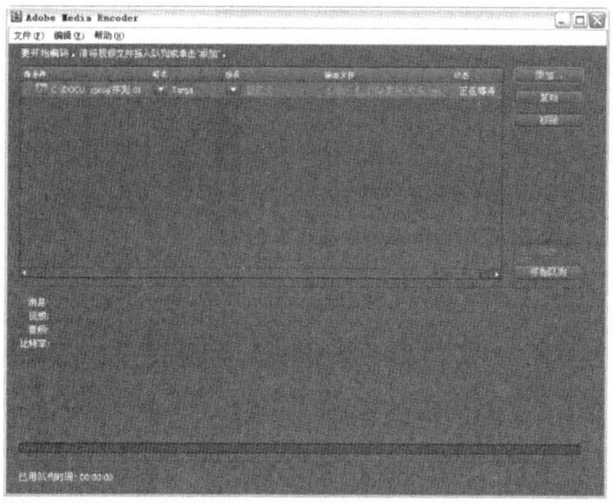
图 4-121 Adobe Media Encoder 窗口

图 4-122 导出的 TGA 序列文件夹

❾删除“项目”面板中的“片头”字幕，然后在“项目”面板中的空白处双击，在弹出的“导入”对话框中，选中 TGA 素材序列中的第 1 个素材，然后选中对话框底部的“序列图像”复选框，如图 4-123 所示，最后单击“打开”按钮。

❿这样，即可将 TGA 素材序列导入到“项目”面板中。同样的方法，继续导入其他需要的图像素材，如图 4-124 所示。

图 4-123 “导入”对话框

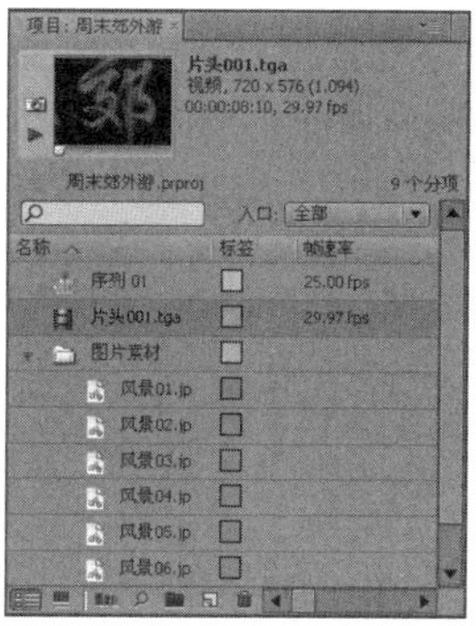
图 4-124 导入素材后的“项目”面板

⓫在“项目”面板中选中“图片素材”文件夹，将其拖放至“视频 1”轨道开始处，然后选中素材“风景 01.jpg”，在其“特效控制台”面板中设置“缩放比例”为 50，如图 4-125 所示。同样的方法，将素材“风景 02.jpg”~“风景 06.jpg”的“缩放比例”也设置为 50。

图 4-125 设置“缩放比例”参数

⓬继续将序列素材“片头 001.tga”拖放至“视频 2”轨道中的开始处，如图 4-126 所示，将素材“风景 02.jpg”~“风景 03.jpg”顺序后移，使“风景 02.jpg”的入点与“片头 001.tga”的出点对齐，并延长“风景 01.jpg”的出点与“片头 001.tga”的出点对齐。

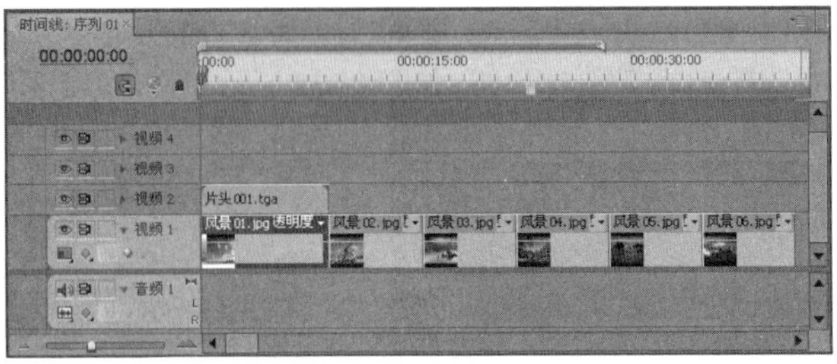

图 4-126　添加并调整素材出入点

⑬接下来去除序列素材“片头 001.tga”的黑色背景。在“效果”面板中展开“视频特效”|“键控”选项，如图 4-127 所示，将其中的“亮度键”特效拖放到序列素材“片头 001.tga”上。

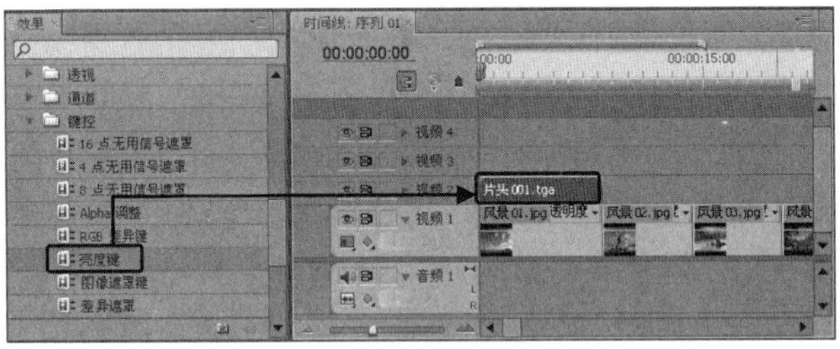

图 4-127　添加“亮度键”特效

⑭在序列素材“片头 001.tga”的“特效控制台”面板中设置“阈值”为 13%，“屏蔽度”为 0%，如图 4-128 所示，这样即可去除黑色背景。

图 4-128　设置“特效控制台”面板参数

⑮在“效果”面板中展开“视频特效”|“时间”选项，如图 4-129 所示，将其中的“重影”特效拖放到序列素材“片头 001.tga”上。

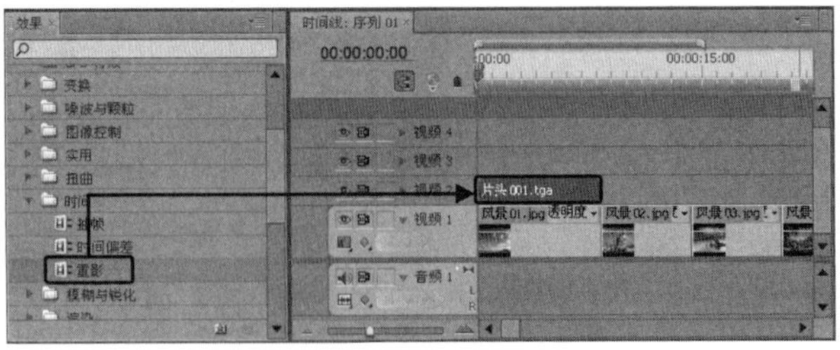

图 4-129　添加“重影”特效

⑯在序列素材“片头 001.tga”的“特效控制台”面板中展开“重影”选项，设置“回显时间”为-0.3，“重影数量”为 5，“起始强度”为 1，“衰减”为 0.6，“重影运算符”为“添加”，如图 4-130 所示。

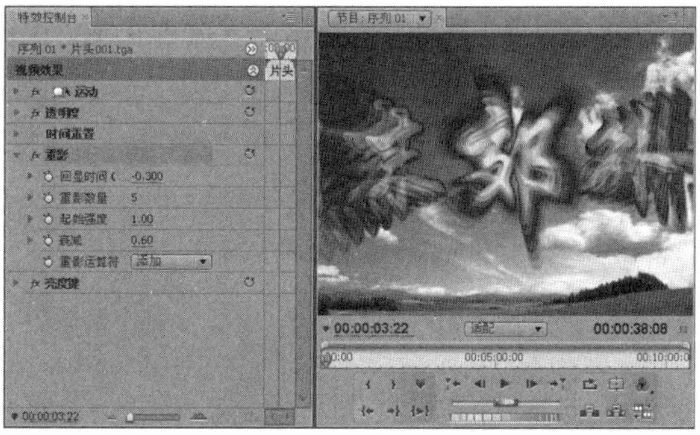

图 4-130　设置“重影”选项

操作提示

在序列素材“片头 001.tga”的“特效控制台”面板中，一定要将“重影”特效放置在“亮度键”特效的上面，这样才能看到去除了黑色背景后的效果。

⑰设置完成后，在“时间线”面板中拖动时间线预览字幕片头效果，如图 4-131 所示。

图 4-131　拖动时间线预览字幕片头效果

4.10　生成特效——周末郊外游（2）

实例欣赏（图 4-132）

图 4-132　实例欣赏

操作秘籍

■　使用“四色渐变”特效，可以模拟一种夜幕画面效果。

■ 使用“闪电”特效，可以为素材添加一个闪电效果。

实战演练

❶继续实例“周末郊外游”的制作。在“效果”面板中展开“视频特效”|“生成”选项，将“四色渐变”特效拖放至“视频 1”轨道中的“风景 02.jpg”上，如图 4-133 所示，松开鼠标后即可为该素材添加一个特效。

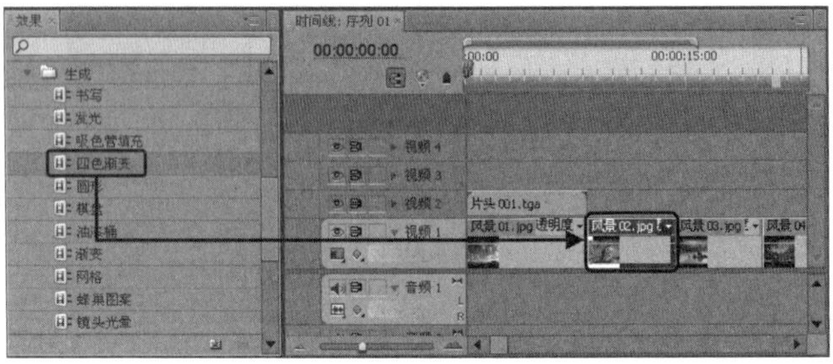

图 4-133 添加“四色渐变”特效

❷选择“视频 1”轨道中的素材“风景 02.jpg”，在其“特效控制台”面板中展开“四色渐变”选项，首先设置“混合模式”为“正片叠底”，然后分别在时间点“00:00:08:08”和“00:00:12:06”处，为参数“透明度”添加两个关键帧，并分别设置其值为 100%和 0%，如图 4-134 所示。

图 4-134 为参数“透明度”添加两个关键帧

❸这样，就实现了一个从夜晚到白天的过渡效果，如图 4-135 所示，拖动时间线预览动画效果。

图 4-135 拖动时间线预览动画效果

❹在“效果”面板中，将“闪电”特效拖放至“视频 1”轨道中的“风景 03.jpg”上，松开鼠标后即可为该素材添加一个闪电特效。在“特效控制台”面板中，选中“闪电”特

效，此时在“节目”监视器面板中会出现两个控制点，分别为“起始点”和“结束点”，然后设置其他参数如图 4-136 所示。

图 4-136　添加并设置“闪电”特效

❺设置完成后，在“时间线”面板中拖动时间线预览动画效果，如图 4-137 所示。

图 4-137　拖动时间线预览字幕片头效果

❻在“效果”面板中，将“镜头光晕”特效拖放至“视频 1”轨道中的“风景 04.jpg”上，松开鼠标后即可为该素材添加一个镜头光晕特效。在“特效控制台”面板中选中“镜头光晕”特效，此时在“节目”监视器面板中会出现一个控制点，拖动该控制点即可调整光晕的位置，如图 4-138 所示。

图 4-138　添加并设置“镜头光晕”特效

❼如图 4-139 所示，分别在时间点“00:00:20:08”和“00:00:24:06”处，为参数“光晕中心”添加 2 个关键帧，并设置其值分别为（1544.5，553.2）和（735.3，546）。

图 4-139　添加并设置关键帧动画

❽设置完成后，在“时间线”面板中拖动时间线预览动画效果，如图 4-140 所示。

图 4-140　拖动时间线预览效果

❾在“效果”面板中将“发光”特效拖放至“视频 1”轨道中的“风景 05.jpg”上，松开鼠标后即可为该素材添加一个发光特效。在“特效控制台”面板中选中“发光”特效，此时在“节目”监视器面板中会出现一个控制点，拖动该控制点即可调整光晕的位置，如图 4-141 所示，分别在时间点“00:00:26:08”和“00:00:30:03”处，为参数“光线长度”添加两个关键帧，并设置其值分别为 0 和 10.3。

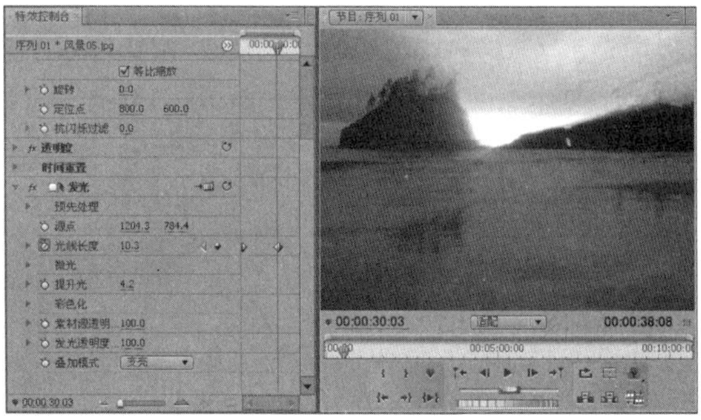

图 4-141　添加并设置关键帧动画

❿设置完成后，在“时间线”面板中拖动时间线预览动画效果，如图 4-142 所示。

图 4-142　拖动时间线预览字幕片头效果

4.11　视频特效——周末郊外游（3）

实例欣赏（图 4-143）

图 4-143　实例欣赏

操作秘籍

- 使用“时间码”特效，可以为视频画面中添加当前视频播放的时间。
- 为了流畅地预览添加特效后的画面，可以先对画面进行渲染后再播放。

实战演练

❶继续实例“周末郊外游”的制作。在“效果”面板中展开“视频特效”|“视频”选项，将“时间码”特效拖放至“视频 1”轨道中的“风景 06.jpg”上，如图 4-144 所示，松开鼠标后即可为该素材添加一个特效。

图 4-144　添加“时间码”特效

❷选择“视频 1”轨道中的素材“风景 06.jpg”，在其“特效控制台”面板中选中“时间码”特效，此时在“节目”监视器面板中会出现一个控制点，拖动该控制点即可调整时间码的位置，如图 4-145 所示。

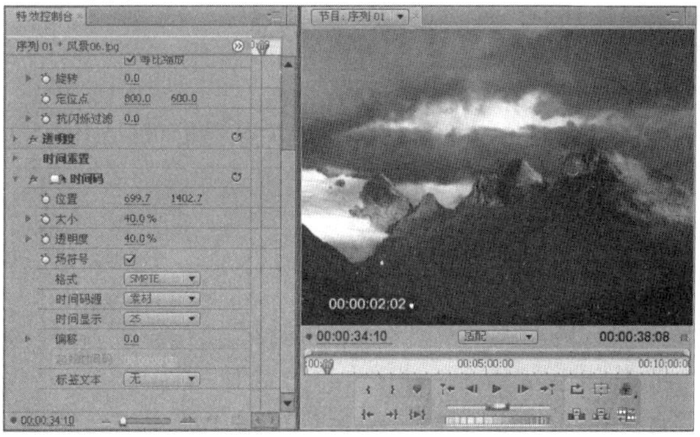

图 4-145　添加并设置“时间码”特效

❸添加完所有特效后，最后为“视频 1”轨道中的所有素材之间添加转场效果，如图

4-146 所示，这里为素材间添加默认的转场效果。

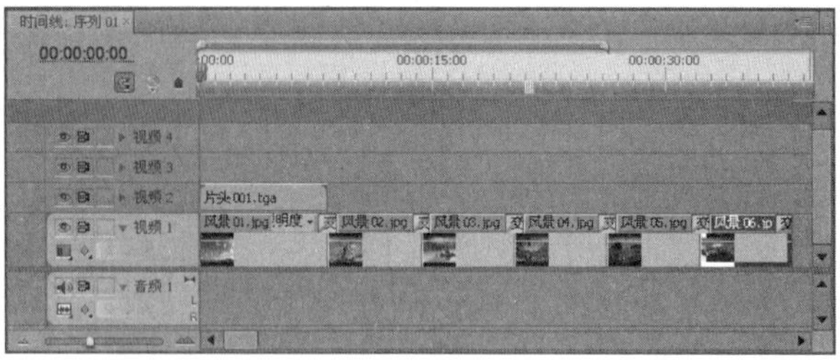

图 4-146　为素材间添加默认的转场效果

❹添加转场后，在“时间线”面板中拖动时间线预览实例效果，如图 4-147 所示。至此，实例“周末郊外游”全部制作完成。

图 4-147　拖动时间线预览实例效果

4.12　风格化特效——品牌广告宣传（1）

实例欣赏（图 4-148）

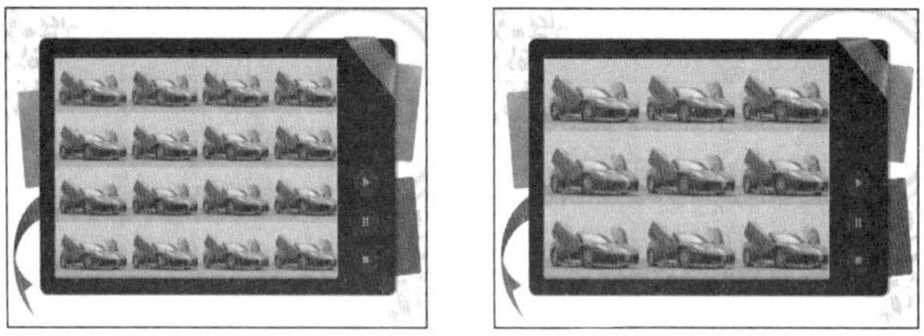

图 4-148　实例欣赏

操作秘籍

- 在“项目”面板的底部单击“新建分项”按钮，从弹出的菜单中选择“通用倒计时片头”命令，可以为视频动画添加一个倒计时片头效果。
- 使用“复制”特效，可以将画面复制出多个小画面并同时显示出来。

实战演练

❶运行 Premiere Pro CS4，单击欢迎窗口中的“新建项目”图标，在弹出的“新建项目”对话框中选择“常规”选项卡，在对话框下方选择项目文件的存放路径，并输入项目文件名称为“品牌广告宣传”，项目设置完成后，单击“确定”按钮。

❷弹出“新建序列”对话框，这里选择列表中的“DV－PAL”|“标准 48kHz”选项，其他选项保持默认设置，单击“确定”按钮。

❸在“项目”面板的空白处双击，在弹出的“导入”对话框中选择需要导入的素材，素材导入后的“项目”面板如图 4-149 所示。

❹在“项目”面板的底部单击“新建分项”按钮，从弹出的菜单中选择“通用倒计时片头”命令，如图 4-150 所示。

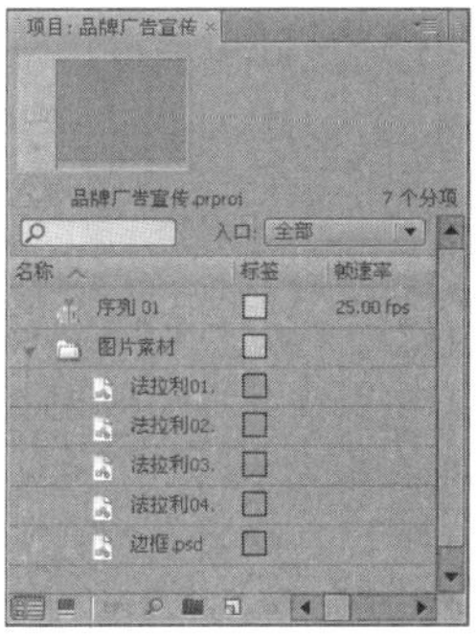

图 4-149　素材导入后的“项目”面板

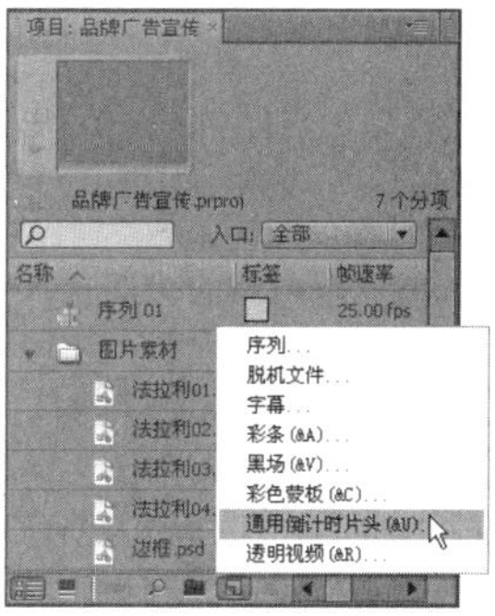

图 4-150　添加“通用倒计时片头”命令

❺此时，弹出如图 4-151 所示的“新建通用倒计时片头”对话框，设置“时间基准”为 25.00fps，其他选项保持默认设置，单击“确定”按钮。

❻在弹出的“通用倒计时片头设置”对话框中，单击“划变色”后面的色块，如图 4-152 所示。

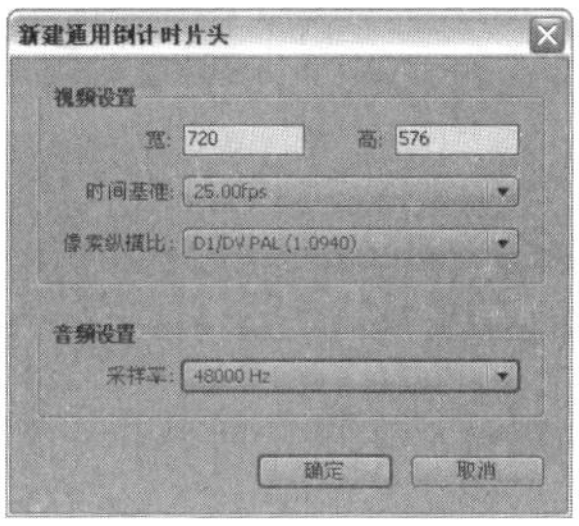

图 4-151　“新建通用倒计时片头”对话框

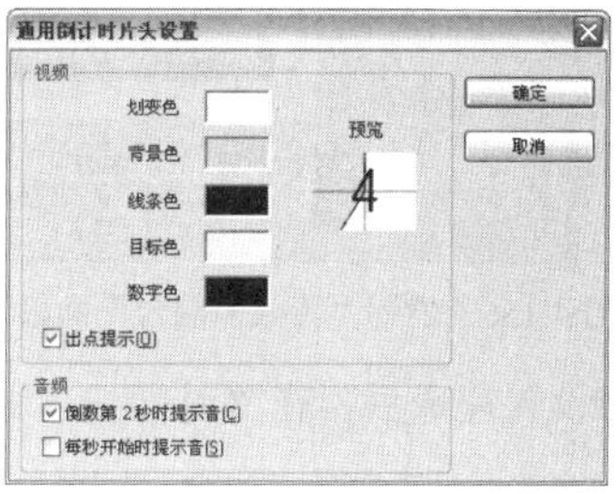

图 4-152　“通用倒计时片头设置”对话框

❼在弹出的“颜色拾取”对话框中设置 RGB 值为（0，0，255），如图 4-153 所示，设置完成后单击“确定”按钮。返回“通用倒计时片头设置”对话框，继续单击“确定”按钮完成设置。

❽此时，倒计时片头以视频素材的形式已经出现在“项目”面板中，如图 4-154 所示，将其重命名为“倒计时”。

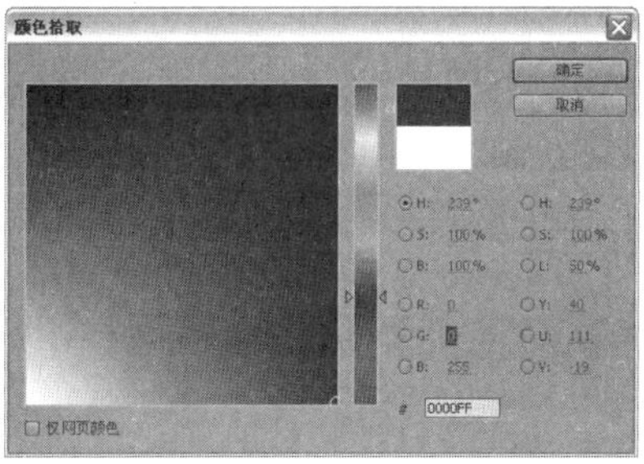

图 4-153　“颜色拾取”对话框

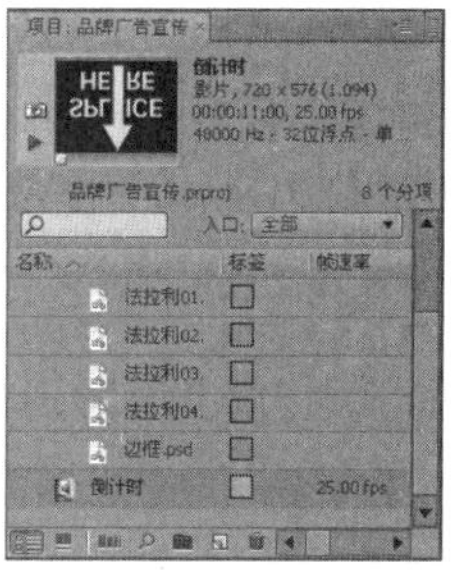

图 4-154　“项目”面板

❾分别将素材“倒计时”、“法拉利 01.jpg”～“法拉利 04.jpg”拖放至“视频 1”轨道

中；将素材“边框.psd”拖放至“视频 2”轨道中，如图 4-155 所示。

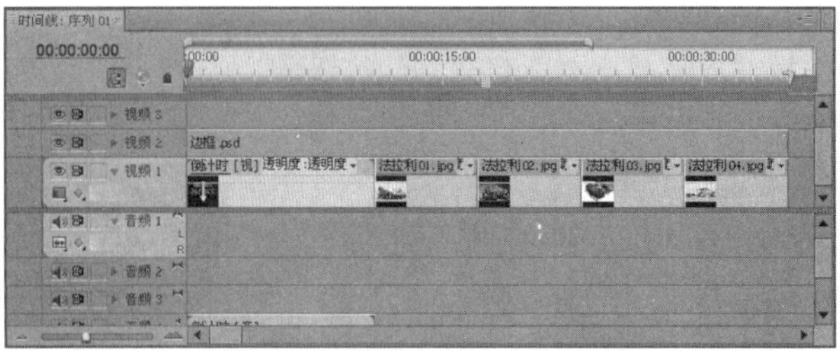

图 4-155　添加素材到视频轨道中

⑩在“时间线”面板中选中素材“法拉利 01.jpg”，然后在其“特效控制台”面板中设置“位置”为（322，285），“缩放比例”为 69，如图 4-156 所示。

⑪在“时间线”面板中选中素材“边框.psd”，然后在其“特效控制台”面板中，取消选中“等比缩放”复选框，设置“缩放高度”为 67，“缩放宽度”为 60，如图 4-157 所示。

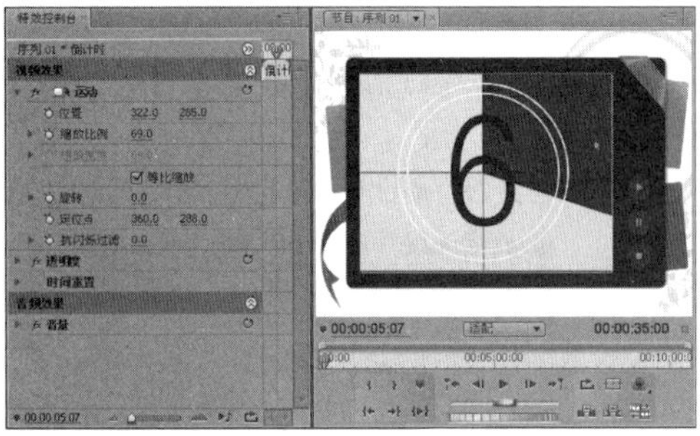

图 4-156　设置“特效控制台”面板参数

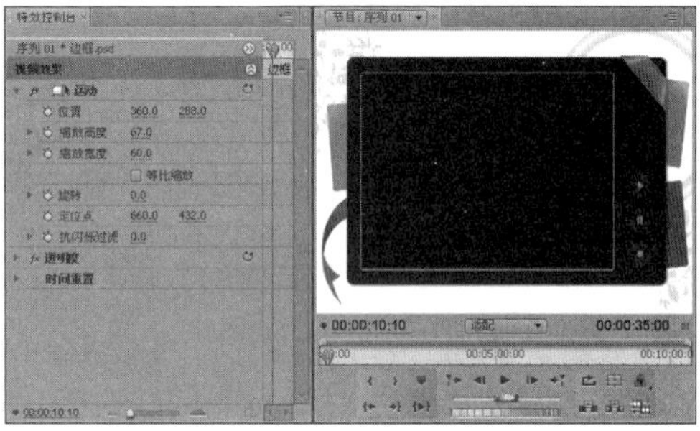

图 4-157　设置“特效控制台”面板参数

⑫设置完成后，在“时间线”面板中拖动时间线预览片头倒计时效果，如图 4-158 所示。

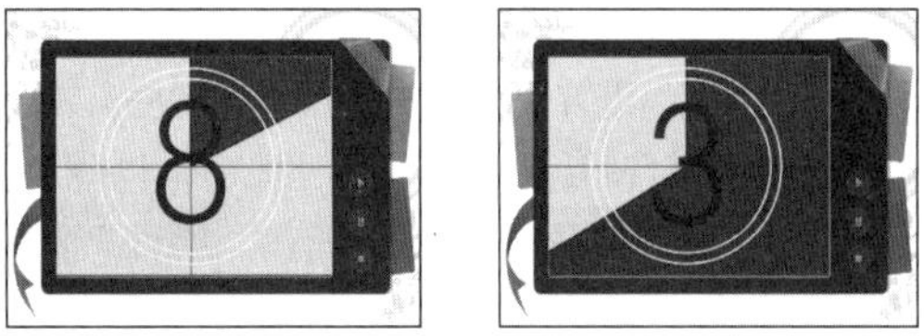

图 4-158　拖动时间线预览片头倒计时效果

⑬在“效果”面板中展开“视频特效”|“风格化”选项，然后将其中的“复制”特效拖放至“法拉利 01.jpg”上，如图 4-159 所示。

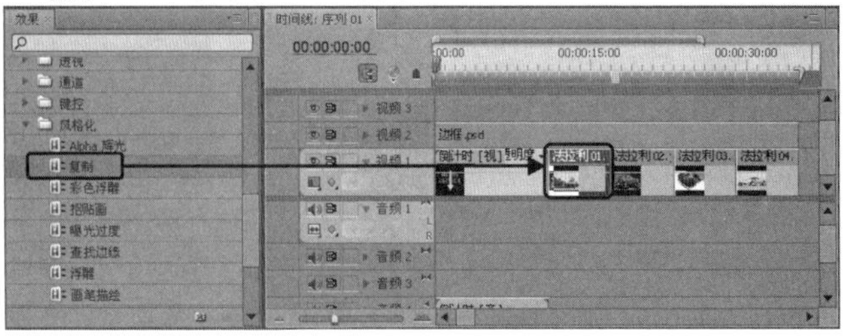

图 4-159　添加“复制”特效

⓮选中“时间线”面板中的素材“法拉利 01.jpg”，在其“特效控制台”面板中设置“位置”坐标值为（331，287）；取消选中“等比缩放”复选框，设置“缩放高度”为 33，“缩放宽度”为 28，如图 4-160 所示。为参数“计数”添加三个关键帧，时间点分别为“00:00:11:00”、“00:00:13:01”和“00:00:14:22”，其值分别为 4、3 和 2。

图 4-160　设置“特效控制台”面板参数

⓯设置完成后，在“时间线”面板中拖动时间线预览特效的效果，如图 4-161 所示。

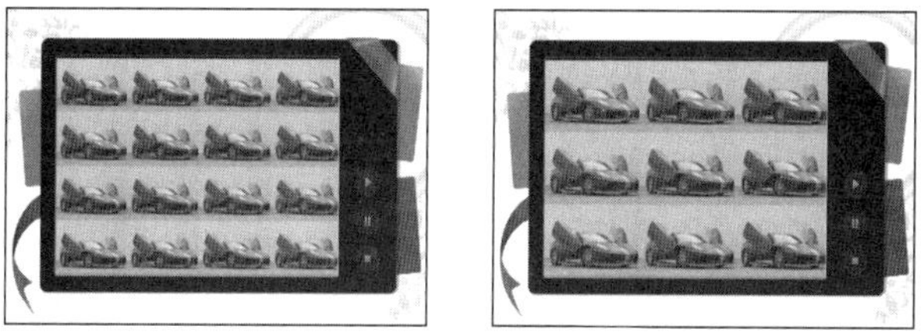

图 4-161　拖动时间线预览特效的效果

4.13　调整特效——品牌广告宣传（2）

实例欣赏（图 4-162）

图 4-162　实例欣赏

操作秘籍

- 使用“基本信号控制”特效可以将画面一分为二显示出来。
- 在“特效控制台”面板中，按住 Shift 键的同时，拖动时间线轻松移动到关键帧上。

实战演练

❶继续实例“品牌广告宣传”的制作。在“效果”面板中展开“视频特效”|“调整”选项，将“基本信号控制”特效拖放至“视频 1”轨道中的“法拉利 02.jpg”上，如图 4-163

所示，松开鼠标后即可为该素材添加一个特效。

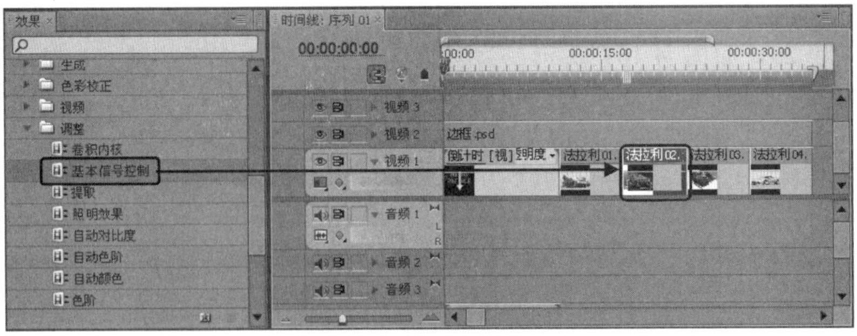

图 4-163　添加“基本信号控制”特效

❷选中“时间线”面板中的素材“法拉利 02.jpg”，在其“特效控制台”面板中设置“位置”坐标值为（331，286）；取消选中“等比缩放”复选框，设置“缩放高度”为 34，“缩放宽度”为 28，如图 4-164 所示，选中“拆分屏幕”复选框，设置“拆分百分比”为 50%。接下来为参数“亮度”添加两个关键帧，时间点分别为“00:00:17:00”和“00:00:20:09”，其值分别为 0 和 50。

图 4-164　设置“特效控制台”面板参数

❸设置完成后，在“时间线”面板中拖动时间线预览特效的效果，如图 4-165 所示。

图 4-165　拖动时间线预览特效的效果

4.14　过渡特效——品牌广告宣传（3）

实例欣赏（图 4-166）

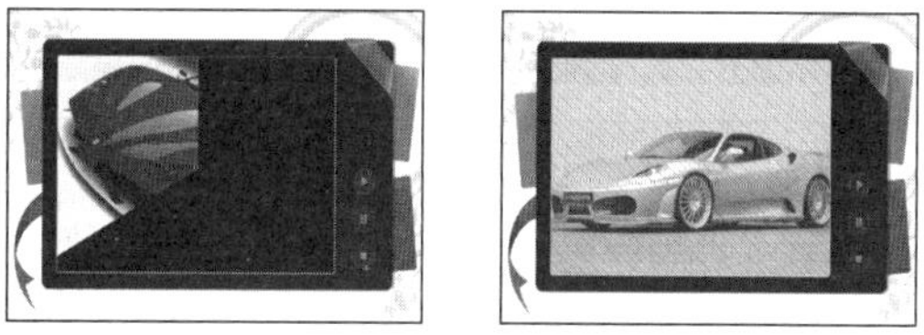

图 4-166　实例欣赏

操作秘籍

- 使用“径向擦除”特效，可以实现扇形擦除画面的效果。
- 使用“百叶窗”特效，可以快速为画面添加一种类似百叶窗的效果。

实战演练

❶继续实例“品牌广告宣传”的制作。在“效果”面板中展开“视频特效”|“过渡”选项，将“径向擦除”特效拖放至“视频 1”轨道中的“法拉利 03.jpg”上，如图 4-167 所示，松开鼠标后即可为该素材添加一个特效。

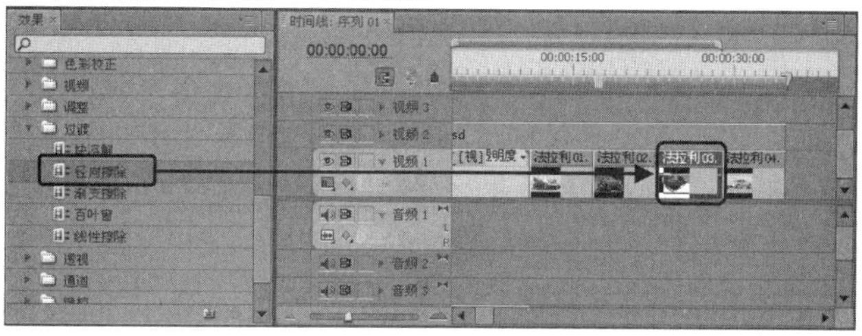

图 4-167　添加“径向擦除”特效

❷选中“时间线”面板中的素材“法拉利 03.jpg”，在其“特效控制台”面板中设置“位置”坐标值为（331，286）；取消选中“等比缩放”复选框，设置“缩放高度”为 34，“缩放宽度”为 32，如图 4-168 所示。设置“擦除中心”为（1521，933），接下来为参数“过渡完成”添加两个关键帧，时间点分别为“00:00:23:00”和“00:00:26:21”，其值分别为 100%和 0%。

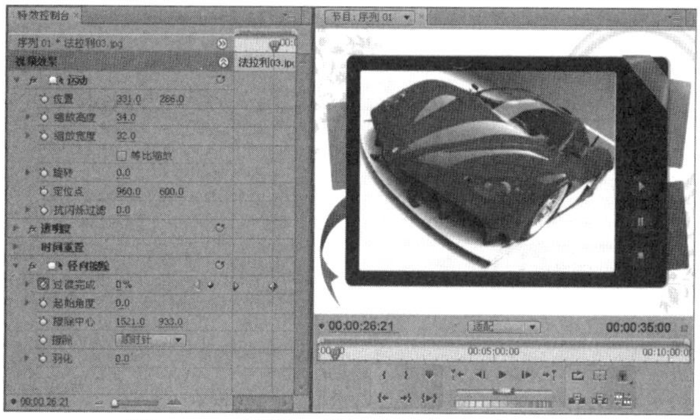

图 4-168　设置“特效控制台”面板参数

❸设置完成后，在“时间线”面板中拖动时间线预览特效的效果，如图 4-169 所示。

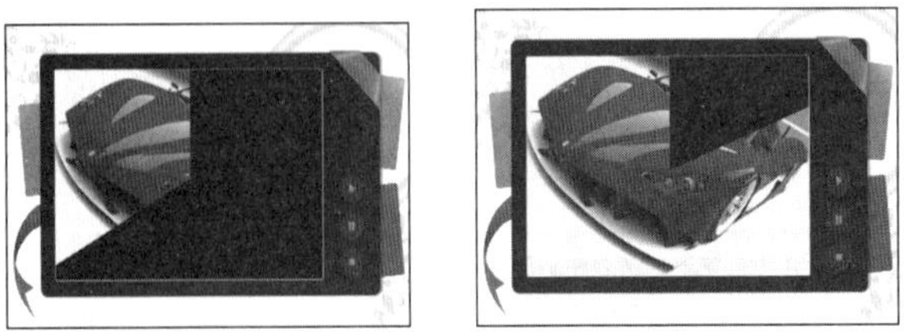

图 4-169　拖动时间线预览特效的效果

❹在“效果”面板中展开“视频特效”|“过渡”选项，将“百叶窗”特效拖放至“视频 1”轨道中的“法拉利 04.jpg”上，松开鼠标后即可为该素材添加一个特效。

图 4-170　设置“特效控制台”面板参数

❺选中“时间线”面板中的素材“法拉利 04.jpg”，在其“特效控制台”面板中设置“位置”坐标值为（331，286）；取消选中“等比缩放”复选框，设置“缩放高度”为 34，“缩放宽度”为 30，如图 4-170 所示。设置“宽度”为 33，接下来分别为参数“过渡完成”和“方向”各添加三个关键帧，时间点分别为“00:00:29:00”、“00:00:31:03”和“00:00:33:10”，其值分别为“0%，0°”、“44%，35°”和“0%，139°”。

❻设置完成后，在“时间线”面板中拖动时间线预览特效的效果，如图 4-171 所示。至此，实例“品牌广告宣传”全部制作完成。

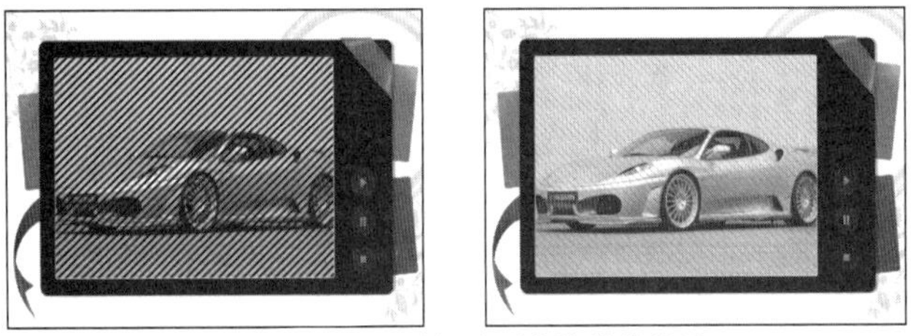

图 4-171　拖动时间线预览特效的效果

4.15　扭曲特效——浪漫婚纱相册

实例欣赏（图 4-172）

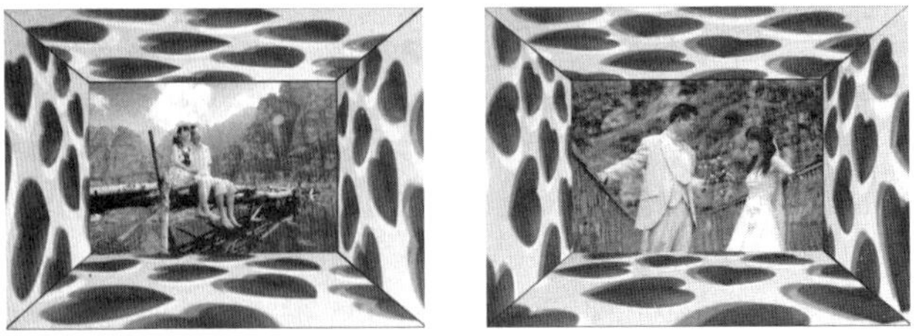

图 4-172　实例欣赏

操作秘籍

- 在“素材速度/持续时间”对话框中，可以改变视频素材的播放速度。
- 使用“边角固定”特效，可以改变素材的形状。

实战演练

❶运行 Premiere Pro CS4，单击欢迎窗口中的“新建项目”图标，在弹出的“新建项目”对话框中选择“常规”选项卡，在对话框下方选择项目文件的存放路径，并输入项目文件名称为“浪漫婚纱相册”，项目设置完成后，单击“确定”按钮。

❷弹出“新建序列”对话框，这里选择列表中的“DV – PAL” | “标准 48kHz”选项，其他选项保持默认设置，单击“确定”按钮。

❸在“项目”面板的空白处双击，在弹出的“导入”对话框中选择需要导入的素材，素材导入后的“项目”面板如图 4-173 所示。

❹将照片素材“婚纱 01.JPG”~“婚纱 05.JPG”拖放至“视频 1”轨道中的开始处，将视频素材“心形.avi”拖放至“视频 2”轨道中的开始处，如图 4-174 所示。

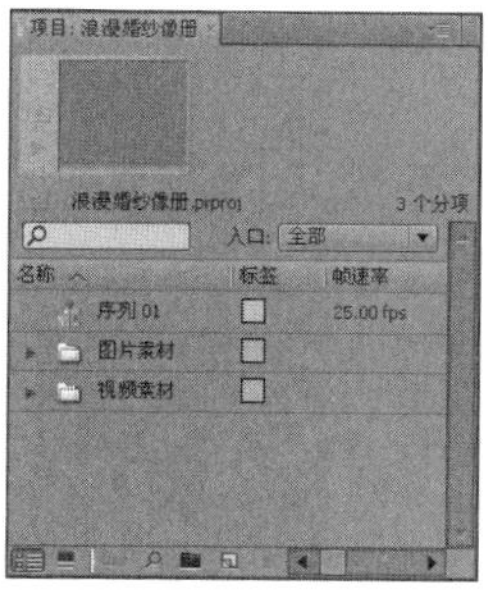

图 4-173　“项目”面板

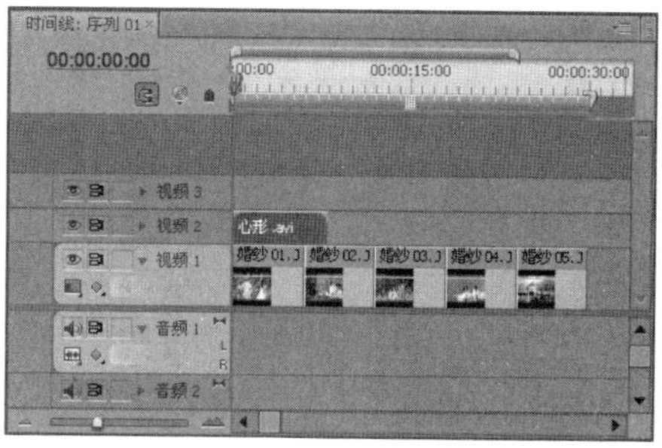

图 4-174　添加素材到视频轨道

❺在“视频 2”轨道中，右击素材“心形.avi”，从弹出的快捷菜单中选择“速度/持续时间”命令，弹出“素材速度/持续时间”对话框，如图 4-175 所示，设置“持续时间”为“00:00:15:00”，单击“确定”按钮。

❻复制“视频 2”轨道中的视频素材“心形.avi”，将时间线移动到“00:00:15:00”处，再粘贴视频素材“心形.avi”，如图 4-176 所示。

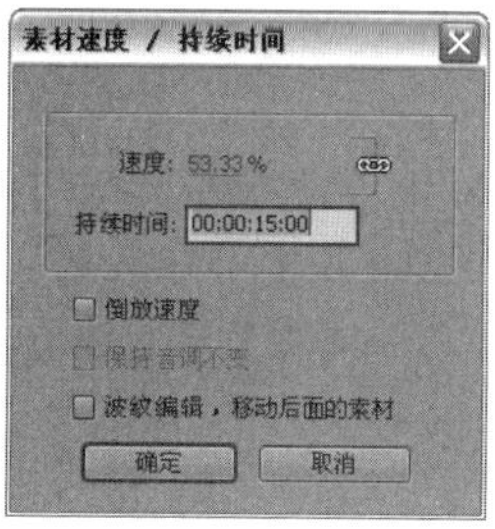

图 4-175　“素材速度/持续时间”对话框

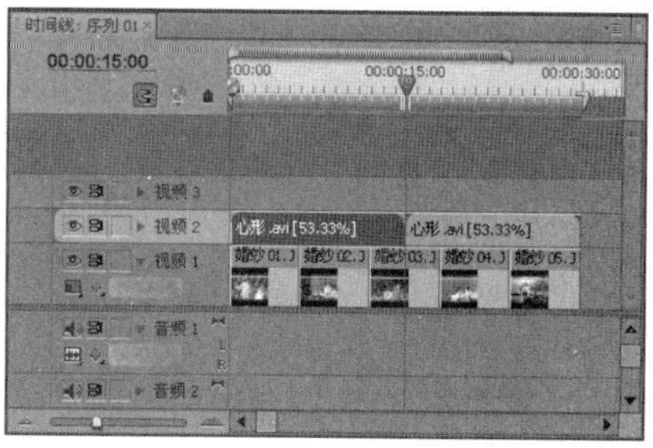

图 4-176　复制并粘贴视频素材

❼三条视频轨道不能满足需要，接下来再新增两条视频轨道。在“视频 3”轨道前面的文字上右击，从弹出的快捷菜单中选择“添加轨道”选项，如图 4-177 所示。

❽弹出“添加视音轨”对话框，如图 4-178 所示，添加“两”条视频轨道，不添加音频轨道，单击“确定”按钮。

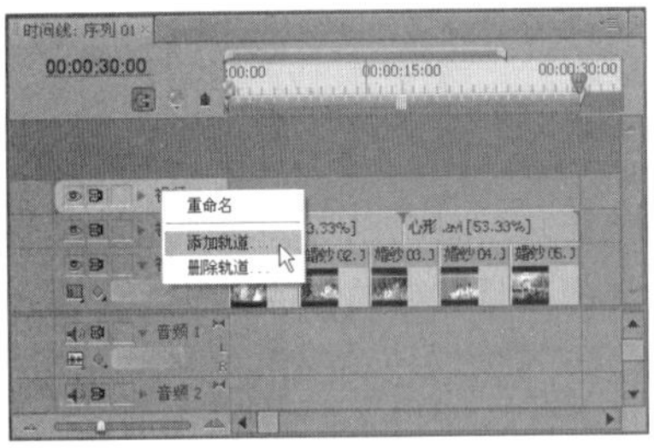

图 4-177　选择“添加轨道”选项

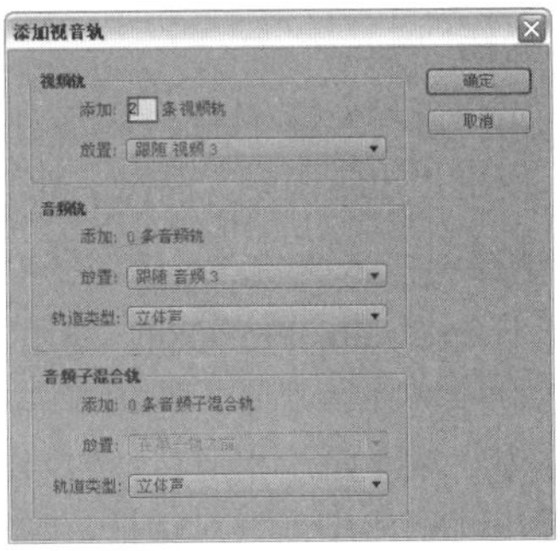

图 4-178　“添加视音轨”对话框

❾将“视频 2”轨道中的素材分别复制给“视频 3”～“视频 5”轨道。复制“视频 2”轨道中的所有素材，单击选中“视频 3”轨道，将时间线定位至“00:00:00:00”处，然后按快捷键 Ctrl+V 粘贴素材，如图 4-179 所示。

❿同样的方法，继续将“视频 2”轨道中的素材复制给其他轨道，复制完成的“时间线”面板如图 4-180 所示。

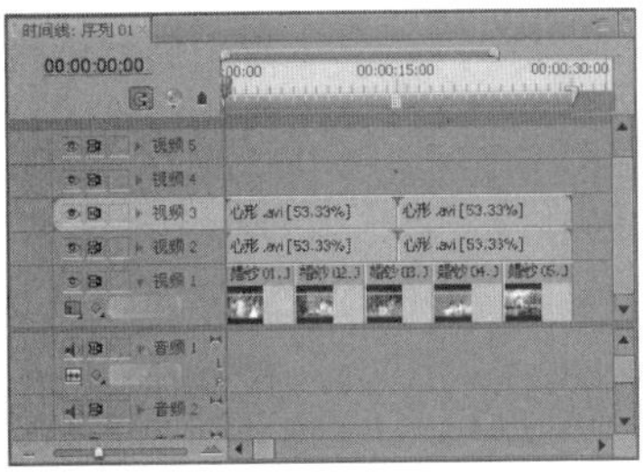

图 4-179　复制并粘贴素材

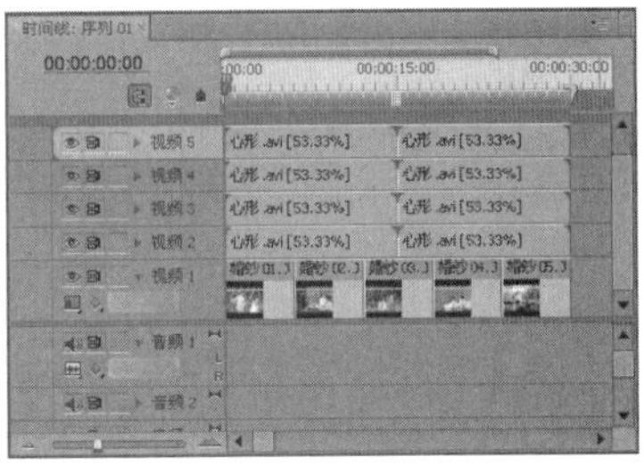

图 4-180　复制完成的“时间线”面板

⓫在“效果”面板中展开“视频特效”|“扭曲”选项，分别将“边角固定”特效拖放至“视频 2”～“视频 5”轨道中的第一段视频素材“心形.avi”上，如图 4-181 所示，松开鼠标后即可为该素材添加一个特效。

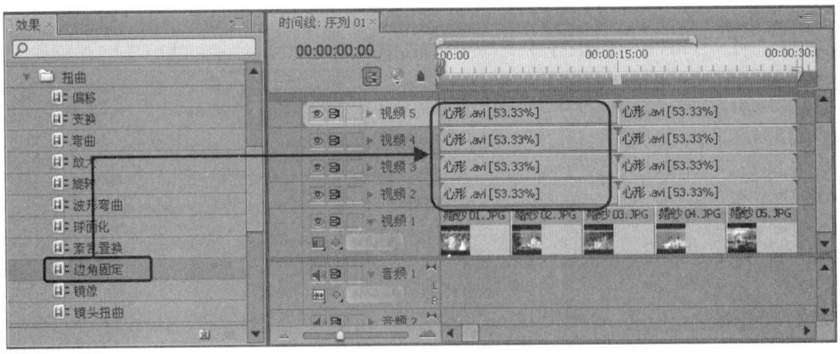

图 4-181　添加“边角固定”特效

⓬为了操作的方便，接下来对视频轨道进行重命名。在“视频 2”轨道前面的名称上右击，从弹出的快捷菜单中选择“重命名”选项，如图 4-182 所示，此时就可以进行重命名了，这里将轨道“视频 2”命名为“上”；将轨道“视频 3”命名为“下”；将轨道“视频 4”命名为“左”；将轨道“视频 5”命名为“右”，如图 4-183 所示。

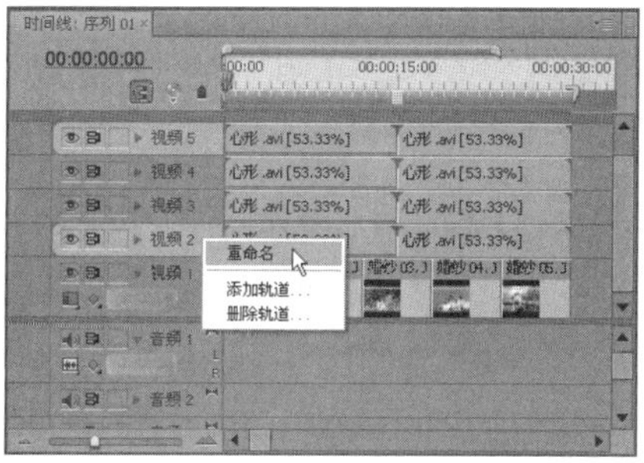

图 4-182　选择“重命名”选项

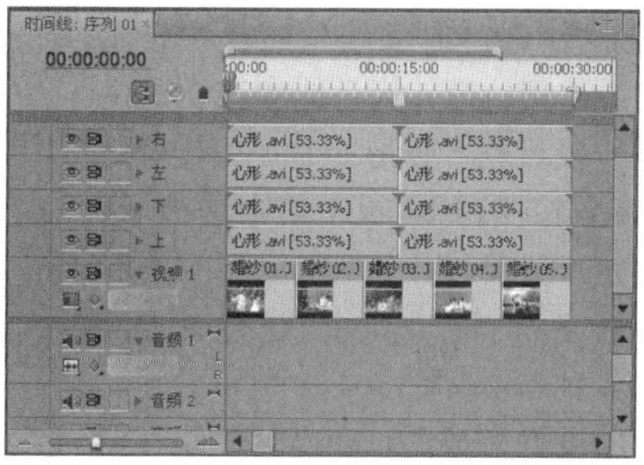

图 4-183　重命名后的视频轨道

⑬将视频轨道“上”、“下”、“左”和“右”隐藏起来。选中“视频 1”轨道中的素材“婚纱 01.JPG”，在其“特效控制台”面板中设置“缩放比例”为 12，如图 4-184 所示。最后将素材“婚纱 01.JPG”的全部参数设置复制给同轨道中的其他素材。

⑭在“时间线”面板中显示“上”视频轨道，然后选中该轨道中的第一段素材“心形.avi”，在其对应的“特效控制台”面板中单击选择“边角固定”选项，此时在“节目”监视器面板中可以看到素材四个角上有四个位置坐标点，用鼠标拖动四个位置点，将素材“心形.avi”变形，具体参数如图 4-185 所示。

图 4-184　设置“特效控制台”面板参数

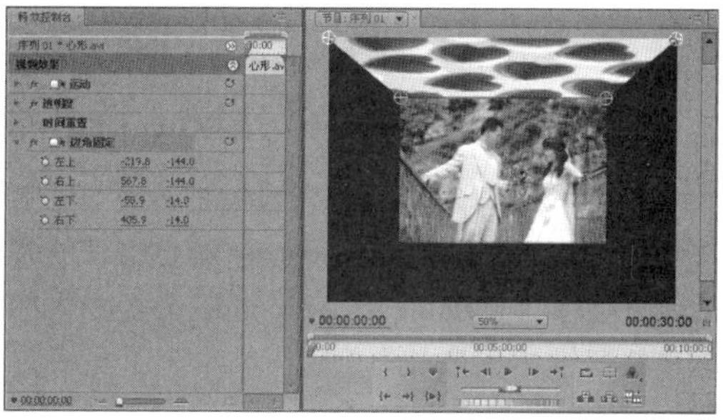

图 4-185　用鼠标拖动四个位置点进行变形操作

⑮继续在“时间线”面板中显示“下”视频轨道，然后选中该轨道中的第一段素材“心形.avi”，在其对应的“特效控制台”面板中单击选择“边角固定”选项，用鼠标拖动四个控制点，对素材“心形.avi”变形操作，进行具体参数如图 4-186 所示。

⑯继续在“时间线”面板中显示“左”视频轨道，然后选中该轨道中的第一段素材“心形.avi”，在其对应的“特效控制台”面板中单击选择“边角固定”选项，用鼠标拖动四个控制点，对素材“心形.avi”进行变形操作，具体参数如图 4-187 所示。

图 4-186　用鼠标拖动四个位置点进行变形操作

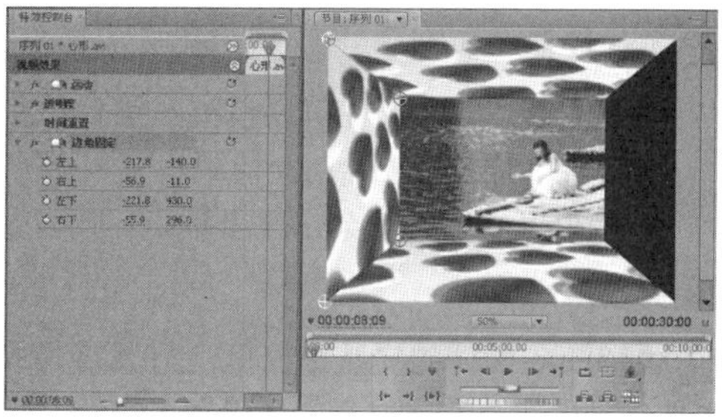

图 4-187　用鼠标拖动四个位置点进行变形操作

⑰继续在“时间线”面板中显示“右”视频轨道，然后选中该轨道中的第一段素材“心形.avi”，在其对应的“特效控制台”面板中单击选择“边角固定”选项，用鼠标拖动四个控制点，对素材“心形.avi”进行变形操作，具体参数如图 4-188 所示。

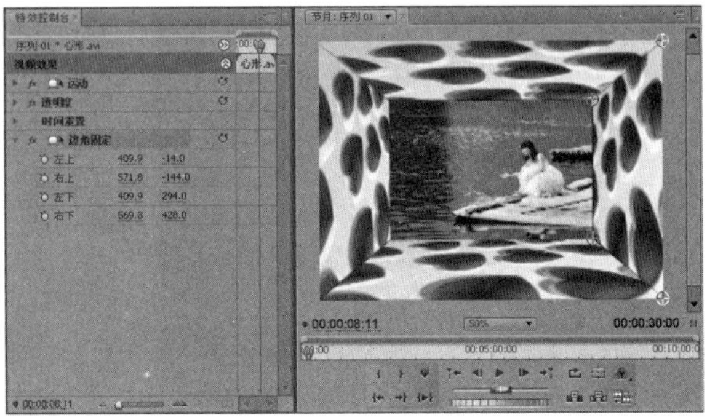

图 4-188　用鼠标拖动四个位置点进行变形操作

⑱设置完成后，在“时间线”面板中拖动时间线预览特效的效果，如图 4-189 所示。至此，实例“浪漫婚纱相册”全部制作完成。

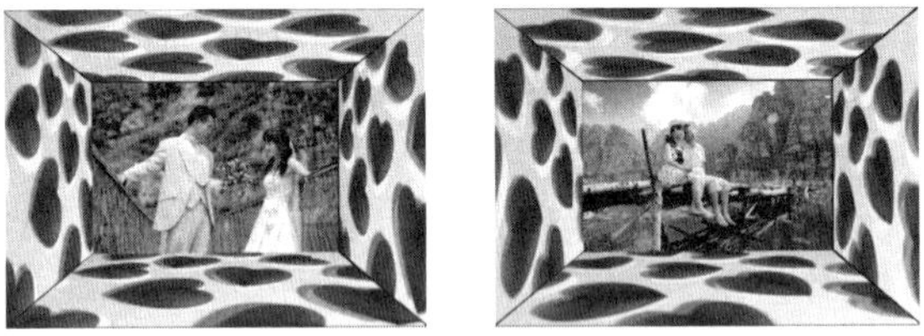
图 4-189　拖动时间线预览特效的效果

4.16　Shine 特效插件——风景名胜

在 DV 节目制作中，经常需要制作文字、图像等发光效果，以前只能在三维软件里制作真实的体积光，它的制作渲染都需要很长的时间，而且不易调节。但有了 Shine 特效插件后就方便多了，Shine 是 Trapcode 公司提供的快速光效插件，虽然它是二维光效，但确实能模拟三维体积光，为 DV 作品带来了更多的光芒效果和制作便利。

实例欣赏（图 4-190）

图 4-190　实例欣赏

操作秘籍

- 使用 Shine 插件可以模拟三维体积光。
- 在“特效控制台”面板中设置原始坐标时，可以选中“发光”特效，在“节目”监视器面板中就会出现坐标点，用鼠标拖动该点，可以方便地移动到想要的地方。

实战演练

❶Shine 插件的安装很简单，只要将其安装至 Premiere Pro CS4 安装路径下的 en_US 文件夹中即可，如图 4-191 所示。

图 4-191　Shine 插件的安装

❷运行 Premiere Pro CS4，单击欢迎窗口中的“新建项目”图标，在弹出的“新建项目”对话框中选择“常规”选项卡，在对话框下方选择项目文件的存放路径，并输入项目文件名称为“风景名胜”，项目设置完成后，单击“确定”按钮。

❸弹出“新建序列”对话框，这里选择列表中的“DV – PAL”|“标准 48kHz”选项，其他选项保持默认设置，单击“确定”按钮。

❹在“项目”面板中导入图片素材“凯旋门.jpg”，如图 4-192 所示。

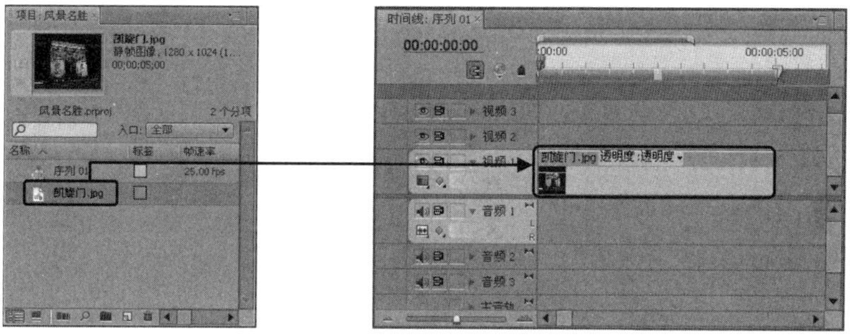

图 4-192　导入图片素材“凯旋门.jpg”

❺选中“视频 1”轨道中的素材“凯旋门.jpg”，在其“特效控制台”面板中设置“缩放比例”为 62，如图 4-193 所示，在“节目”监视器面板中预览设置效果。

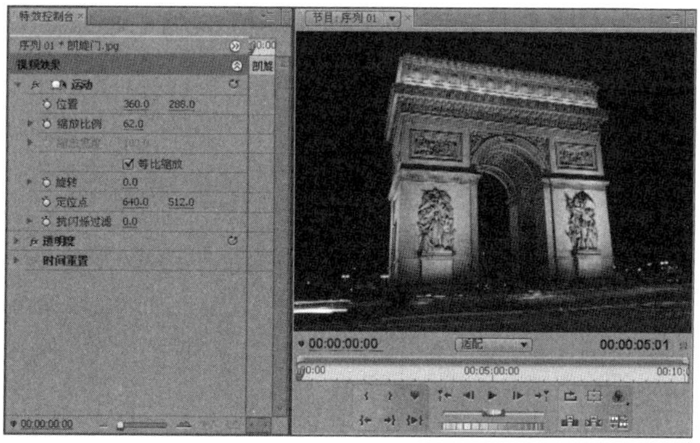

图 4-193　设置“特效控制台”面板参数

❻重新启动 Premiere Pro CS4 后，在“效果”面板中展开“视频特效”文件夹，即可

看见 Shine 特效（这里使用的是汉化版，所以显示名称为“发光”），如图 4-194 所示。

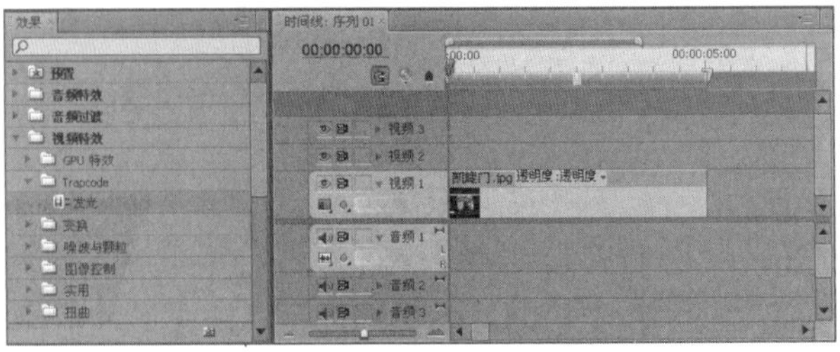

图 4-194　查看“发光”特效

❼选择“字幕”|“新建字幕”|“默认静态字幕”命令，如图 4-195 所示，在弹出的“新建字幕”对话框中设置“时间基准”为 25.00fps，字幕“名称”为“片头字幕”，单击“确定”按钮。

❽进入“字幕”窗口后，选择“垂直文字工具”，如图 4-196 所示，在预览区左边单击，输入文字“欧洲建筑”。

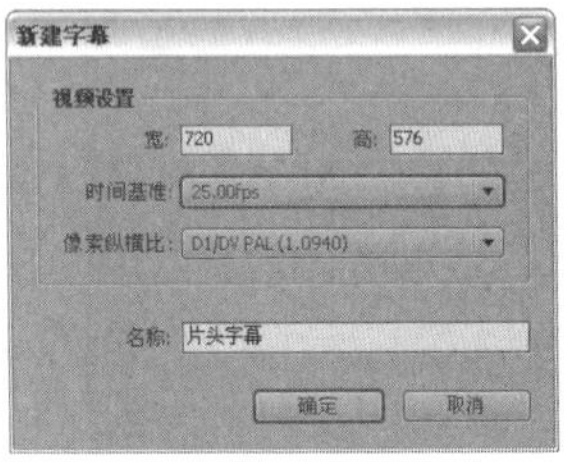

图 4-195　新建字幕

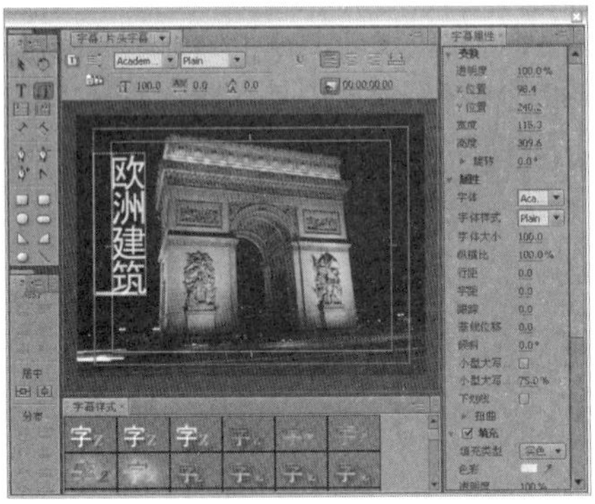

图 4-196　输入文字“欧洲建筑”

❾使用“选择”工具选择文字，在右面的字幕窗口中设置“字体”为 STXingkai（简体行楷），“字体大小”为 70，“纵横比”为 108%，再为其应用一种样式，如图 4-197 所示。

❿设置完成后单击窗口右上角的“关闭”按钮，关闭“字幕”窗口。此时，新建的字幕已经自动添加到“项目”面板中，如图 4-198 所示，将其拖放至“视频 2”轨道开始处，并设置字幕与“视频 1”轨道中的素材齐长。

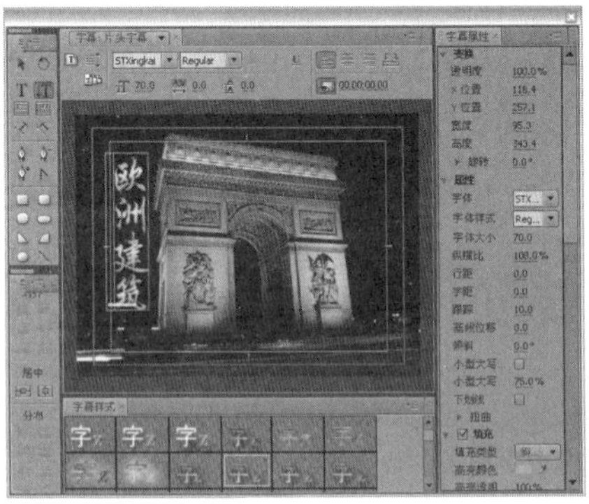

图 4-197　设置文字属性

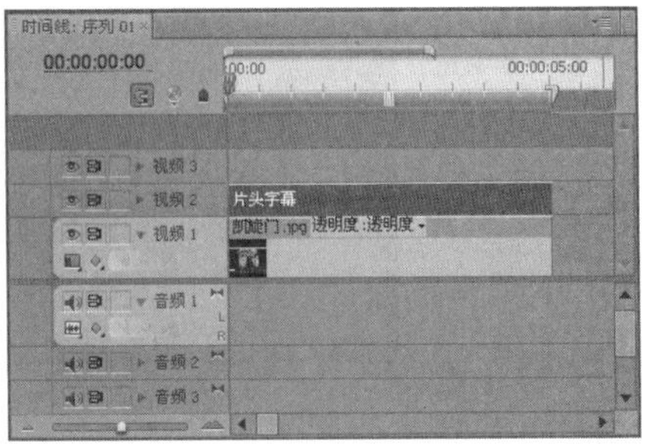

图 4-198　添加字幕素材

⓫在“效果”面板中展开“视频特效”|Trapcode 文件夹，将其中的“发光”特效拖放至字幕素材上，如图 4-199 所示。

图 4-199　添加“发光”特效

⓬接下来制作一个光源从上到下的发光效果。选择“时间线”面板中的片头字幕，在其“特效控制台”面板中展开“发光”特效，如图 4-200 所示，将时间线定位到“00:00:00:00”处，单击“原始坐标 XY”选项前面的“切换动画”按钮，添加一个关键帧，并设置坐标值为（109.6，32.2）。

图 4-200　设置特效参数

⓭将时间线定位到“00:00:03:24”处，设置“原始坐标 XY”值为（114.5，488.3），如图 4-201 所示。

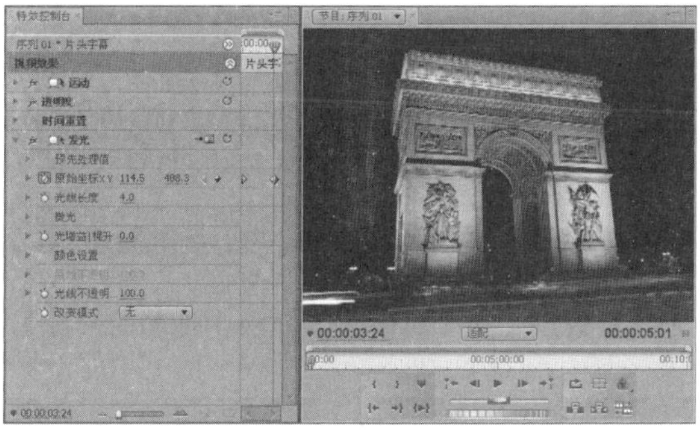

图 4-201　设置特效参数

操作提示

在“特效控制台”面板中设置原始坐标时，可以选中“发光”特效，在“节目”监视器面板中就会出现坐标点，如图 4-202 所示，用鼠标拖动该点，可以方便地移动到想

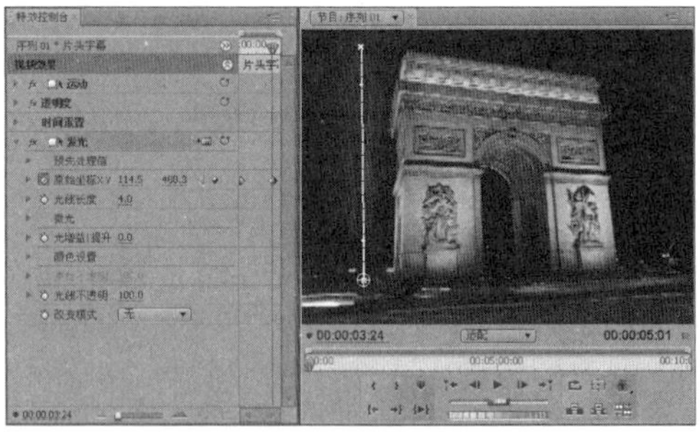

图 4-202　用鼠标拖动坐标点

⑭设置“光线长度”为 12，展开“微光”选项，如图 4-203 所示，设置“数量”为 500，“细节”为 50。

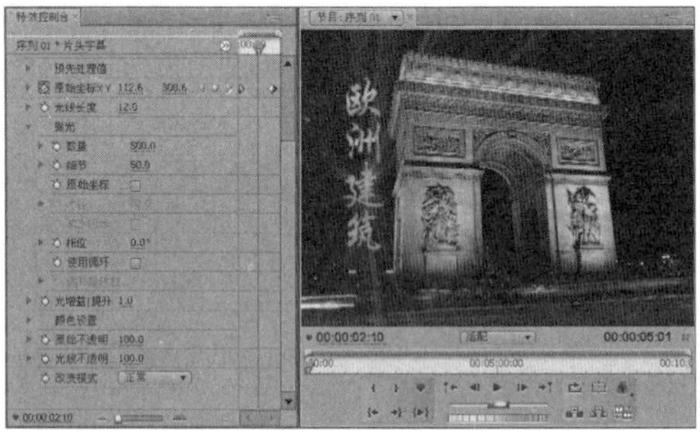

图 4-203　设置特效参数（1）

⑮展开“颜色设置”选项，设置“颜色阶梯”为“3 个颜色”，“基于”为 Alpha，如图 4-204 所示，设置“改变模式”为“加深”选项。这样，就完成了为“欧洲建筑”这四个文字添加发光效果的设置。

图 4-204　设置特效参数（2）

⑯设置完成“发光”特效后，在“时间线”面板中拖动时间线指示器预览发光效果，如图 4-205 所示。

图 4-205　拖动时间线指示器预览发光效果

⑰继续选择“字幕”|“新建字幕”|“默认静态字幕”命令，如图 4-206 所示，在弹出的“新建字幕”对话框中设置“时间基准”为 25.00fps，字幕“名称”为“凯旋门”，单击“确定”按钮。

⑱进入“字幕”窗口后，选择“垂直文字工具”![IT]，如图 4-207 所示，在预览区右边单击，输入文字“法国凯旋门”。

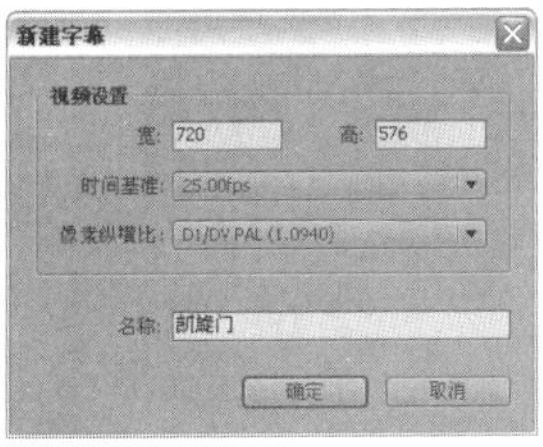

图 4-206　新建字幕

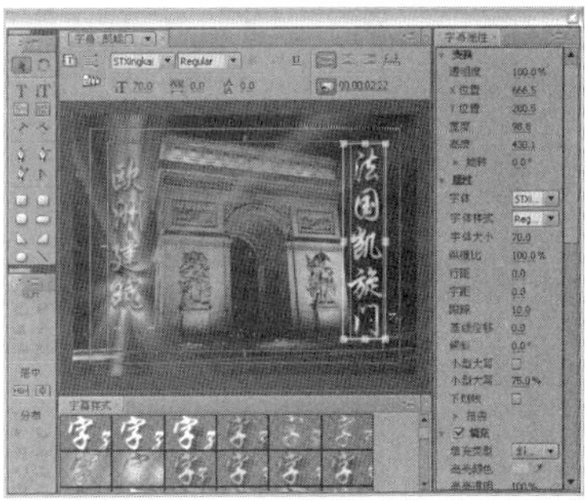

图 4-207　输入文字“法国凯旋门”

⑲设置完成后单击窗口右上角的“关闭”按钮![X]，关闭“字幕”窗口。此时，新建的字幕“凯旋门”已经自动添加到“项目”面板中，将其拖放至“视频 3”轨道开始处，并设置字幕与“视频 1”轨道中的素材齐长。

⑳接下来，将字幕“片头字幕”上的“发光”特效复制给字幕“凯旋门”，如图 4-208 所示，在字幕“凯旋门”的“特效控制台”面板中选中“发光”选项，将时间线移动到第一个关键帧上，再拖动发光的起始点到字幕“凯旋门”的下方。

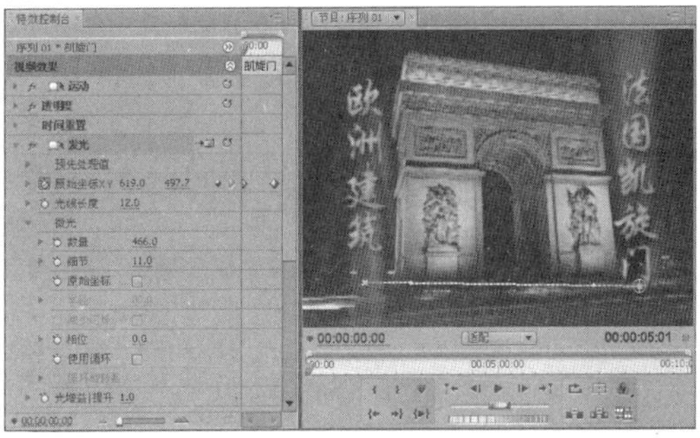

图 4-208　拖动发光的起始点到字幕“凯旋门”的下方

㉑继续将时间线移动到第二个关键帧上，再拖动发光的结束点到字幕“凯旋门”的上方，如图 4-209 所示。

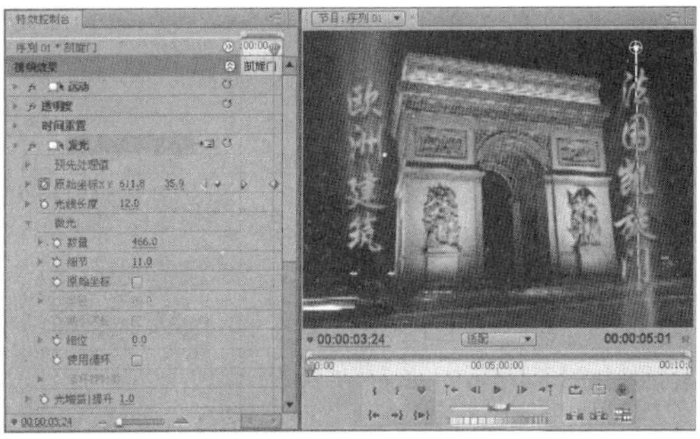

图 4-209　拖动发光的结束点到字幕“凯旋门”的上方

㉒设置完成“发光”特效后，在“时间线”面板中拖动时间线指示器预览发光效果，如图 4-210 所示。至此，本实例制作完成。

图 4-210　拖动时间线指示器预览发光效果

4.17　Boris 特效插件——游在夏威夷

Boris 是一款动画特效制作软件，其中整合了 20 多个非线性编辑系统及多种预置的自然效果，如雪、雨、火、云、火花、彗星等，并且 Boris 插件提供了强大的实景光线效果、颜色修正功能、微粒过滤功能等。Boris 支持 Adobe After Effects、Adobe Premiere、Apple Final Cut Pro 和其他编辑软件。有了它，制作的 DV 作品就更加精彩出众了。

实例欣赏（图 4-211）

图 4-211　实例欣赏

操作秘籍

- 为了方便观看某一视频轨道中素材所设置的效果，可以暂时将其他视频轨道隐藏。
- 使用 Boris Cube 特效可以实现一个由六个画面组成的立方体。

实战演练

❶要使用 Boris 特效，必须先安装它。和其他插件安转方法类似，只要将 Boris 安装目录下所有*.AEX 复制到 Premiere Pro CS4 安装目录下面的 en_US 文件夹中，如图 4-212 所示。

❷运行 Premiere Pro CS4，单击欢迎窗口中的“新建项目”图标，在弹出的“新建项目”对话框中选择“常规”选项卡，在对话框下方选择项目文件的存放路径，并输入项目文件名称为“游在夏威夷”，项目设置完成后，单击“确定”按钮。

❸弹出“新建序列”对话框，这里选择列表中的“DV－PAL”|“标准 48kHz”选项，选择“轨道”选项卡，如图 4-213 所示，设置视频轨道数为 7，立体声轨道数为 1，单击“确定”按钮。

图 4-212　添加 Boris 特效

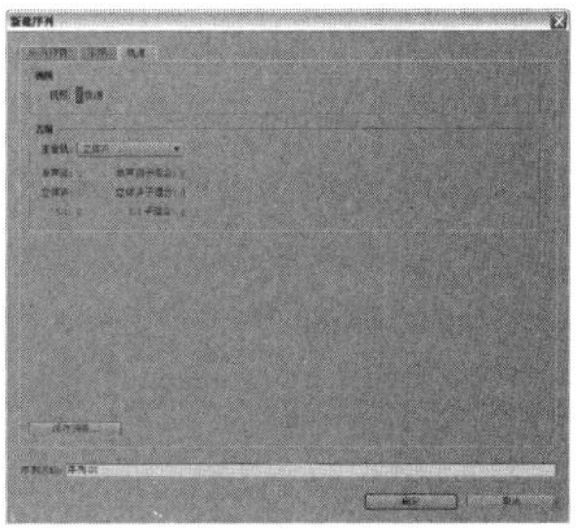
图 4-213　设置“轨道”选项卡

❹在“项目”面板的空白处双击，在弹出的“导入”对话框中分别导入图片素材和视频素材，如图 4-214 和图 4-215 所示。

图 4-214　导入图片素材

图 4-215　导入视频素材

❺在“项目”面板中，将素材“海滨片头.jpg”和“视频背景.mov”拖放至“视频 1”轨道中，将“海滨 01.JPG”~“海滨 06.JPG”分别拖放至“视频 2”~“视频 7”轨道中，如图 4-216 所示。

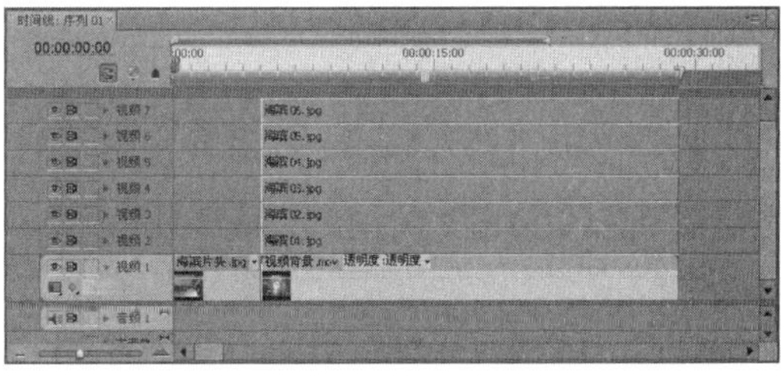
图 4-216　添加照片素材

❻选择“视频 1”轨道中的素材“海滨片头.jpg”，在其“特效控制台”面板中设置“缩放比例”为 51，如图 4-217 所示。

图 4-217　设置“特效控制台”面板参数

❼选择“视频 7”轨道中的素材“海滨 06.JPG”，在其“特效控制台”面板中设置“缩放比例”为 51，如图 4-218 所示。同样的方法，将素材“海滨 01.JPG”～“海滨 05.JPG”的“缩放比例”也设置为 51。

图 4-218　设置特效参数

❽在“效果”面板中展开“视频特效”|Boris AE 文件夹，将其中的 Boris Cube 特效拖放至“视频 2”轨道中的“海滨 01.JPG”素材上，如图 4-219 所示。

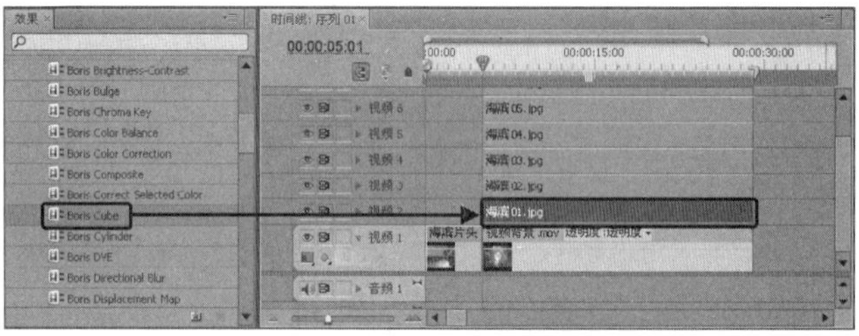

图 4-219　添加 Boris Cube 特效

❾在“节目”监视器面板中可以看出，Boris Cube 特效默认的效果为一个立方体，如图 4-220 所示。

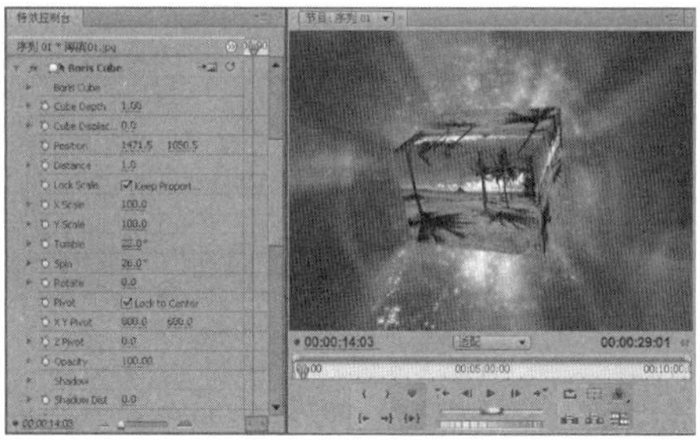

图 4-220　默认的立方体效果

操作提示

为了方便观看“视频 1”轨道中素材所设置的效果，可以暂时将其他视频轨道隐藏。

❿从图 4-220 中可以看到，默认的立方体各个面都为同一张照片，如果想要将每一个面设置为不同的照片，也很容易。在“特效控制台”面板中展开 Boris Cube 特效选项，如图 4-221 所示，设置 Select Faces 为 Selected Layer；Front 为视频 2，Back 为视频 3，Left

为视频 4，Top 为视频 5，Right 为视频 6，Bottom 为视频 7。

⓫接下来让立方体相册转动起来，如图 4-222 所示，将时间线定位至“00:00:00:00”处，选择“海滨 01.JPG”，在其“特效控制台”面板中单击 Spin 选项前面的“切换动画”按钮，添加一个关键帧，并设置其值为 26；将时间线移至“00:00:10:24”处，设置 Spin 的值为 238。

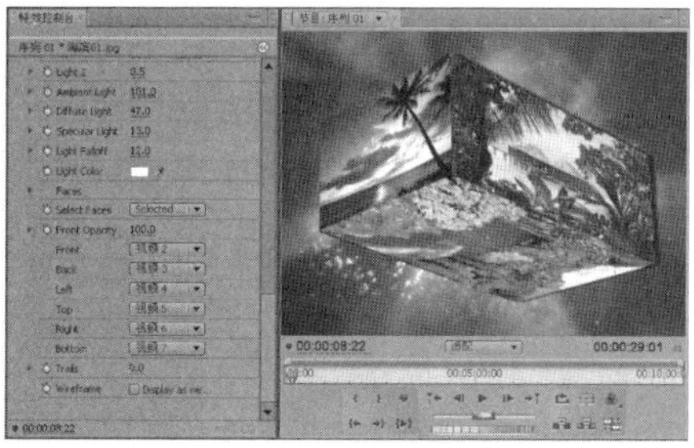

图 4-221　特效参数效果（1）

图 4-222　特效参数效果（2）

⓬接下来调整立方体相册的大小。将时间线定位至“00:00:00:00”处，单击 Distance 选项前面的“切换动画”按钮，添加一个关键帧，并设置其值为 0；将时间线移至“00:00:10:24”处，设置 Distance 的值为 0.5，如图 4-223 所示。

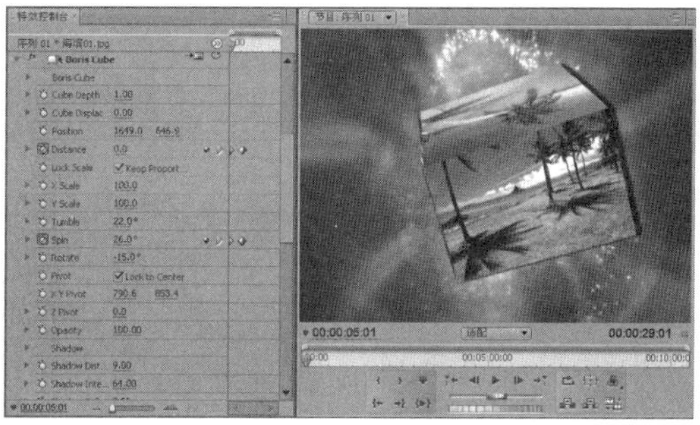

图 4-223　特效参数效果（3）

⓭设置完成 Boris Cube 特效后，拖动时间线预览效果，如图 4-224 所示。

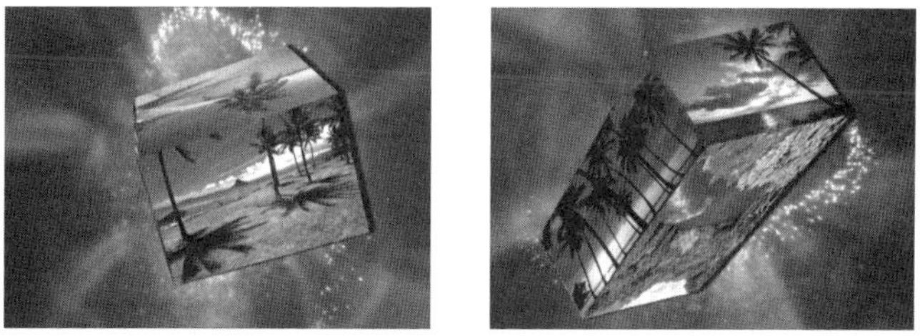

图 4-224　拖动时间线预览效果

⓮选择“字幕”|“新建字幕”|“默认静态字幕”命令，如图 4-225 所示，在弹出的“新建字幕”对话框中设置“时间基准”为 25.00fps，字幕“名称”为“片头字幕”，单击“确定”按钮。

⓯进入“字幕”窗口后，选择“文字工具”，如图 4-226 所示，在预览区中单击，输入文字“夏威夷风情”，设置文字的字体和字号后，再为其应用一种字幕样式，设置完成后关闭字幕窗口。

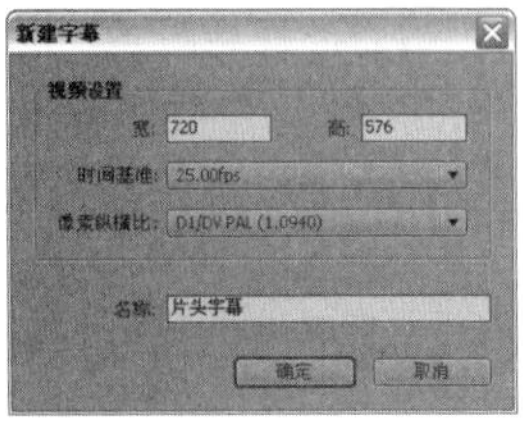

图 4-225 “新建字幕”对话框

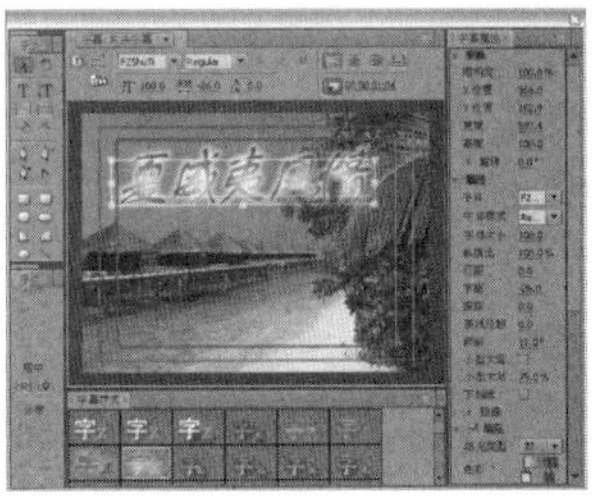

图 4-226 编辑“字幕”窗口

⑯将字幕素材“片头字幕”拖放至“视频 2”轨道中的开始处，为素材之间添加默认的过渡转场效果，如图 4-227 所示。

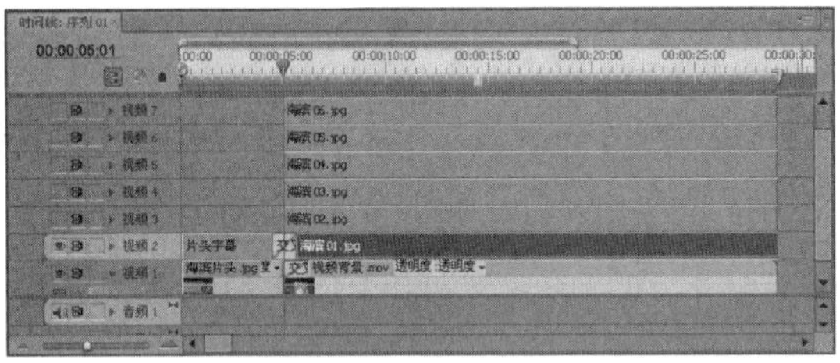

图 4-227 添加字幕素材“片头字幕”

⑰至此，本实例全部制作完成，在“时间线”面板中拖动时间线指示器预览视频动画效果，如图 4-228 所示。

图 4-228 拖动时间线指示器预览视频动画效果

4.18 Final Effects 特效插件——世界各地

Final Effects 是 MetaTools 公司开发的 Premiere 的插件。MetaTools 公司在图像界久享盛誉，著名的 Photoshop 滤镜——KPT 就是该公司的旗舰产品。下面通过实例“世界各地”来详细介绍 Final Effects 特效插件的使用方法。

实例欣赏（图 4-229）

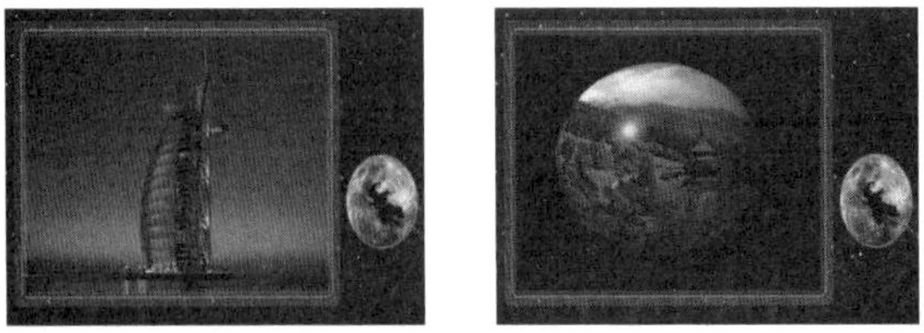

图 4-229 实例欣赏

操作秘籍

- 使用“FE 球贴图”特效，可以将画面快速球面化显示。
- 使用“FE 下雨”特效，可以模拟下雨的画面效果。

实战演练

❶如果你的 Final Effects 版本不能直接支持 Premiere 的话，可以在 Final Effects 安装好之后，把 Plugins 目录下的所有.aex 文件复制到 Premiere Pro CS4 的 en_US 目录下，如图 4-238 所示。

❷运行 Premiere Pro CS4，单击欢迎窗口中的“新建项目”图标，在弹出的“新建项目”对话框中选择“常规”选项卡，在对话框下方选择项目文件的存放路径，并输入项目文件名称为“世界各地”，项目设置完成后，单击“确定”按钮。

❸弹出“新建序列”对话框，这里选择列表中的“DV – PAL”|“标准 48kHz”选项，其他选项保持默认设置，单击“确定”按钮。

❹在“项目”面板的空白处双击，在弹出的“导入”对话框中选择需要导入的素材，素材导入后的“项目”面板如图 4-231 所示。

图 4-230 复制 Final Effects 特效

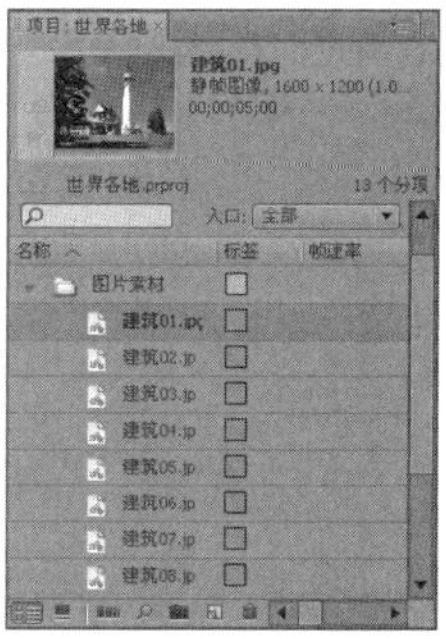

图 4-231 素材导入后的“项目”面板

❺在“项目”面板中，按住 Shift 键的同时选择素材“建筑 01.jpg”~“建筑 10.jpg”，将它们添加拖放至“视频 1”轨道开始处；选择遮罩素材“边框.psd”，将其拖放至“视频 2”轨道开始处，并设置素材“边框.psd”的出点与“视频 1”中的素材齐长，如图 4-232 所示。

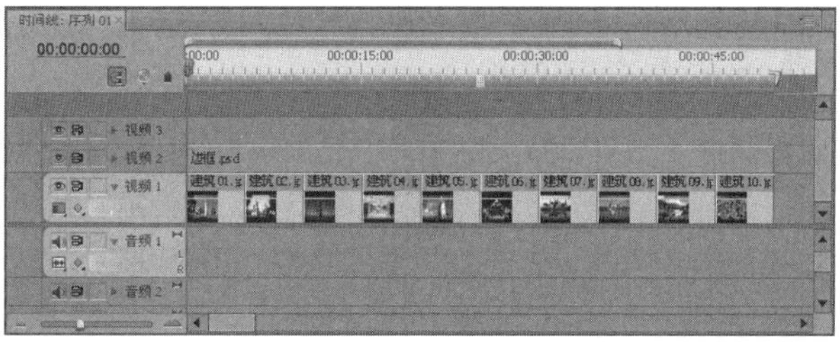

图 4-232 添加素材到视频轨道

❻在“时间线”面板中选择“边框.psd”素材，在其“特效控制台”面板中取消选中“等比缩放”复选框，设置“缩放高度”为 107，“缩放宽度”为 85，如图 4-233 所示。

❼继续选择图片素材“建筑 01.jpg”，在“特效控制台”面板中设置“位置”为（294，281），“缩放比例”为 41，如图 4-234 所示。同样的方法，将素材“建筑 01.jpg”的所有特效参数复制给同轨道中的其他图片素材。

图 4-233　设置“特效控制台”面板参数

图 4-234　设置特效参数

❽设置完成后，在“时间线”面板中拖动时间线指示器预览画面效果，如图 4-235 所示。

图 4-235　拖动时间线指示器预览画面效果

❾在“效果”面板中，展开“视频特效”|“FE 最终的效果”文件夹，将其中的“FE 下雨”特效拖放至素材“建筑 03.jpg”上，如图 4-236 所示。

图 4-236　添加“FE 下雨”特效

❿选择图片素材“建筑 03.jpg”，在“特效控制台”面板中展开“FE 下雨”选项，如图 4-237 所示，设置“雨量”为 300，“雨速度”为 2.3，“下雨角度”为 23，“雨滴大小”为 0.8，其他选项保持默认设置。

⓫在“效果”面板中将“FE 下雪”特效拖放至素材“建筑 10.jpg”上，在“特效控制台”面板中展开“FE 下雪”选项，如图 4-238 所示，设置“雪花大小”为 4.5，其他选项保持默认设置。

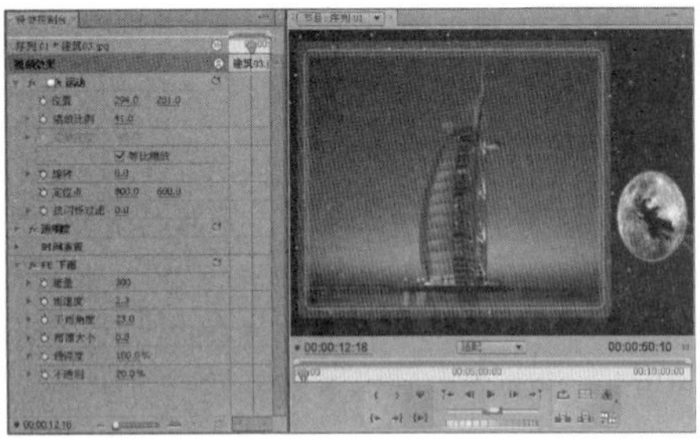

图 4-237　设置效果参数（1）

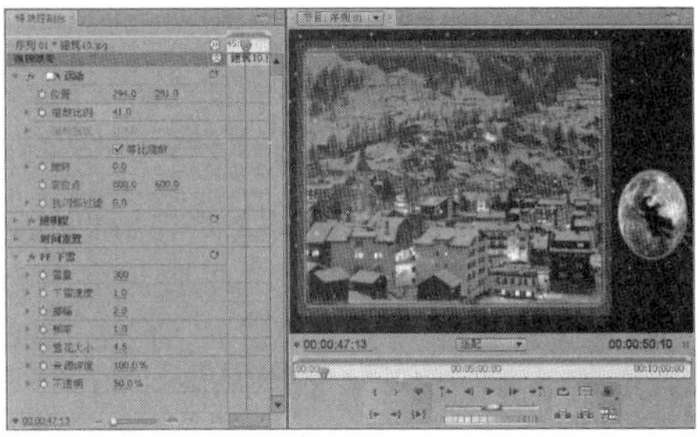

图 4-238　设置效果参数（2）

⑫将“效果”面板中的“FE 球贴图”特效拖放到“建筑 09.jpg”素材上，为其添加一种球贴图效果。在“特效控制台”面板中展开“FE 球贴图”选项，如图 4-239 所示，将时间线移至“00:00:40:08”处，单击“X 轴旋转”选项前面的“切换动画”按钮，添加一个关键帧，设置其值为 0；单击“Y 轴旋转”选项前面的“切换动画”按钮，添加一个关键帧，设置其值为 0；单击“Z 轴旋转”选项前面的“切换动画”按钮，添加一个关键帧，设置其值为 0；单击“半径”选项前面的“切换动画”按钮，添加一个关键帧，并设置其值为 0.9。

⑬将时间线移至“00:00:43:08”处，如图 4-240 所示，单击“X 轴旋转”选项前面的“切换动画”按钮，添加一个关键帧，设置其值为 41；单击“Y 轴旋转”选项前面的“切换动画”按钮，添加一个关键帧，设置其值为-12；单击“Z 轴旋转”选项前面的“切换动画”按钮，添加一个关键帧，设置其值为 69；单击“半径”选项前面的“切换动画”按钮，添加一个关键帧，并设置其值为 0.6。最后调整球体的位置。

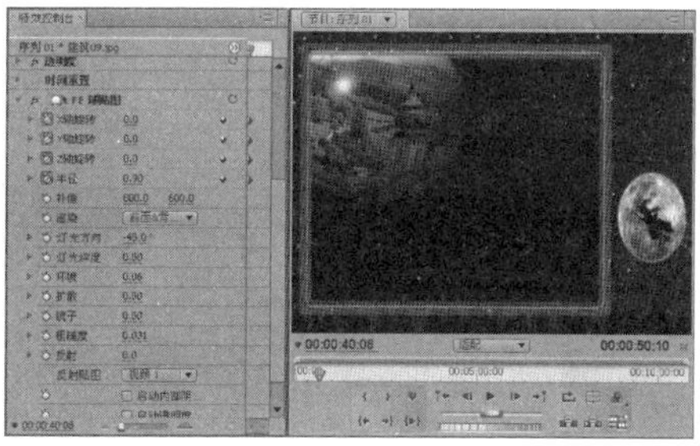
图 4-239　设置特效参数（1）

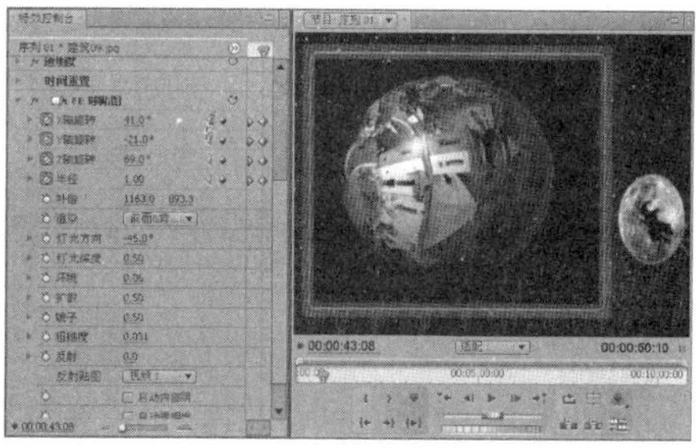
图 4-240　设置特效参数（2）

⑭设置完成后，在“时间线”面板中拖动时间线指示器预览动画效果，如图 4-241 所示。

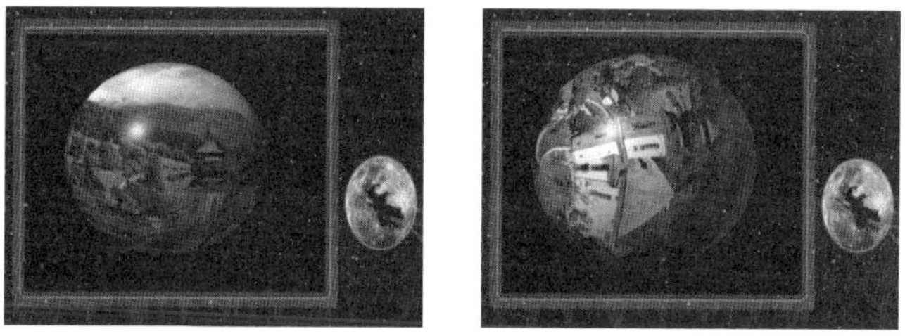
图 4-241　拖动时间线指示器预览动画效果

⑮以上通过一个简单的实例介绍了 Final Effects 特效插件的应用，在以后的 DV 制作中读者要善于在自己的 DV 作品中合理、恰当地应用这些特效，相信一定会制作出令人赞叹的 DV 作品。

第 5 章　制作并添加字幕

学习提示

在 DV 视频制作中除了精美的图像、炫目的转场和动态效果，文字也是必不可少的元素，例如宝宝生日 DV 视频的片名、影视剧的字幕、MTV 影片的歌词、婚庆片的说明注释等都是非常重要的部分。本章将对字幕的创建及属性设置等知识进行介绍。

实例文件

- 花好月圆.prproj
- 家有宠物.prproj
- 演员列表.prproj
- 歌手简介.prproj
- 品牌计算机.prproj

实例欣赏（图 5-1）

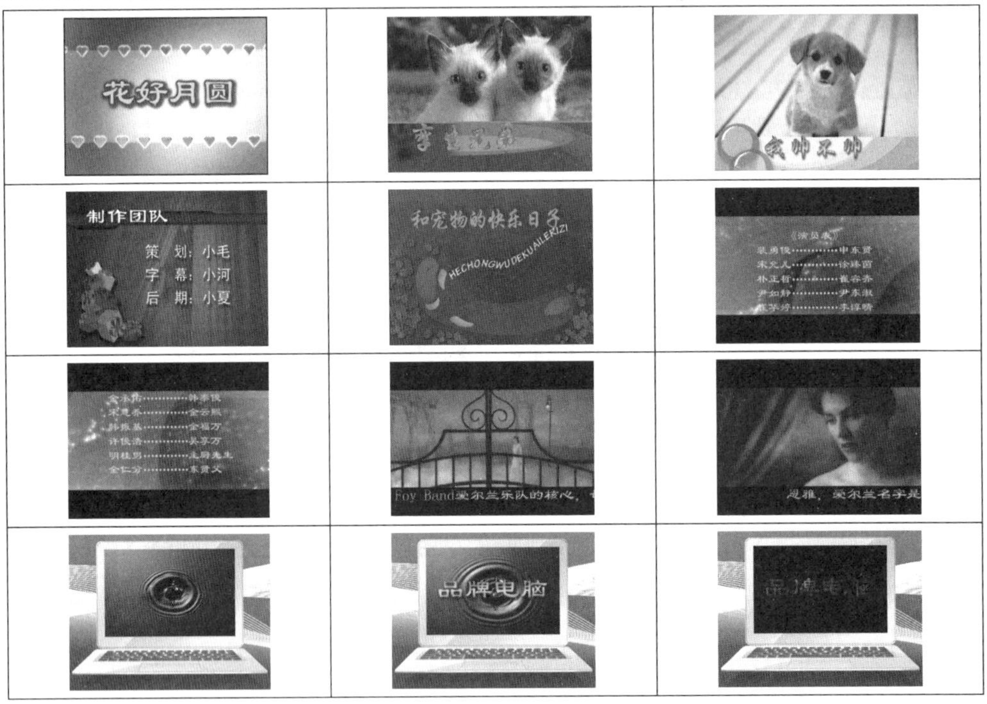

图 5-1　本章实例一览

5.1　字幕的创建方法——花好月圆

本节将通过一个婚庆片片头制作实例，介绍 Premiere 创建新字幕的基本方法，了解字幕的创建和应用字幕功能的基本工作流程，熟悉字幕面板的工作方式。

实例欣赏（图 5-2）

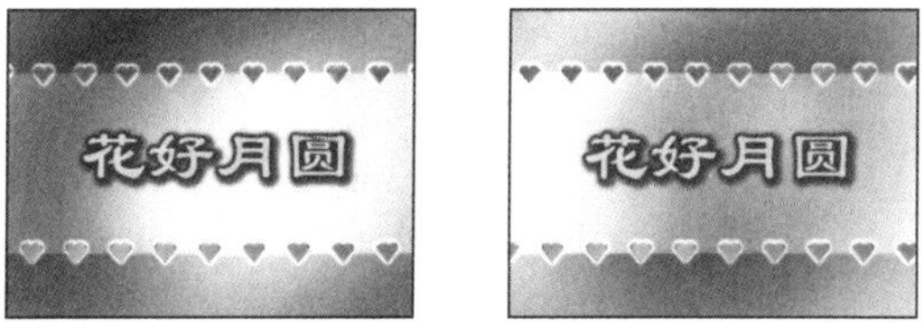

图 5-2　实例预览

操作秘籍

- 新建“默认静止”字幕还可以通过单击“项目”面板下方的“新建分类”按钮来实现。
- 按快捷键 Ctrl+I 可以快速导入所需的素材文件。

实战演练

❶运行 Premiere Pro CS4，单击欢迎窗口中的“新建项目”图标，在弹出的“新建项目”对话框中选择“常规”选项卡，在对话框下方选择项目文件的存放路径，并输入项目文件名称为“花好月圆”，项目设置完成后，单击“确定”按钮。

❷弹出“新建项目”对话框，这里选择列表中的“DV – PAL”|“标准 48kHz”选项，其他选项保持默认设置，单击“确定”按钮。

❸按快捷键 Ctrl+I 导入所需的视频素材，如图 5-3 所示。

❹在“项目”面板中将视频素材“背景.mov”拖放至“视频 1”轨道中的开始处，如图 5-4 所示。

图 5-3　导入视频素材

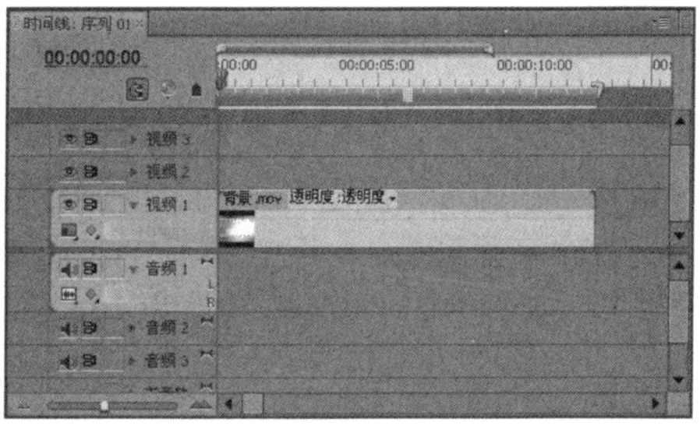

图 5-4　添加视频素材

❺选择“字幕”|“新建字幕”|“默认静态字幕”命令，在打开的“新建字幕”对话框中输入“花好月圆”，如图 5-5 所示，单击“确定”按钮。

操作提示

新建“默认静止”字幕还可以通过单击“项目”面板下方的“新建分类”按钮来实现。

❻在“字幕”设计窗口中，选择窗口左侧“工具”面板中的“文字”工具，在显示窗口中单击，输入文字“花好月圆”，如图 5-6 所示。

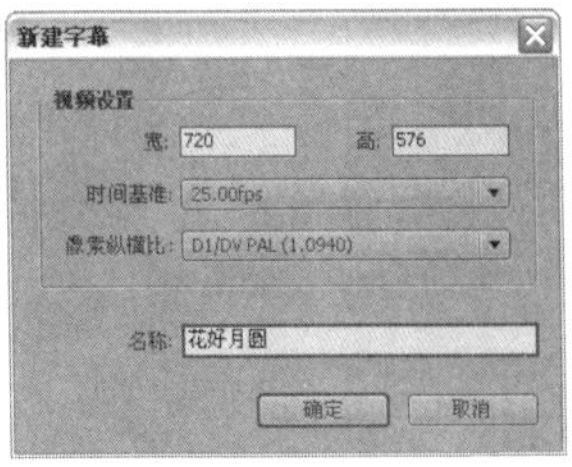

图 5-5 “新建字幕”对话框

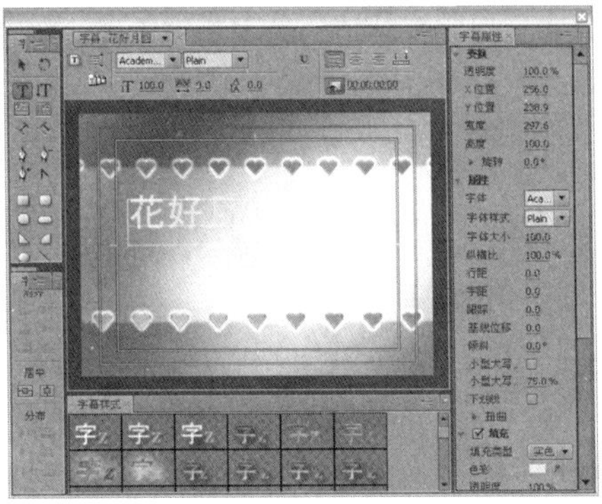

图 5-6 输入文字“花好月圆”

❼在“字幕”设计窗口中使用“选择”工具移动文字位置，在字幕控制器中打开字体下拉列表，选择 Lisu 中文字体，设置“字体大小”为 106，如图 5-7 所示。

❽在右侧“字幕属性”面板中展开“填充”属性，单击“色彩”右侧的颜色块按钮，在弹出的“颜色拾取”对话框中选择一种黄色，其 RGB 值为（255，255，0），如图 5-8 所示。

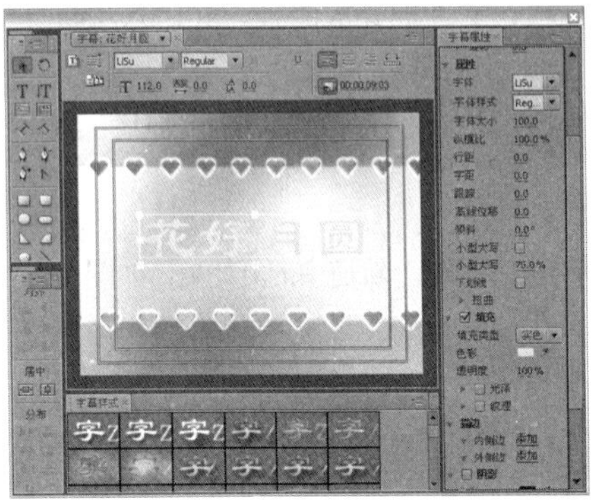

图 5-7 设置字幕属性

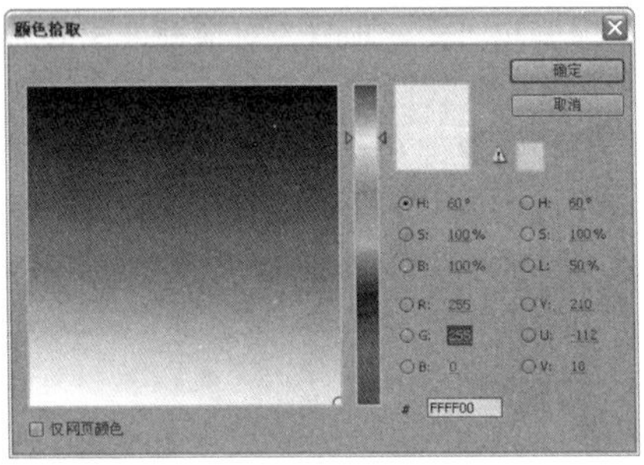

图 5-8 “颜色拾取”对话框

❾单击“确定”按钮关闭对话框，得到如图 5-9 所示的文字效果。

❿在“字幕属性”面板中展开“描边”属性，单击“外侧边”右侧的“添加”，将展开的“外侧边”属性中的“大小”调整为 40，将“色彩”RGB 值调整为（255，0，0），“透明度”为 80%，如图 5-10 所示。

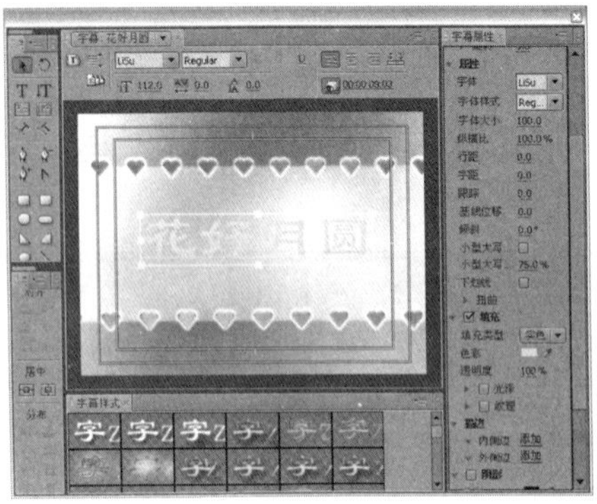

图 5-9 预览文字效果

图 5-10 设置字幕属性

⓫选中“阴影”复选框，将“色彩”RGB 值调整为（116，0，96）；将“透明度”设置为 76%，提高阴影的浓度；将“角度”设置为 135.0°，使阴影的位置在文字的右下方；将“距离”设置为 8.0，调整阴影与文字的距离；将“大小”增加为 26.0，扩大阴影的范围；将“扩散”增加为 40.0，使阴影产生一种边缘羽化的效果，这样将得到如图 5-11 所示的文字效果。制作完成后，单击面板右上角的关闭按钮☒，退出即可。

⓬此时新建的字幕“花好月圆”已经自动添加到“项目”面板中，将其拖放至“视频 2”轨道的开始处，如图 5-12 所示，设置字幕与“视频 1”轨道中的素材齐长。

图 5-11　设置字幕阴影

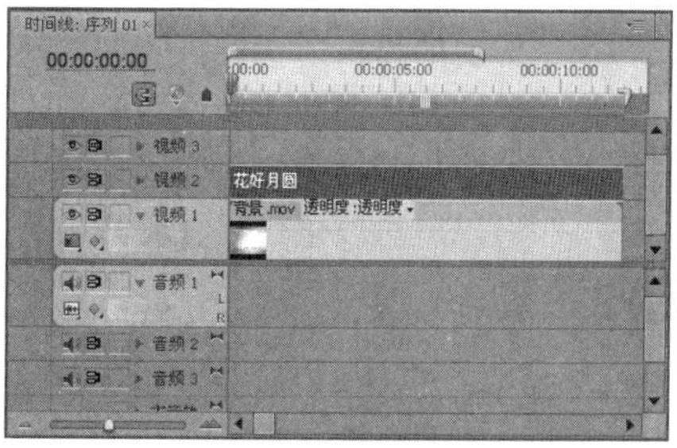

图 5-12　添加字幕素材

⓭拖动时间指示器，预览片头的效果，如图 5-13 所示，预览满意后，保存并导出影片。

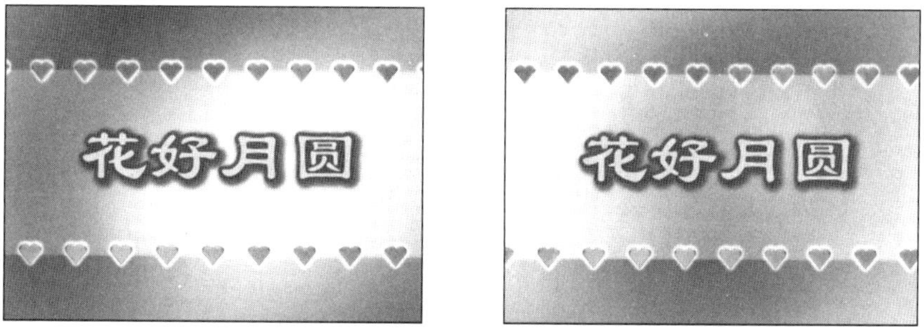

图 5-13　预览字幕效果

5.2　字幕模板——家有宠物（1）

前面学习了编辑字幕的基本方法，本节将介绍使用字幕模板快速制作字幕文本的方法。Premiere Pro CS4 内置了大量的字幕模板供用户选择选用，包括背景图案和文字的颜色、大小、位置等信息，只需要输入适当的文字即可得到效果精美的字幕效果，在前面许多实例中已经多次接触过字幕模板，接下来以“家有宠物”为例讲解字幕模板的使用。

实例欣赏（图 5-14）

图 5-14 实例知名人欣赏

操作秘籍

- 如果要设置静帧图像默认的持续时间，需要在图像素材导入之前，在“参数”对话框中进行设置。
- 在“新建字幕”对话框中提供了全屏、侧边等几种形式的字幕模板。其中，全屏形式的模板适合做片头，侧边模板适合需要露出部分内容的情况，适用于提示内容的副标题或者片尾等情况，如新闻类节目中，通常使用带有背景图案的字幕来显示当前播报的内容等信息。侧边字幕不能占据屏幕的主要位置，但又十分重要，所以就可以采用只在屏幕的一个侧边来显示的形式。

实战演练

❶启动 Premiere Pro CS4 软件，新建一个名为“家有宠物”的项目。

❷进入 Premiere 编辑窗口后，选择“编辑”|“参数”|“常规”命令，在弹出的“参数”对话框中设置“静帧图像默认持续时间”为 150 帧，如图 5-15 所示，单击“确定”按钮。

❸按快捷键 Ctrl+I 导入所需的图片素材，如图 5-16 所示。

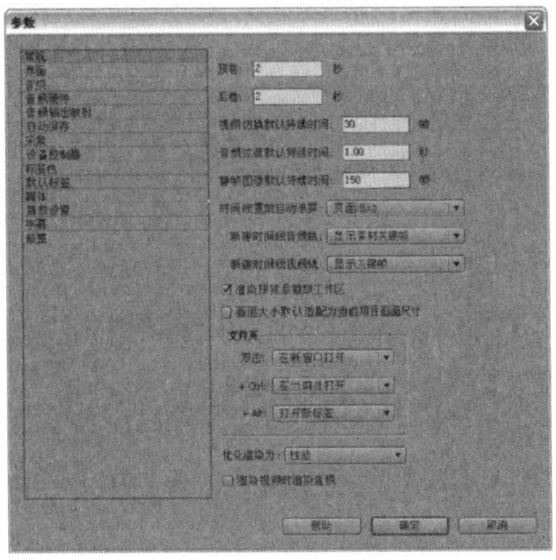

图 5-15 设置静帧图像默认持续时间

图 5-16 导入所需的图片素材

❹选择“字幕”|“新建字幕”|“基于模板”命令，打开“新建字幕”对话框，如图 5-17 所示，展开“字幕设计预置”|“I 运动”|“高尔夫”选项，选择其中的“高尔夫 标题”，在“名称”文本框中输入名称为“片头”，单击“确定”按钮。

❺在“字幕”设计窗口中，根据需要对文字进行修改，分别将主标题设置为“和宠物的快乐日子”，将副标题设置为“HECHONGWUDEKUAILERIZI”，如图 5-18 所示，并为主标题应用一种样式。设置完成后关闭“字幕”窗口。

图 5-17　“新建字幕”窗口

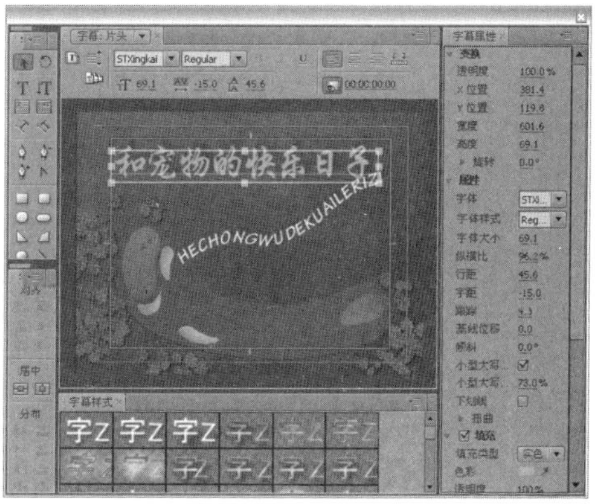

图 5-18　输入文字信息

❻依次选择“项目”面板中的字幕素材和图片素材，将其拖放至“视频 1”轨道中的开始处，排列顺序如图 5-19 所示。

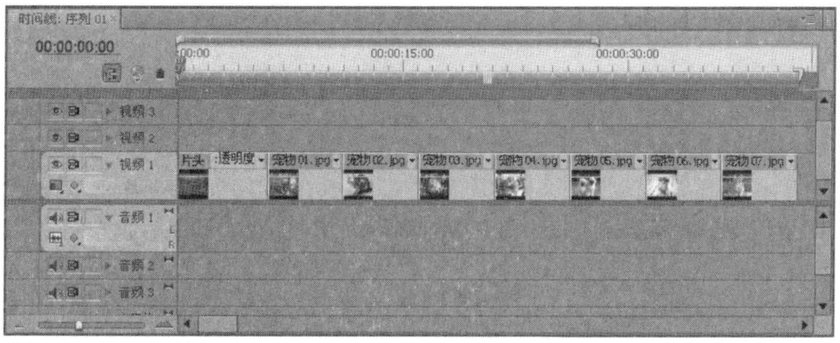

图 5-19　添加字幕素材

❼在“特效控制台”面板中适当缩小图片的比例，如图 5-20 所示，将所有图片的“缩放比例”调整到 61。

图 5-20　设置图片特效参数

❽在“时间线”面板中将时间线移动到素材“宠物 01.jpg”上，选择 “字幕”|“新建字幕”|“基于模板”命令，打开“新建字幕”对话框，如图 5-21 所示，展开“字幕设计预置”|“D 常规”|“时尚回归”选项，选择其中的“时尚回归_全屏 3”，在“名称”文本框中输入名称为“发呆中”，单击“确定”按钮。

❾在“字幕”设计窗口中选择“文字”工具，修改文字为“猫咪发呆中”，并设置字体和字号，最后为其应用一种样式，如图 5-22 所示，设置完成后关闭“字幕”窗口。

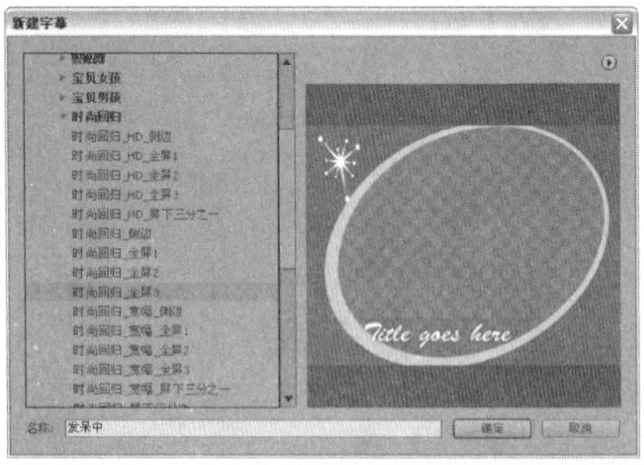

图 5-21　选择字幕模板

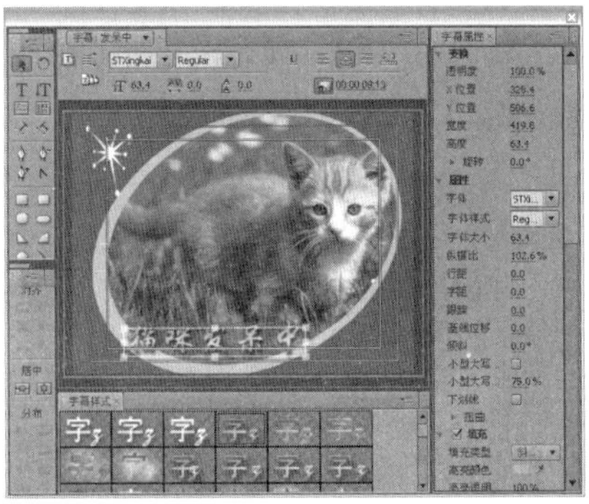

图 5-22　设置字幕属性

⑩在“项目”面板中将字幕素材“发呆中”拖放至“视频 2”轨道中，使其与图片素材“宠物 01.jpg”齐长，如图 5-23 所示。

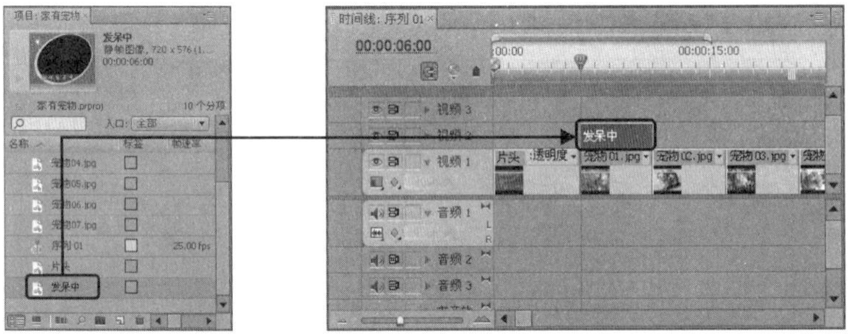

图 5-23　添加字幕素材

⑪拖动时间线预览效果，如图 5-24 所示，如果发现字幕素材的位置需要调整，可以直接双击视频轨道中的素材进入“字幕”窗口进行调整。

⑫在“时间线”面板中，将时间线移动到素材“宠物 02.jpg”上，选择“字幕”|“新建字幕”|“基于模板”命令，打开“新建字幕”对话框，如图 5-25 所示，展开“字幕设计预置”|“E 政府”|“政府 1”选项，选择其中的“政府 1_屏下三分之一”，在“名称”文本框中输入名称为“驻足观看”，单击“确定”按钮。

图 5-24　拖动时间线预览效果

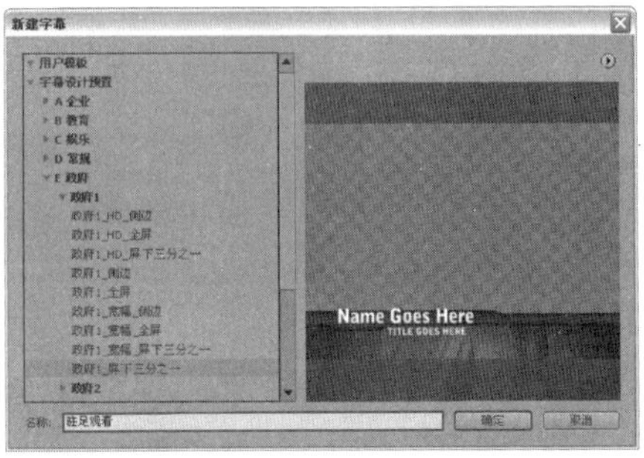

图 5-25　“新建字幕”对话框

⑬在“字幕”设计窗口中，选择“文字”工具，修改主标题文字为“驻足观看”，并设置字体和字号，最后为其应用一种样式，如图 5-26 所示，设置完成后关闭“字幕”窗口。

⑭在“项目”面板中，将字幕素材“驻足观看”拖放至“视频 2”轨道中，使其与图片素

材“宠物 02.jpg”齐长，如图 5-27 所示。

图 5-26　输入文字信息

图 5-27　添加字幕素材

⑮拖动时间线预览效果，如图 5-28 所示。

⑯在“时间线”面板中将时间线移动到素材“宠物 03.jpg”上，选择“字幕”|“新建字幕”|“基于模板”命令，打开“新建字幕”对话框，如图 5-29 所示，展开“字幕设计预置”|“I 运动”|“冬季运动”选项，选择其中的“冬季运动 屏下三分之一”，在“名称”文本框中输入名称为“端详”，单击“确定”按钮。

图 5-28　拖动时间线预览效果

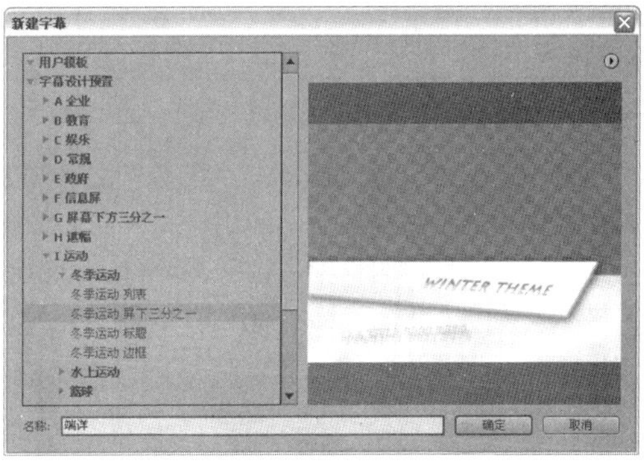

图 5-29　“新建字幕”对话框

⑰在“字幕”设计窗口中，选择“文字”工具T，修改主标题文字为“端详”，并设置字体和字号，最后为其应用一种样式，如图 5-30 所示，设置完成后关闭“字幕”窗口。

⑱在“项目”面板中将字幕素材“端详”拖放至“视频 2”轨道中，使其与图片素材“宠物 03.jpg”齐长，如图 5-31 所示。

⑲拖动时间线预览效果，如图 5-32 所示。

⑳在“时间线”面板中将时间线移动到素材“宠物 04.jpg”上，选择“字幕”|“新建字幕”|“基于模板”命令，打开“新建字幕”对话框，如图 5-33 所示，展开“字幕设计预置”|“D 常规”|“不规则碎片”选项，选择其中的“不规则碎片_信箱模式”，在“名称”文本框中输入名称为“一起合影吧”，单击“确定”按钮。

图 5-30　设置文字信息

图 5-31　添加字幕素材

图 5-32　拖动时间线预览效果

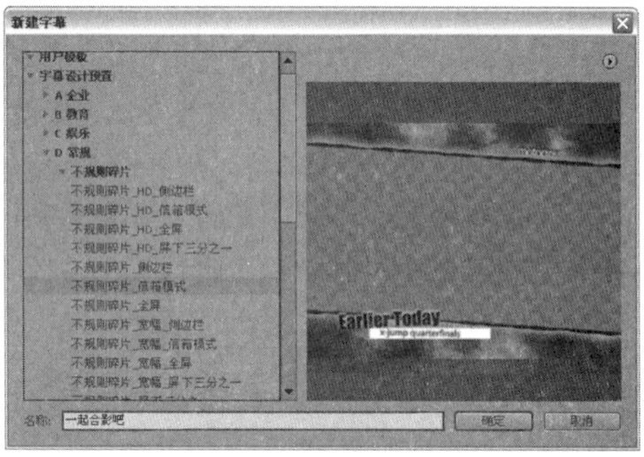

图 5-33　“新建字幕”对话框

㉑在“字幕”设计窗口中，选择“文字”工具T，修改主标题文字为“一起合影吧”，并设置字体和字号，最后为其应用一种样式，如图 5-34 所示，设置完成后关闭“字幕”窗口。

㉒在“项目”面板中，将字幕素材“一起合影吧”拖放至“视频 2”轨道中，使其与图片素材“宠物 04.jpg”齐长，如图 5-35 所示。

图 5-34　设置文字信息

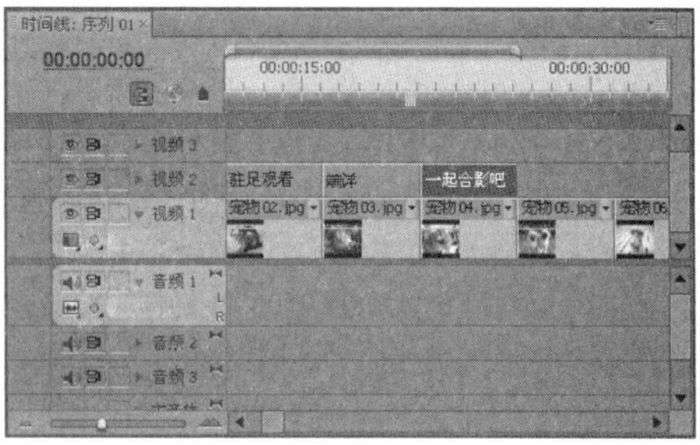

图 5-35　添加字幕信息

㉓拖动时间线预览效果，如图 5-36 所示。

㉔使用类似的方法，为本实例后面的图片素材添加字幕说明，分别如图 5-37～图 5-39 所示。

图 5-36　拖动时间线预览效果

图 5-37　添加字幕说明

图 5-38　添加字幕说明

图 5-39　添加字幕说明

5.3　自定义字幕模板——家有宠物（2）

模板使用起来非常方便，但是每次都需要根据实际情况进行调整，还是比较麻烦。在 Premiere 中还可以自己制作一个模板，以便再次应用时可以缩短修改的过程。

实例欣赏（图 5-40）

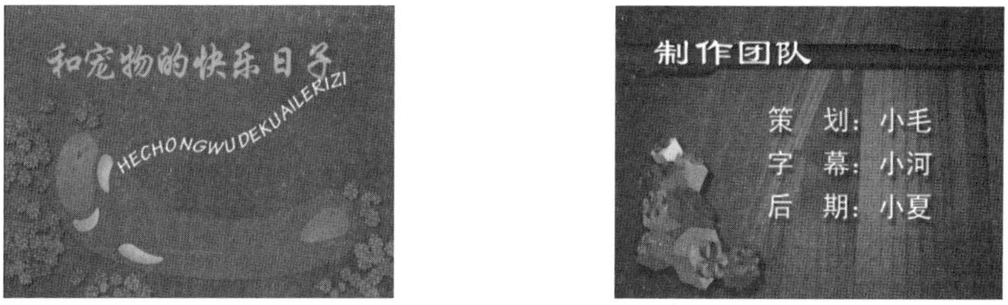

图 5-40　实例欣赏

操作秘籍

- 对于自己精心设计的字幕，可以通过“导入当前字幕为模板”命令将其保存起来，以后继续使用。
- 字幕素材的添加和使用方法与图片素材基本一致。

实战演练

❶在“家有宠物”项目中选择“字幕”|“新建字幕”|“基于模板”命令，打开“新建字幕”对话框，如图 5-41 所示，展开“字幕设计预置”|“E 政府”|“政府 1”选项，选择其中的“政府 1_全屏”，在“名称”文本框中输入名称为“结尾字幕”，单击“确定”按钮。

❷在打开的“字幕”设计窗口中根据需要将文字修改为如图 5-42 所示的内容。

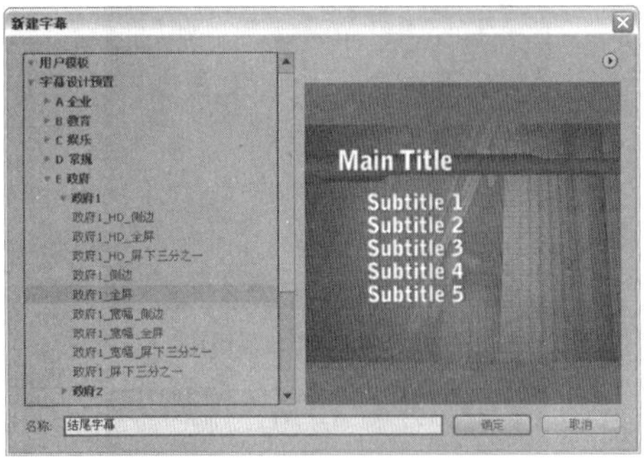

图 5-41 “新建字幕”对话框

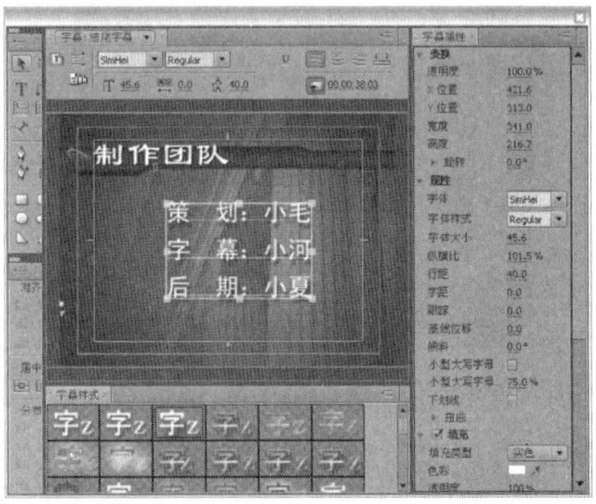

图 5-42 输入文字信息

❸选择“字幕”设计窗口中的“矩形”工具，在“字幕”面板中随意绘制一个矩形，在“字幕属性”面板中展开“属性”选项，单击“绘图类型”右侧的下拉按钮，在弹出的下拉菜单中选择“标志”命令，如图 5-43 所示。

❹在“属性”属性中单击“标志位图”右侧的图标，打开“选择一个纹理图像”对话框，如图 5-44 所示，在对话框中选择需要的图片，单击“打开”按钮，即可将选定的图片添加进来，这是一个具有透明背景的标识图片。

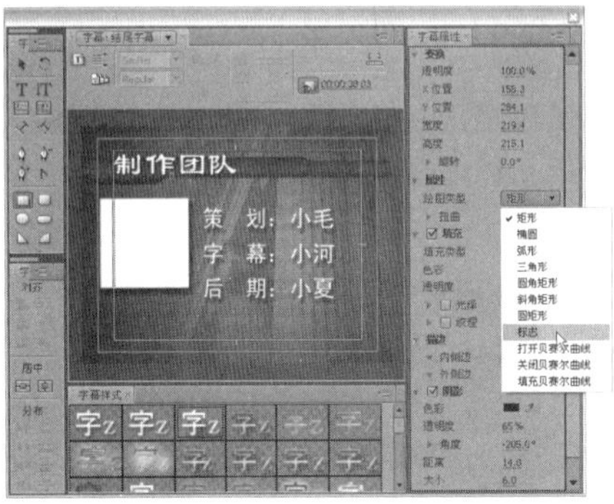

图 5-43 设置文字属性

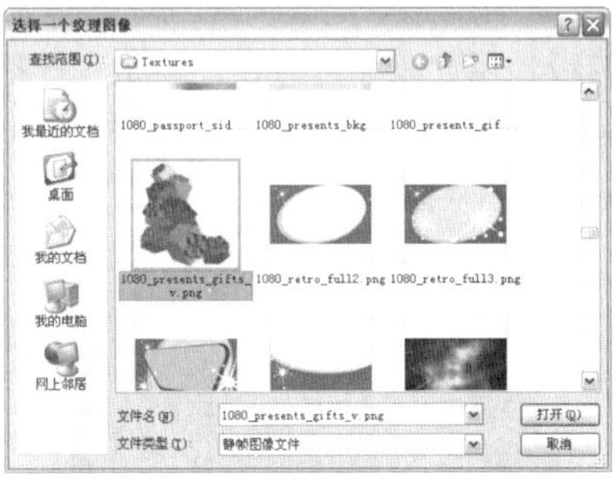

图 5-44 插入图片

❺调整该图片四周的控制点，将图片的长宽比例调整到正常状态，如图 5-45 所示。

❻为了便于以后重复使用，可以将制作好的字幕作为模板保存起来，在当前“字幕”设计窗口打开的状态下，选择“字幕”|“模板”命令，打开“模板”对话框，单击其中的按钮，在弹出的快捷菜单中选择“导入当前字幕为模板”命令，如图 5-46 所示。

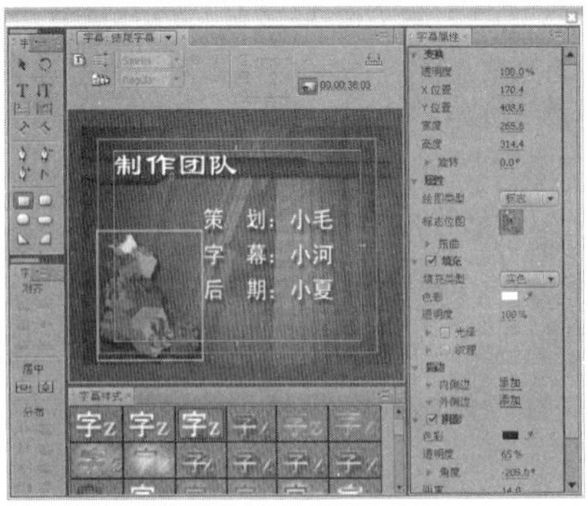

图 5-45 调整图片位置

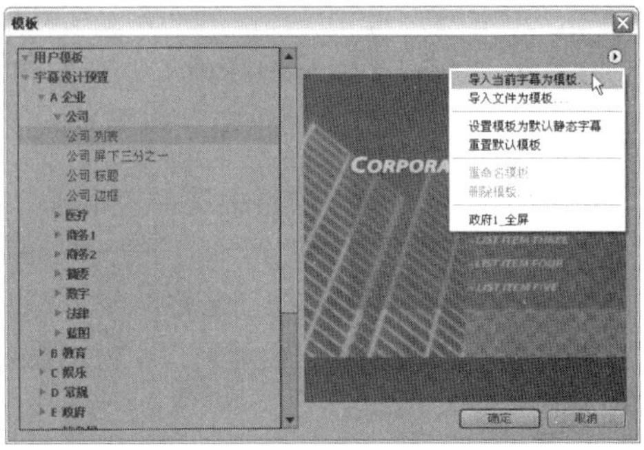

图 5-46 “模板”对话框

❼在弹出的“另存为”对话框中将“名称”改为“结尾字幕”，如图 5-47 所示。

❽单击“确定”按钮关闭对话框，即可保存自定义字幕模板，在当前的“模板”对话框中将“用户模板”文件夹展开，即可看到“结尾字幕”模板已经生成，单击这个“结尾字幕”选项，将在右侧的面板中显示其效果，如图 5-48 所示。这样，以后就可以像使用系统自带的模板一样来使用自定义模板了。

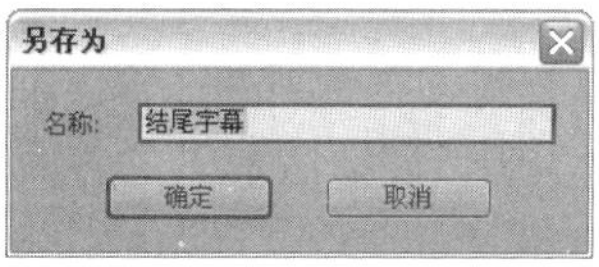

图 5-47　保存字幕

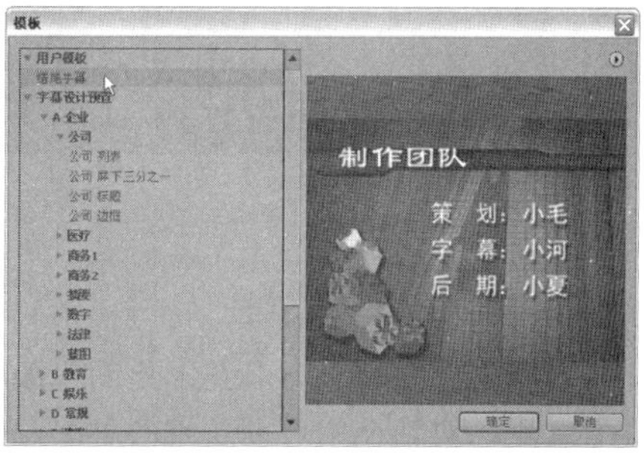

图 5-48　预览字幕模板

❾关闭“模板”对话框和“字幕”设计窗口，在“项目”面板中将新生成的“结尾字幕”字幕文件拖动到“视频 2”轨道上的字幕尾部，如图 5-49 所示。

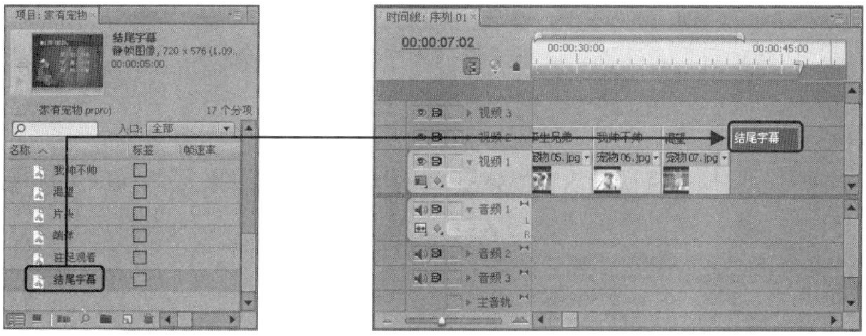

图 5-49　添加字幕素材

❿至此，本实例全部制作完成，最后在“时间线”面板中拖动时间线指示器预览字幕效果，如图 5-50 所示。

图 5-50　拖动时间线指示器预览字幕效果

5.4　创建滚动字幕——演员列表

前面介绍了字幕窗口、静态字幕以及字幕模板的使用方法，本节将通过一个片尾字幕实例来详细介绍使用区域字幕工具制作多行多段文字，并将其设置为滚动字幕的效果。

实例欣赏（图 5-51）

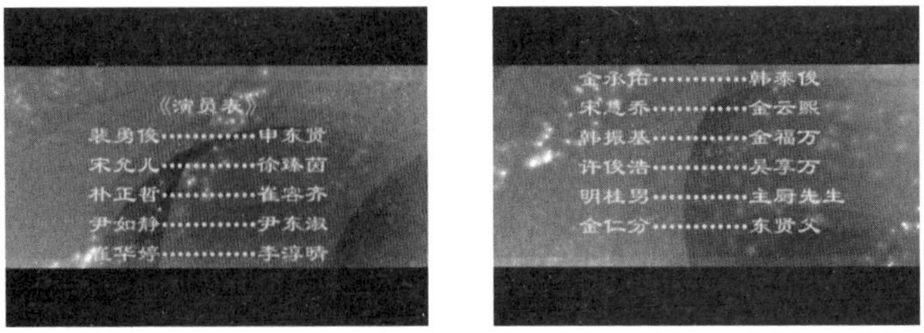

图 5-51　实例质赏

操作秘籍

- 使用快捷键 Ctrl+T，可以快速打开“新建字幕”对话框，新建一个字幕。
- 单击“字幕”窗口左上角的“滚动/游动 选项”工具，在打开的“滚动/游动选项”对话框中可以实现各种字幕滚动效果。

实战演练

❶运行 Premiere Pro CS4，单击欢迎窗口中的“新建项目”图标，在弹出的“新建项目”对话框中选择“常规”选项卡，在对话框下方选择项目文件的存放路径，并输入项目文件名称为“演员列表”，项目设置完成后，单击“确定”按钮。

❷弹出“新建项目”对话框，这里选择列表中的“DV – PAL”|“标准 48kHz”选项，其他选项保持默认设置，单击“确定”按钮。

❸按快捷键 Ctrl+I 导入所需的视频素材，如图 5-52 所示。

❹在“项目”面板中将视频素材“背景.mov”拖放至“视频 1”轨道中的开始处，如图 5-53 所示。

图 5-52　导入所需的视频素材

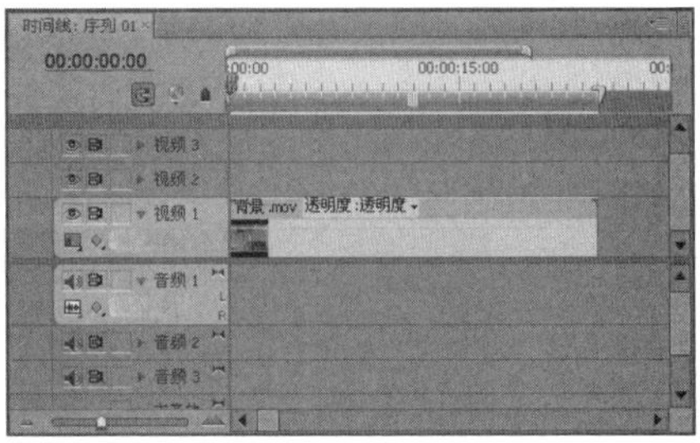

图 5-53　添加视频素材

❺选择“文件”|“新建”|“字幕”命令（快捷键为 Ctrl+T），打开“新建字幕”对话框，如图 5-54 所示，设置“时间基准”为 25.00fps，“名称”为“演员列表”，其他选项保持默认设置，单击“确定”按钮后，出现如图 5-55 所示的“字幕”窗口。

❻对于已经存在于文档中的文字，可以将其复制下来，粘贴到 Premiere Pro CS4 中即可使用。这里事先准备好了文本文件“演员表.txt”，如图 5-56 所示，按快捷键 Ctrl+A 全部选择文字，按快捷键 Ctrl+C 键复制。

❼在“字幕”窗口中选择左边“工具”面板中的“文本框”工具，在字幕窗口视频区域的左上角按下鼠标拖至右下角，这样建立一个字幕输入区域。在其输入文字的状态下，按

快捷键 Ctrl+V 粘贴，如图 5-57 所示，在默认状态下，字体有可能会显示不正常，这是由于当前字体不合适，可以重新选择。在“字幕”窗口上方选择字体为 LiSu；在右侧的“字幕属性”面板中将“字体大小”设置为 38，行距为 15，如图 5-58 所示。

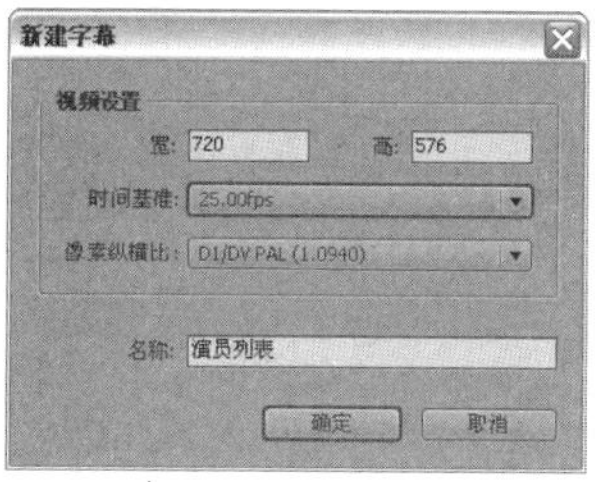

图 5-54　“新建字幕”对话框

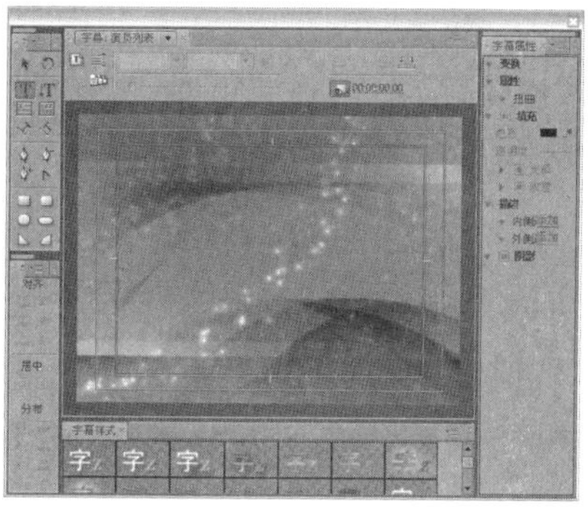

图 5-55　“字幕”窗口

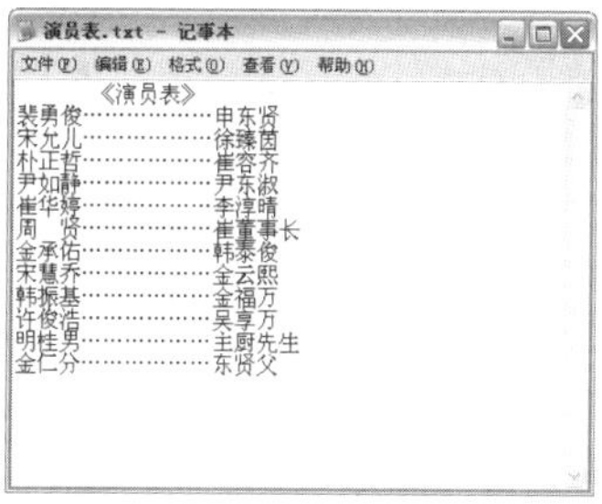

图 5-56　复制文字信息

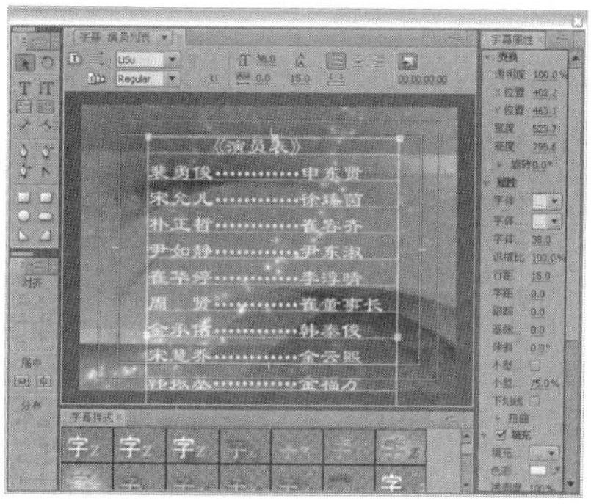

图 5-57　设置文字属性

❽单击“字幕”窗口左上角的“滚动/游动 选项”工具，打开“滚动/游动选项”对话框，如图 5-58 所示，设置“字幕类型”为“滚动”，选中“开始于屏幕外”和“结束于屏幕外”复选框。

❾单击“确定”按钮，此时会发现“字幕”窗口视频区域的右侧出现了一个屏幕滚动条，如图 5-59 所示，拖动它可以查看设置的滚动效果。

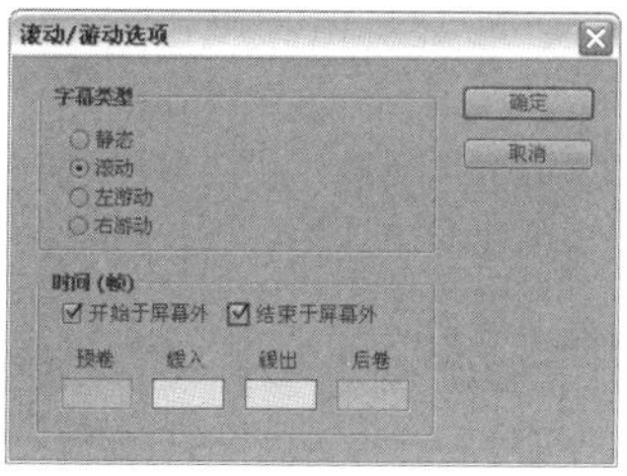

图 5-58　设置滚动效果

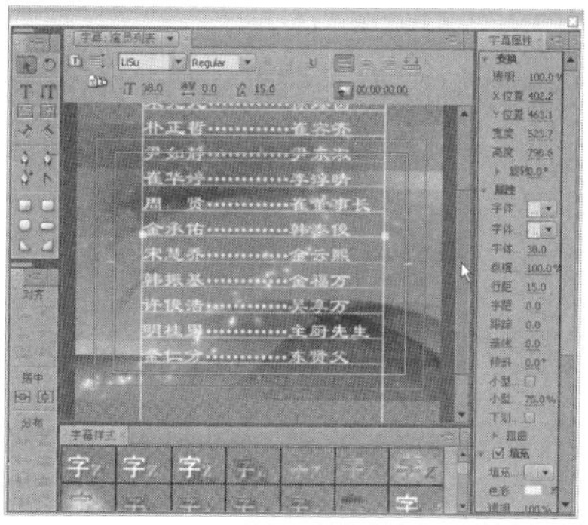

图 5-59　查看设置的滚动效果

⑩关闭“字幕”窗口后，将“项目”面板中的字幕素材“演员列表”拖放至“视频 2”轨道中，如图 5-60 所示，设置字幕素材与“视频 1”轨道中的素材齐长。

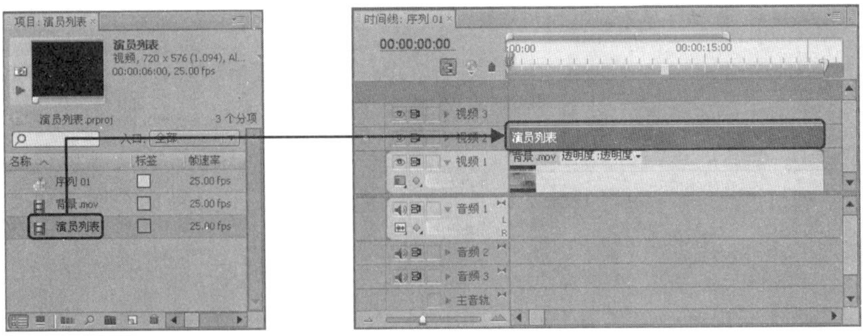

图 5-60　添加字幕素材

⑪从头播放动画，可以看到字幕从屏幕之外开始上滚，到完全滚动出屏幕外时结束，如图 5-61 所示。

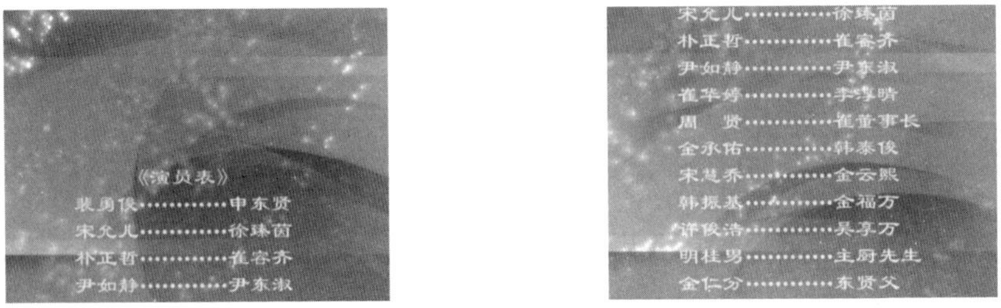

图 5-61　预览滚动字幕效果

⑫选择“字幕”|“新建字幕”|“基于模板”命令，打开“新建字幕”对话框，如图 5-62 所示，展开“字幕设计预置”|“H 遮幅”选项，选择其中的“信箱遮幅模式”，在“名称”文本框中输入名称为“上下遮幅”，单击“确定”按钮。

⑬在“字幕”设计窗口中，可以看出添加遮幅的效果，如图 5-63 所示，保持默认的设置，关闭“字幕”窗口。

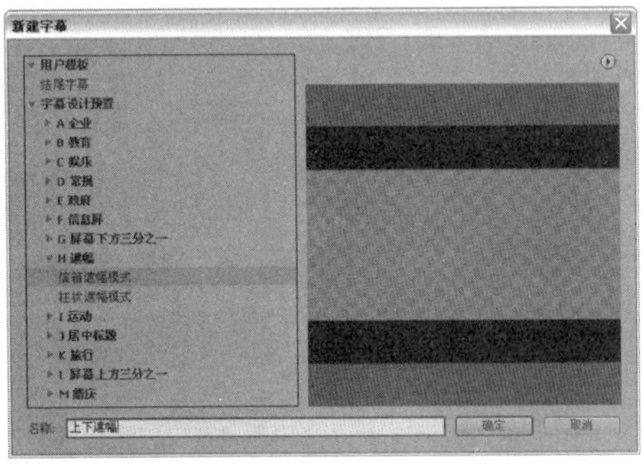

图 5-62　“新建字幕”对话框

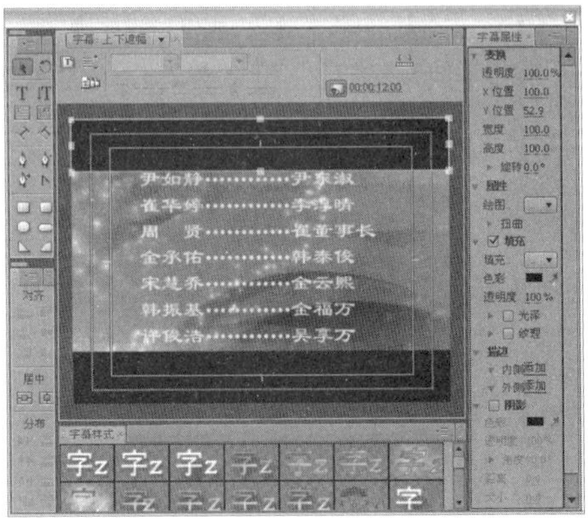

图 5-63　“字幕”设计窗口

⑭在“项目”面板中将字幕素材“上下遮幅”拖放至“视频 3”轨道中，如图 5-64 所示，并设置字幕素材与“视频 2”轨道中的素材齐长。

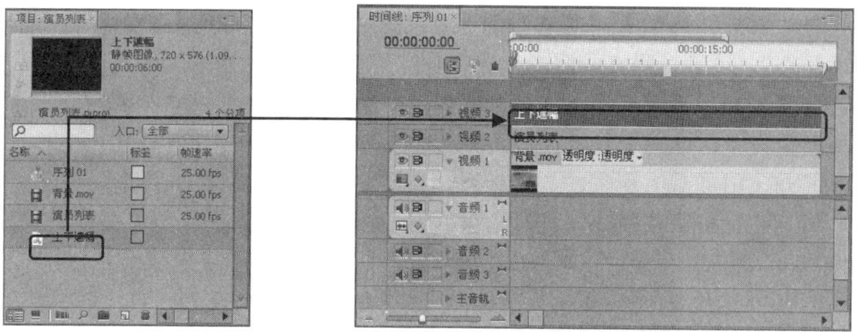

图 5-64　将字幕素材拖放至“视频 3”轨道中

⑮滚动字幕制作完成后，在“时间线”面板中拖动时间线指示器预览字幕效果，如图 5-65 所示，至此，本实例制作完成。

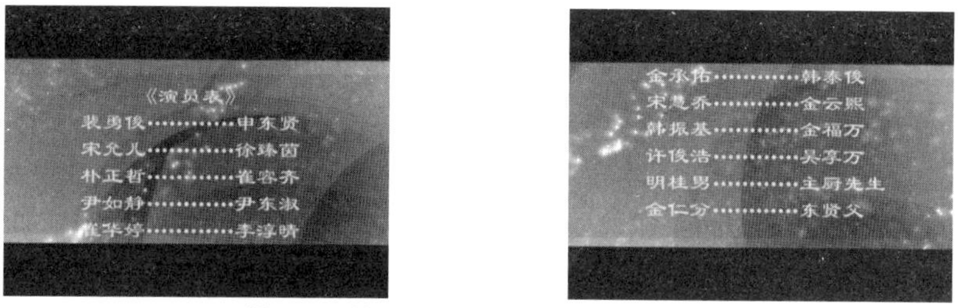

图 5-65　拖动时间线指示器预览字幕效果

5.5　创建推进效果字幕——歌手简介

除了在 Premiere Pro CS4 中制作滚动字幕效果外，推进效果字幕也比较常见，推进字幕一般用于同步解说、注释说明、提示等，接下来通过实例详细介绍。

实例欣赏（图 5-66）

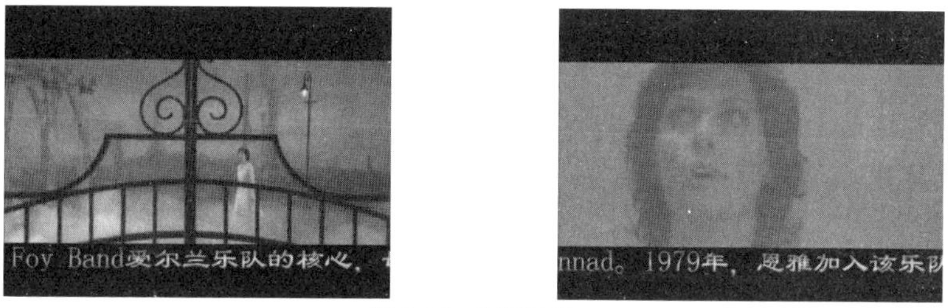

图 5-66　实例须赏

操作秘籍

- 使用“信箱遮幅模式”字幕模板，可以快速地为画面添加一个上下遮幅，模拟电影的效果。
- 在“滚动/游动选项”对话框中可以实现各种字幕滚动效果，如本例中的字幕推进效果。

实战演练

❶运行 Premiere Pro CS4，单击欢迎窗口中的“新建项目”图标，在弹出的“新建项目”

对话框中选择“常规”选项卡，在对话框下方选择项目文件的存放路径，并输入项目文件名称为“歌手简介”，项目设置完成后，单击“确定”按钮。

❷弹出“新建项目”对话框，这里选择列表中的“DV – PAL” | “标准 48kHz”选项，其他选项保持默认设置，单击“确定”按钮。

❸按快捷键 Ctrl+I 导入所需的视频素材，如图 5-67 所示。

❹在“项目”面板中依次选择视频素材 01.avi~04.avi，将其拖放至“视频 1”轨道中的开始处，如图 5-68 所示。

图 5-67　导入所需的视频素材

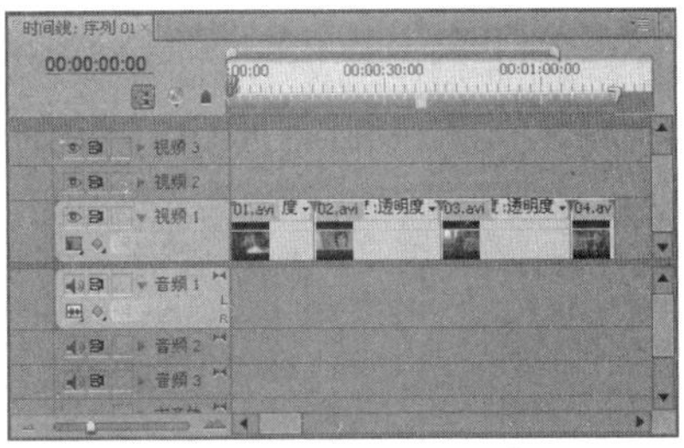

图 5-68　将视频素材拖放至“视频 1”轨道中

❺选中“视频 1”轨道中的视频素材“01.avi”，在其“特效控制台”面板中适当放大视频画面，如图 5-69 所示，这里设置“缩放比例”为 108。然后将该素材的属性复制给其他视频素材。

图 5-69　设置“特效控制台”面板参数

❻选择“字幕” | “新建字幕” | “基于模板”命令，打开“新建字幕”对话框，如图 5-70 所示，展开“字幕设计预置” | “H 遮幅”选项，选择其中的“信箱遮幅模式”，在“名称”文本框中输入名称为“上下遮幅”，单击“确定”按钮。

❼在“字幕”设计窗口中，可以看出添加遮幅的效果，如图 5-71 所示，保持默认的设置，最后关闭“字幕”窗口。

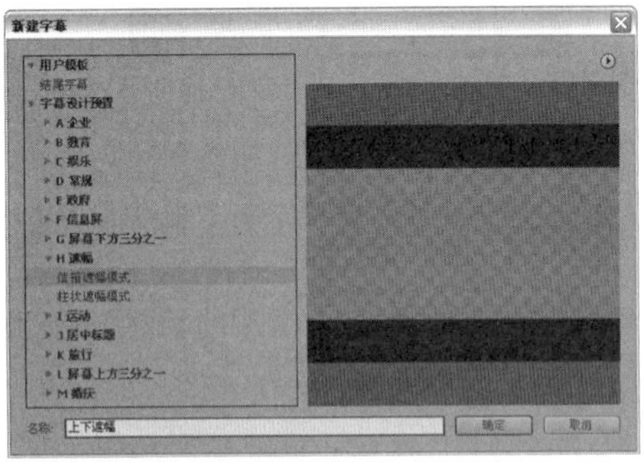

图 5-70　“新建字幕”对话框

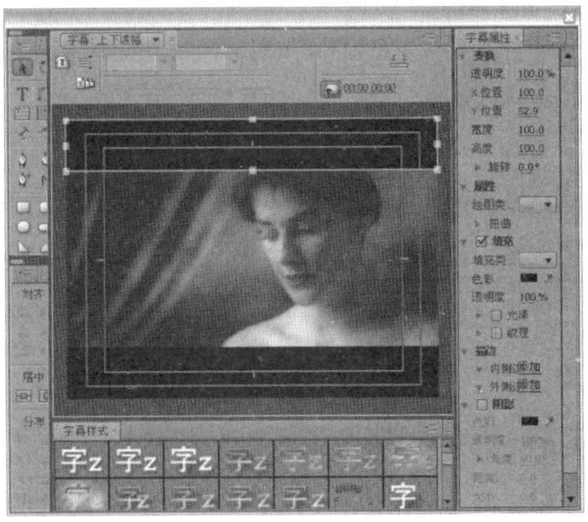

图 5-71　“字幕”设计窗口

❽在“项目”面板中将字幕素材“上下遮幅”拖放至“视频 2”轨道中，如图 5-72 所示，并设置字幕素材与“视频 1”轨道中的素材齐长。最后再为视频素材之间添加默认的过渡转场效果。

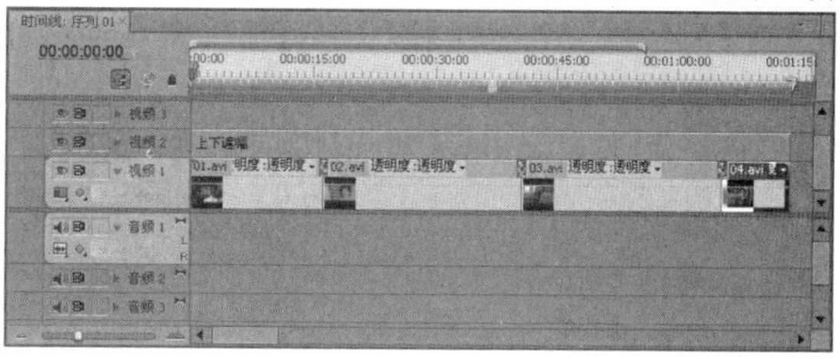

图 5-72　将字幕素材“上下遮幅”拖放至“视频 2”轨道中

❾继续选择“文件”|“新建”|“字幕”命令（快捷键为 Ctrl+T），打开“新建字幕”对话框，如图 5-73 所示，设置“时间基准”为 25.00fps，“名称”为“恩雅简介”，单击“确定”按钮进入字幕设计窗口。

❿打开事先准备好的文本文件“恩雅简介.txt”，如图 5-74 所示，按快捷键 Ctrl+A 全选素材，再按快捷键 Ctrl+C 进行复制。

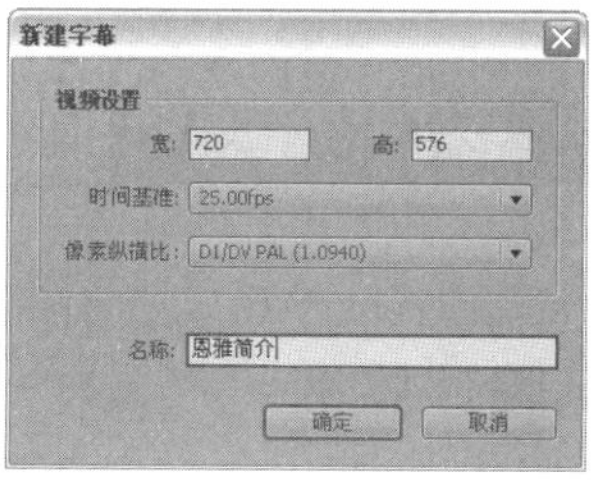

图 5-73　“新建字幕”对话框

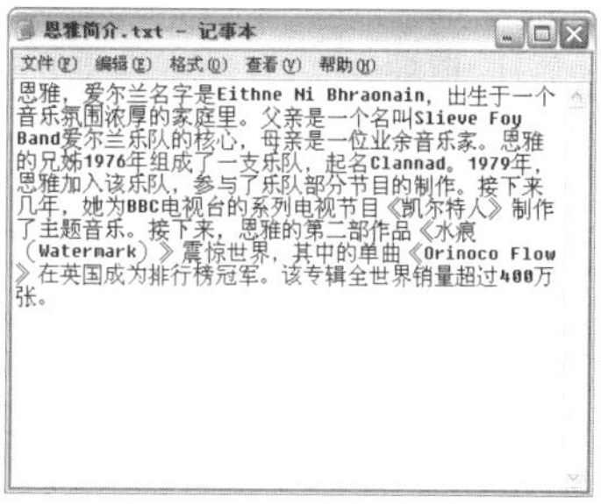

图 5-74　简介文字

⓫回到字幕设计窗口，选择“工具”面板中的“文字”工具，在字幕设计窗口中单击，此时处于文字输入状态，按快捷键 Ctrl+V 进行粘贴，结果如图 5-75 所示。

⓬选择“工具”面板中的“选择”工具，选中文字，在右侧的“字幕属性”面板中设置“字体”为 LiSu，设置“字体大小”为 49，然后再为其应用一种字幕样式，如图 5-76 所示。

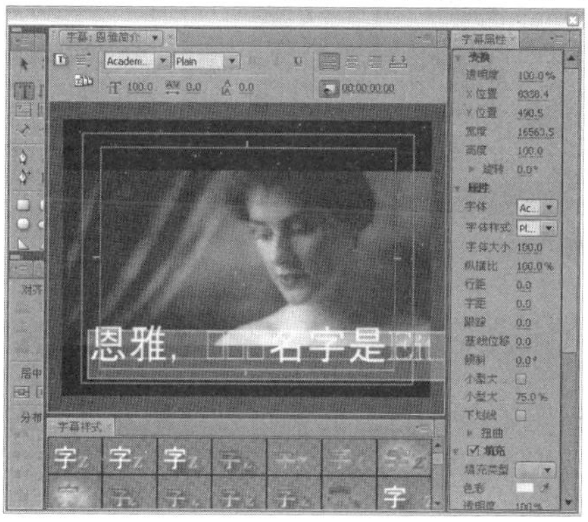

图 5-75　粘贴文字信息

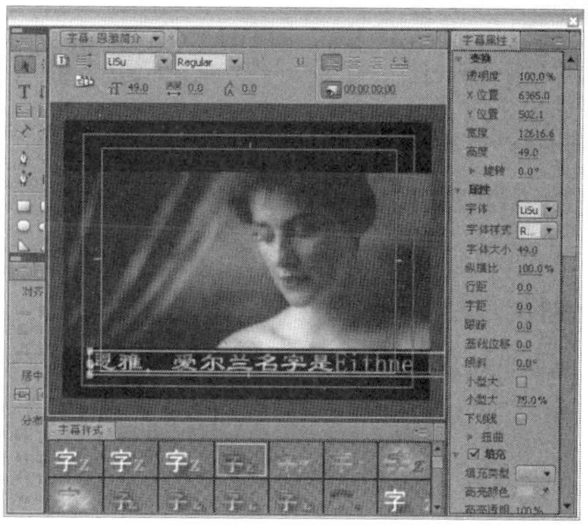

图 5-76　设置文字属性

⓭单击“字幕”窗口上方的“滚动/游动 选项”按钮，在弹出的“滚动/游动选项”对话框中选择“字幕类型”为“左游动”，选中“开始于屏幕外”和“结束于屏幕外”复选框，如图 5-77 所示，单击“确定”按钮。

⓮关闭“字幕”窗口回到 Premiere Pro CS4 编辑界面，将“项目”面板中的字幕素材“恩雅简介”拖放至“视频 3”轨道中的开始处，如图 5-78 所示，并设置其与“视频 2”轨道中的素材齐长。

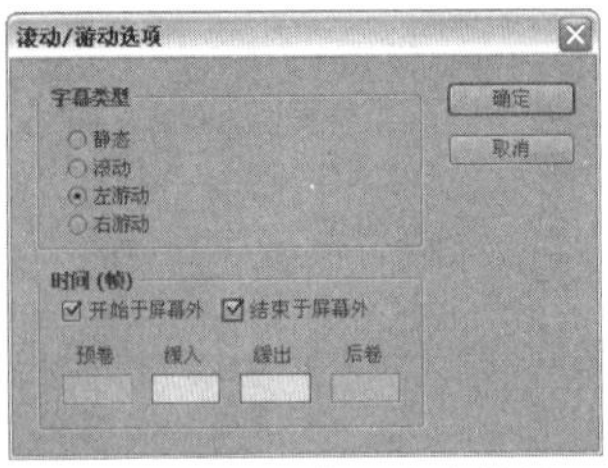

图 5-77 设置推进文字效果

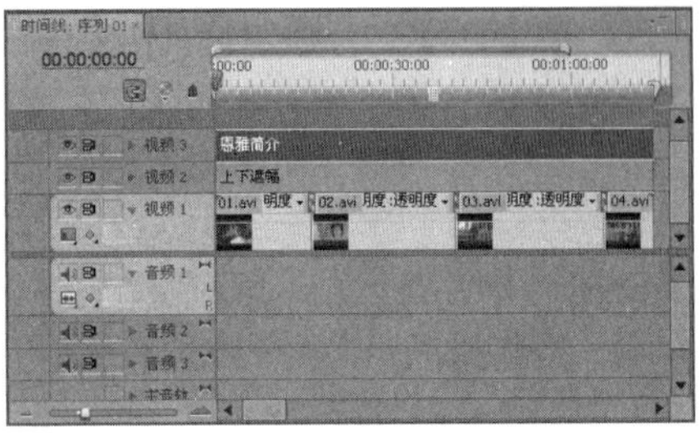

图 5-78 添加字幕素材

⓯制作完成后，拖动时间线预览推进文字效果，如图 5-79 所示，至此，整个实例制作完成。

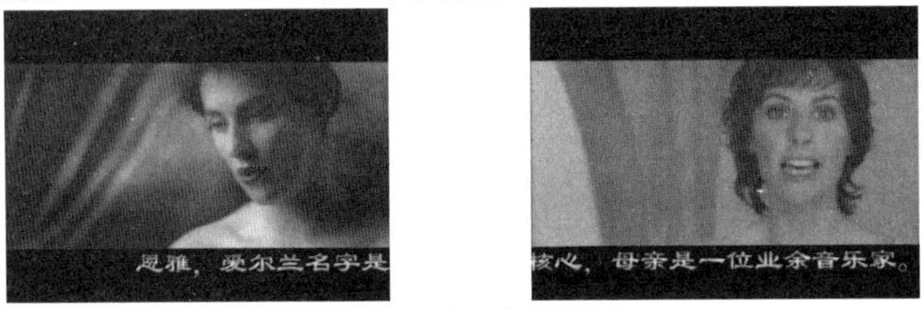

图 5-79 预览推进文字效果

5.6 创建流动字幕——品牌计算机

字幕和其他素材一样，也可以为其应用一种视频特效，使创意无限扩展，本节将利用 Premiere Pro CS4 中的“遮罩模式”特效和字幕素材文件相结合制作流动的字幕效果。

实例欣赏（图 5-80）

图 5-80 实例颀赏

操作秘籍

- 使用“轨道遮罩键”特效，可以实现一种忽明忽暗的画面效果。
- 遮罩模式即 Track Matte，它可以利用所指定的某轨道上的素材遮罩作为自己的蒙板。

实战演练

❶运行 Premiere Pro CS4，单击欢迎窗口中的“新建项目”图标，在弹出的“新建项目”对话框中选择“常规”选项卡，在对话框下方选择项目文件的存放路径，并输入项目文件名称为“品牌电脑”，项目设置完成后，单击“确定”按钮。

❷弹出“新建项目”对话框，这里选择列表中的“DV – PAL” | “标准 48kHz”选项，其他选项保持默认设置，单击“确定”按钮。

❸按快捷键 Ctrl+I 导入所需的视频素材和图片素材，如图 5-81 所示。

❹在“项目”面板中将“背景.mov”拖放至“视频 1”轨道的开始处；将“边框.psd”拖放至“视频 2”轨道的开始处，并设置其与“视频 1”轨道中的素材齐长，如图 5-82 所示。

图 5-81　导入所需的视频素材和图片素材

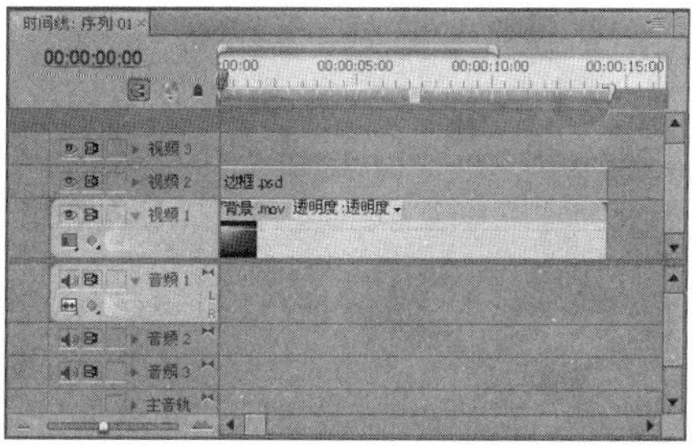

图 5-82　添加素材到视频轨道

❺在“时间线”面板中选择素材“边框.psd”，在其“特效控制台”面板中设置“缩放比例”为 75，如图 5-83 所示。

❻继续在“时间线”面板中选择素材“背景.mov”，在其“特效控制台”面板中设置“位置”为（357，215），“缩放比例”为 66，如图 5-84 所示。

图 5-83　设置“特效控制台”面板参数

图 5-84　设置“特效控制台”面板参数

❼在“时间线”面板中，拖动时间线指示器预览参数设置后的画面效果，如图 5-85 所示。

图 5-85　拖动时间线指示器预览参数设置后的画面效果

❽接下来新建字幕。按快捷键 Ctrl+T，此时弹出“新建字幕”对话框，如图 5-86 所示，命名字幕为“流动字幕”，单击“确定”按钮。

❾进入“字幕”设计窗口后，输入文字“品牌计算机”，在“字幕动作”面板中设置其居中对齐，如图 5-87 所示，在“字幕属性”面板中设置“字体”为 LiSu，“字体大小”为 91，并设置一种样式效果，设置完成后关闭“字幕”窗口。

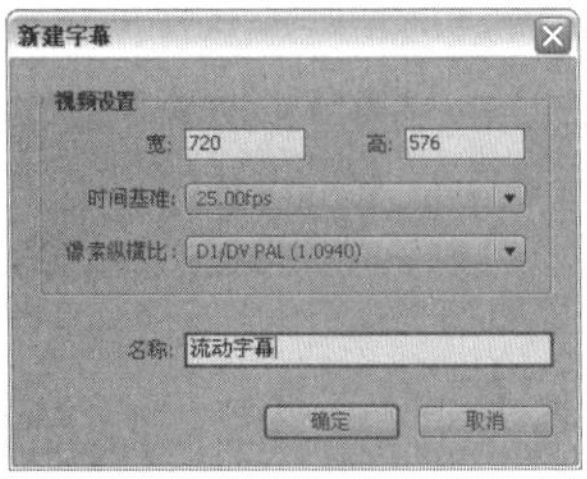

图 5-86 “新建字幕”对话框

图 5-87 设置文字属性

⑩将字幕素材“流动字幕”拖放至“视频 3”轨道中，如图 5-88 所示，并设置字幕素材与“视频 2”轨道中的素材齐长。

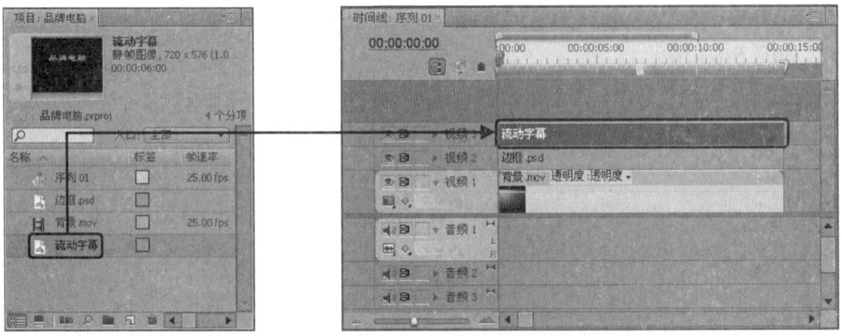

图 5-88 添加字幕素材

⑪在“时间线”面板中拖动时间线指示器预览参数设置后的画面效果，如图 5-89 所示。

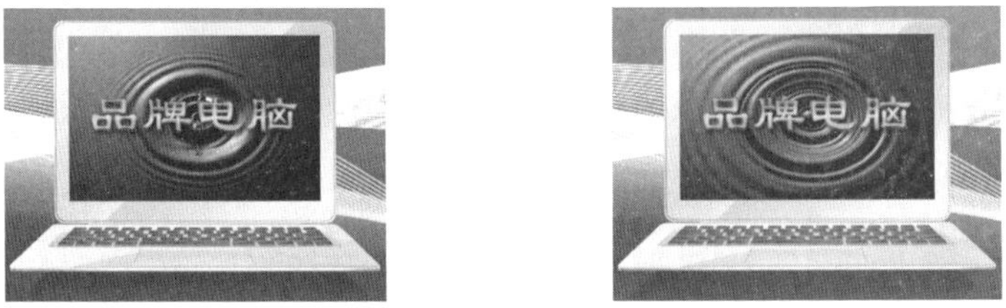

图 5-89 拖动时间线预览效果

⑫这里为了设置遮罩效果，需要将“时间线”面板中“视频 1”、“视频 2”和“视频 3”的素材进行调换，调换后的效果如图 5-90 所示。

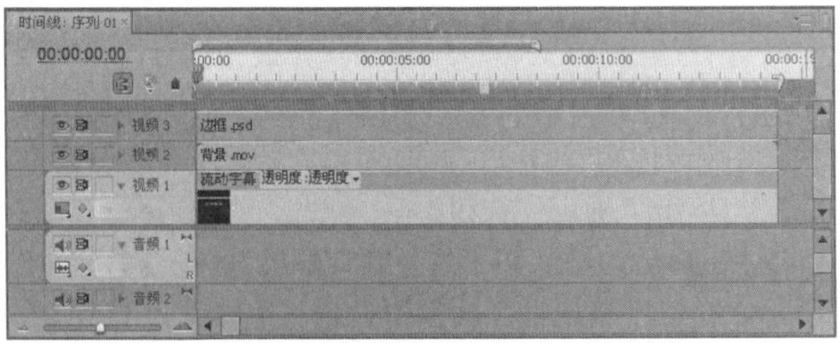

图 5-90 素材调换

⑬在“效果”面板中展开“视频特效”|“键”文件夹，将其中的“轨道遮罩键”特效拖放至素材“流动字幕”上，如图 5-91 所示。

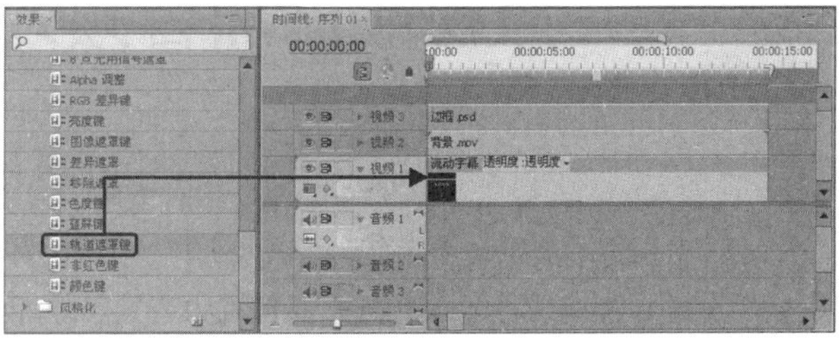

图 5-91　添加“轨道遮罩键”特效

⑭选择“时间线”面板中的素材“流动字幕”，在其“特效控制台”面板中展开“轨道遮罩键”选项，如图 5-92 所示，设置“遮罩”为“视频 2”，设置“合成方式”为“Luma 遮罩”。

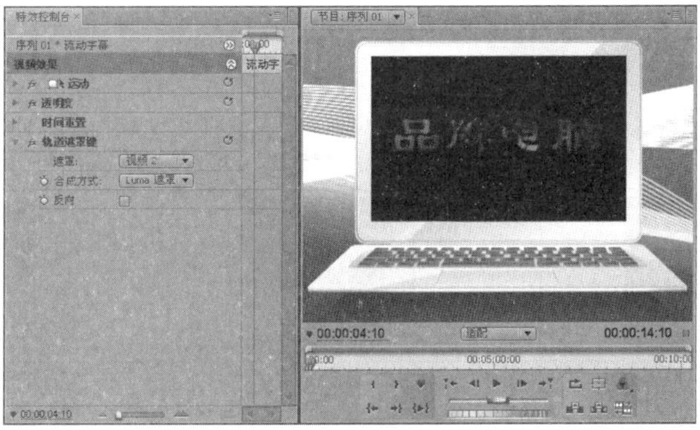

图 5-92　设置特效参数

操作提示

遮罩模式即 Track Matte，它可以利用所指定的某轨道上的素材遮罩作为自己的蒙板，蒙板方式有两种：“Alpha 遮罩”与“Luma 遮罩”。影响其效果的因素还有素材所在轨道的上下关系，反复练习揣摩即可明白其道理。

⑮完成各项设置后，按空格键进行预览，如图 5-93 所示，至此，就完成了本实例的制作。

图 5-93　预览文字效果

第 6 章 为视频添加音频效果

学习提示

视频作品制作中声音是必不可少的。在 Premiere Pro CS4 中，不仅可以导入视频采集时所录制的同期声，还可以后期添加配音或伴乐。此外，还可以为音频添加各种转场与特技。本章将对音频剪辑和声效设置等知识进行讲解。

实例文件

- 聆听大自然的声音.prproj
- 骏马奔驰.prproj
- 展翅飞翔.prproj
- 诗词朗诵.prproj
- 山野.prproj

实例欣赏（图 6-1）

图 6-1　本章实例一览

Premiere Pro CS4 不仅对视频有强大的编辑处理功能，对音频也是如此。Premiere Pro CS4 包含一个多功能的音频混合器，可以录制音频、编辑音频、添加音频、进行多音轨混音、完成立体声或 5.1 声道音频的制作。

6.1　剪辑音频素材——聆听大自然的声音

与 DV 视频的编辑一样，也可以对音频素材进行裁切、添加转场与特效等操作。本节将以

“聆听大自然的声音”为例，讲解有关音频剪辑的知识。

实例欣赏（图 6-2）

图 6-2　实例欣赏

操作秘籍

- 使用快捷键 Ctrl+Shift+D，可以快速为两段音频素材片段添加一个过渡转场。
- 在“参数”对话框中，可以改变静帧图像默认持续时间和不确定的媒体时间基准。

实战演练

❶运行 Premiere Pro CS4，单击欢迎窗口中的“新建项目”图标，在弹出的“新建项目”对话框中选择“常规”选项卡，在对话框下方选择项目文件的存放路径，并输入项目文件名称为“聆听大自然的声音”，项目设置完成后，单击“确定”按钮。

❷弹出“新建序列”对话框，这里选择列表中的“DV－PAL”|“标准 48kHz”选项，其他选项保持默认设置，单击“确定”按钮。

❸选择“编辑”|“参数”|“常规”命令，打开“参数”对话框，如图 6-3 所示，首先设置“静帧图像默认持续时间”为 150 帧；选择“媒体”选项卡，设置“不确定的媒体时间基准”为 25.00fps，如图 6-4 所示，设置完成后单击“确定”按钮。

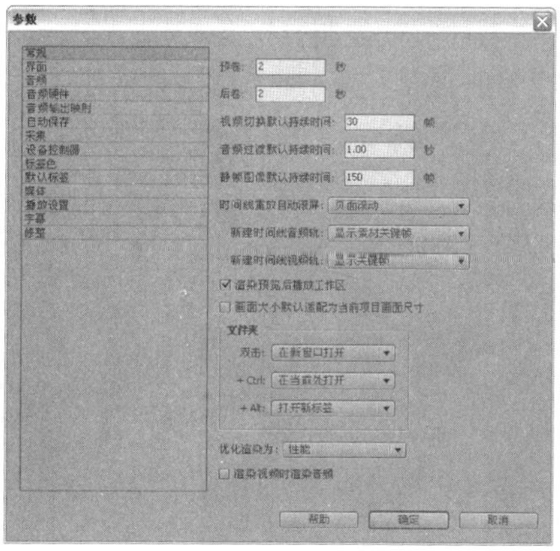

图 6-3　设置“常规”选项卡

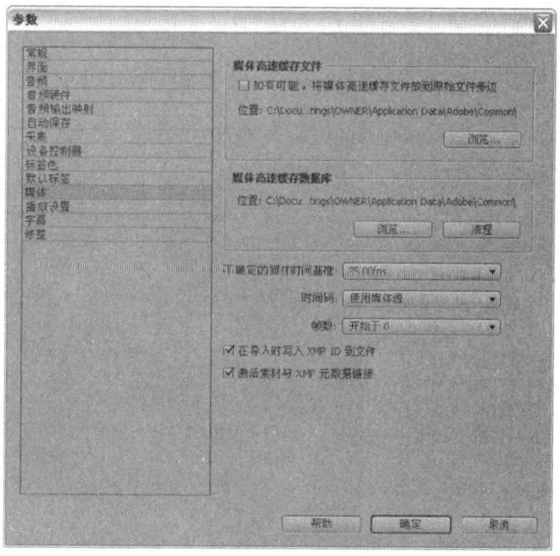

图 6-4　设置“媒体”选项卡

❹在“项目”面板的空白处双击，在弹出的“导入”对话框中选择要导入的“图片素材”文件夹，单击“导入文件夹”按钮，如图 6-5 所示。

❺继续在“项目”面板的空白处双击，在弹出的“导入”对话框中选择要导入的“音频素材”文件夹，单击“导入文件夹”按钮，如图 6-6 所示。

图 6-5 “导入”对话框（1）

图 6-6 “导入”对话框（2）

❻在“项目”面板中将图片素材“风景 01.jpg”～“风景 13.jpg”拖放至“视频 1”轨道中的开始处；将图片素材“边框.psd”拖放至“视频 2”轨道中的开始处，并设置其出点与“视频 1”轨道中的素材齐长，如图 6-7 所示。

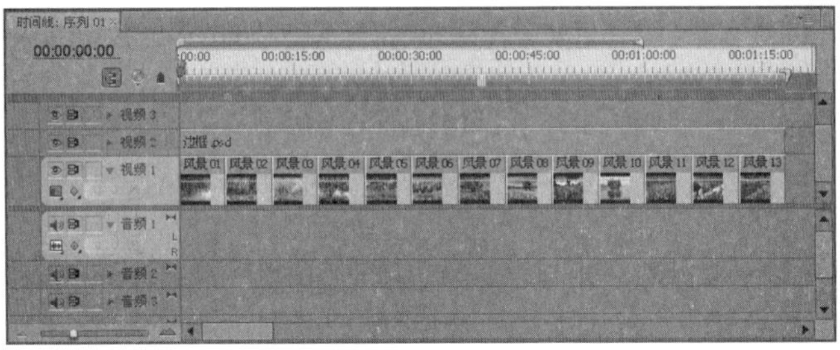

图 6-7 添加图片素材到视频轨道中

❼在“时间线”面板中选择素材“边框.psd”，在其“特效控制台”面板中，首先取消选中“等比缩放”复选框，设置“缩放高度”为 49，“缩放宽度”为 41，如图 6-8 所示。

图 6-8 设置“特效控制台”面板参数

❽在“时间线”面板中选择素材“风景 01.jpg”，在其“特效控制台”面板中，设置“位置”为（388，261），“缩放比例”为 34，如图 6-9 所示，将素材“风景 01.jpg”的特效参数复制给同轨道中的其他素材。

图 6-9　设置“特效控制台”面板参数

❾将素材“背景音乐.mp3”拖到“音频 1”轨道的开始处，将时间指示器定位于“00:00:24:00”处，使用“剃刀”工具（快捷键 C）对音频素材进行裁切，用同样的方法，在“00:00:36:00”处进行裁切，从而将素材裁切为三段，如图 6-10 所示。

❿右击中间的一段音频素材片段，在弹出的快捷菜单中选择“删除”命令将其删除，然后将后面的音频素材前移，如图 6-11 所示，将时间指示器定位于“00:01:18:00”处，使用“剃刀”工具将素材一分为二，并删除后面的素材段。

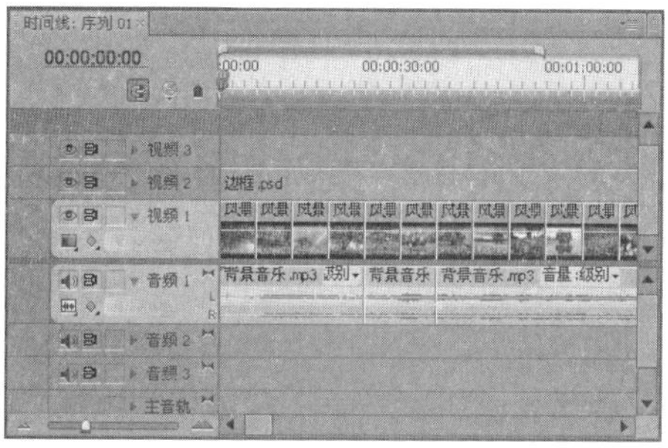

图 6-10　使用“剃刀”工具裁切音频素材（1）

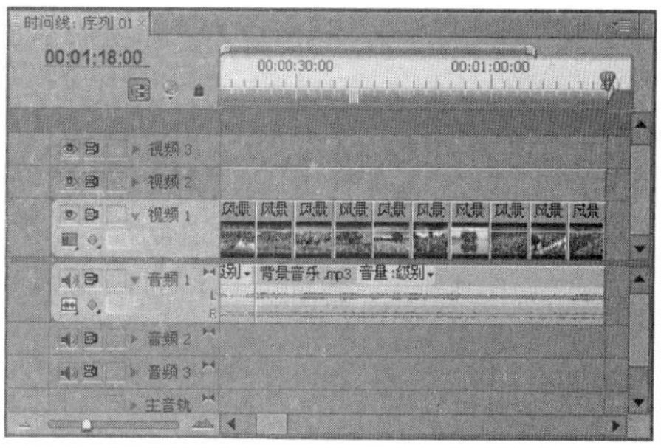

图 6-11　使用“剃刀”工具裁切音频素材（2）

⓫将时间指示器定位于“音频 1”轨道上两段音频素材片段分割处，选择“序列”|“应用音频切换效果”命令（快捷键 Ctrl+Shift+D），为两段音频素材片段添加一个过渡转场。添加转场后的效果如图 6-12 所示。

⓬按空格键进行播放的过程中，分别在时间点“00:00:15:07”、“00:00:28:03”和“00:00:43:22”处按小键盘上的“*”号键添加三个标记点，如图 6-13 所示。

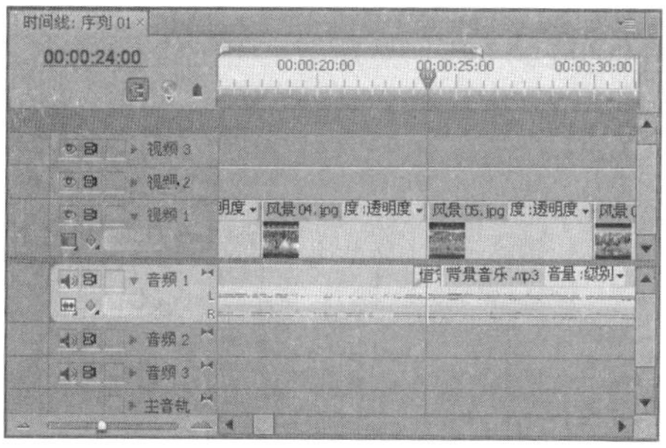

图 6-12　添加音频过渡转场

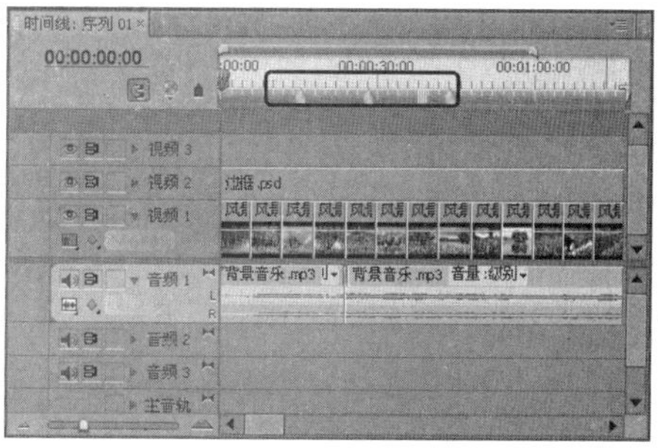

图 6-13　添加三个标记点

⓭在“项目”面板中双击“小鸟 02.WAV”，打开对应的“素材源”监视器面板，如图 6-14 所示。

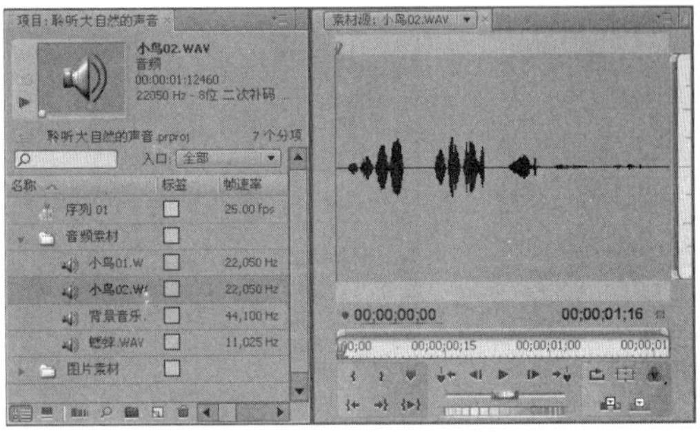

图 6-14　查看音频素材

⓮在“素材源”监视器面板中，将时间点定位至“00;00;00;11”处，单击面板底部的“设置入点”按钮，设置一个入点，如图 6-15 所示。将时间点定位至“00;00;01;01”处，再单击“设置出点”按钮，设置一个出点，如图 6-16 所示。

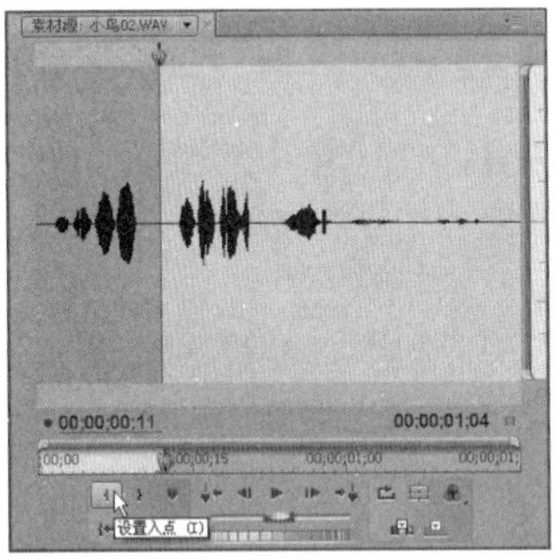

图 6-15　设置入点

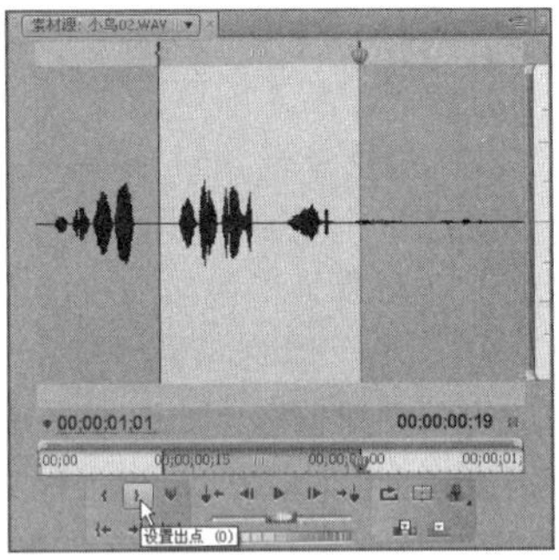

图 6-16　设置出点

⓯单击“音频 2”轨道标签，按住 Shift 键然后拖动时间线定位到第一个标记点处，将“小鸟 02.WAV”素材拖放至该标记点处，如图 6-17 所示，由于该音频素材为单声道，所以 Premiere 会自动创建一个新的单声道音频轨道。

⓰单击“音频 4”轨道，再将“小鸟 01.WAV”和“蟋蟀.WAV”分别拖到第二个和第三个标记点处，如图 6-18 所示。

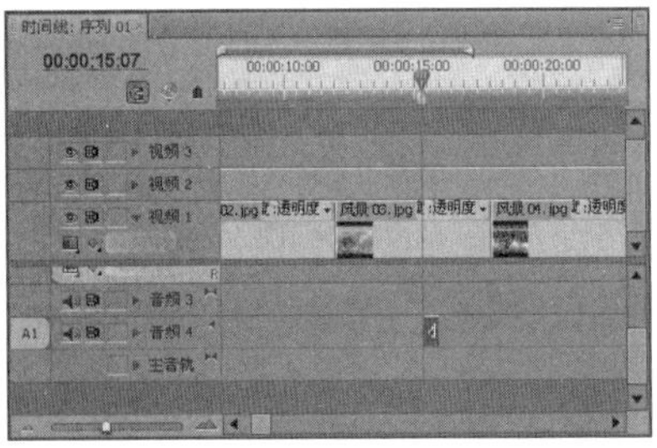

图 6-17　插入音频素材

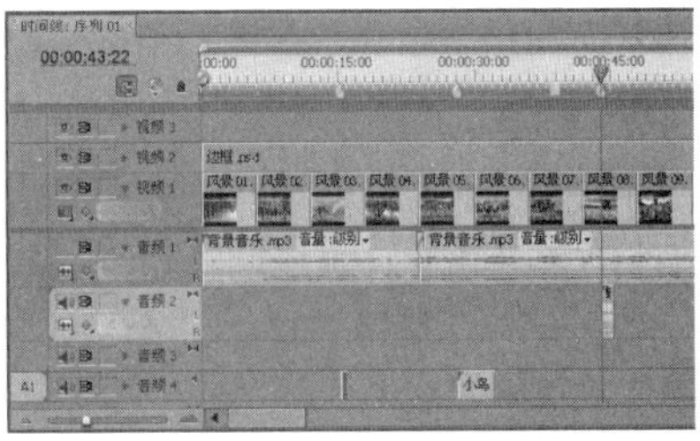

图 6-18　添加音频素材

⓱实例制作完成后，将时间指示器定位于“00:00:00:00”处，然后按空格键进行播放，预览音频和画面效果，如图 6-19 所示。

图 6-19　预览音频和画面效果

6.2 单声道变立体声——骏马奔驰

单声道是比较原始的声音复制形式，早期的声卡采用得比较普遍。当通过两个扬声器回放单声道信息时，可以明显感觉到声音是从两个音箱中间传递到耳朵里的。这种缺乏位置感的录制方式用现在的眼光看自然是很落后的，但在声卡刚刚起步时，已经是非常先进的技术了。

单声道缺乏对声音的位置定位，立体声技术则彻底改变了这一状况。声音在录制过程中被分配到两个独立的声道，从而达到了很好的声音定位效果。这种技术在音乐欣赏中显得尤为有用，听众可以清晰地分辨出各种乐器来自的方向，从而使音乐更富想象力，更加接近于临场感受。立体声技术广泛运用于自 Sound Blaster Pro 以后的大量声卡，成为了影响深远的一个音频标准。时至今日，立体声依然是许多产品遵循的技术标准。

下面通过小例子详细介绍如何将单声道变为立体声。

实例欣赏（图 6-20）

图 6-20 实例欣赏

操作秘籍

- 在“源声道映射”对话框中，可以设置声音素材的声道数目。
- 如果“素材”|“音频选项”|“源声道映射”命令处于未激活的不可选状态，这是因为需要激活“项目”面板，并有某一音频素材处于被选中状态的缘故。

实战演练

❶运行 Premiere Pro CS4，单击欢迎窗口中的“新建项目”图标，在弹出的“新建项目”对话框中选择“常规”选项卡，在对话框下方选择项目文件的存放路径，并输入项目文件名称为“骏马奔驰”，项目设置完成后，单击“确定”按钮。

❷弹出“新建序列”对话框，这里选择列表中的“DV – PAL”|“标准 48kHz”选项，其他选项保持默认设置，单击“确定”按钮。

❸在“项目”面板的空白处双击，在弹出的“导入”对话框中选择要导入的“图片素材”文件夹，单击“导入文件夹”按钮，如图 6-21 所示。

❹继续在“项目”面板中的空白处双击，在弹出的“导入”对话框中选择要导入的“音频素材”文件夹，单击“导入文件夹”按钮，如图 6-22 所示。

❺在“项目”面板中，按住 Shift 键的同时依次将图片素材“骏马 01.jpg”~“骏马 04.jpg”拖放至“视频 1”轨道的开始处；再将图片素材“边框.psd”拖放至“视频 2”轨道的开始处，如图 6-23 所示。

图 6-21　导入“图片素材”文件夹

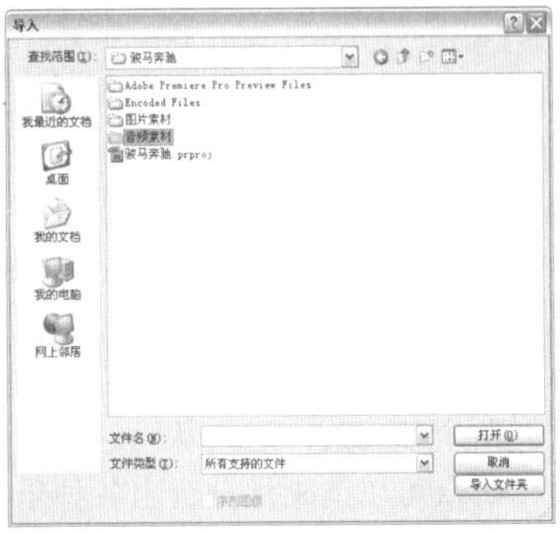

图 6-22　导入“音频素材”文件夹

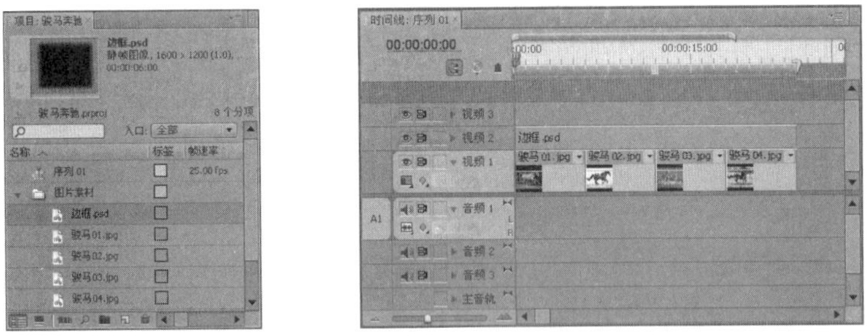

图 6-23　添加图片素材到视频轨道中

❻在“时间线”面板中选择素材“边框.psd”，在其“特效控制台”面板中设置“缩放比例”为 50，如图 6-24 所示。

❼在“时间线”面板中选择素材“骏马 01.jpg”，在其“特效控制台”面板中设置“缩放比例”为 48，如图 6-25 所示，最后将素材“骏马 01.jpg”的特效参数复制给同轨道中的其他素材。

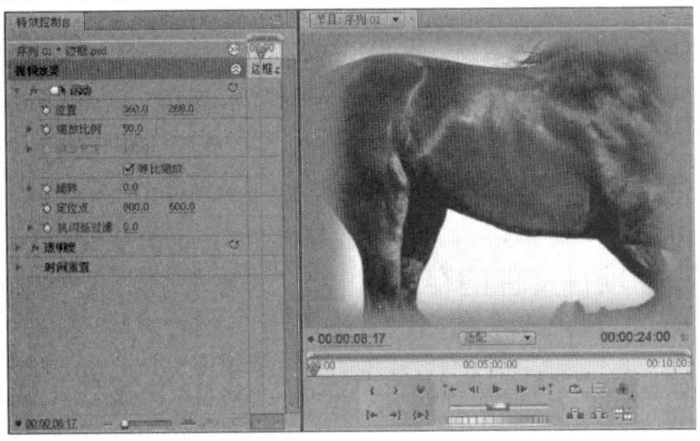

图 6-24　设置“特效控制台”面板参数（1）

图 6-25　设置“特效控制台”面板参数（2）

❽图片素材特效参数设置完成后，在“时间线”面板中拖动时间线指示器预览设置后的效果，如图 6-26 所示。

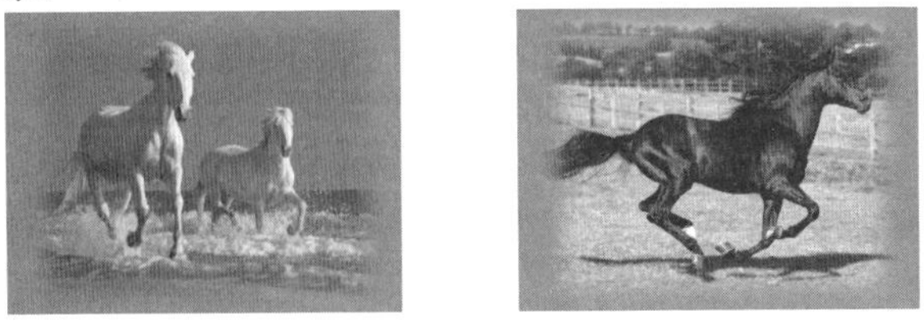

图 6-26　拖动时间线指示器预览设置后的效果

❾在“项目”面板中双击音频素材“马-单声道.mp3”，在对应的“素材源”监视器面板中查看其波形，如图 6-27 所示，可以看出其为一个只有一个波形的单声道音频。

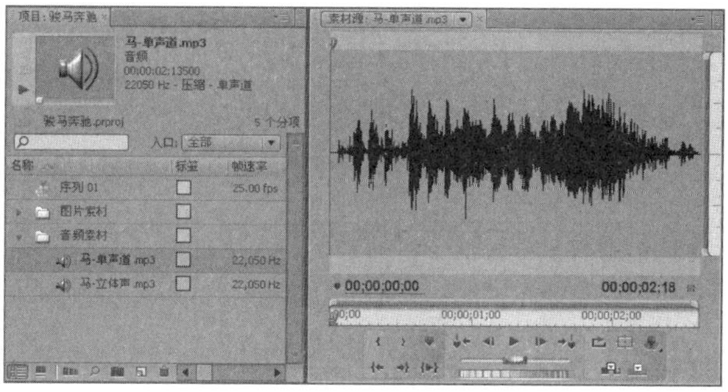

图 6-27　查看音频波形

❿在“项目”面板中双击“马-立体声.mp3”，可以看出其为一个左右声道不完全相同的双声道音频，如图 6-28 所示。

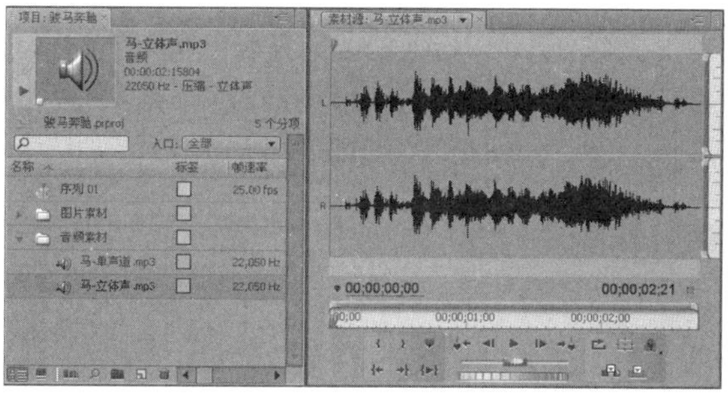

图 6-28　双声道音频

⓫由于素材“马-单声道.mp3”是个单声道音频文件，不能直接放置到立体声轨道上，需要将其进行转换。在“项目”面板中选中“马-单声道.mp3”，选择“素材”|“音频选项”|“源声道映射”命令，打开“源声道映射”对话框，如图 6-29 所示，在“轨道格式”选项组中选择“立体声”单选按扭，单击“确定”按钮。

⓬此时，会看到素材“马-单声道.mp3”对应的“素材源”监视器面板中，波形已经变为双声道，其中上面的轨道（左声道）有声音的波形，下面的轨道（右声道）没有声音而显示为一条直线，如图 6-30 所示。

图 6-29　“源声道映射”对话框

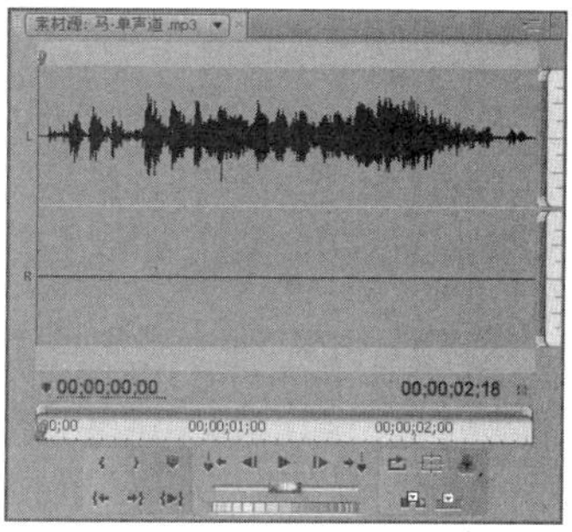

图 6-30　查看音频声道

⑬这样，转换为立体声的“马-单声道.mp3”可以在任意的立体声音轨中放置，却不可以在单声道轨道上放置，如图 6-31 所示，这里将音频素材“马-单声道.mp3”拖放至“音频 1”轨道中。

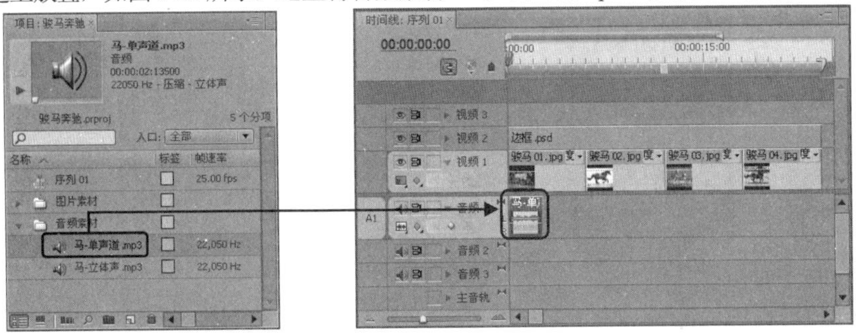

图 6-31　添加立体声素材

⑭当前是左声道有声音而右声道无声音，还可以稍作修改让其右声道有声音而左声道无声音。在“时间线”面板中，复制一个“马-单声道.mp3”并重命名为“马-单声道 1.mp3”，如图 6-32 所示。

⑮在“项目”面板中，选择“马-单声道 1.mp3”，选择“素材”|“音频选项”|“源声道映射”命令，打开“源声道映射”对话框，如图 6-33 所示，可以看到右侧有两个小喇叭，其中左喇叭有发音的图示。此时单击右喇叭，会将发音的喇叭调换到右边，设置完成后，单击“确定”按钮。

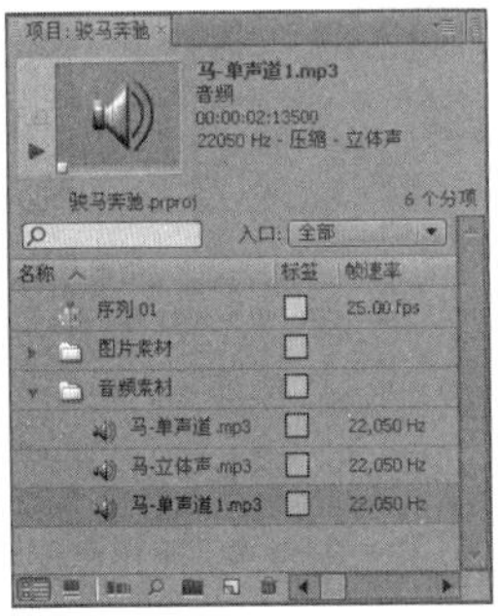

图 6-32　复制音频素材

图 6-33　“源声道映射”对话框

⑯此时，在对应的“素材源”监视器面板中，可以看到音频的波形显示图已发生变化，左声道的波形调换到右声道，即左声道无声，而右声道有声，如图 6-34 所示。

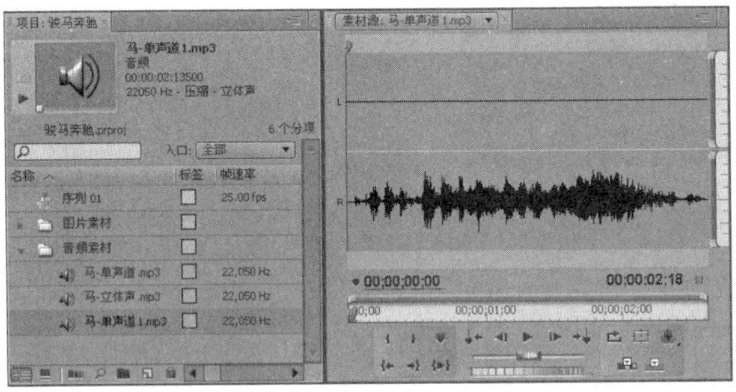

图 6-34　左声道与右声道调换

⑰如图 6-35 所示，将音频素材“马-单声道 1.mp3”拖放至“音频 1”轨道中，并使其入

点与“视频 1”轨道中的素材“骏马 01.jpg”入点相同。

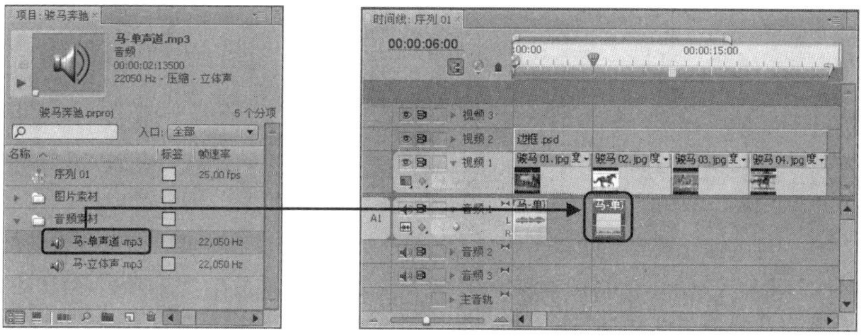

图 6-35　添加立体声素材

以上是将单声道音频转换为立体声时只有一个声道有声音，在“源声道映射”对话框的“轨道格式”下，还有另一个选项可以转换出两个声道都有声音，接下来详细进行介绍。

⑱在“时间线”面板中复制一个“马-单声道 1.mp3”并重命名为“马-单声道 2.mp3”，如图 6-36 所示。

⑲在“项目”面板中选择“马-单声道 2.mp3”，然后选择“素材”|“音频选项”|“源声道映射”命令，打开“源声道映射”对话框，如图 6-37 所示，选择“轨道格式”选项组中的“单声道模拟为立体声”，单击“确定”按钮。

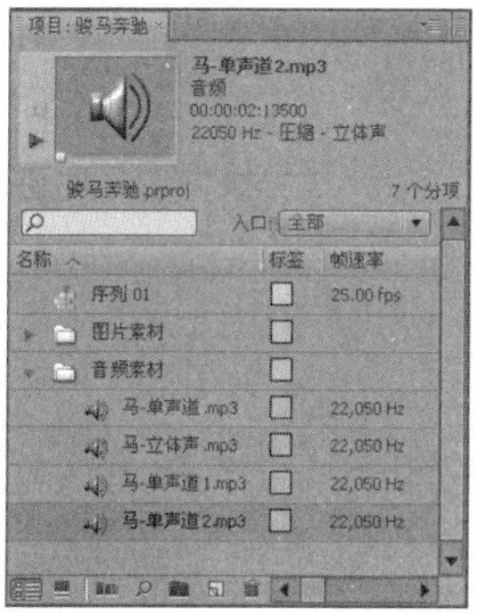

图 6-36　复制音频素材

图 6-37　“源声道映射”对话框

⑳此时会发现音频的波形显示图又发生了变化，左右声道都有相同的波形图，即两个声道都有声音了，如图 6-38 所示。

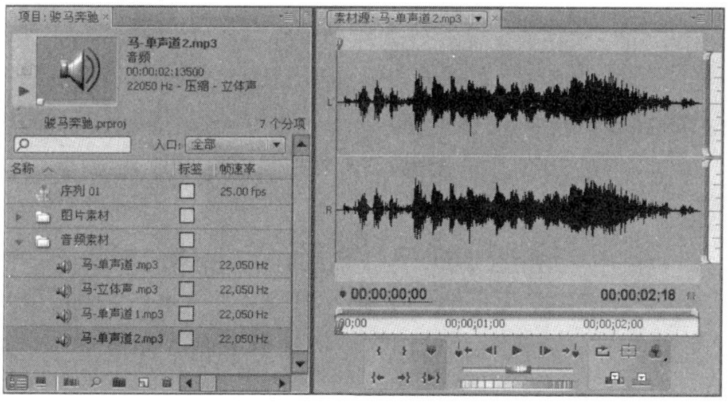

图 6-38　查看音频波形图

操作提示

有时，“素材”|“音频选项”|“源声道映射”命令处于未激活不可选状态，这是因为需要激活“项目”面板，并有某一音频素材处于被选中状态。有时打开了“源声道映射”对话框，但“轨道格式”下的选项也处于未激活不可选状态，这时需要检查一下这个音频素材是否在“时间线”面板中被使用，已被使用的素材其选项不可更改。这时需要将其从“时间线”面板上删除或再重新导入到素材窗口中来对其进行设置。

㉑在“时间线”面板中将音频素材“马-单声道 2.mp3”拖放至“音频 1”轨道中，并使其入点与“视频 1”轨道中的素材“骏马 03.jpg”入点相同；同样的方法，将音频素材“马-立体声.mp3”拖放至“音频 1”轨道中，并使其入点与“视频 1”轨道中的素材“骏马 04.jpg”入点相同，如图 6-39 所示。

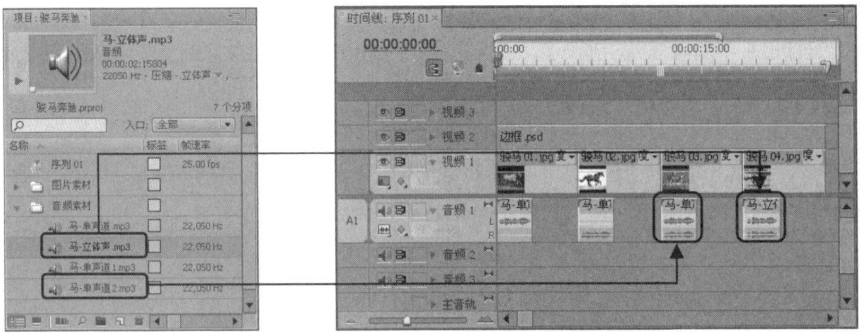

图 6-39　添加立体声素材

㉒至此，本实例全部制作完成，最后在“时间线”面板中拖动时间线指示器，预览骏马奔驰的画面，并试听音频效果，如图 6-40 所示。

图 6-40　预览骏马奔驰的画面并试听音频效果

6.3　立体声变单声道——展翅飞翔

有时为了视频制作需要，需要将立体声素材转化为单声道素材，接下来通过实例介绍立体声变单声道的具体方法。

实例欣赏（图 6-41）

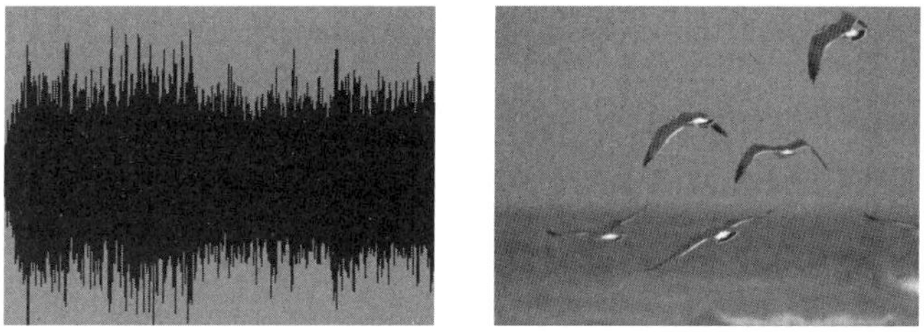

图 6-41　实例欣赏

操作秘籍

- 立体声音频文件不能直接放置到单声道轨道上，但用户可以将其转换为单声道格式再使用。
- 选择“素材”|“音频选项”|“强制为单声道”命令，可以在“项目”面板中分离出来两个单声道的音频素材。

实战演练

❶运行 Premiere Pro CS4，单击欢迎窗口中的“新建项目”图标，在弹出的“新建项目”对话框中，选择“常规”选项卡，在对话框下方选择项目文件的存放路径，并输入项目文件名称为“展翅飞翔”，项目设置完成后，单击“确定”按钮。

❷弹出“新建序列”对话框，这里选择列表中的“DV – PAL”|“标准 48kHz”选项，其他选项保持默认设置，单击“确定”按钮。

❸在“项目”面板中的空白处双击，在弹出的“导入”对话框中选择要导入的图片素材和音频素材，单击“打开”按钮，如图 6-42 所示。

❹将“项目”面板中的图片素材“背景.jpg”拖放至“视频 1”轨道中的开始处，如图 6-43 所示。

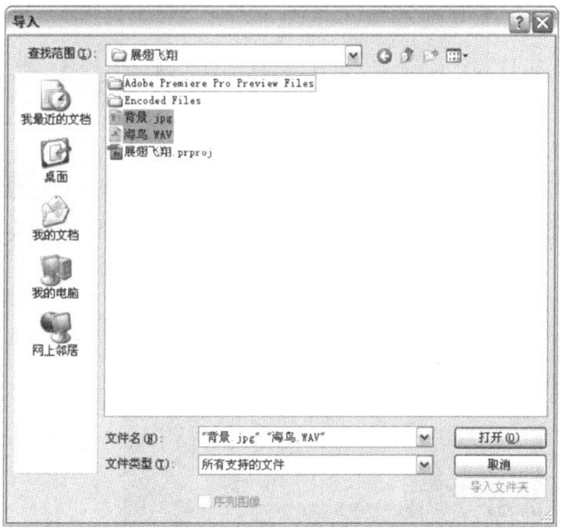

图 6-42　导入图片素材和音频素材

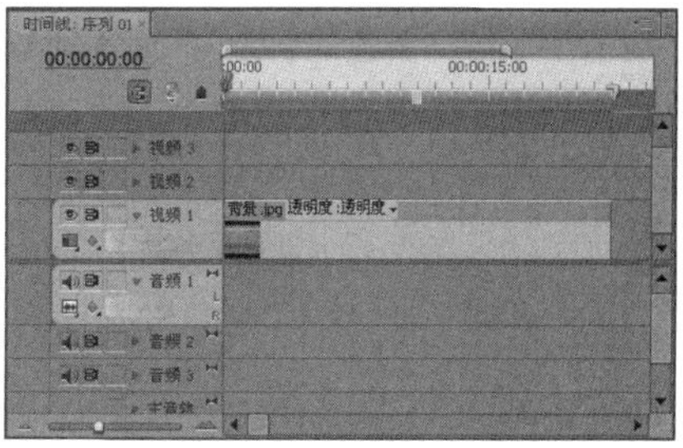

图 6-43　添加图片素材至“视频 1”轨道中

❺在“项目”面板中双击音频素材“海鸟.WAV”，如图 6-44 所示，“海鸟.WAV”是立体声音频文件，不能直接放置到单声道轨道上，可以将其转换为单声道格式。

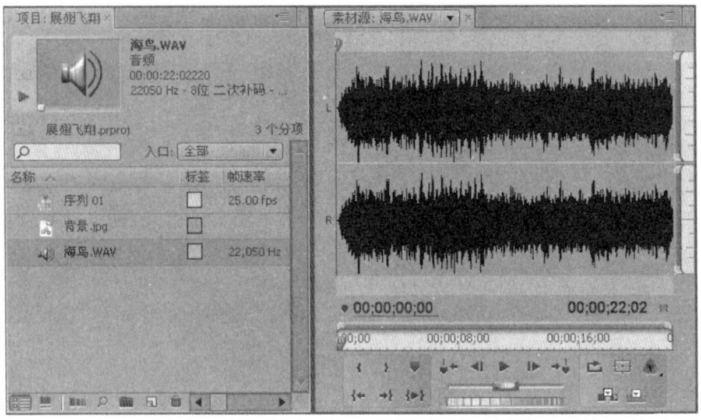

图 6-44　查看音频波形

❻在“项目”面板中选择“海鸟.WAV”，选择“素材”|“音频选项”|“源声道映射”命令，打开“源声道映射”对话框，如图 6-45 所示，选择“轨道格式”为“单声道”单选按扭，单击“确定”按钮。

❼这样，即可以在其“素材源”监视器面板中看到波形图已发生变化，变为了单声道，如图 6-46 所示。

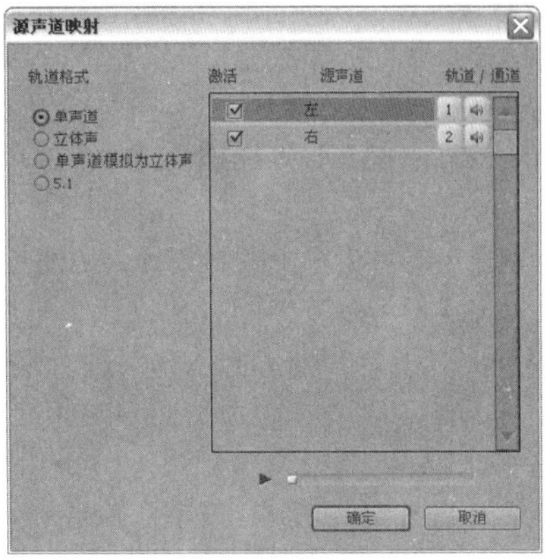

图 6-45　“源声道映射”对话框

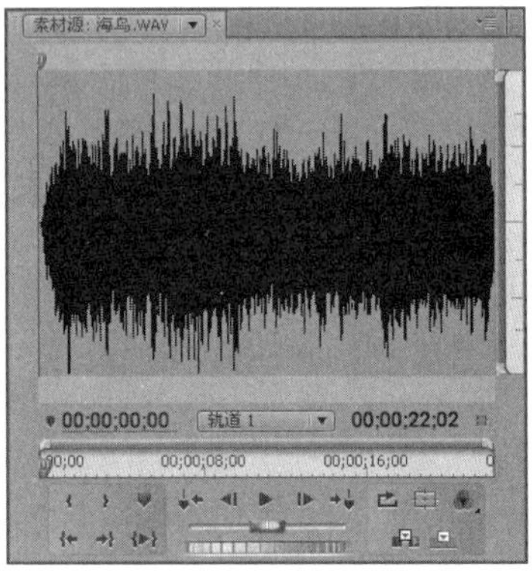

图 6-46　立体声变单声道

❽将这个转换为单声道的“海鸟.WAV”拖至“时间线”面板时可以将其放置到单声道轨道上（拖动时自动新建的轨道），而不能放到立体声轨道上了，同时会发现这是两个相互关联的单声道音频，如图 6-47 所示。

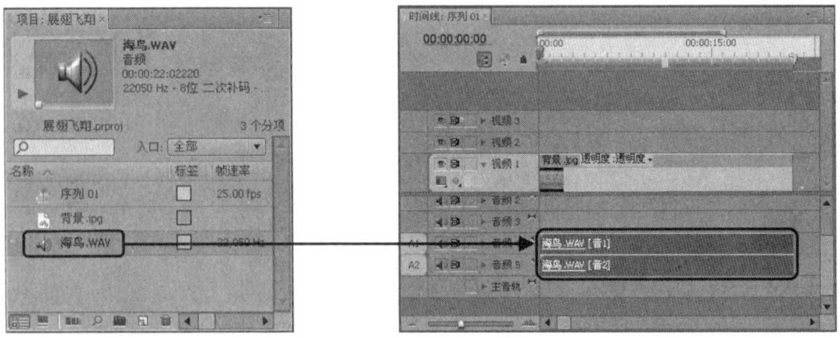

图 6-47　添加音频素材

❾如果只想将立体声音频中的某一个声道转换为单声道，可以在“源声道映射”对话框中进行设置。

在“时间线”面板中删除“海鸟.WAV”素材，然后在“项目”面板中选择“海鸟.WAV”素材，选择“素材”|“音频选项”|“源声道映射”命令，打开“源声道映射”对话框，如图 6-48 所示，在“单声道”右侧的“轨道/声道”下，取消“右”的选中状态，即只转换左声道，单击“确定”按钮。

❿可以看到，在“素材源”监视器面板中其波形图已发生变化，如图 6-49 所示，这个波形为原“海鸟.WAV”素材中的左声道。

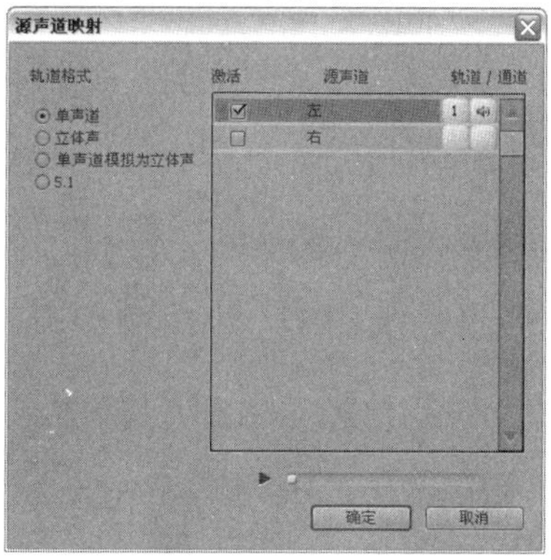

图 6-48　“源声道映射”对话框

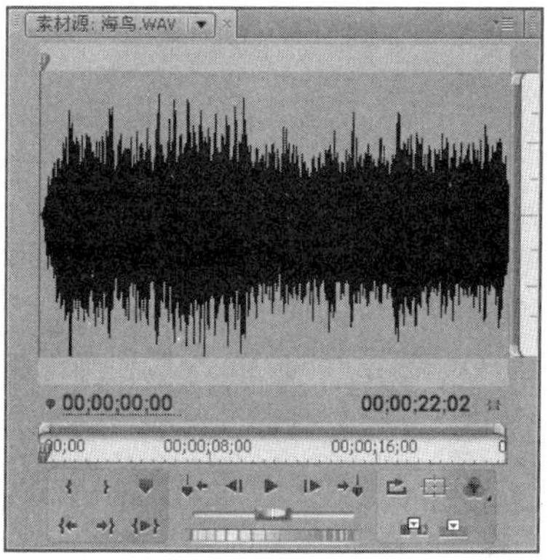

图 6-49　查看音频波形

⓫将这个只转换左声道的“海鸟.WAV”拖至“时间线”面板中，此时只有一个音频轨道了，如图 6-50 所示。

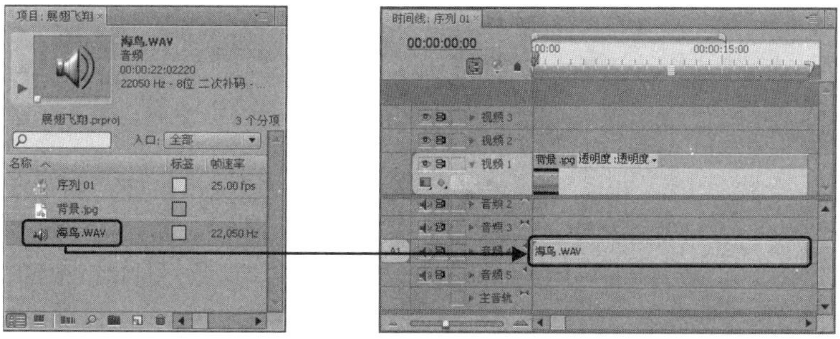

图 6-50　添加音频素材

操作提示

以上的立体声转换为单声道功能给音频操作带来了不少方便，此外还有一种方式可以将立体声分离出单声道，保持原来的音频无变化的同时产生新的单声道音频，并且新的音频如 Premiere Pro CS4 中的字幕文件一样存在于 Premiere 项目文件中，而无需命名保存到磁盘上。在素材窗口中选择“海鸟.WAV”，选择“素材”|“音频选项”|“强制为单声道”命令，这样在“项目”面板中分离出来两个单声道音频“海鸟.WAV 左”和“海鸟.WAV 右”，如图 6-51 所示。

⓬至此，本实例全部制作完成，最后在“时间线”面板中拖动时间线指示器，试听音频效果，如图 6-52 所示。

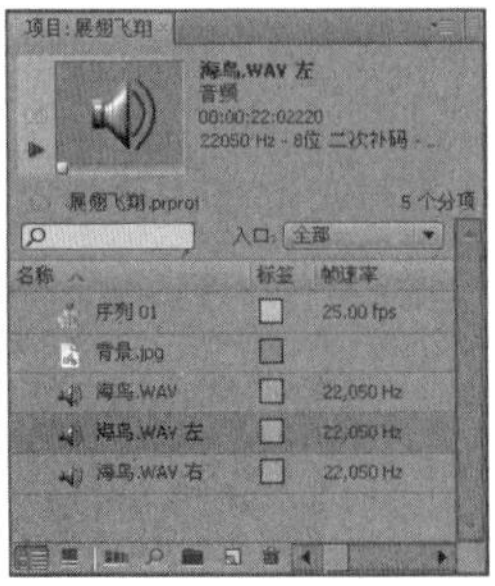

图 6-51　分离出来两个单声道音频

图 6-52　试听音频效果

6.4　利用采集卡录制声音——诗词朗诵（1）

Premiere Pro CS4 中所编辑素材的来源可以是已经存在的数字化文件格式的视频、音频或图形文件等，也可以直接用 Premiere 来采集外部的视频或音频，将其转化为可处理的文件格式。下面对采集音频的方法和操作进行实例讲解。

实例欣赏（图 6-53）

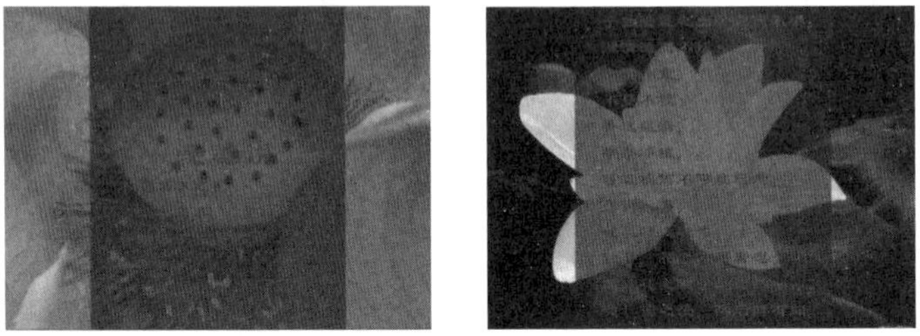

图 6-53　实例顾赏

操作秘籍

- 选择“窗口”|“工作区”|“音频”命令（快捷键为 Shift+Alt+5），切换到音频操作界面，在“调音台”面板中可以进行录音操作。
- 选择“编辑”|“参数”|“媒体”命令，在弹出的“参数”对话框中可以设置采集音频的保存位置。

实战演练

❶运行 Premiere Pro CS4，单击欢迎窗口中的“新建项目”图标，在弹出的“新建项目”对话框中选择“常规”选项卡，在对话框下方选择项目文件的存放路径，并输入项目文件名称为“诗词朗诵”，项目设置完成后，单击“确定”按钮。

❷弹出“新建序列”对话框，这里选择列表中的“DV – PAL”|“标准 48kHz”选项，其他选项保持默认设置，单击“确定”按钮。

❸在“项目”面板的空白处双击，在弹出的“导入”对话框中选择要导入的“图片素材”文件夹，单击“导入文件夹”按钮，如图 6-54 所示。

❹将“项目”面板中的“图片素材”文件夹拖放至“视频 1”轨道中的开始处，如图 6-55 所示。

图 6-54　“导入”对话框

图 6-55　添加图片素材

❺在“时间线”面板中选择素材“莲花 01.jpg”，在其“特效控制台”面板中设置“缩放比例”为 77，如图 6-56 所示，将素材“莲花 01.jpg”的特效参数复制给同轨道中的其他素材。

图 6-56　设置“特效控制台”面板参数

❻按快捷键 Ctrl+T，弹出“新建字幕”对话框，如图 6-57 所示，命名字幕为“蒙板”，单击“确定”按钮。

❼进入“字幕”设计窗口后，使用“矩形”工具▭在画面中绘制一个矩形，如图 6-58 所示，在“字幕属性”面板中设置“颜色”为“蓝色”，其他选项保持默认设置，关闭“字幕”窗口。

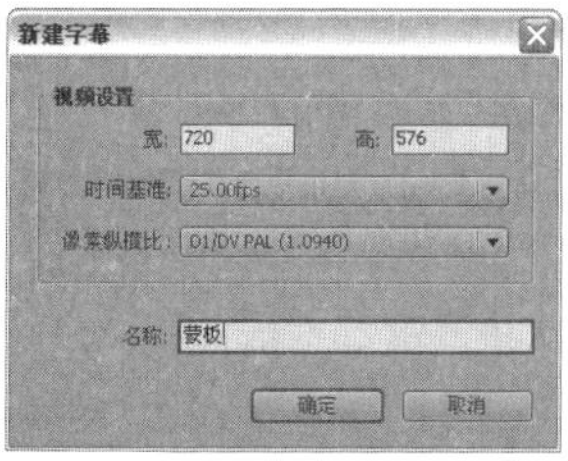

图 6-57　“新建字幕”对话框

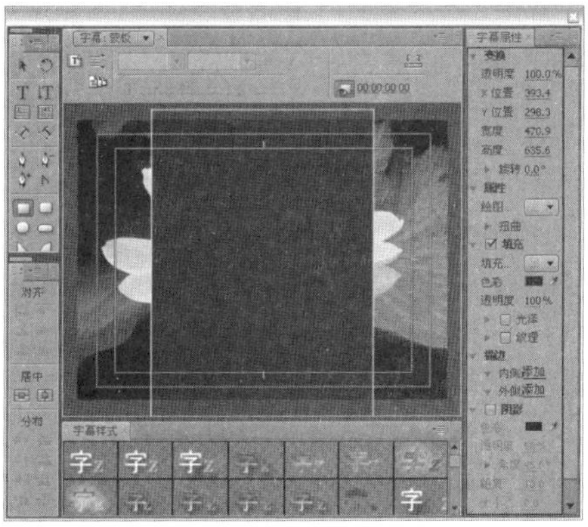

图 6-58　在画面中绘制一个矩形

❽在“项目”面板中，将“蒙板”字幕拖放至“视频 2”轨道中的开始处，如图 6-59 所示，并设置其出点与“视频 1”轨道中的素材齐长。

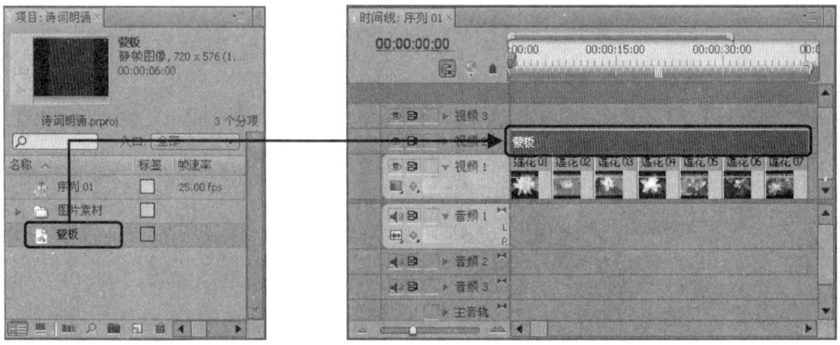

图 6-59　将“蒙板”字幕拖放至“视频 2”轨道中的开始处

❾在“时间线”面板中选择素材“蒙板”，在其“特效控制台”面板中，分别在时间点“00:00:00:00”和“00:00:01:00”处为“透明度”参数添加两个关键帧，其值分别为 0%和 60%，如图 6-60 所示。

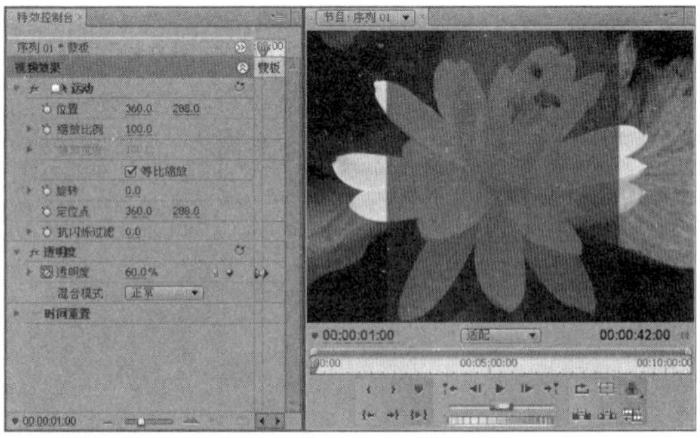

图 6-60　为“透明度”参数添加两个关键帧

❿继续按快捷键 Ctrl+T，弹出“新建字幕”对话框，如图 6-61 所示，命名字幕为“诗词”，单击“确定”按钮。

⓫进入“字幕”设计窗口后，选择左边“工具”面板中的“文本框”工具▤，在字幕窗口视频区域的左上角按下鼠标拖至右下角，这样建立一个字幕输入区域。这里打开事先准备好的文本文件“爱莲说.txt”，如图 6-62 所示，将全部文字粘贴到输入区域。

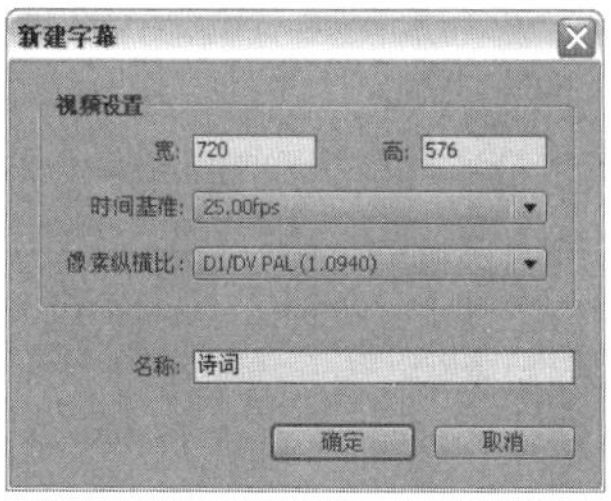

图 6-61　“新建字幕”对话框

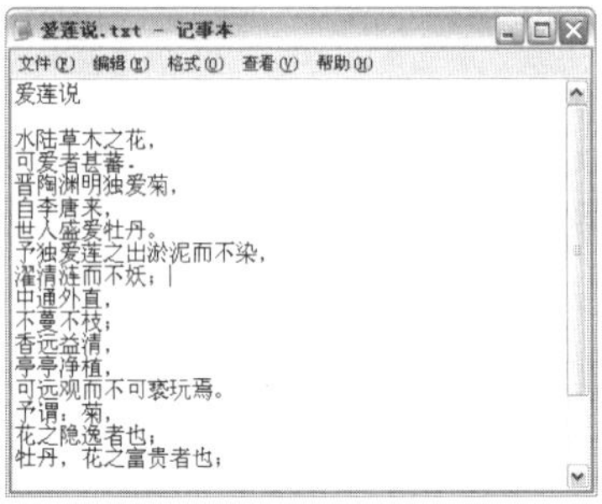

图 6-62　文本文件“爱莲说.txt”

⓬选中整个文字框，在“字幕”窗口上方选择字体为 LiSu；在右侧的“字幕属性”面板中将“字体大小”设置为 38，行距为 15，如图 6-63 所示，对于诗词的标题，可以单独选中，设置字号稍微大一些。

⓭单击“字幕”窗口左上角的“滚动/游动 选项”▤，打开“滚动/游动选项”对话框，如图 6-64 所示，设置“字幕类型”为“滚动”，选中“开始于屏幕外”和“结束于屏幕外”复选框，单击“确定”按钮。

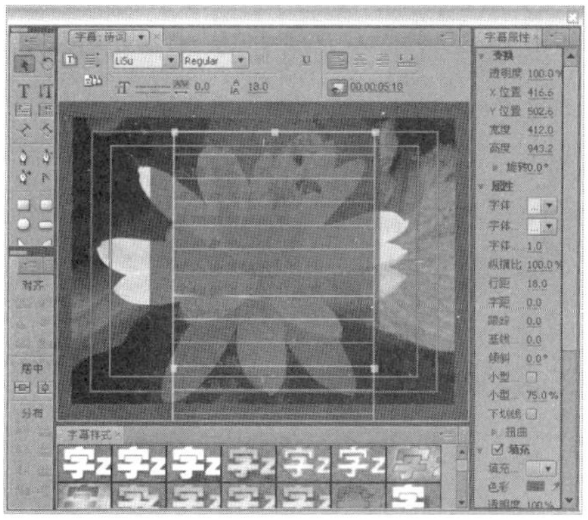

图 6-63　设置字幕属性

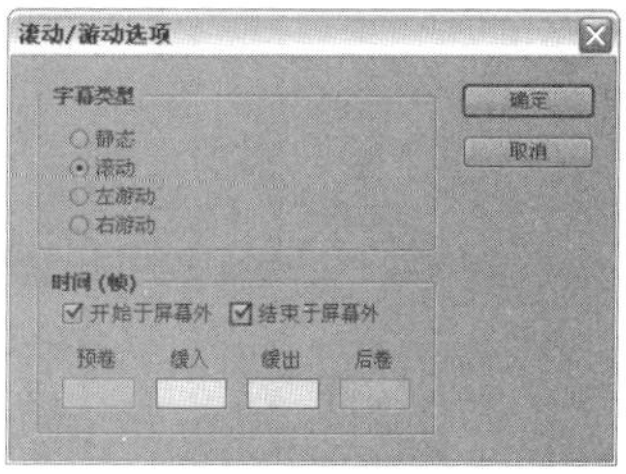

图 6-64　“滚动/游动选项”对话框

⑭在“项目”面板中将“诗词”字幕拖放至“视频 3”轨道中，并设置其入点为“00:00:01:00”，设置其出点为“00:00:42:00”，如图 6-65 所示。

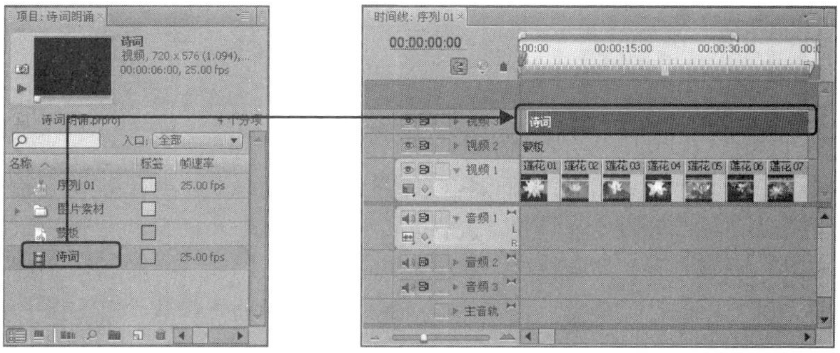

图 6-65　将“诗词”字幕拖放至“视频 3”轨道中

⑮设置完成后，在“时间线”面板中拖动时间线指示器预览字幕滚动效果，如图 6-66 所示。

图 6-66　拖动时间线指示器预览字幕滚动效果

⑯接下来就可以进行录制操作了，将麦克风连接到计算机声卡上的麦克风输入口中。选择“窗口”|“工作区”|“音频”命令（快捷键为 Shift+Alt+5），切换到音频操作界面，在“调音台”面板中，如图 6-67 所示，首先将时间线定位在“00:00:03:11”处，由于要在“音频 2”轨道中录音，所以先选中“激活录制轨道”按钮，适当放大音量，然后单击“录制”按钮，最后单击“播放/停止开关”按钮开始声音录制。

⑰录制结束后，再次单击“录制”按钮结束录音，与此同时，将在“项目”面板和“音频 2”轨道中看到刚刚录制的声音，分别如图 6-68 和图 6-69 所示。

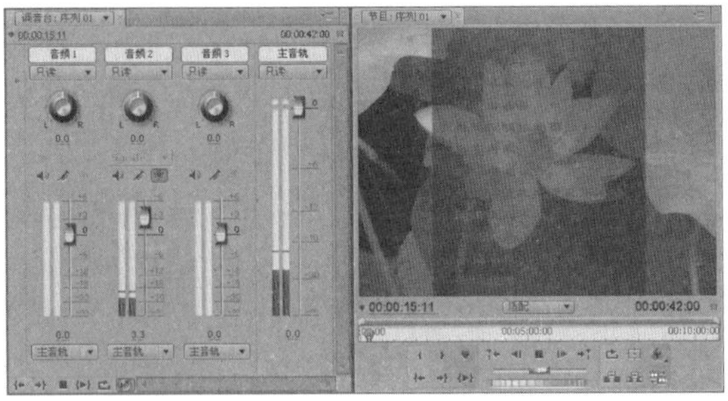

图 6-67　通过“调音台”面板录制声音

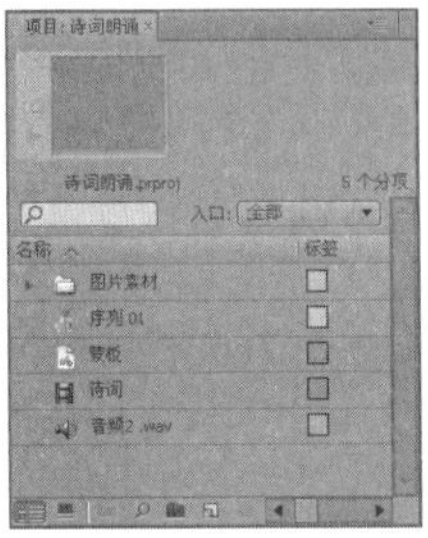

图 6-68　“项目”面板中录制的声音

图 6-69　“音频 2”轨道中的声音

⑱在“采集”窗口或“调音台”窗口中录制声音时，所产生的声音文件存储的目标路径是相同的，用户也可以预先设定，选择“文件”|“采集”命令，打开“采集”窗口，在“设置”选项卡中可以设置音频存储的路径，如图 6-70 所示。

⑲也可以选择“编辑”|“参数”|“媒体”命令，在弹出的“参数”对话框中设置采集音频的保存位置，如图 6-71 所示。

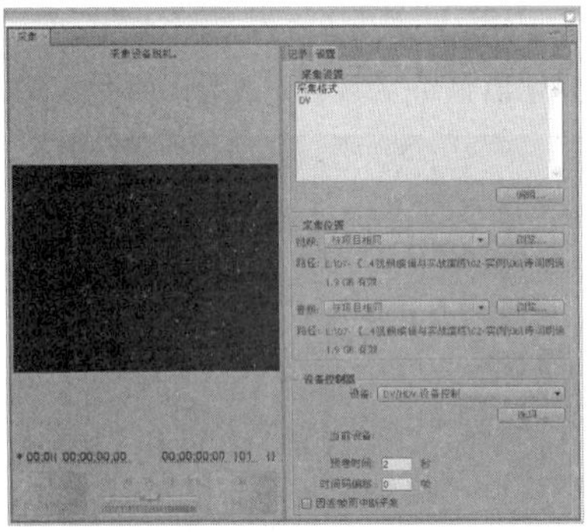

图 6-70　“采集”窗口

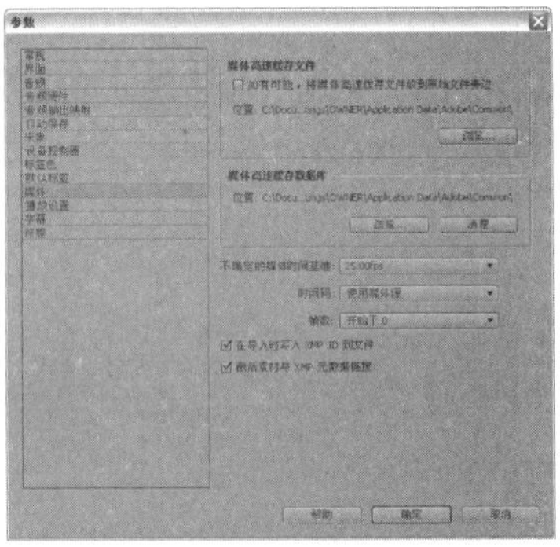

图 6-71　设置采集音频的保存位置

⑳在“时间线”面板中拖动时间线指示器，预览画面效果并试听音效，如图 6-72 所示。

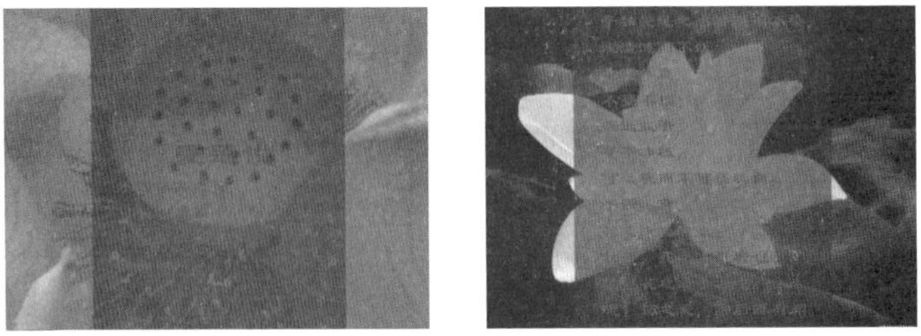

图 6-72　预览画面效果并试听音效

6.5　从麦克风中录制声音——诗词朗诵（2）

除了上面介绍的录制音频的方法之外，另一种常用的录制方法是通过麦克风录制声音。

实例欣赏（图 6-73）

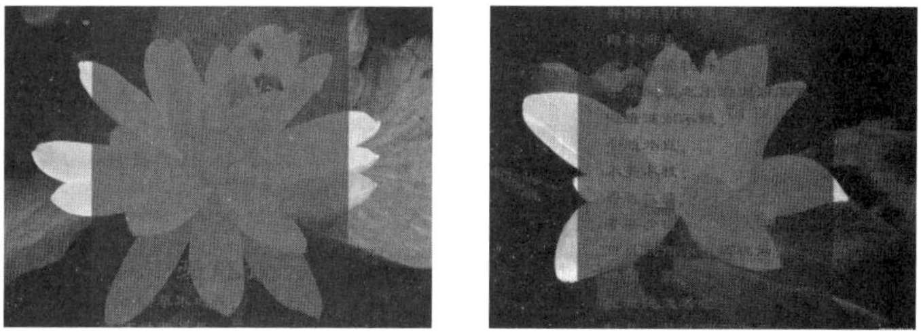

图 6-73　实例欣赏

操作秘籍

- 从麦克风中录制声音时，需要在“音量控制”对话框中将“麦克风”复选框选中，这样才能录到声音。
- 在录制解说时，可以在“时间线”面板上放置需要的节目画面，一边观看播放的画面一边录制解说，方便录制。

实战演练

❶在 Windows 系统中对麦克风输入进行检查。单击 Windows 的“开始”菜单，选择“控制面板”将其打开，如图 6-74 所示，双击“声音和音频设备”选项。

❷打开“声音和音频设备属性”对话框，如图 6-75 所示，选择“音频”选项卡，查看录音设备选项。

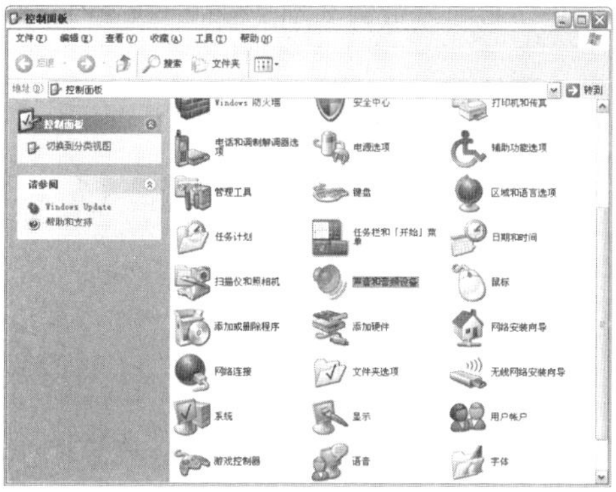

图 6-74　双击“声音和音频设备”选项

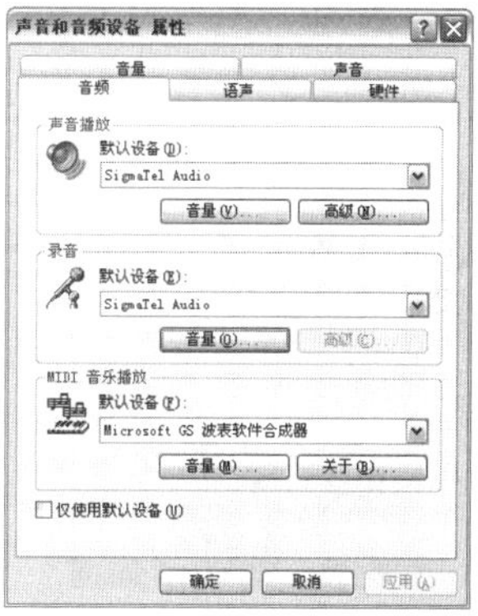

图 6-75　“声音和音频设备属性”对话框

❸单击“录音”选项中的“音量”按钮，打开“录音控制”对话框，将“麦克风”下方的复选框选中，并调整音量至最大，如图 6-76 所示。

❹用户也可以在 Windows 屏幕右下角的“音量”图标上右击，在弹出的菜单中选择“打开音量控制”命令，如图 6-77 所示，打开“音量控制”对话框。

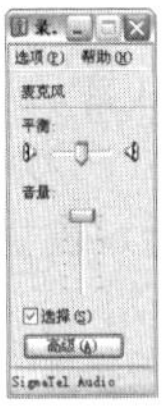

图 6-76 “录音控制”对话框

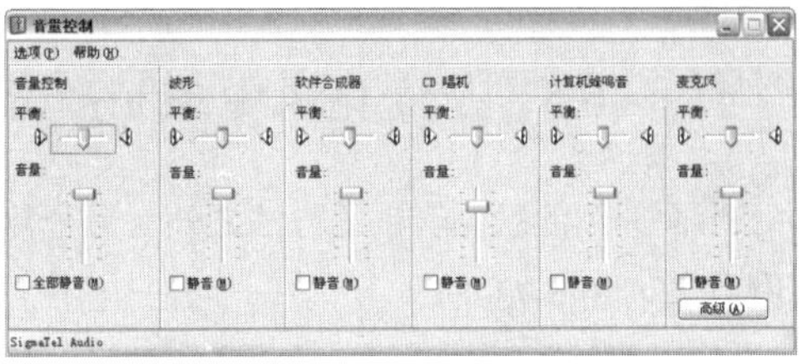

图 6-77 “音量控制”对话框

❺选择“选项”|“属性”命令，打开“属性”对话框，如图 6-78 所示，选择“录音”单选项，将其中的“麦克风”复选框选中，单击“确定”按钮，这样也可打开“录音控制”对话框。

❻Windows 系统中的录音选项设置好后，回到 Premiere Pro CS4 中，在“调音台”面板中先单击打开“音频 1”下的“激活录制轨道”按钮，单击面板底部的“录制”按钮，再单击“播放/停止开关”按钮进行播放，这样就可以录音了，如图 6-79 所示。

图 6-78 “属性”对话框

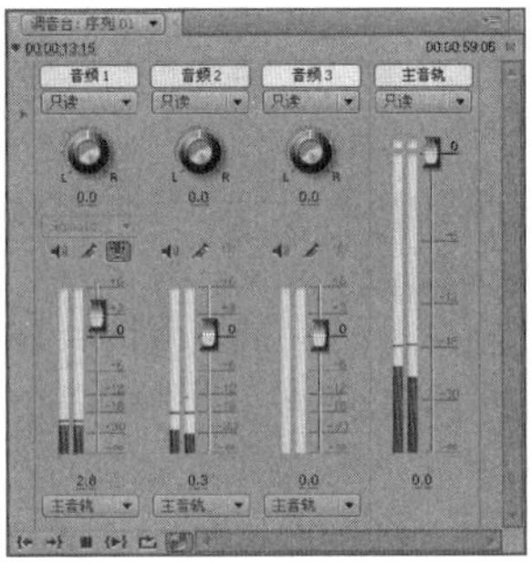

图 6-79 激活录制轨道

❼录音结束后再次单击“播放/停止开关”按钮或“录制”按钮停止录制，并在“项目”面板中自动添加刚录制的声音文件“音频 1.wav”，如图 6-80 所示。

❽同时在“时间线”面板中的“音频 1”轨道上，也自动放置了刚录制的“音频 1.wav”，如图 6-81 所示。

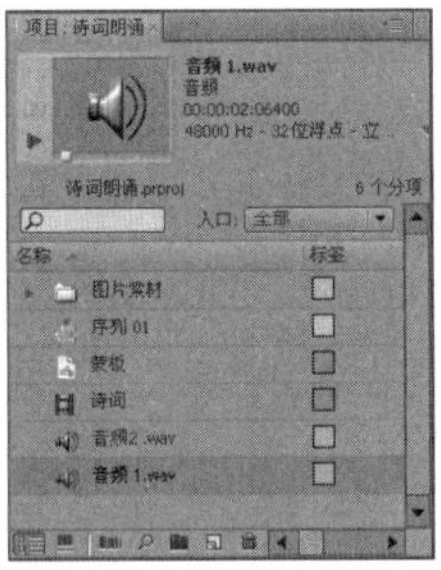

图 6-80 录制的声音文件

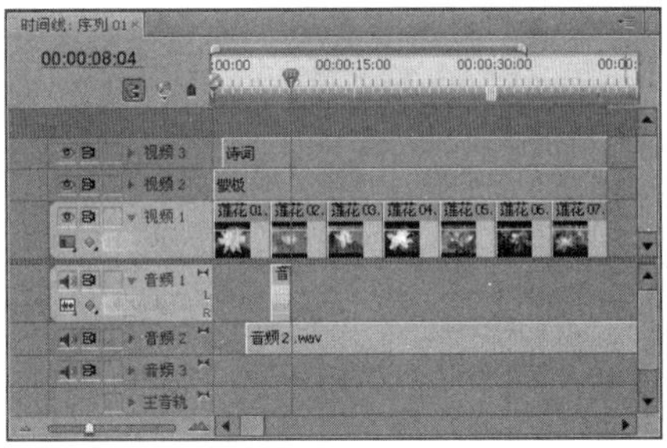

图 6-81 添加音频素材

❾在录制解说时，如果需要的话，可以在“时间线”面板上放置需要的节目画面，一边观看播放的画面一边录制解说，非常方便。

6.6 制作 5.1 声道音效——山野

通过前面的学习知道，常见的音频格式有单声道、立体声双声道、5.1 声道等，在通常的制作中多数处理的是前两种格式。但有着特殊效果的 5.1 声道格式在高级别的音响效果中的使用也比较广泛。下面通过实例“山野”来详细介绍。

实例欣赏（图 6-82）

图 6-82　实例赏赏

操作秘籍

- 选择“素材”|“音频选项”|“强制为单声道”命令，这样在“项目”面板中可以分离出来两个单声道音频素材。
- 选择“文件”|“导出”|“音频”命令，在打开的“导出设置”对话框中可以导出音频文件。

实战演练

❶运行 Premiere Pro CS4，单击欢迎窗口中的“新建项目”图标，在弹出的“新建项目”对话框中选择“常规”选项卡，在对话框下方选择项目文件的存放路径，并输入项目文件名称为“山野”，如图 6-83 所示，项目设置完成后，单击“确定”按钮。

❷弹出“新建序列”对话框，在“序列预置”选项卡中，从选择列表中选择“DV – PAL”|“标准 48kHz”选项；在“轨道”选项卡中，设置视频轨道数目为 1，设置“主音轨”为 5.1，“单声道”数目为 6，“立体声”数目为 0，其他选项保持默认设置，如图 6-84 所示，单击“确定”按钮。

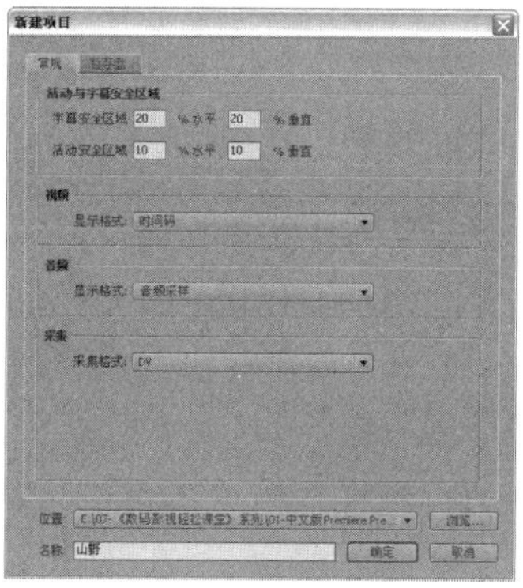

图 6-83　“新建项目”对话框

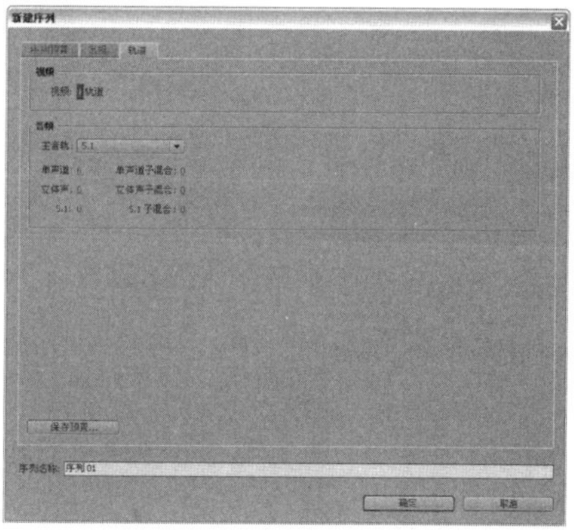

图 6-84　“新建序列”对话框

❸在“项目”面板的空白处双击，在弹出的“导入”对话框中选择要导入的“图片素材”文件夹，单击“导入文件夹”按钮，如图 6-85 所示。

❹将“项目”面板中的“图片素材”文件夹拖放至“视频 1”轨道中的开始处，如图 6-86 所示。

图 6-85　“导入”对话框

图 6-86　将图片素材添加到视频轨道中

❺在“时间线”面板中选择素材“山野 01.jpg”，在其“特效控制台”面板中设置“缩放比例”为 50，如图 6-87 所示，将素材“山野 01.jpg”的特效参数复制给同轨道中的其他素材。

图 6-87　设置“特效控制台”面板参数

操作提示

5.1 声道是 Dolby Digital（杜比数字）的音效输出标准，是由著名的杜比实验室制定的。5.1 声道系统包括前置左声道、前置右声道、中央声道、后置左环绕声道、后置右环绕声道，还有一个低重音声道，由于重低音频率范围只有标准声道的 1/10，故称作 0.1 声道。一套系统共连接 6 个音箱。

❻在当前的项目窗口中，选择“窗口”|“工作区”|“音频”命令（快捷键为 Alt+Shift +5），切换到音频操作界面，查看其“调音台”面板，如图 6-88 所示。

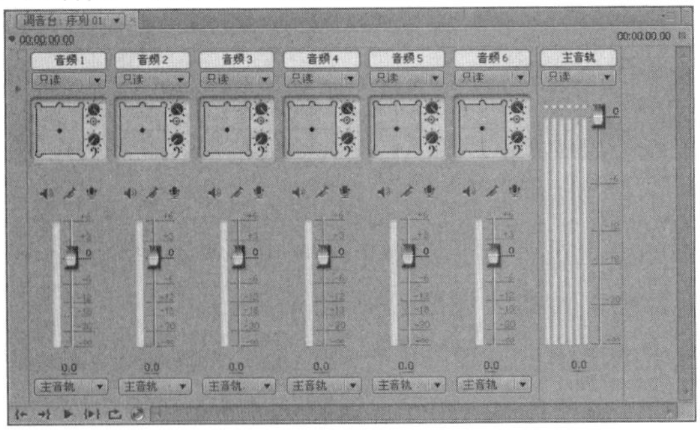

图 6-88　“调音台”面板

❼在“调音台”面板中将 Audio 1~Audio 6 依次重新命名为“左前”、“右前”、“环绕后左”、“环绕后右”、“中央”、“低重音”，如图 6-89 所示。

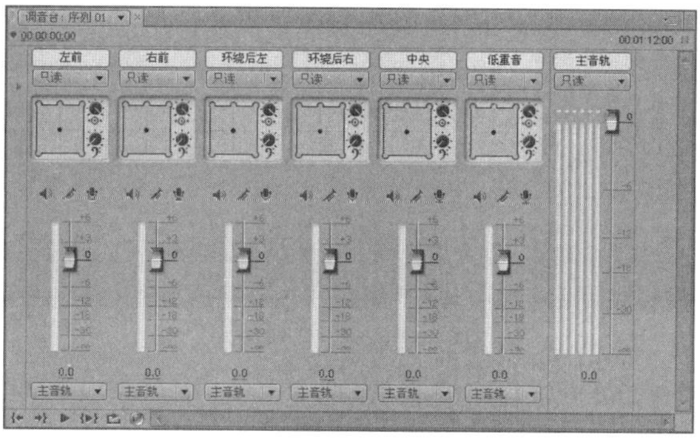

图 6-89　设置 5.1 声道

❽命名完毕后，会发现“时间线”面板中轨道的名称也相应地被改变了，如图 6-90 所示。

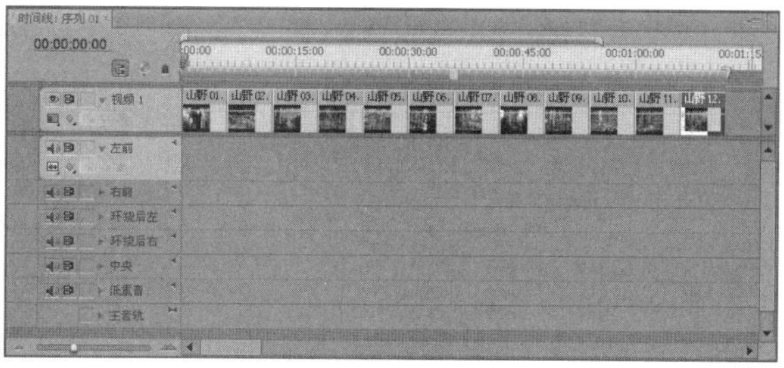

图 6-90　重命名轨道名称

❾在“项目”面板中的空白处双击（快捷键为 Ctrl+I），在弹出的“导入”对话框中选择“背景音乐.mp3”，如图 6-91 所示，将其导入到“项目”面板中。

❿因为这是一个立体声的音频素材，不能放置到单声道中，可以先在“项目”面板中选择“背景音乐.mp3”，然后选择“素材”|“音频选项”|“强制为单声道”命令，这样在“项目”面板中分离出来两个单声道音频“背景音乐.mp3 左”和“背景音乐.mp3 右”，如图 6-92 所示。

图 6-91　导入音频素材

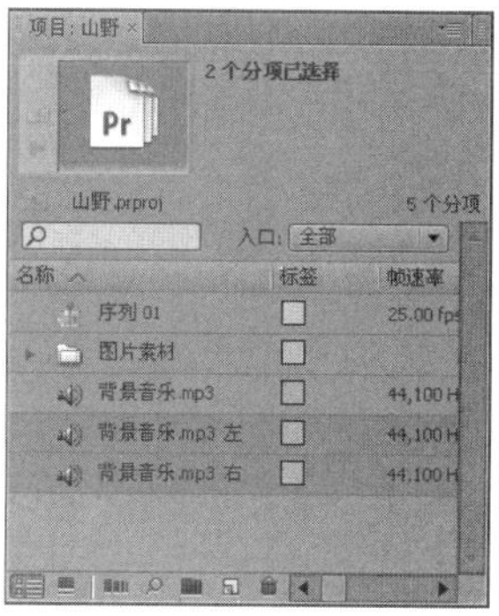

图 6-92　分离出来两个单声道音频

⓫在“项目”面板中选择“背景音乐.mp3 左”音频素材，并将其拖放至“左前”音频轨道的开始处，如图 6-93 所示。

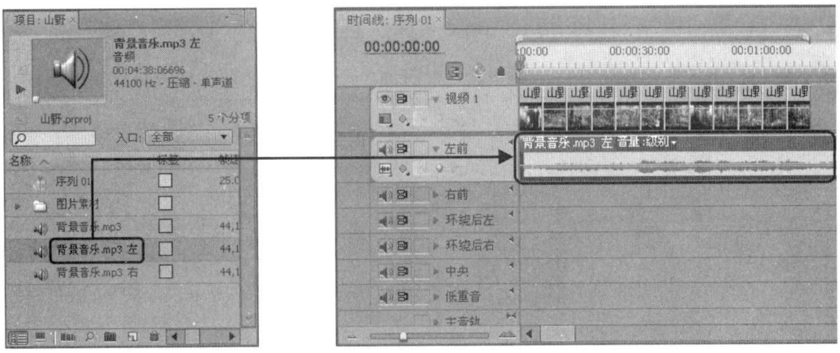

图 6-93　添加音频素材

⓬分别在时间点“00:00:06:00”、“00:00:12:00”、“00:00:18:00”、“00:00:24:00”、“00:00:30:00”和“00:00:36:00”处，按快捷键 Ctrl + K 将“左前”轨道中的素材“背景音乐.mp3 左”剪切为多段，如图 6-94 所示。

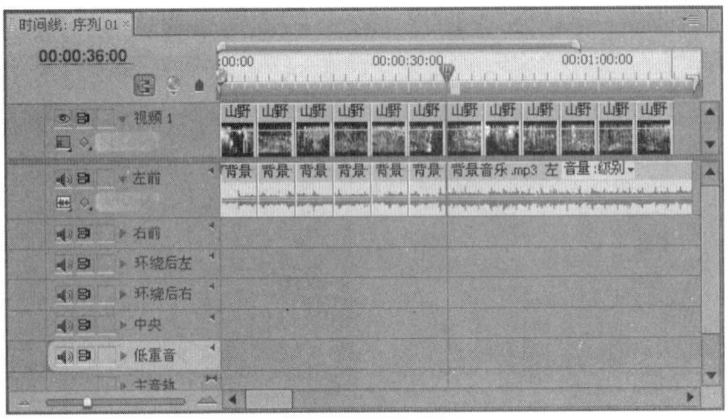

图 6-94　裁剪音频素材

⓭将前 6 段依次连接放置在 6 个轨道上，选择最后一段音频素材，按快捷键 Ctrl + C 将其复制到剪贴板中，再将时间移至“00:00:36:00”处，分别选择各个轨道，按快捷键 Ctrl + V 将剪贴板中的素材粘贴到各个音频轨道中，如图 6-95 所示。

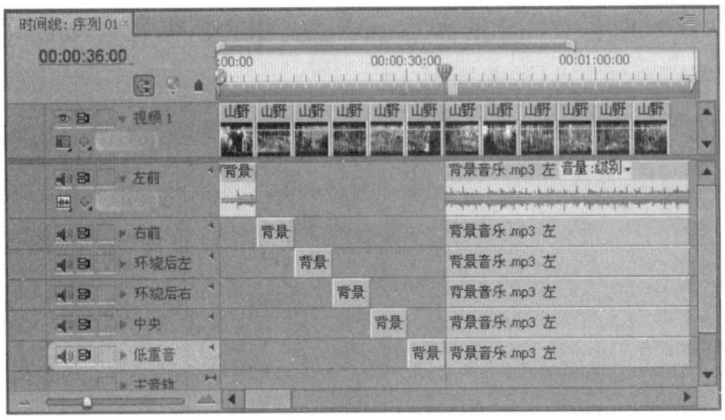

图 6-95　设置音频素材

⓮此时播放“时间线”面板中的音频，在“调音台”面板的主音频指示中看不出什么结果，因此需要进一步为 5.1 声道分配每一轨道声音的播放方位。

⓯先设置第一个轨道的声音方位。在“调音台”面板中，将鼠标移至“左前”下的 5.1 控制器中停留时，会出现一段提示，即当前默认声道值在中心，如图 6-96 所示。

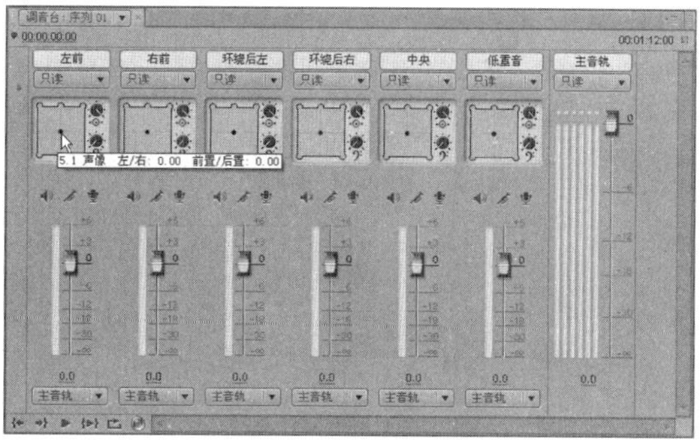

图 6-96　“调音台”面板

⑯首先设置第一个轨道的声音方位，如图 6-97 所示，将中心的圆点用鼠标拖移至左上角的半圆内，同样的方法，将其他几个轨道按其名称分配其声音的方位。

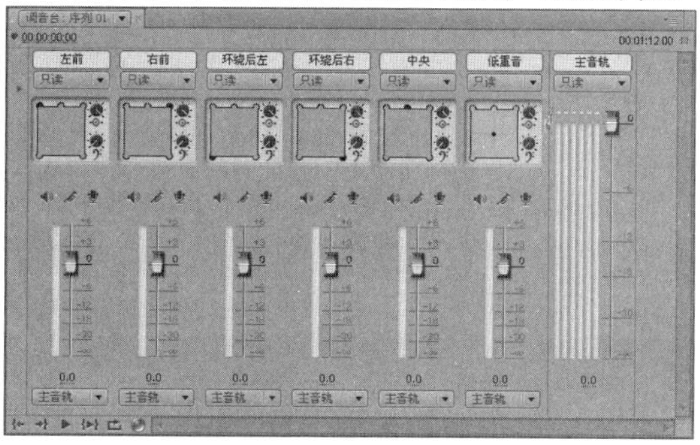

图 6-97　设置轨道的声音方位

⑰选择“文件”|“导出”|“音频”命令，打开“导出设置”对话框，如图 6-98 所示，设置“格式”为“Windows 波形”，在“音频”选项卡中设置“音频编码”为“无压缩”，“采样率”为 44100Hz，“声道”为 5.1，其他选项保持默认设置，单击“确定”按钮。

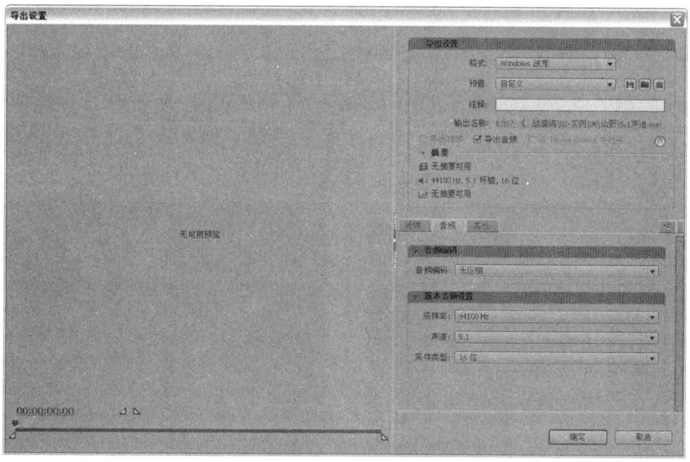

图 6-98　“输出音频”对话框

⑱此时弹出 Adobe Media Encoder 窗口，如图 6-99 所示，直接单击“开始队列”按钮，开始导出音频素材。

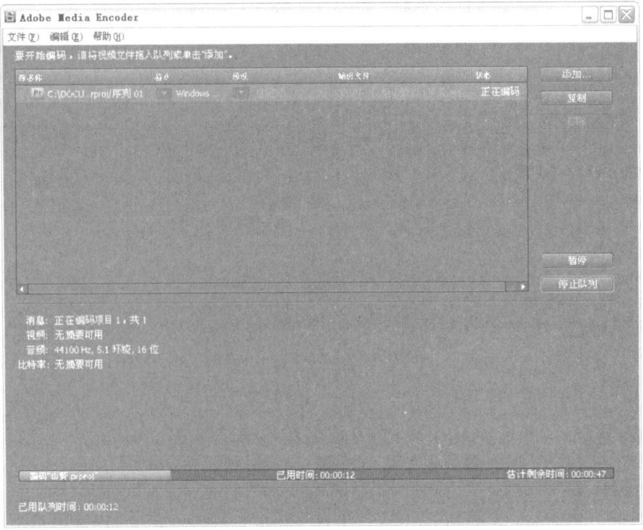

图 6-99 Adobe Media Encoder 窗口

⑲导出结束后，将产生的新音频文件添加到“项目”面板中，如图 6-100 所示，双击新生成的 5.1 声道音频文件“5.1 声道.wav”，将其在“素材源”监视器面板中打开，查看其波形图显示。

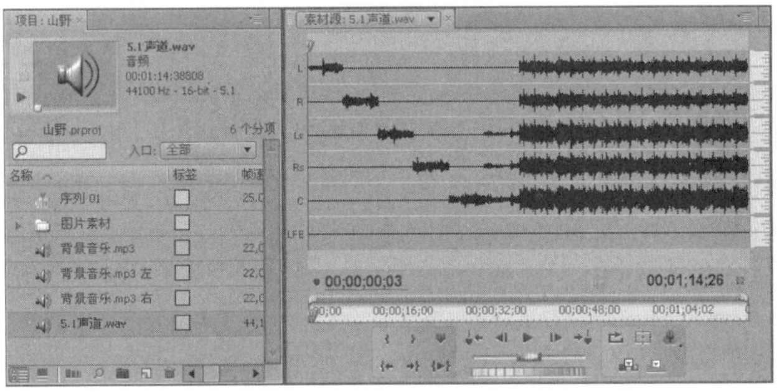

图 6-100 查看 5.1 波形图

⑳至此，本实例全部制作完成，在“时间线”面板中拖动时间线指示器预览画面效果并试听音效，如图 6-101 所示。

图 6-101 拖动时间线指示器预览画面效果

第 7 章　输出视频作品

学习提示

视频作品编辑的最后一个关键步骤是文件输出。可以使用 Premiere 将视频节目导出，也可以结合其他视频输出工具刻录光盘等。本章将对视频输出设置、文件输出、光盘刻录等方面进行详细介绍。

实例文件

- 花卉大观园.prproj
- 聆听大自然的声音.prproj
- 情人节礼物.prproj

实例欣赏（图 7-1）

图 7-1　本章实例一览

7.1　渲染视频文件——花卉大观园

在 Premiere Pro CS4 中实时预览固然方便，但对于某些配置一般或较低的计算机，可能在实时预览作品时会出现掉帧现象。遇到这种情况时，可以首先对当前作品进行渲染，接下来通过一个渲染实例进行介绍。

实例欣赏（图 7-2）

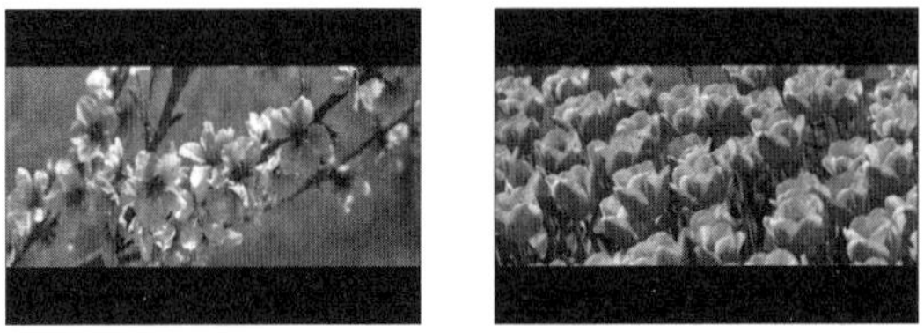

图 7-2　实例顾赏

操作秘籍

- 文件渲染后，在“时间线”面板中会发现时间轴上面多了一条完整的绿色线条，表明影片已经渲染。
- 当对 DV 作品渲染结束后，应该在退出 Premiere Pro CS4 前将渲染文件删除，因为渲染文件会占用大量的磁盘空间。

实战演练

❶启动 Premiere Pro CS4 软件，在欢迎窗口中单击“打开项目”图标，如图 7-3 所示。弹出“打开项目”对话框，选择要打开的 Premiere 项目，如这里选择“花卉大观园.prproj”，单击“打开”按钮，如图 7-4 所示。

图 7-3　单击“打开项目”图标

图 7-4　“打开项目”对话框

❷选择“序列”|“渲染工作区内的效果”命令（快捷键为 Enter 键），弹出“正在渲染”对话框，如图 7-5 所示，在“正在渲染”对话框中可以看到渲染的进度、估计剩余时间等信息。

❸渲染完成后，“时间线”面板中时间轴上的线段颜色由红色变成绿色，如图 7-6 所示，这表明可以完全实时播放该时间线序列上的内容了。

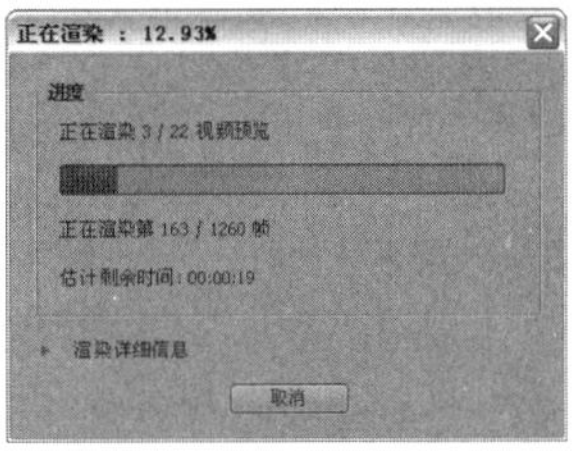

图 7-5　“正在渲染”对话框

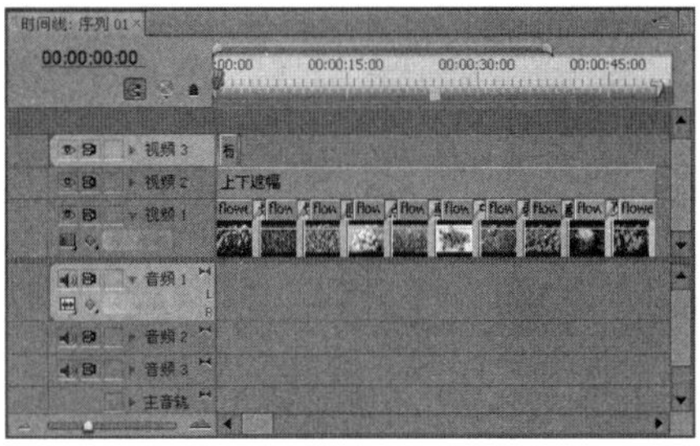

图 7-6　线段颜色由红色变成绿色

❹在“节目”监视器面板中单击“播放-停止切换”按钮▶，就可以看到完全无掉帧的实

时播放效果了，如图 7-7 所示。

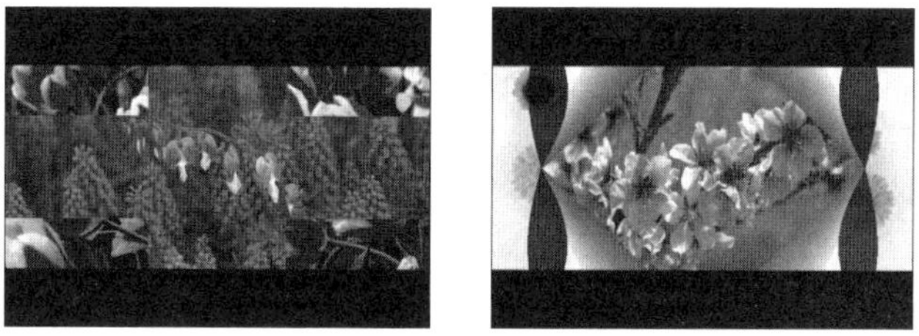

图 7-7　预览渲染后的播放效果

❺当对 DV 作品渲染结束后，在退出 Premiere Pro CS4 前将渲染文件删除，删除方法是选择“序列”|“删除渲染文件”命令，在弹出的提示对话框中选择“确定”按钮即可，如图 7-8 所示。

❻删除渲染文件后，回到“时间线”面板中，会发现时间轴上面的绿色线条消失了，如图 7-9 所示。

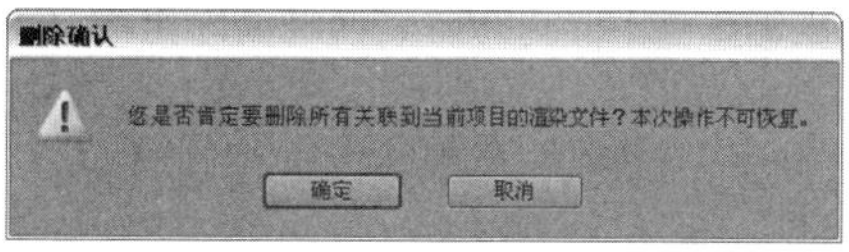

图 7-8　删除渲染文件

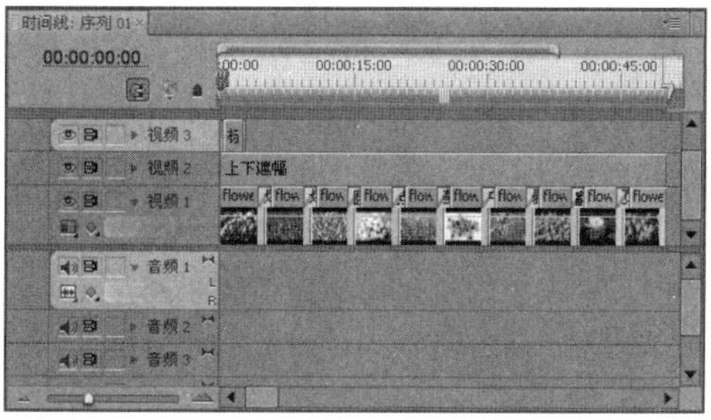

图 7-9　删除渲染文件后的“时间线”面板

7.2　输出影片文件——情人节礼物（1）

DV 作品制作完成后，就可以按照其用途输出为不同格式的文件，以便观看或作为素材进行再编辑加工。将 DV 作品输出为可直接播放的影片文件（如*.avi 或*.mpg 等）是最常用到的方法，接下来详细介绍怎样输出为影片文件。这里以第 4 章的实例“情人节礼物”为例进行讲解。

实例欣赏（图 7-10）

图 7-10　实例预览

操作秘籍

如果要输出 AVI 文件，可以在“导出设置”对话框中选择“格式为“Microsoft AVI。

如果弹出提示缺少文件对话框，说明 Premiere 无法找到与实例相关的素材文件，这时就需要用户手动指定。

实战演练

❶启动 Premiere Pro CS4 软件，在欢迎窗口中单击“打开项目”按钮，如图 7-11 所示。弹出“打开项目”对话框，选择要打开的 Premiere 项目，如这里选择“情人节礼物.prproj”，单击“打开”按钮，如图 7-12 所示。

图 7-11　单击“打开项目”按钮

图 7-12　“打开项目”对话框

❷如果弹出如图 7-13 所示的对话框，则说明 Premiere 无法找到与实例相关的素材文件，这时就需要用户手动指定。根据对话框标题栏上的提示缺少文件 love01.jpg，这里打开“图片素材”文件夹，并选中 love01.jpg，如图 7-14 所示，单击“选择”按钮。这样，Premiere 会自动将该文件夹中的所有素材自动重新连接起来。

图 7-13　缺少素材文件提示

图 7-14　重新建立连接

❸进入 Premiere Pro CS4 主界面后，在“时间线”面板中的任意位置单击，激活“时间线”面板，选择“文件”|“导出”|“媒体”命令，弹出提示对话框，如图 7-15 所示，提示更新媒体编码器，这里直接单击“确定”按钮。

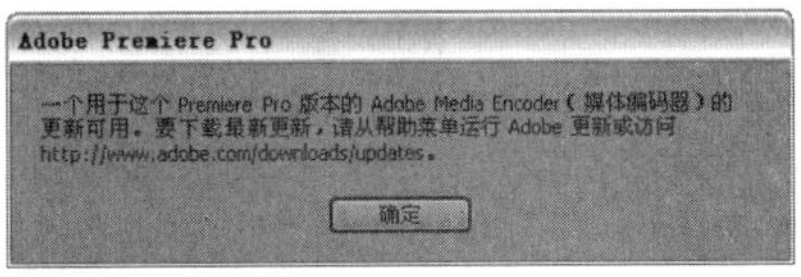

图 7-15　提示更新媒体编码器对话框

❹在弹出的“导出设置”对话框中，单击“格式”下拉框，如图 7-16 所示，可以从中选择要输出的影片格式，这里选择输出“格式”为 Microsoft AVI。

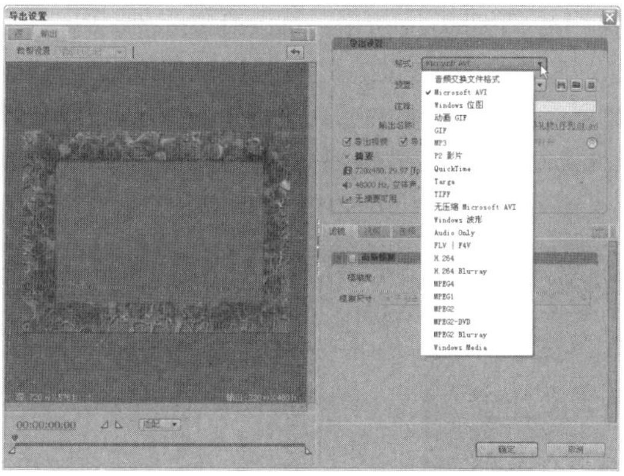

图 7-16　选择要输出的影片格式

> **操作提示**
>
> “格式”下拉列表中常用影片格式介绍如下：
>
> - Microsoft AVI：可以输出为基于 Windows 操作平台的数字电影。
> - 动画 GIF：可以输出为 GIF 动画文件。
> - QuickTime：可以输出为基于 Mac OS 操作平台的数字电影。
> - Windows 波形：只输出影片的声音，默认输出格式为*.WAV。
> - Targa：可以输出为序列文件，Premiere 可以将节目输出一组带有序列号的序列图片。这些文件由号码 01 开始顺序计数，并将号码补充到文件名中，例如 File0l.tga、File02.tga、File03.tga 等。输出序列图片后，可以使用胶片记录器将帧转换为电影，也可以在 Photoshop 等其他图形图像处理软件中编辑序列图片，然后再导入 Premiere 中进行编辑。
> - MPEG1：可以输出标准 VCD 格式视频文件，对于 PAL 制分辨率为 352*288。
> - MPEG2：可以输出标准 DVD 格式视频文件，对于 PAL 制分辨率为 720*576。
> - MPEG4：可以输出高压缩的视频格式，其文件小于 MPEG1 和 MPEG2，图像

❺单击“预置”下拉列表，从中选择一种预置，如这里选择 PAL DV 选项，如图 7-17 所示，单击旁边的“保存预置”按钮，可以将预置保存起来以后使用，单击“导入预置”按钮，则可以将之前保存的预置加载进来。

❻单击“输出名称”后面的路径，可以打开“另存为”对话框，在该对话框中可以设置视频文件的输出路径，如图 7-18 所示，设置完成后单击“保存”按钮关闭对话框。

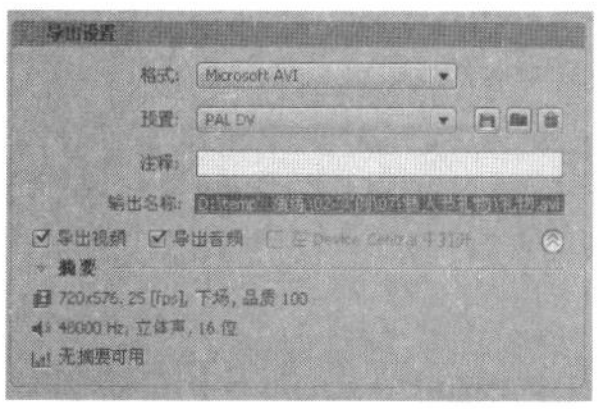

图 7-17　选择一种预置

图 7-18　“另存为”对话框

❼选择“视频”选项卡，如图 7-19 所示，可以对视频的编码格式进行设置。如这里设置“视频编解码器”为 Ligos Indeo? XP Video 5.2，设置“帧速率”为“25 帧/秒”，设置“场类型”为“下场优先”，设置“纵横比”为 D1/DV PAL(1.0940)，其他选项保持默认设置。

❽继续选择“音频”选项卡，如图 7-20 所示，设置“采样率”为 48000Hz，“声道”为“立体声”，“采样类型”为“16 位”，单击“确定”按钮。

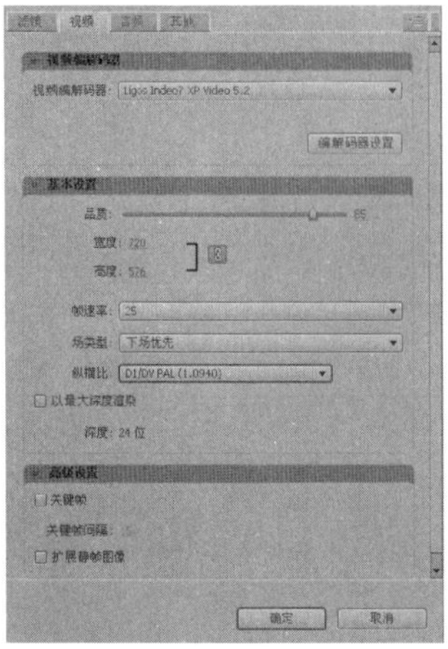

图 7-19 设置“视频”选项卡

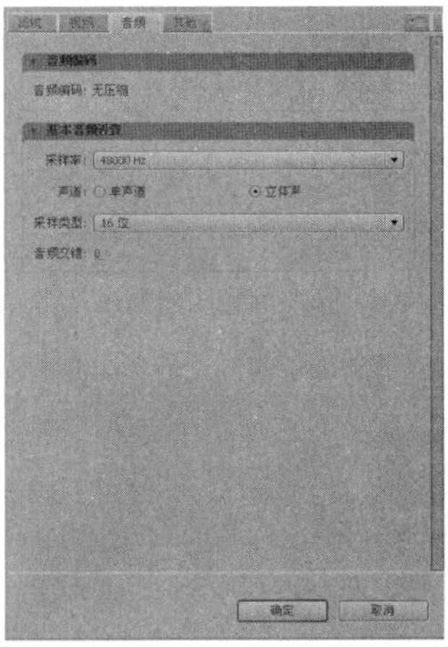

图 7-20 设置“音频”选项卡

❾稍等片刻，将启动 Adobe CS4 的另一个重要组件——Adobe Media Encoder CS4，如图 7-21 所示。在 Adobe Media Encoder 窗口中，可以再次确认之前的设置，单击“添加”按钮则可以继续添加其他需要导出的视频文件，这里一般直接单击“开始队列”按钮即可开始导出视频。

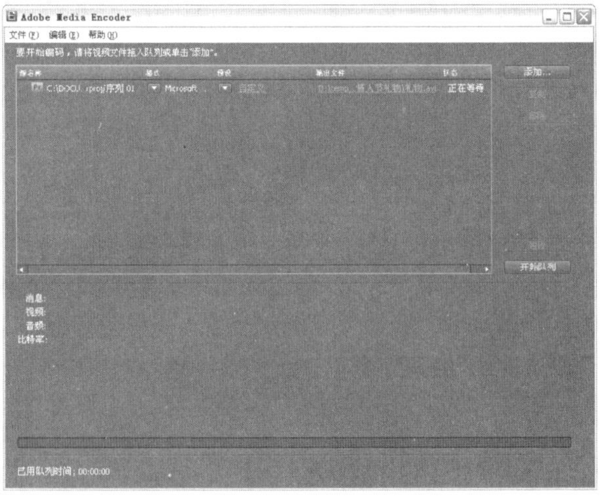

图 7-21 Adobe Media Encoder 窗口

7.3 输出单帧文件——情人节礼物（2）

如果想得到时间线轨道上的任意一帧画面，可以利用 Premiere Pro CS4 的单帧输出功能，下面以实例“情人节礼物”进行介绍。

实例欣赏（图 7-22）

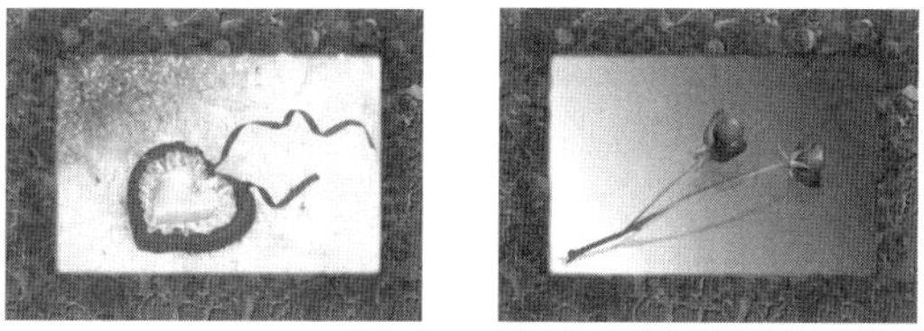

图 7-22　实例欣赏

操作秘籍

- 如果要输出图片文件，可以在“导出设置”对话框中选择“格式”为“Windows 位图”。
- 除了使用 Windows 图片浏览器来查看图片素材外，也可以使用 ACDSee 来浏览。

实战演练

❶将时间线指示器定位到需要输出的画面位置处，如这里为“00:00:25:23”，选择“文件”|“导出”|“媒体”命令，弹出“导出设置”对话框，如图 7-23 所示，设置导出“格式”为“Windows 位图”，设置“预置”为“PAL 位图”。

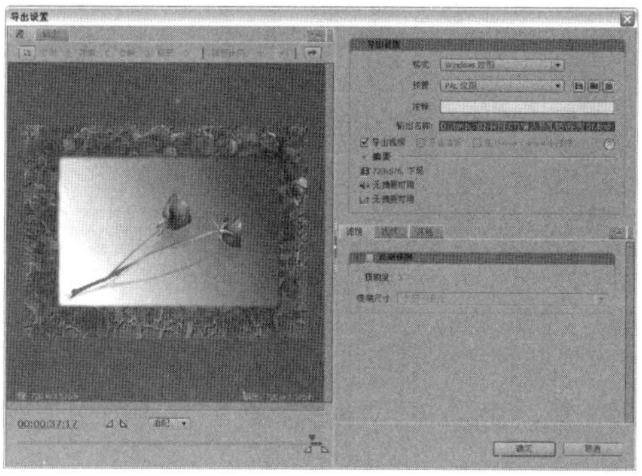

图 7-23　“导出设置”对话框

❷单击“输出名称”后面的路径，弹出“另存为”对话框，如图 7-24 所示，分别设置单帧图片保存的位置和名称，单击“保存”按钮。

❸返回“导出设置”对话框，单击“确定”按钮开始导出单帧图片，此时又会弹出如图 7-25 所示的“输出单帧”对话框，再次设置图片保存的位置和名称，单击“保存”按钮即可。

图 7-24　“另存为”对话框

图 7-25　“输出单帧”对话框

❹导出单帧图片后，最后在 Windows 图片浏览器中查看导出的单帧图片，如图 7-26 所示。

图 7-26　在 Windows 图片浏览器中查看导出的单帧图片

7.4　输出音频文件——聆听大自然的声音

如果只想输出项目文件中的音频部分，Premiere Pro CS4 也可以做到，下面通过具体的实例来介绍。

实例欣赏（图 7-27）

图 7-27　实例赏赏

操作秘籍

- 如果要输出音频文件，可以在“导出设置”对话框中选择“格式”为“Windows 波形”。
- 如果觉得 Premiere Pro CS4 编辑界面太暗，可以在“参数”对话框中进行调节。

实战演练

❶启动 Premiere Pro CS4 软件，在欢迎窗口中单击“打开项目”按钮，如图 7-28 所示。弹出“打开项目”对话框，选择要打开的 Premiere 项目，如这里选择“聆听大自然的声音.prproj”，单击“打开”按钮，如图 7-29 所示。

图 7-28　单击“打开项目”按钮

图 7-29　“打开项目”对话框

❷选择“文件”|“导出”|“媒体”命令，弹出“导出设置”对话框，如图 7-30 所示，设置导出“格式”为“Windows 波形”，在“音频”选项卡中设置“音频编码”为“无压缩”，“采样率”为 44100Hz，“声道”为“立体声”，单击“确定”按钮。

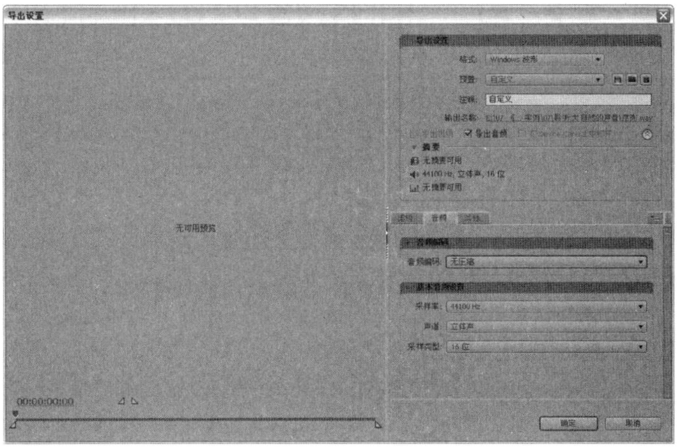

图 7-30 “导出设置”对话框

❸稍等片刻，将启动 Adobe Media Encoder CS4 软件，在 Adobe Media Encoder 窗口中，可以再次确认之前的设置，这里直接单击“开始队列”按钮即可开始导出音频。

第 8 章　制作婚纱电子相册

学习提示

婚纱照留住了人生最美丽的一刻，如果能将这些拍摄的照片做成浪漫的婚纱照，再加上美妙的音乐，最后刻录成光盘送给亲朋好友，可以让大家一起来分享这最幸福的时刻。本章就来实现这样一个综合案例，只需要准备几张自己的婚纱照片，即可开始动手制作。

实例文件

- 婚纱电子相册.prproj

实例欣赏（图 8-1）

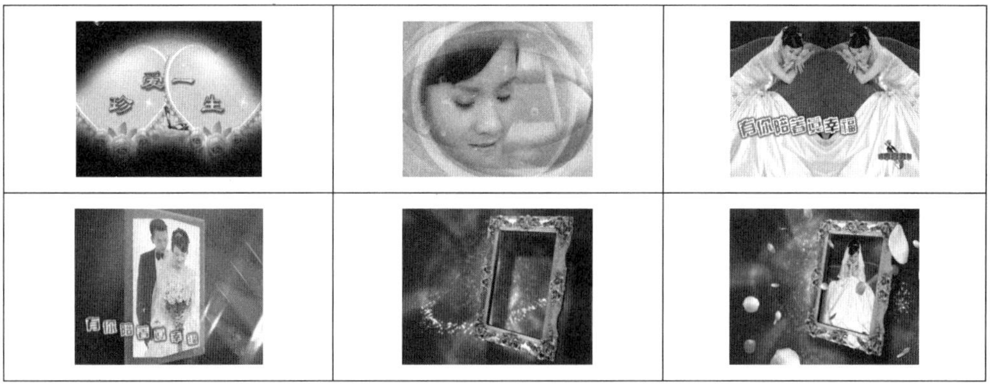

图 8-1　本章实例一览

8.1　新建项目并导入素材——婚纱电子相册（1）

❶运行 Premiere Pro CS4，单击欢迎窗口中的“新建项目”图标，在弹出的“新建项目”对话框中选择“常规”选项卡，在对话框下方选择项目文件的存放路径，并输入项目文件名称为“婚纱电子相册”，项目设置完成后，单击“确定”按钮。

❷弹出“新建序列”对话框，在“序列预置”选项卡中，选择列表中的“DV – PAL”|“标准 48kHz”选项，其他选项保持默认设置，如图 8-2 所示。

❸在“新建序列”对话框中，选择“轨道”选项卡，如图 8-3 所示，设置视频轨道数为 10，立体声轨道数为 1，其他全部为 0，单击“确定”按钮。

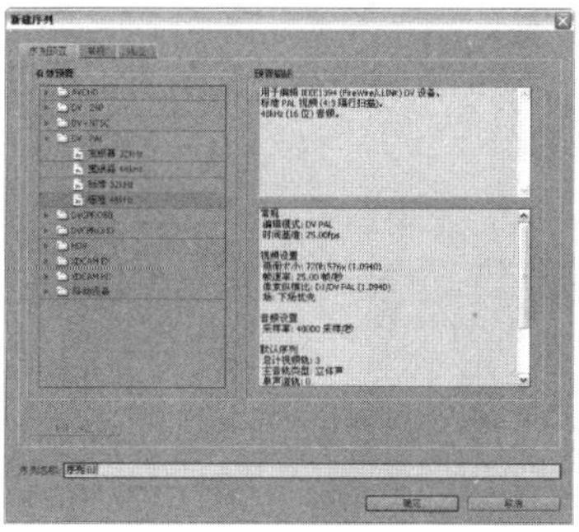

图 8-2　设置“序列预置”选项卡

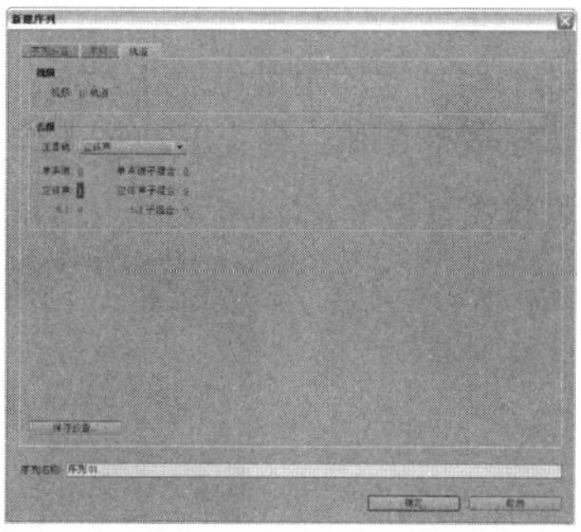

图 8-3　设置“轨道”选项卡

❹接下来设置图片素材默认导入的时间长度，选择“编辑”|“参数”|“常规”命令，弹出“参数”对话框，如图 8-4 所示，设置“静帧图像默认持续时间”为 125 帧。

❺在“参数”对话框左侧选择“媒体”选项，设置“不确定的媒体时间基准”为 25.00fps，如图 8-5 所示，其他选项保持默认设置，单击“确定”按钮。

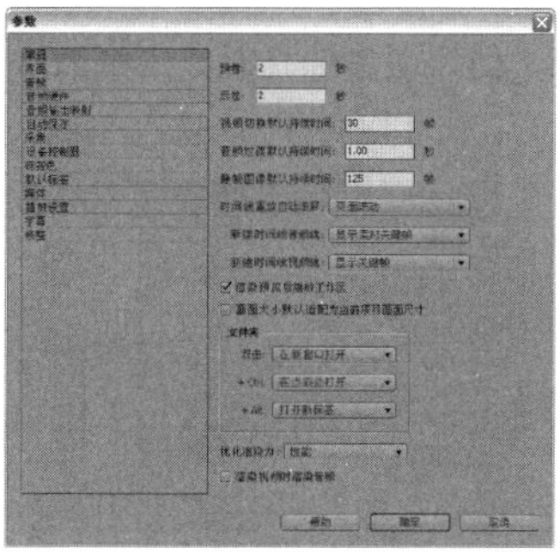

图 8-4　设置“静帧图像默认持续时间”

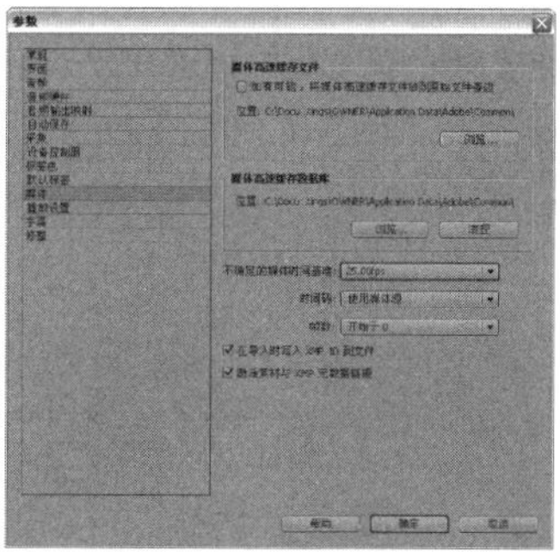

图 8-5　设置“不确定的媒体时间基准”

❻在“项目”面板的空白处双击，在弹出的“导入”对话框中，分别导入本例中所需要的素材，如图 8-6 所示，由于本例所需素材较多，为了便于管理，用文件夹来分类存放。分别选择文件夹“视频素材”、“音频素材”、“图片素材”和“TGA 序列”，单击“导入文件夹”按钮，导入各自文件夹中的素材。

❼导入文件夹后的“项目”面板如图 8-7 所示。

图 8-6　导入本例中所需要的素材

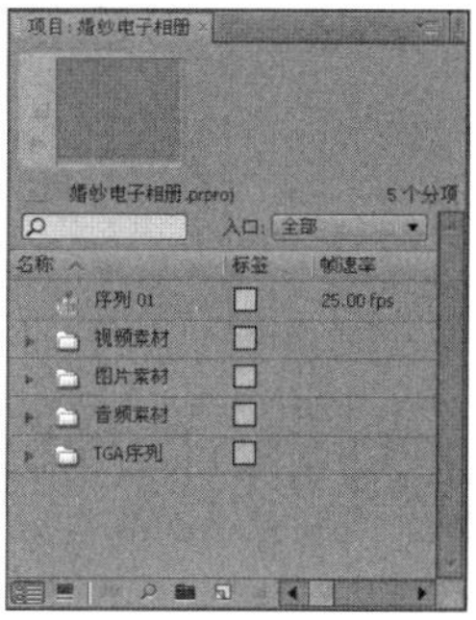

图 8-7　“项目”面板

8.2　制作分镜头一——婚纱电子相册（2）

作为一个完整的婚纱电子相册，片头部分是不可或缺的，片头要突出新意，所以在技术上没有太多的新知识，而更多地体现在其构思和创意方面。

实例欣赏（图 8-8）

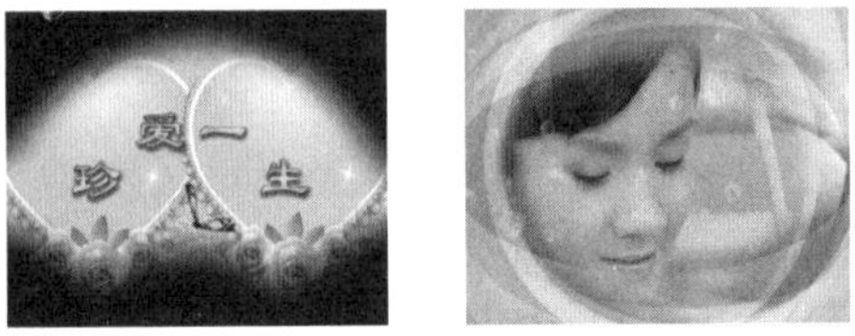

图 8-8　实例欣赏

操作秘籍

- 使用快捷键 Ctrl+Shift+D，可以快速为两段音频素材片段添加一个过渡转场。
- 在“参数”对话框中，可以改变静帧图像默认持续时间和不确定的媒体时间基准。

实战演练

❶在“项目”面板中将素材“双心.psd”拖放至“视频 1”轨道的开始处，将素材“扇子遮罩.psd”拖放至“视频 2”轨道的开始处，并设置它们的出点都为“00:00:15:16”，如图 8-9 所示。

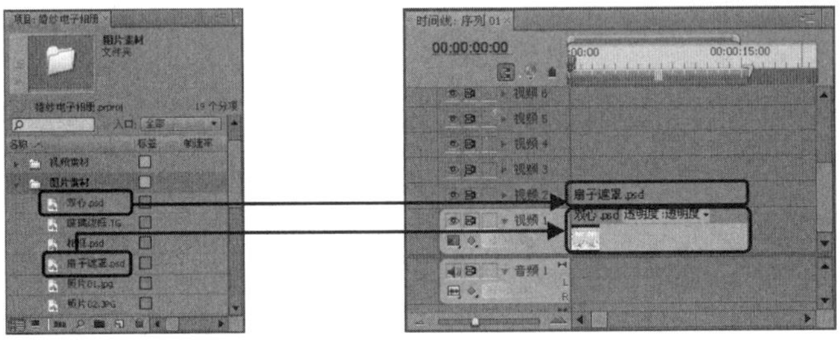

图 8-9　添加素材到视频轨道中

❷在“效果”面板中展开“视频特效”|“键控”文件夹，将其中的“轨道遮罩键”特效拖放至“视频 1”轨道中的“双心.psd”素材上，如图 8-10 所示。

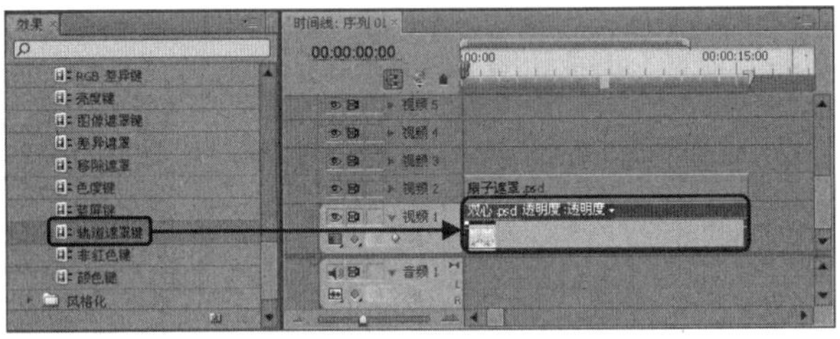

图 8-10　添加“轨道遮罩键”特效

❸选中“视频 1”轨道中的“双心.psd”素材，在其“特效控制台”面板中展开“轨道遮罩键”选项，设置“遮罩”为“视频 2”，“合成方式”为“Luma 遮罩”，“缩放比例”为 110，如图 8-11 所示。

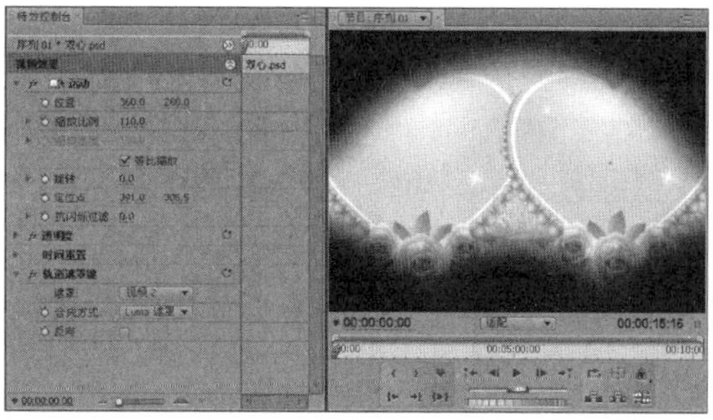

图 8-11　设置“特效控制台”面板参数

❹接下来制作婚纱电子相册的片头文字——“珍爱一生”。按快捷键 Ctrl+T 新建字幕“珍”，在弹出的“新建字幕”对话框中设置“时间基准”为 25.00fps，字幕“名称”为“珍”，如图 8-12 所示，单击“确定”按钮。

❺在“字幕”窗口中单击“文字”工具，然后在画面中单击输入文字“珍”，并设置文字的“字体”为 LiSu，“字体大小”为 89；最后为其应用一种样式，如图 8-13 所示，设置完成后关闭“字幕”窗口。

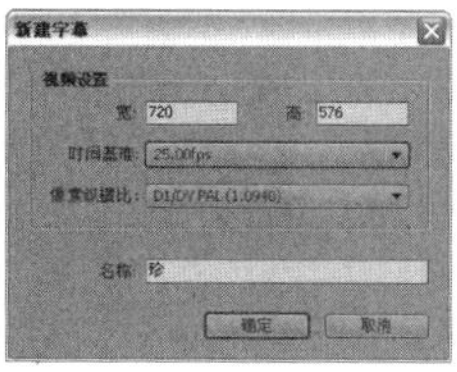

图 8-12　新建字幕“珍”

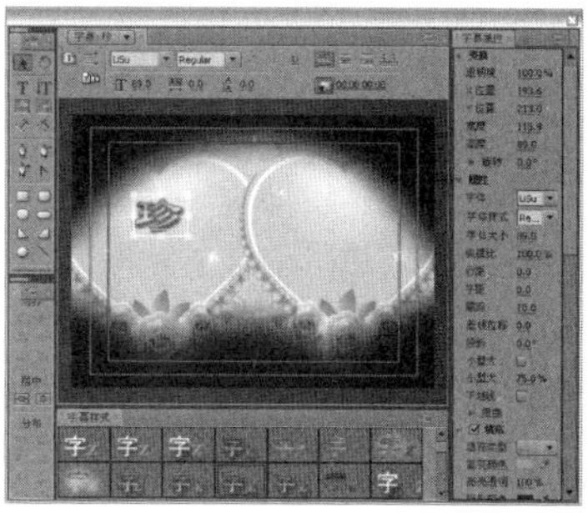

图 8-13　设置字幕属性

❻为了提高制作效率，将字幕“珍”分别复制三个出来，如图 8-14 所示，并分别将其重命名为“爱”、“一”、“生”，如图 8-15 所示。

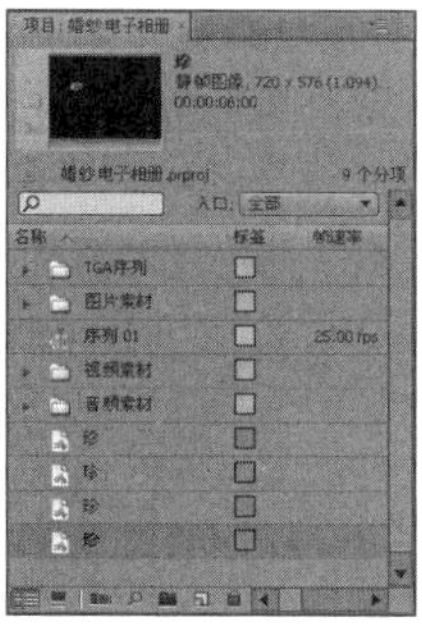

图 8-14　复制字幕

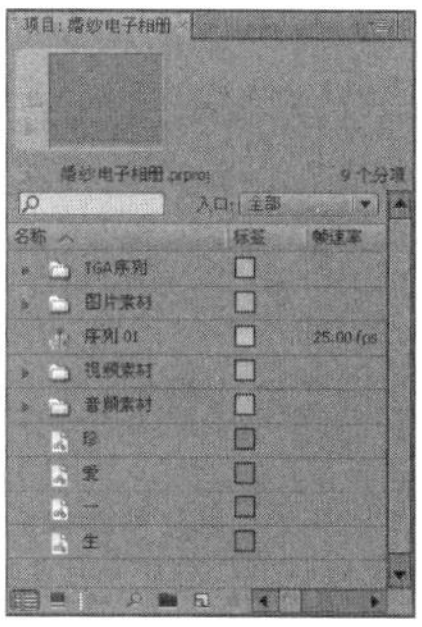

图 8-15　重命名字幕

❼将“项目”面板中的字幕素材“珍”拖放至“视频 3”轨道中，如图 8-16 所示，设置其入点为“00:00:02:15”，出点为“00:00:15:16”。

❽在“项目”面板中双击字幕“爱”将其打开，如图 8-17 所示，使用“文字”工具将里面的文字改为“爱”，然后使用“选择”工具适当移动其位置（参照图 8-17 中位置进行移动），设置完成后关闭“字幕”窗口。

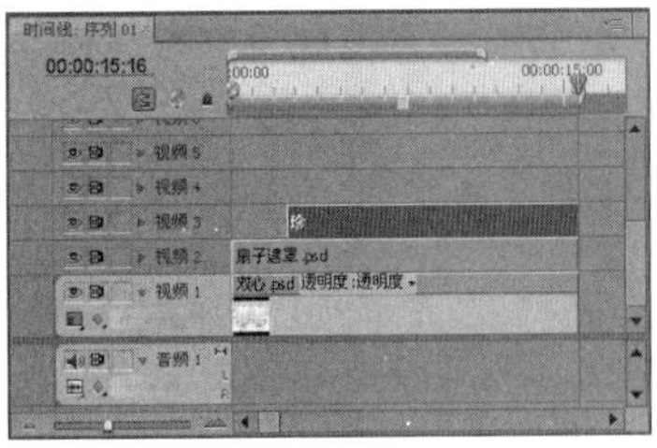

图 8-16　添加字幕素材

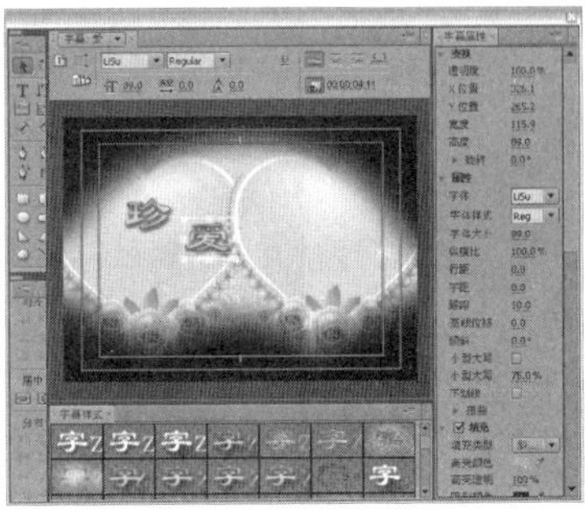

图 8-17　调整字幕素材的位置

❾将时间线定位至“00:00:03:21”处，在“项目”面板中将字幕素材“爱”拖放至“视频 4”轨道中，如图 8-18 所示，设置其出点为“00:00:15:16”。

❿在“项目”面板中双击字幕“一”将其打开，如图 8-19 所示，使用“文字”工具将里面的文字改为“一”，然后使用“选择”工具适当移动其位置（参照图 8-19 中位置进行移动），设置完成后关闭“字幕”窗口。

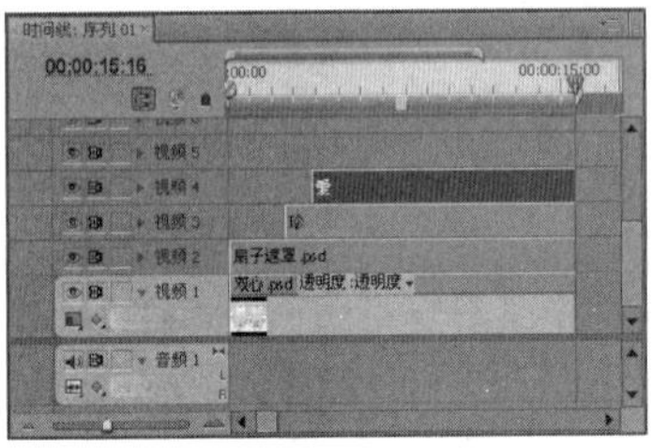

图 8-18　添加字幕素材

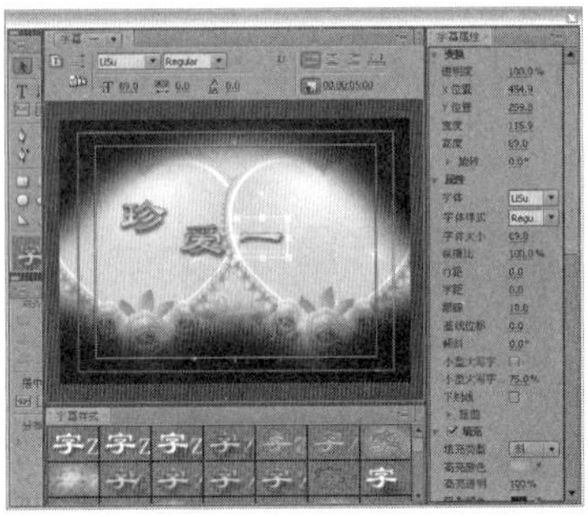

图 8-19　调整字幕素材的位置

⓫将时间线定位至“00:00:05:01”处，然后在“项目”面板中将刚才设置的字幕素材“一”拖放至“视频 5”轨道中，如图 8-20 所示，设置其出点为“00:00:15:16”。

⓬在“项目”面板中双击字幕“生”将其打开，如图 8-21 所示，使用“文字”工具将里面的文字改为“生”，然后使用“选择”工具适当移动其位置（参照图中位置进行移动），设置完成后关闭“字幕”窗口。

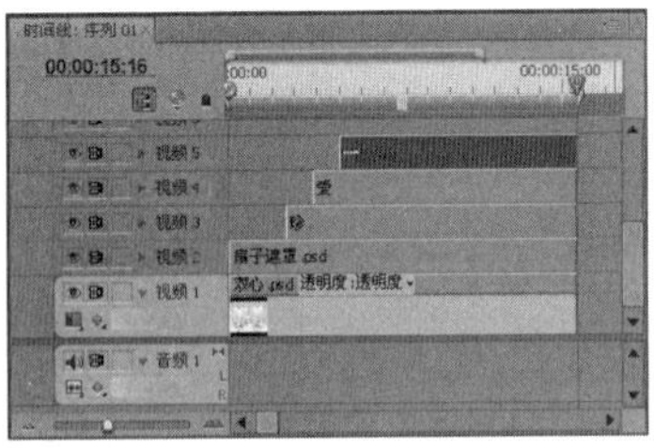

图 8-20　添加字幕素材

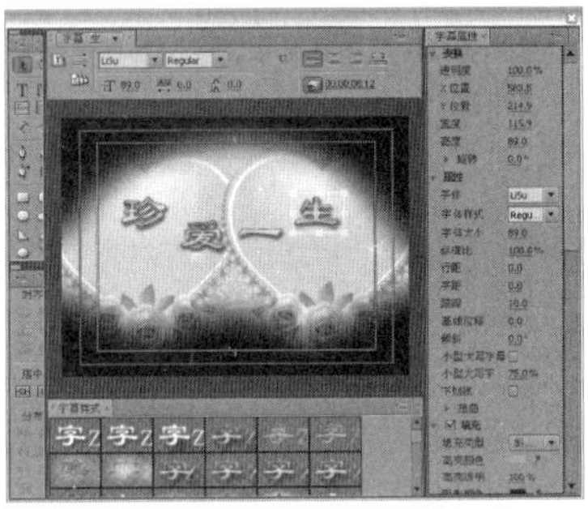

图 8-21　调整字幕素材的位置

⓭将时间线定位至“00:00:06:05”处，在“项目”面板中将刚才设置的字幕素材“生”拖放至“视频 6”轨道中，如图 8-22 所示，设置其出点为“00:00:15:16”。

⓮添加完字幕素材后，接下来设置各个字幕的动画效果。选择“视频 3”轨道中的字幕素材“珍”，在其“特效控制台”面板中为“位置”选项添加两个关键帧，时间点分别为“00:00:07:04”和“00:00:09:04”处，如图 8-23 所示，分别设置其坐标值为（360，288）和（360，385）。

图 8-22　添加字幕素材

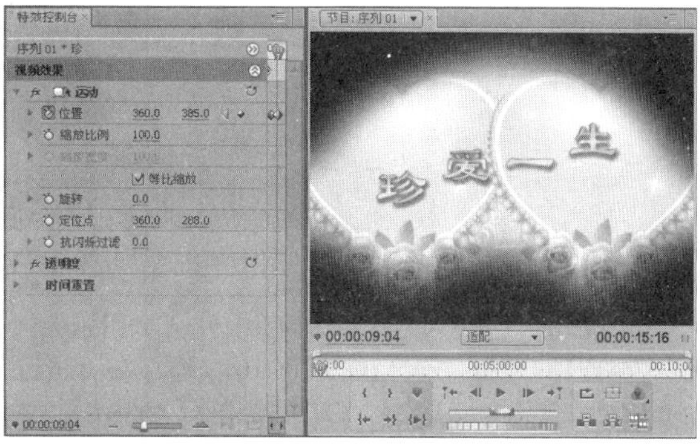

图 8-23　设置效果参数（1）

⓯选择“视频 4”轨道中的字幕素材“爱”，在其“特效控制台”面板中同样为“位置”选项添加两个关键帧，时间点分别为“00:00:07:13”和“00:00:09:04”处，如图 8-24 所示，分别设置其坐标值为（360，288）和（360，244）。

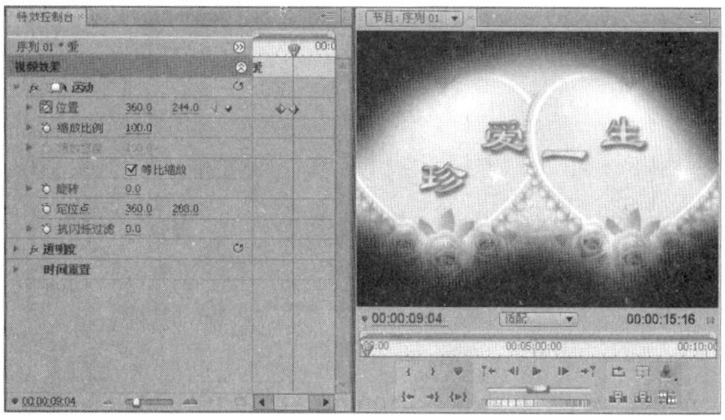

图 8-24　设置效果参数（2）

⓰选择“视频 5”轨道中的字幕素材“一”，在其“特效控制台”面板中也为“位置”选项添加两个关键帧，时间点分别为“00:00:08:03”和“00:00:09:04”处，如图 8-25 所示，分别设置其坐标值为（360，288）和（360，252）。

⓱选择“视频 6”轨道中的字幕素材“生”，在其“特效控制台”面板中也为“位置”选项添加两个关键帧，时间点分别为“00:00:08:06”处和“00:00:09:04”处，如图 8-26 所示，分别设置其坐标值为（360，288）和（360，381）。

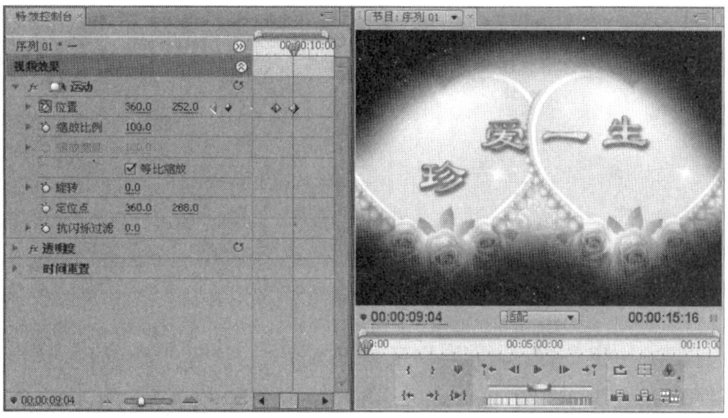

图 8-25　设置效果参数（3）

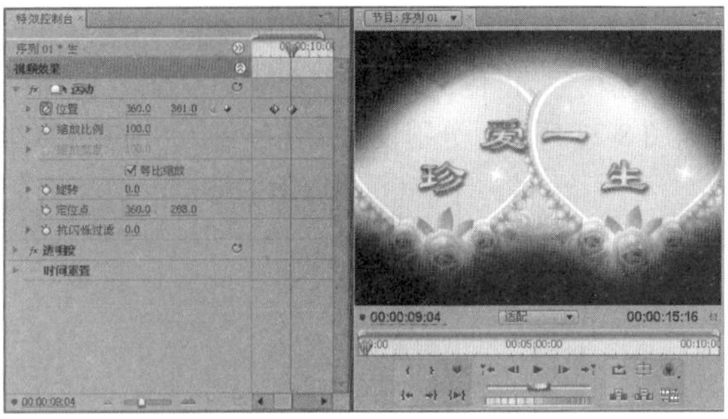

图 8-26　设置效果参数（4）

⑱最后为“视频 1”～“视频 6”分别添加默认的转场效果，如图 8-27 所示。

⑲将时间线定位至“00:00:08:02”处，在“项目”面板中展开“TGA 序列”文件夹，将其中的“蝴蝶 001.tga”拖放至“视频 7”轨道中，如图 8-28 所示。

图 8-27　添加默认转场效果

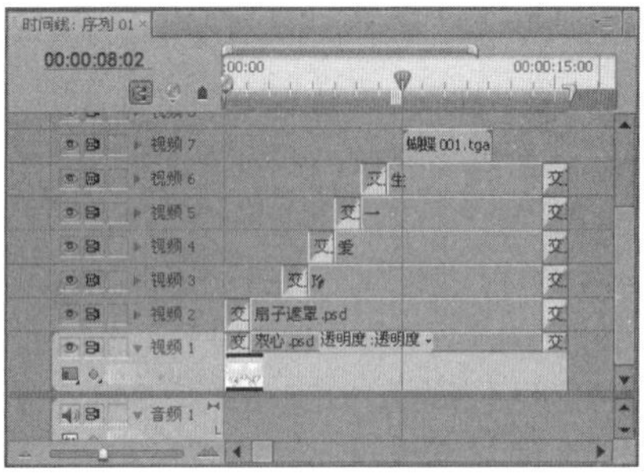

图 8-28　添加 TGA 序列素材

⑳将时间线定位至“00:00:09:17”处，在“项目”面板中展开“TGA 序列”文件夹，将其中的“蝴蝶 001.tga”拖放至“视频 8”轨道中，如图 8-29 所示。

㉑分别设置“视频 7”和“视频 8”轨道中的素材“蝴蝶 001.tga”的比例大小，在“特效控制台”面板中设置“缩放比例”为 228，使其充满整个画面，如图 8-30 所示。

图 8-29　添加 TGA 序列素材

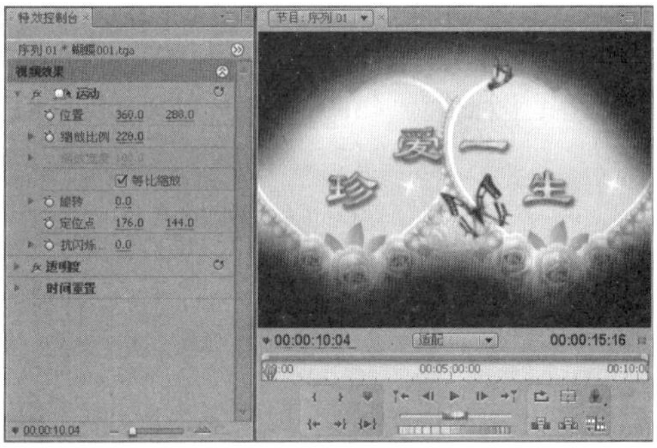

图 8-30　调整素材比例大小

㉒展开“项目”面板中的“TGA 序列”文件夹，将其中的“遮罩 001.tga”序列拖放至“视频 1”轨道中，使其紧挨着素材“双心.psd”尾部对齐，如图 8-31 所示。

㉓同样的方法，拖放两次素材“遮罩 001.tga”序列至“视频 1”轨道中，如图 8-32 所示，使其依次排列。

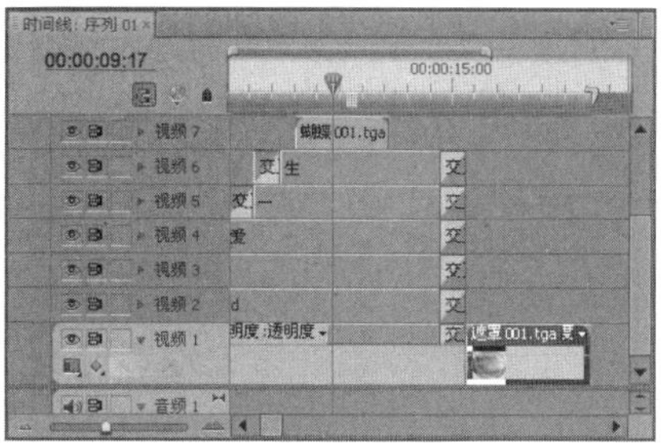

图 8-31　添加 TGA 序列素材

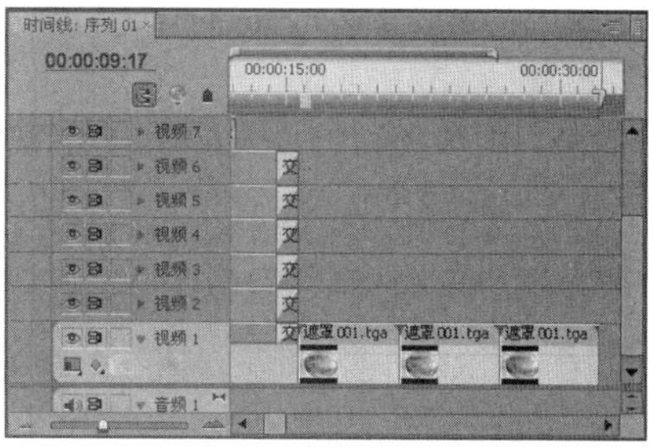

图 8-32　添加 TGA 序列素材

㉔展开“项目”面板中的“图片素材”文件夹，按住 Shift 键依次选择素材“照片 01.jpg”~“照片 03.jpg”，将它们拖放至“视频 2”轨道中，使其紧挨着素材“扇子遮罩.psd”尾部对齐，如图 8-33 所示。

㉕展开“项目”面板中的“图片素材”文件夹，将其中的“椭圆遮罩.PSD”序列拖放至“视频 3”轨道中，使其紧挨着字幕素材“珍”尾部对齐，如图 8-34 所示。

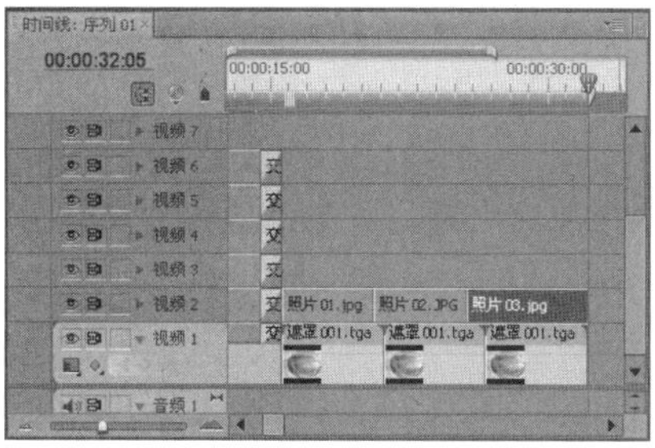

图 8-33　添加照片素材

图 8-34　添加遮罩素材

㉖接下来首先为素材“照片 01.jpg”添加特效。在“效果”面板中展开“视频特效”|“键控”文件夹，将其中的“轨道遮罩键”特效拖放到“照片 01.jpg”上，在素材“照片 01.jpg”的“特效控制台”面板中，展开“运动”选项，如图 8-35 所示，设置“缩放比例”为 83；展开“轨道遮罩键”选项，设置“遮罩”选项为“视频 3”，“合成方式”为“Alpha 遮罩”。

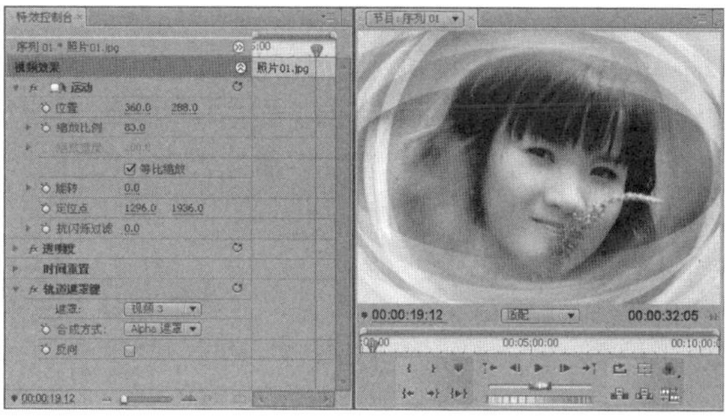

图 8-35　设置特效参数

㉗展开“项目”面板中的“遮罩素材”文件夹，继续将其中的“椭圆遮罩.PSD”序列拖放至“视频 3”轨道中，一共拖放两次，并使其首尾相接对齐，如图 8-36 所示。

㉘接下来将素材“照片 01.jpg”的全部特效参数复制给同轨道中的素材“照片 02.jpg”和“照片 03.jpg”，如图 8-37 所示，复制完特效的照片素材底部有一条紫色细线。

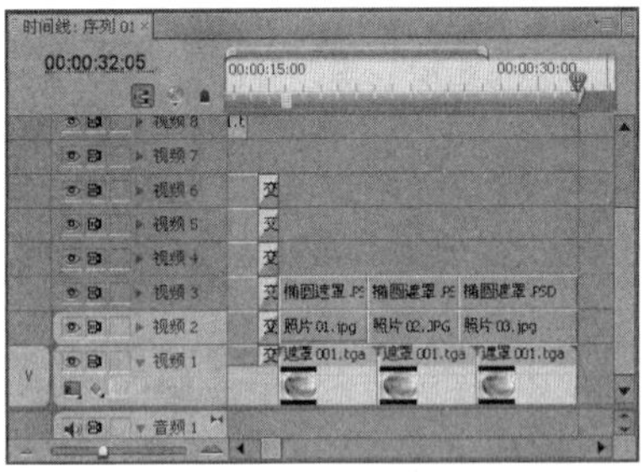

图 8-36　添加遮罩素材

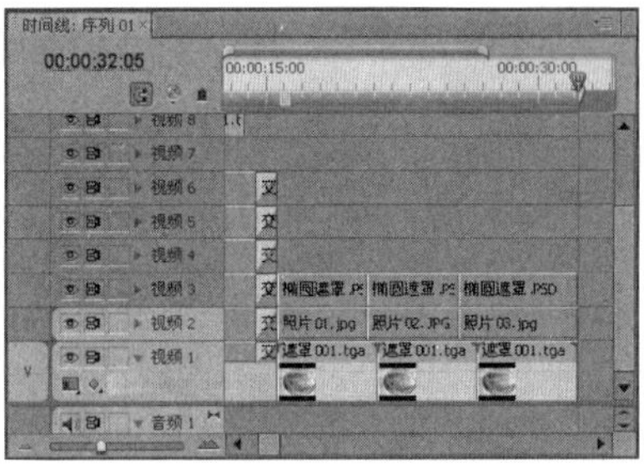

图 8-37　复制特效参数

㉙接下来设置图片素材“照片 02.jpg”的特效参数，如图 8-38 所示，由于照片尺寸太大，导致添加遮罩效果后不能准确显示我们想要的画面部分，这时需要简单地修改一下照片的尺寸，使其缩小些，并且尽量使其人物在画面的中间位置。

㉚在素材“照片 02.jpg”上右击，在弹出的快捷菜单中选择“在 Adobe Photoshop 中编辑”命令，如图 8-39 所示。

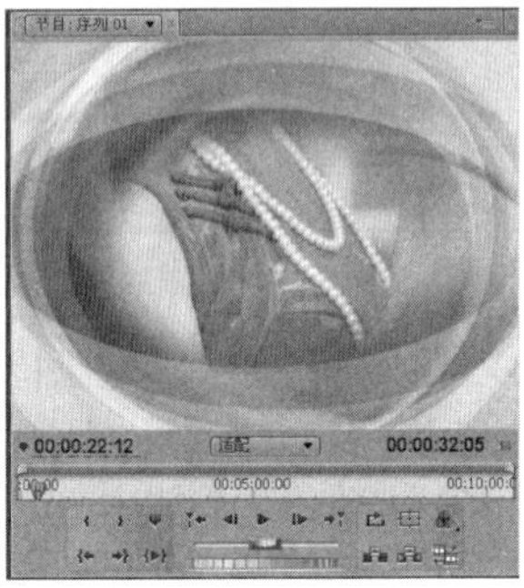

图 8-38　设置特效参数

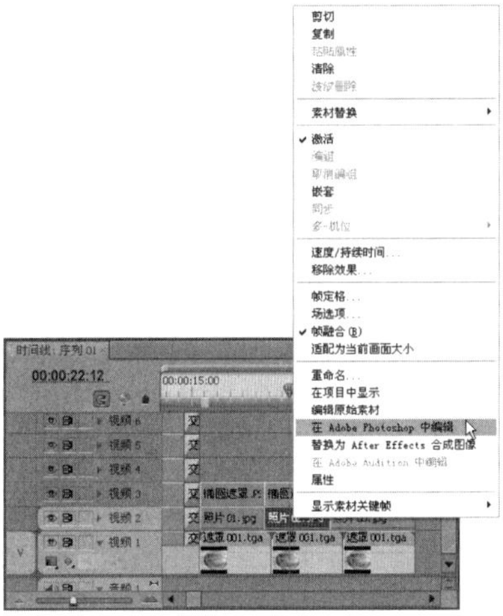

图 8-39　在 Adobe Photoshop 中编辑

㉛打开 Photoshop 编辑软件，如图 8-40 所示，可以在该软件中对照片素材的尺寸进行设置。

㉜在 Photoshop 编辑软件中，选择“图像”|“画布大小”命令，在弹出的“画布大小”对话框中设置尺寸单位为“像素”，“高度”和“宽度”都为 2500，“定位”为以上中为基点，如图 8-41 所示，设置完成后单击“确定”按钮。

图 8-40　打开 Photoshop 编辑软件

图 8-41　“画布大小”对话框

㉝按快捷键 Ctrl+S 覆盖保存的原图片素材“照片 02.jpg”，关闭 Photoshop 编辑软件后，回到 Premiere Pro CS4 中，如图 8-42 所示，发现在人物的面部已经出现在了画面中，这正是所需要的画面。

㉞选择图片素材“照片 03.jpg”正上方的遮罩素材“椭圆遮罩.PSD”，在其“特效控制台”面板中设置“位置”坐标值为（360，288），“缩放比例”为 85，如图 8-43 所示。

图 8-42　调整后的效果

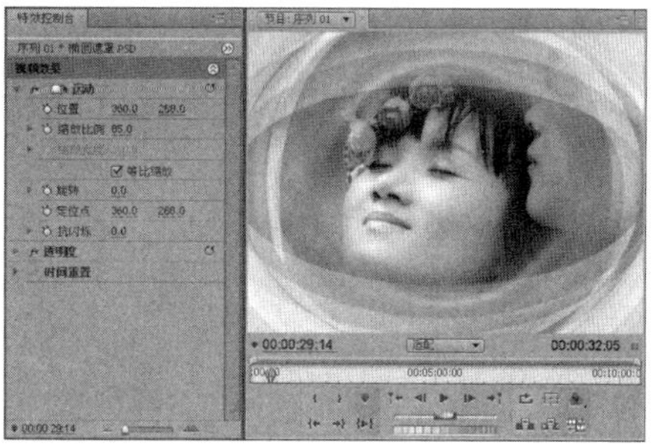

图 8-43　设置效果参数

㉟继续选择“视频 2”轨道中的图片素材“照片 03.jpg”，在其“特效控制台”面板中设置“位置”坐标值为（360，270），“缩放比例”为 85，如图 8-44 所示。

㊱设置完素材的特效参数后，最后为各照片素材以及“动态遮罩前景 001.tga”之间添加默认的转场效果，如图 8-45 所示。

㊲在“项目”面板中展开“TGA 序列”文件夹，将其中的“气泡 001.tga”拖放至“视频 4”轨道中，使其紧挨着字幕素材“爱”对齐，如图 8-46 所示。

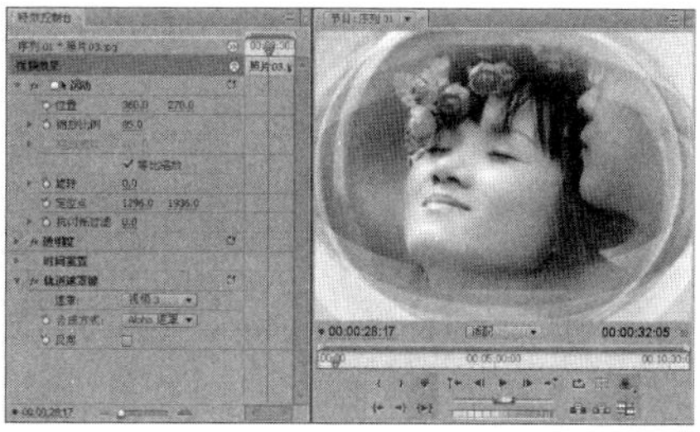

图 8-44　设置效果参数

图 8-45　添加默认的转场效果

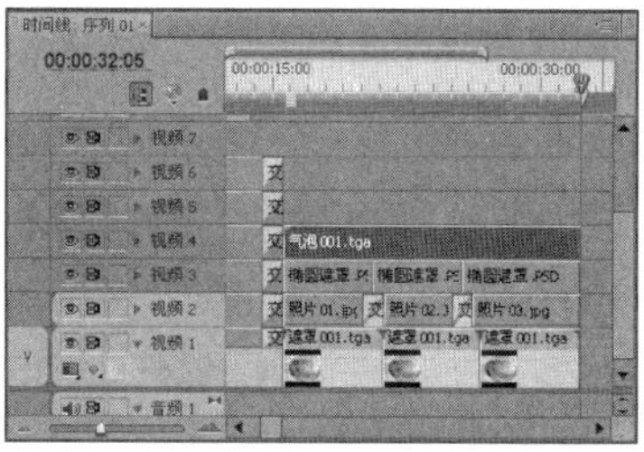

图 8-46　添加 TGA 序列

㊳“气泡 001.tga”有黑色背景，需要将其去除，在“效果”面板中展开“视频特效”|“键控”文件夹，将其中的“移除遮罩”特效拖放至“气泡 001.tga”素材上，如图 8-47 所示。

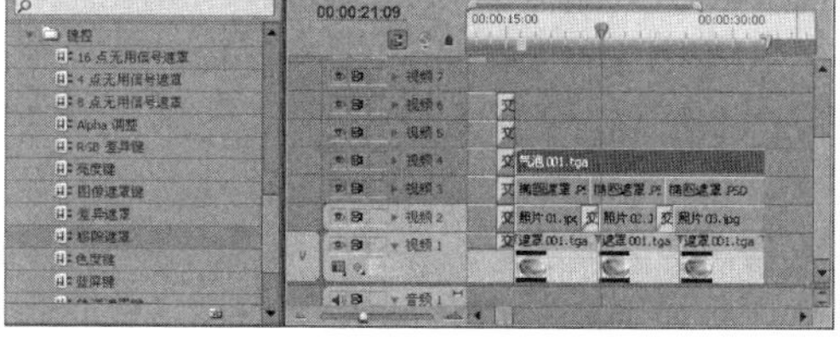

图 8-47　添加“移除遮罩”特效

㊴在素材“气泡 001.tga”的“特效控制台”面板中，设置其“缩放比例”为 227；展开“移除遮罩”选项，设置“遮罩类型”为“黑色”，如图 8-48 所示。

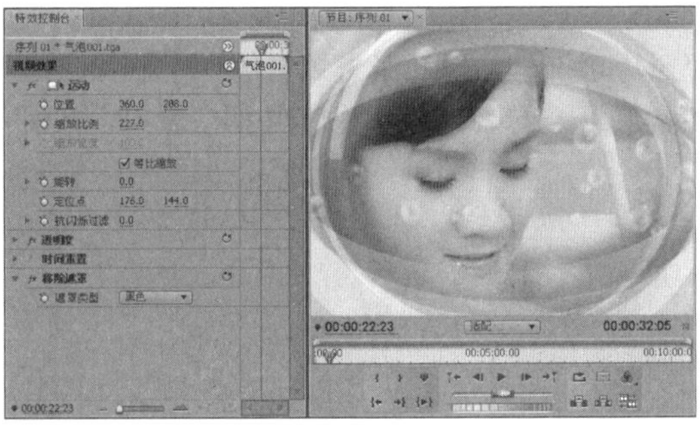

图 8-48　设置特效参数

㊵至此，婚纱电子相册的片头部分全部制作完成，拖动时间线预览动画效果，如图 8-49 所示。

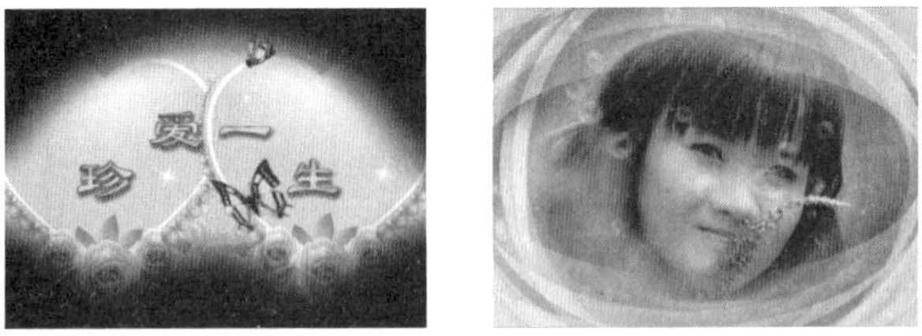

图 8-49　预览动画效果

8.3　制作分镜头二——婚纱电子相册（3）

本节来实现分镜头二的制作。在制作中创意同样占据了重要的部分，如何将众多的图片、视频、照片等素材通过 Premiere 整合起来变成一个很有表达想法的画面效果，将是本节制作的重点。

实例欣赏（图 8-50）

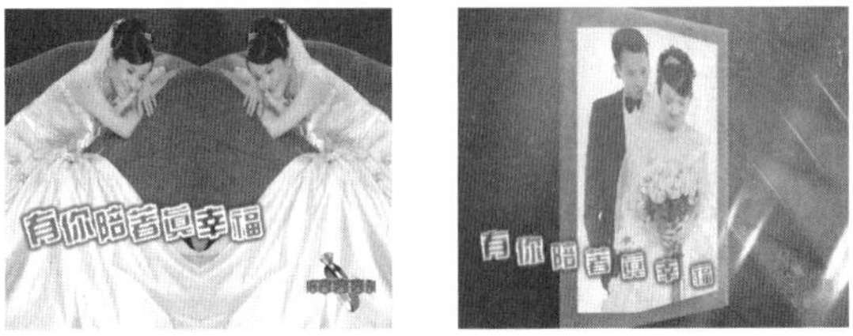

图 8-50　实例欣赏

操作秘籍

- 在“效果”面板中拖动视频转场到两个素材之间，即可添加一个转场过渡。
- 如果为已经添加转场的两个素材之间再次添加转场，则会覆盖之前的转场过渡。

实战演练

❶按快捷键 Ctrl+N 新建时间线序列，如图 8-51 所示，设置“序列名称”为“序列 02”，“视频”轨道数目为 8 个，“立体声”轨道数目为 1。

❷在“项目”面板中展开“视频素材”文件夹，将其中的“红背景.avi”拖放至“视频 1”轨道的开始处，如图 8-52 所示，分别拖放四次，各素材首尾相接排列。

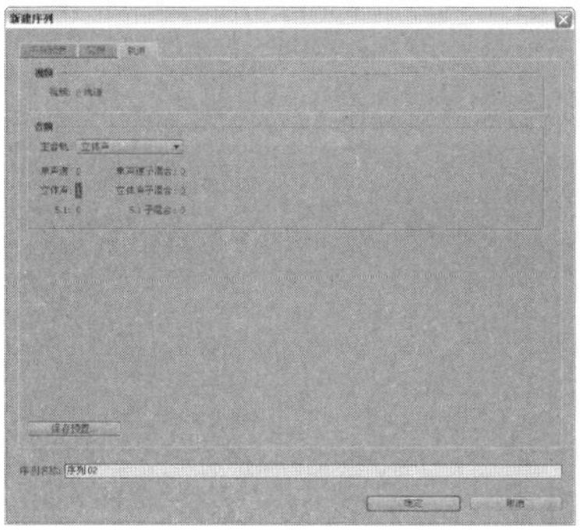

图 8-51　新建时间线序列

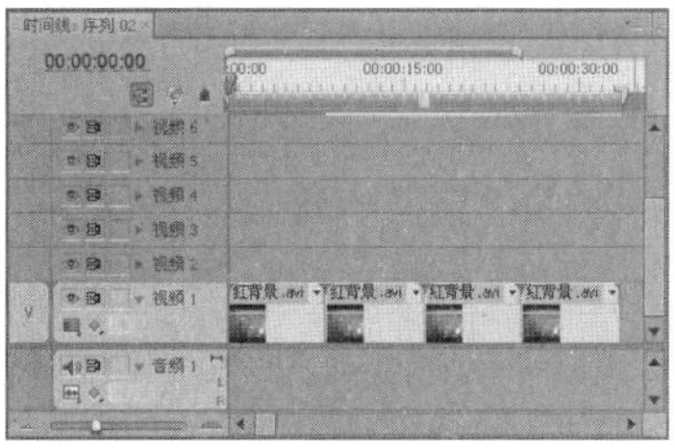

图 8-52　添加视频素材

❸拖动时间线预览时发现各素材之间的过渡不够平滑，所以为其添加默认的转场过渡效果，如图 8-53 所示。

❹继续添加照片素材。在“项目”面板中展开“图片素材”文件夹，将其中的“照片 08.jpg”拖放至“视频 2”轨道的开始处，如图 8-54 所示。

图 8-53　添加默认的转场过渡效果

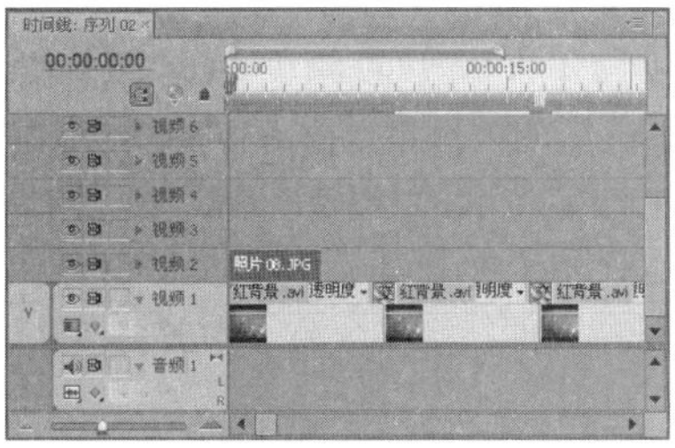

图 8-54　添加照片素材

❺在“照片 08.jpg”的“特效控制台”面板中，将时间线定位至“00:00:00:00”处，为“位置”参数添加一个关键帧，并设置其值为（186，330），设置“缩放比例”为 17，如图 8-55 所示。

❻将时间线定位至“00:00:03:00”处，设置“位置”的坐标值为（186，330）；为“透明度”参数添加一个关键帧，如图 8-56 所示。

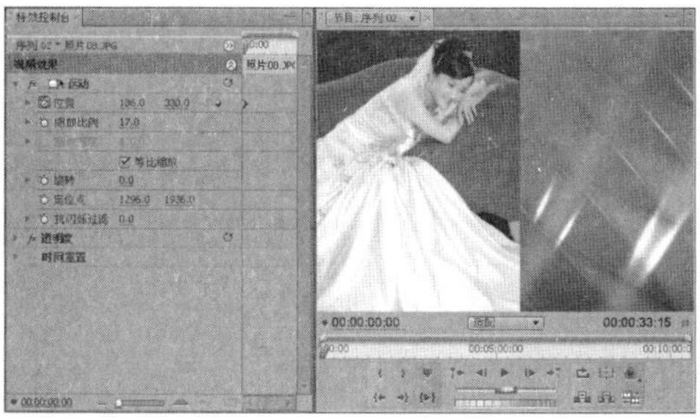

图 8-55　设置效果参数（1）

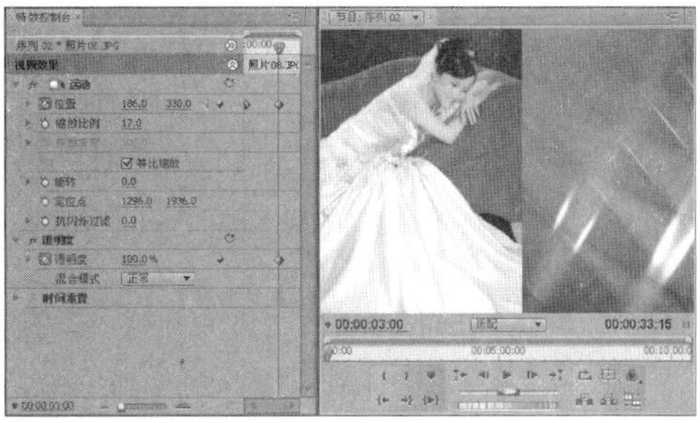

图 8-56　设置效果参数（2）

❼接下来为“照片 08.jpg”设置一种忽明忽暗的效果，如图 8-57 所示，分别在时间点“00:00:03:13”、“00:00:04:05”和“00:00:05:00”处为“透明度”参数添加关键帧，并设置其值分别为 0%、100%和 0%。

❽接下来将“视频 2”轨道中的“照片 08.jpg”复制到“视频 3”轨道中的开始处，如图 8-58 所示。

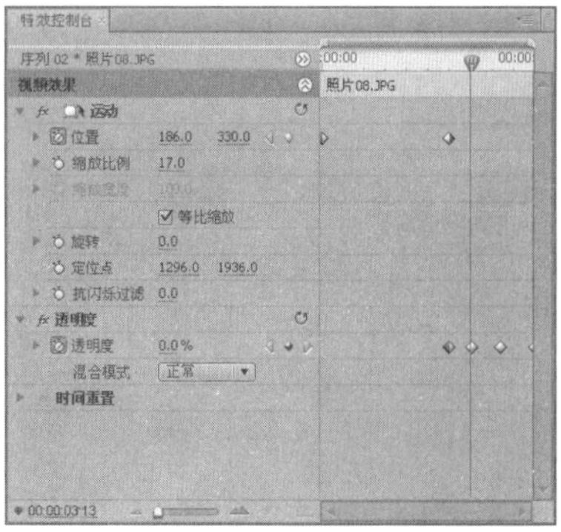

图 8-57 设置效果参数（3）

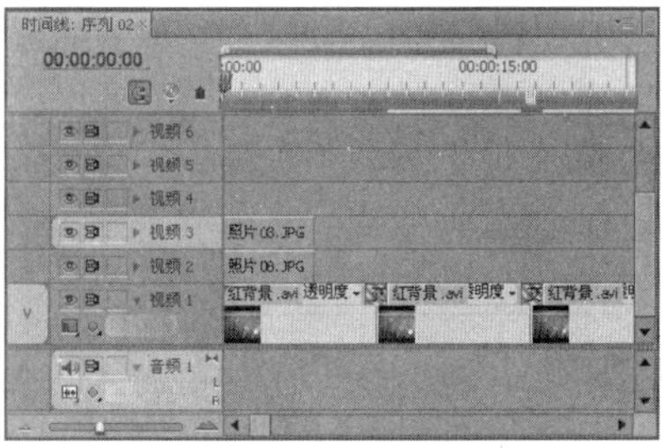

图 8-58 复制素材

❾在“效果”面板中展开“视频特效”|“变换”文件夹，将其中的“水平翻转”特效拖放到“视频 3”轨道中的“照片 08.jpg”上，如图 8-59 所示。

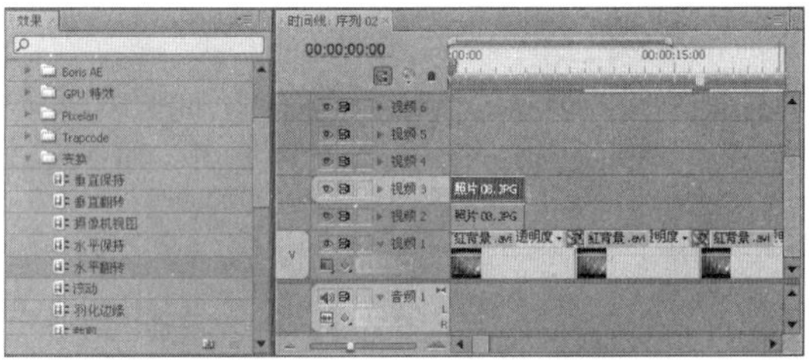

图 8-59 添加“水平翻转”特效

❿接下来修改“视频 3”轨道中的“照片 08.jpg”的效果参数值，按住 Shift 键将时间线定位至第一列关键帧处，修改“位置”的坐标值为（565，330）；按住 Shift 键将时间线定位至第二列关键帧处，将该时间点“透明度”对应的关键帧删除，如图 8-60 所示。

⓫继续将时间线定位至第三列关键帧处，修改“透明度”的值为 100%（如图 8-61 所示）；将时间线定位至第四列关键帧处，修改“透明度”的值为 0%；将时间线定位至第五列关键帧处，修改“透明度”的值为 100%。

图 8-60 设置特效参数

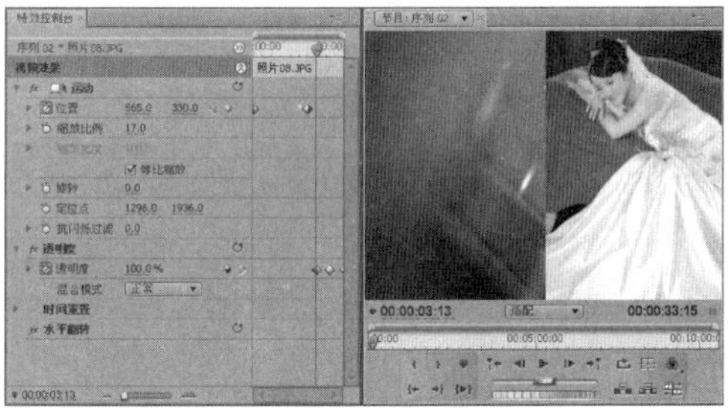

图 8-61 设置特效参数

⓬接下来为画面添加动态文字素材。在“项目”面板中展开“视频素材”文件夹，将其中的“有你陪着真幸福.mov”拖放至“视频 4”轨道的开始处，如图 8-62 所示。

⓭在素材“有你陪着真幸福.mov”上右击，选择“速度/持续时间”命令，在弹出的“素材速度/持续时间”对话框中，设置“速度”为 130%，如图 8-63 所示，单击“确定”按钮。

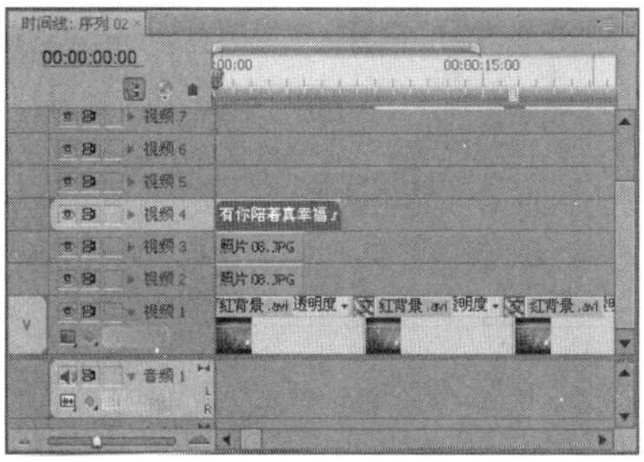

图 8-62　添加视频素材

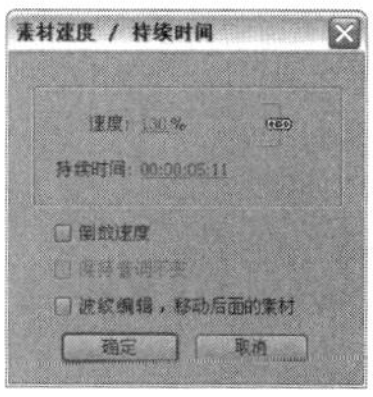

图 8-63　“素材速度/持续时间”对话框

⓮接下来调整文字的位置。在素材“有你陪着真幸福.mov”的“特效控制台”面板中，设置“位置”的坐标值为（185，288），如图 8-64 所示。

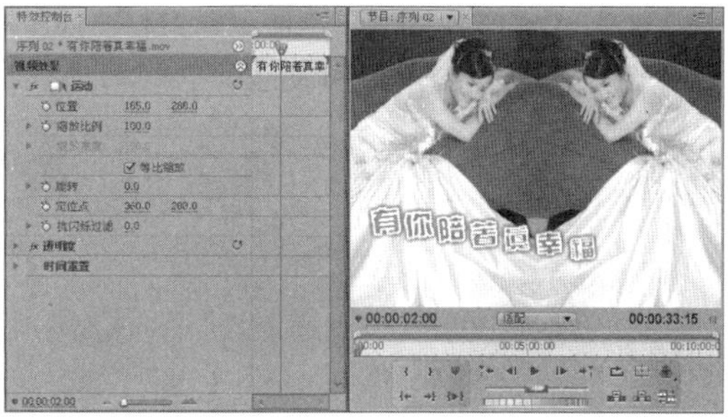

图 8-64　设置效果参数（1）

⓯在“项目”面板中展开“视频素材”文件夹，将其中的“右下戒指.mov”拖放至“视频 6”轨道的开始处，如图 8-65 所示。

⓰添加进来的素材“右下戒指.mov”需要进行简单设置，如图 8-66 所示，在其“特效控制台”面板中设置“位置”坐标值为（504，397）；设置“缩放比例”为 67，注意在“节目监视器”面板中观察其变化。

图 8-65　设置效果参数（2）

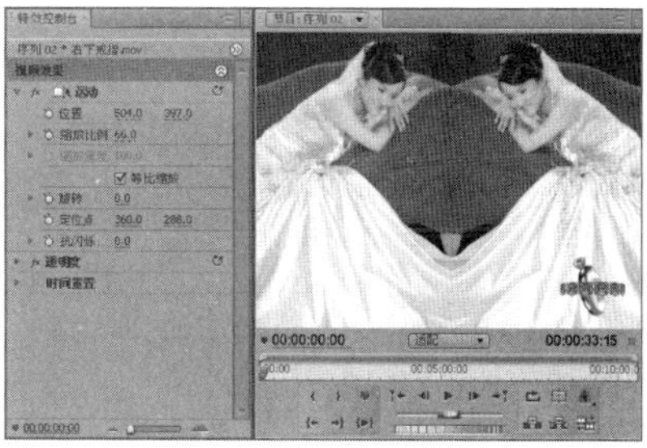

图 8-66　设置效果参数（3）

⓱复制“视频 6”轨道中的素材“右下戒指.mov”，然后激活轨道，按快捷键 Page Up 或者 Page Down 移动时间线到素材“右下戒指.mov”尾部，最后粘贴该素材，如图 8-67 所示。分别进行五次粘贴操作，并且设置最后一段素材与“视频 1”轨道中的素材齐长，再为“视频 6”轨道中各素材添加默认的转场效果。

⓲接下来为照片设置一种玻璃效果。在“项目”面板中展开“图片素材”文件夹，将其中的“照片 10.jpg”拖放至“视频 2”轨道中，使其与素材“照片 08.jpg”首尾相接，并设置其出点为“00:00:06:11”，如图 8-68 所示。

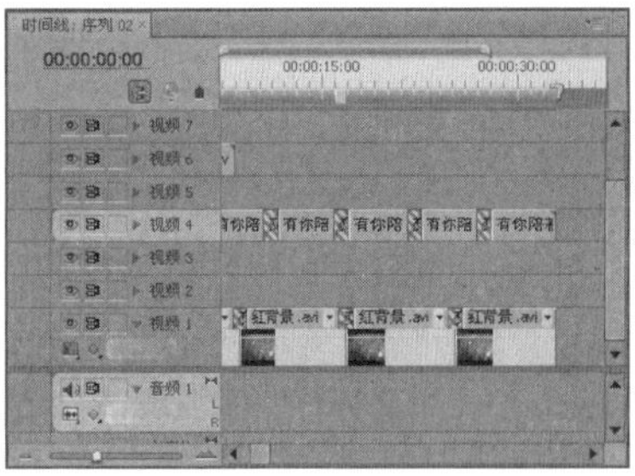

图 8-67 添加默认的转场效果

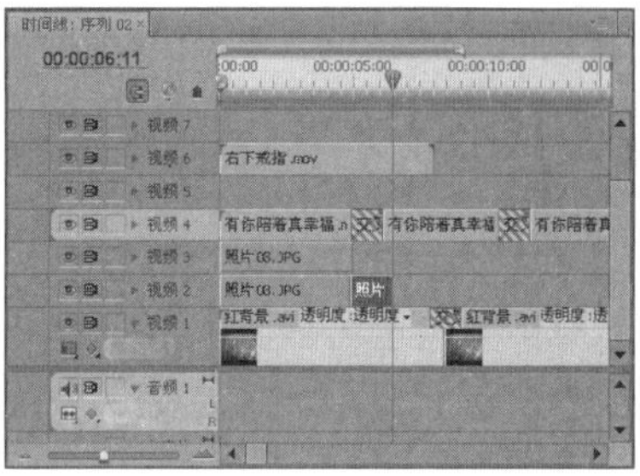

图 8-68 添加照片素材

⑲同样的方法，在“项目”面板中展开“图片素材”文件夹，将其中的“玻璃边框.TGA”拖放至“视频 3”轨道中，使其与素材“照片 08.jpg”首尾相接，如图 8-69 所示。

⑳接下来调整照片的大小，选择“视频 2”轨道中的素材“照片 10.jpg”，在其“特效控制台”面板中设置“缩放比例”为 13，如图 8-70 所示。

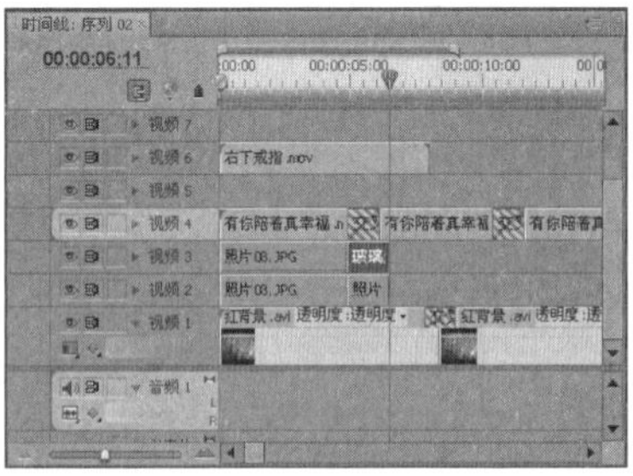

图 8-69 添加图片素材

图 8-70 设置素材比例大小

㉑选中素材“照片 10.jpg”和“玻璃边框.TGA”，将其复制粘贴到各自的后面，如图 8-71 所示。

㉒接下来要实现玻璃照片立体旋转两周的画面。首先需要将素材“照片 10.jpg”和“玻璃边框.TGA”适当延长，保证有足够的时间进行旋转，如图 8-72 所示，将时间线定位至“00:00:11:19”处，然后分别拖动素材“照片 10.jpg”和“玻璃边框.TGA”的尾部将其延长。

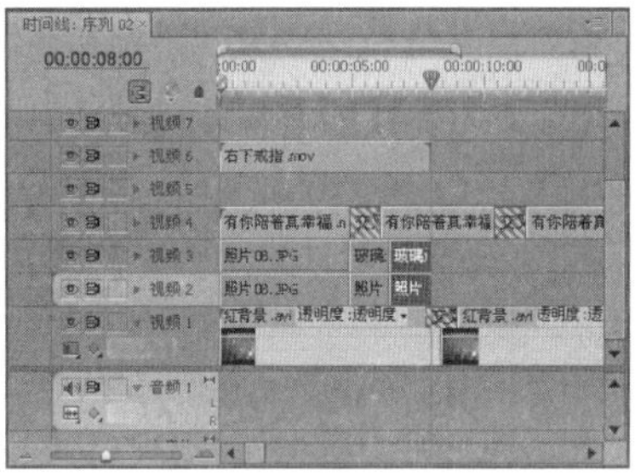

图 8-71 复制粘贴素材

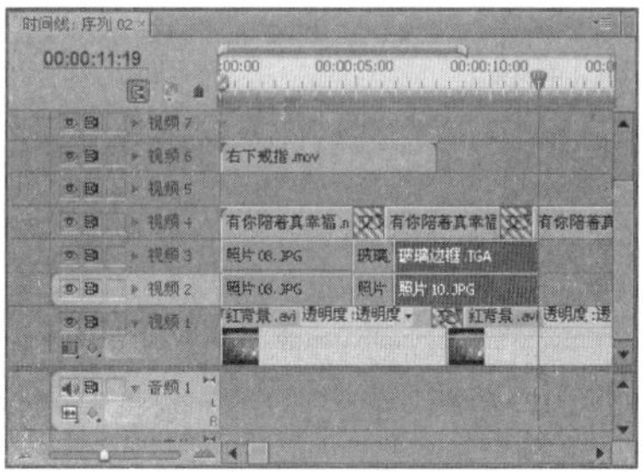

图 8-72 调整素材位置

㉓在“效果”面板中展开“视频特效”|“透视”文件夹，将其中的“基本 3D”特效拖放至“视频 2”轨道中的“照片 10.jpg”上，如图 8-73 所示。

㉔在“照片 10.jpg”的“特效控制台”面板中展开“基本 3D”选项，接下来要为“旋转”参数添加 11 个关键帧（具体如表 8-1 所示），如图 8-74 所示。

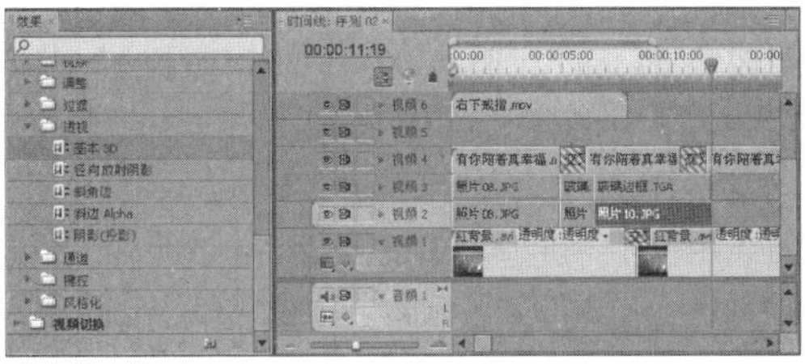

图 8-73　添加“基本 3D”特效

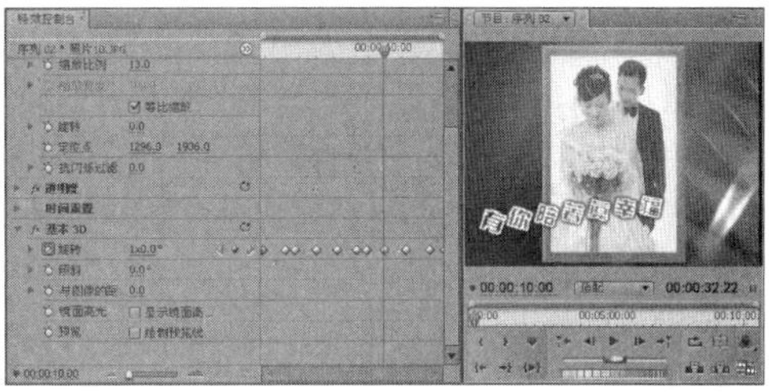

图 8-74　设置特效参数

表 8-1　11 个关键帧的值

关键帧	时间点	参数值
1	00:00:06:11	0°
2	00:00:07:03	49°
3	00:00:07:10	133°
4	00:00:08:01	180°
5	00:00:08:16	217°
6	00:00:09:05	244°
7	00:00:09:12	326°
8	00:00:10:00	1x0°
9	00:00:10:16	1x49°
10	00:00:11:08	1x62°
11	00:00:11:19	1x90°

㉕接下来将“照片 10.jpg”的“基本 3D”特效复制给素材“玻璃边框.TGA”，如图 8-75 所示，这样，“玻璃边框.TGA”就随照片一起旋转了。

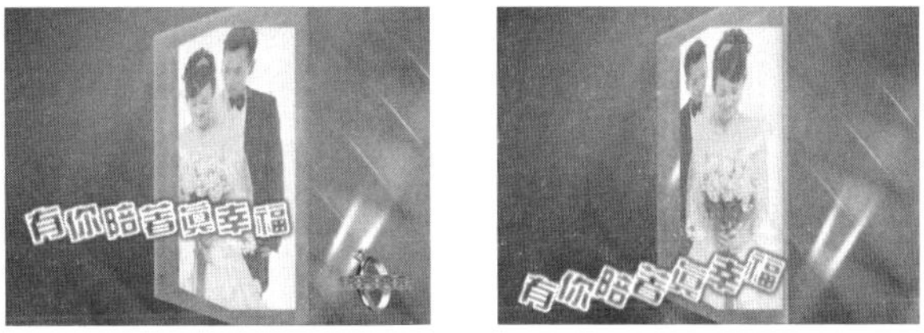

图 8-75　复制粘贴特效

㉖用鼠标圈选素材“玻璃边框.TGA”和“照片 10.jpg”，按快捷键 Ctrl+C 复制素材，激活“视频 2”轨道，将时间线定位至“00:00:11:19”处，按快捷键 Ctrl+V 连续粘贴素材 4 次，如图 8-76 所示。

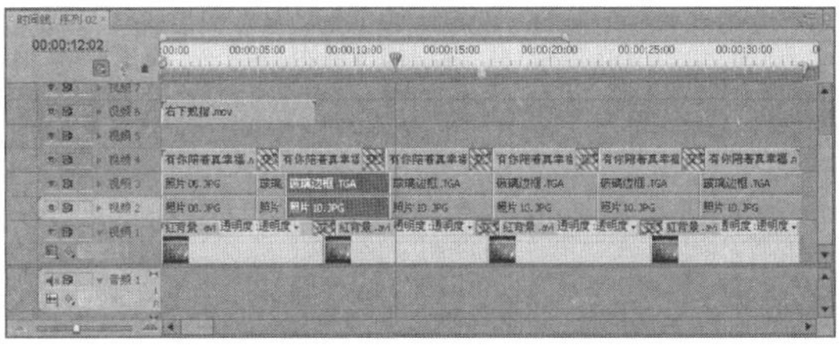

图 8-76　复制照片素材和 TGA 序列素材

㉗接下来用新的照片素材替换刚粘贴的照片。首先删除“视频 2”轨道中的后 4 段图片素材“照片 10.jpg”，然后依次添加“照片 05.jpg”、“照片 07.jpg”、“照片 09.jpg”和“照片 10.jpg”，注意和“视频 3”轨道中的素材齐长，如图 8-77 所示，最后将“照片 10.jpg”（第 3 段素材）的全部效果参数复制给同轨道中的其他刚添加的素材。

㉘接下来为画面添加动态文字效果。将时间线定位至“00:00:10:12”处，在“项目”面板中展开“视频素材”文件夹，将其中的“字幕－真情无限.MOV”拖放至“视频 5”轨道中，如图 8-78 所示。

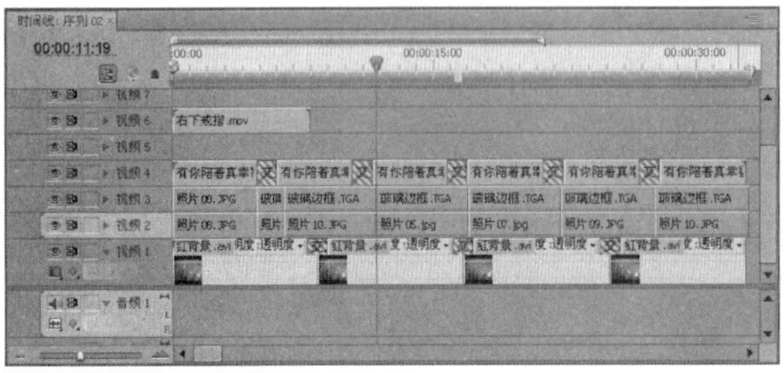

图 8-77 添加照片素材

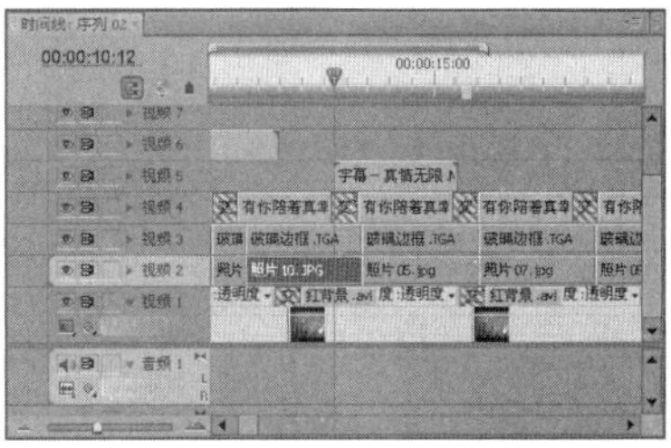

图 8-78 添加特效参数

㉙在素材“字幕－真情无限.MOV”的“特效控制台”面板中展开“运动”选项，设置“位置”坐标值为（-70，180）；设置“缩放比例”为 150，如图 8-79 所示。

㉚继续为画面添加动态文字效果。将时间线定位至“00:00:13:02”处，在“项目”面板中展开“视频素材”文件夹，将其中的“字幕－真情无限.MOV”拖放至“视频 6”轨道中，如图 8-80 所示。

图 8-79 设置效果参数

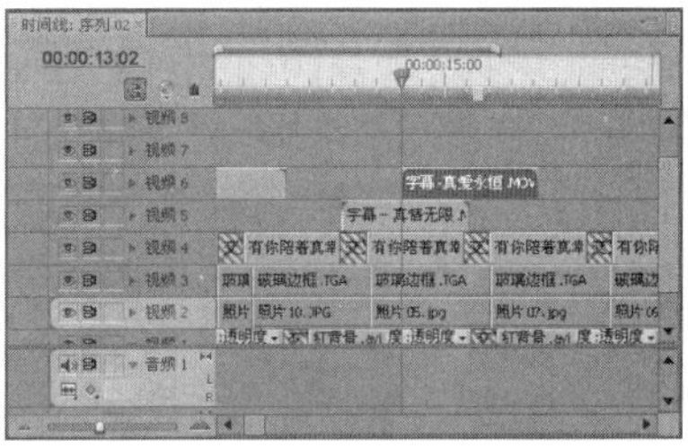

图 8-80 添加视频素材

㉛在素材“字幕－真爱永恒.MOV”的“特效控制台”面板中展开“运动”选项，设置“位置”坐标值为（840，288）；设置“缩放比例”为 150，如图 8-81 所示。

㉜制作完成后，为素材之间添加转场效果，使其过渡自然顺畅，具体设置参考图 8-82。

图 8-81 设置效果参数

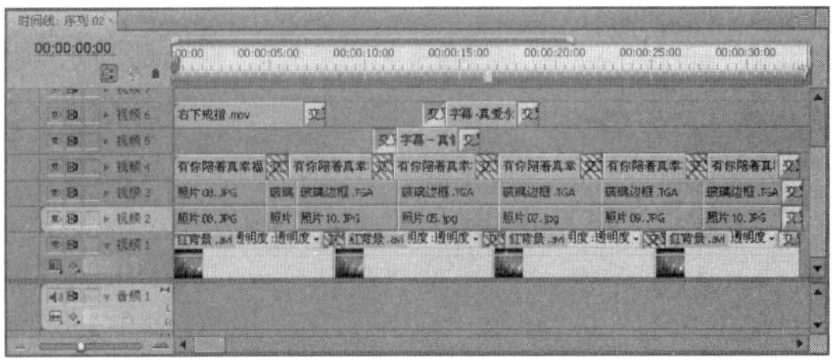

图 8-82 添加转场效果

㉝至制作完成了时间线序列“序列 02”，如图 8-83 所示，拖动时间线预览动画效果。

图 8-83　预览效果

8.4　制作分镜头三——婚纱电子相册（4）

本节主要通过几组 TGA 图片序列来制作一个立体感很强的电子相框。

实例欣赏（图 8-84）

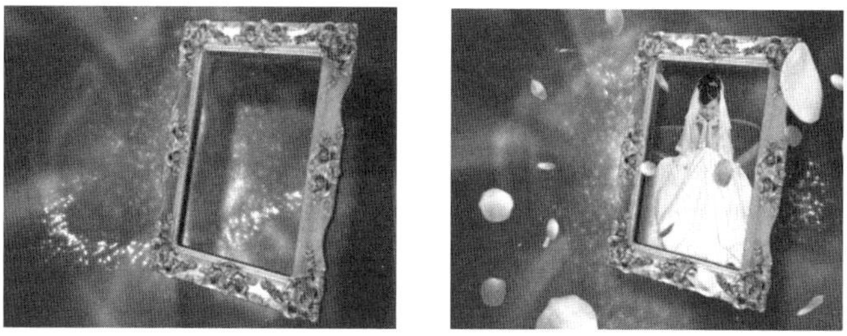

图 8-84　实例颀赏

操作秘籍

- 为了有效地管理素材，可以在“项目”面板中将素材分类存放在各自的文件夹中。
- 按键盘上的空格键，可以快速实现从当前时间线开始播放画面。

实战演练

❶按快捷键 Ctrl+N 新建时间线序列，如图 8-85 所示，设置“序列名称”为“序列 03”，“视频”轨道数目为 5 个，“立体声”轨道数目为 1。

❷在“项目”面板中展开“视频素材”文件夹，将其中的“蓝背景.mov”拖放至“视频 1”轨道的开始处，如图 8-86 所示。

❸将时间线定位至“00:00:03:21”处，在“项目”面板中展开“照片素材”文件夹，如图 8-87 所示，按住 Shift 键依次选择“照片 11.JPG”～“照片 14.JPG”，将它们拖放至“视频 2”轨道中。

❹继续添加素材，在“项目”面板中展开“TGA 序列”文件夹，如图 8-88 所示，将其中

的“镜框 0001.TGA”拖放至“视频 3”轨道的开始处。

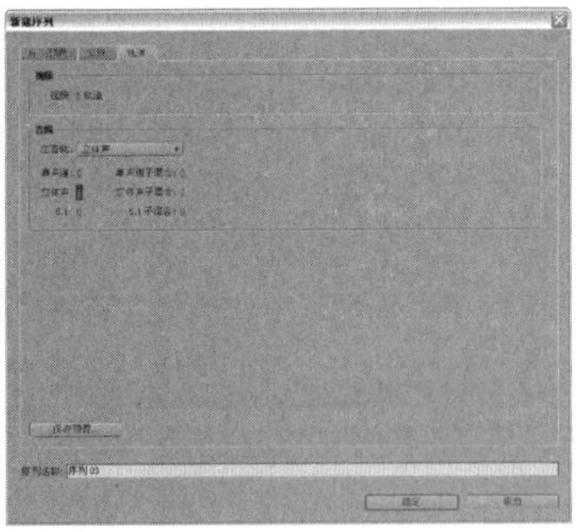

图 8-85　新建时间线序列

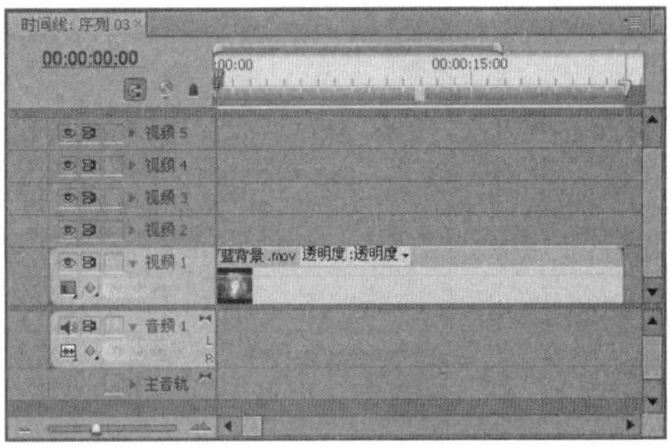

图 8-86　添加视频素材

图 8-87　添加照片素材

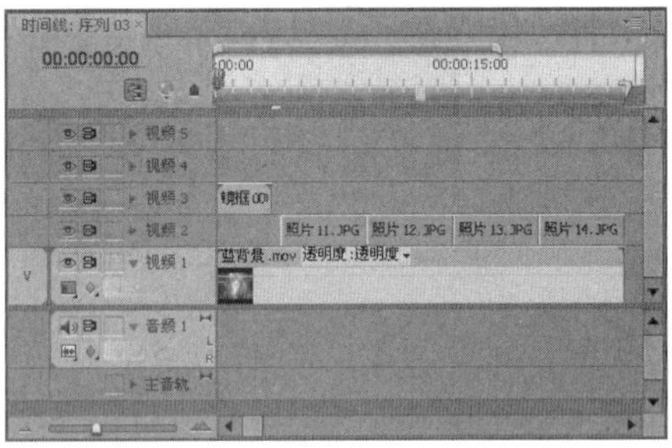

图 8-88　添加 TGA 序列素材

❺选择“视频 3”轨道中的素材“镜框 0001.TGA”，在其“特效控制台”面板中适当放大镜框的显示比例，设置“缩放比例”为 220，如图 8-89 所示。

❻接下来延长镜框序列的最后一张图片显示时间，如图 8-90 所示，导入序列“镜框 0001.TGA”的最后一张图片。

❼将“项目”面板中的素材“镜框 0100.TGA”拖放至“视频 3”轨道中，如图 8-91 所示，并延长其素材出点与“视频 2”轨道齐长。

❽同样的方法，将素材“镜框 0100.TGA”选中，如图 8-92 所示，在其“特效控制台”面板中展开“运动”选项，设置“缩放比例”为 220。

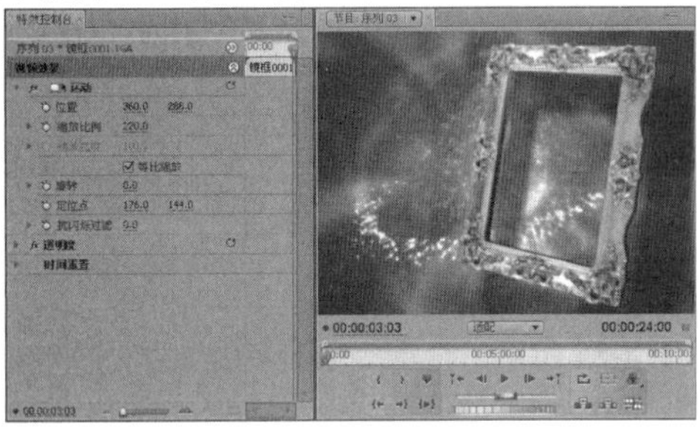

图 8-89　调整素材比例大小

图 8-90　导入 TGA 图片素材

❾单击“视频 3”轨道前面的文字“视频 3”将其激活，在序列“镜框 0001.TGA”上右击，从弹出的快捷菜单中选择“复制”命令，复制该素材。

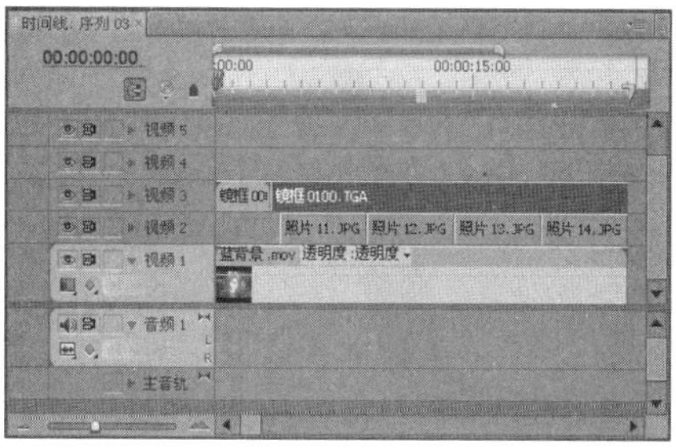

图 8-91　添加 TGA 序列素材

图 8-92　设置特效参数

⑩继续按 PageDown 键将时间线定位至“视频 3”轨道中最后一段素材的尾部，如图 8-93 所示，按快捷键 Ctrl+V 粘贴素材。

⑪拖动刚刚复制的序列素材“镜框 0001.TGA”向前移动，使其尾部与“视频 2”轨道中的素材齐长，如图 8-94 所示。

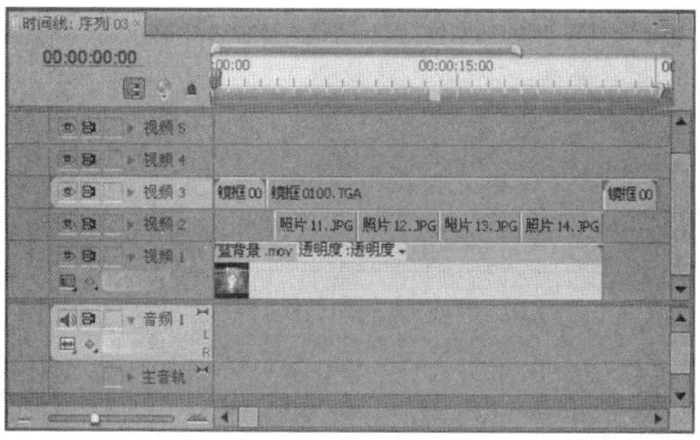

图 8-93　粘贴素材

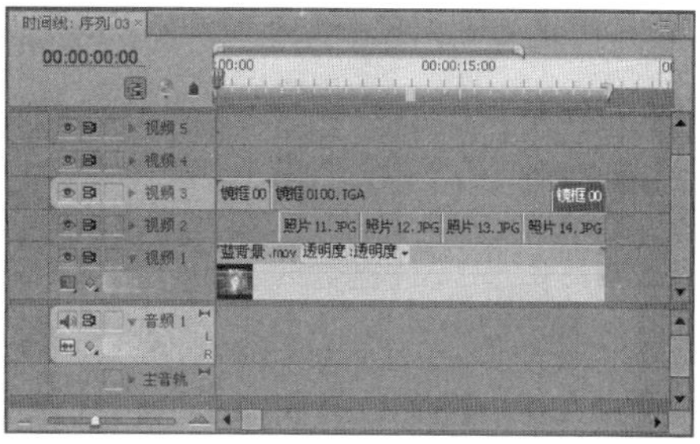

图 8-94　移动素材

⑫拖动时间线预览刚才粘贴的素材“镜框 0001.TGA”，发现它仍然是从屏幕外入场的效果，而我们想要实现的是一个出场的效果，因此需要将其速度反向，如图 8-95 所示，在素材“镜框 0001.TGA”上右击，从中选择“速度/持续时间”命令。

⑬如图 8-96 所示，在弹出的“素材速度/持续时间”对话框中选中“倒放速度”复选框，单击“确定”按钮。

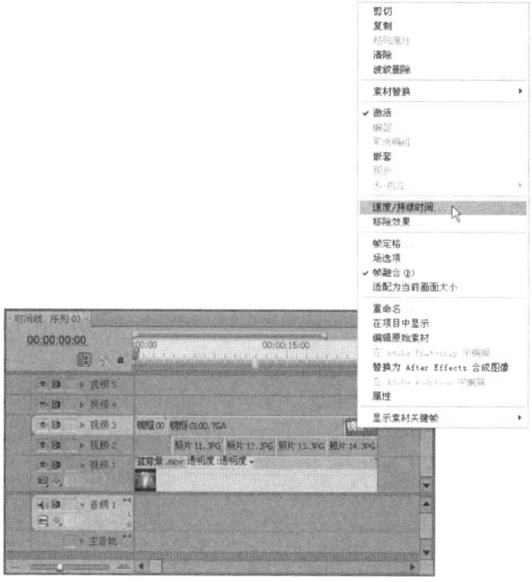

图 8-95　将素材速度反向

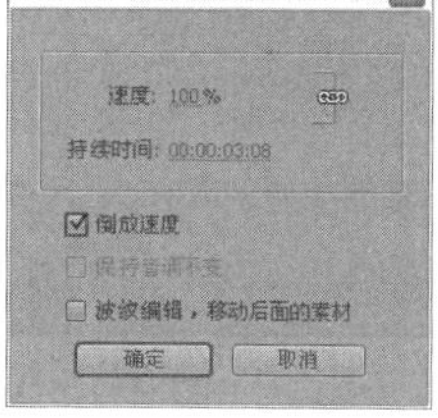

图 8-96　“素材速度/持续时间”对话框

⑭再次拖动时间线，此时的素材“镜框 0001.TGA”已经反向运动了，如图 8-97 所示。

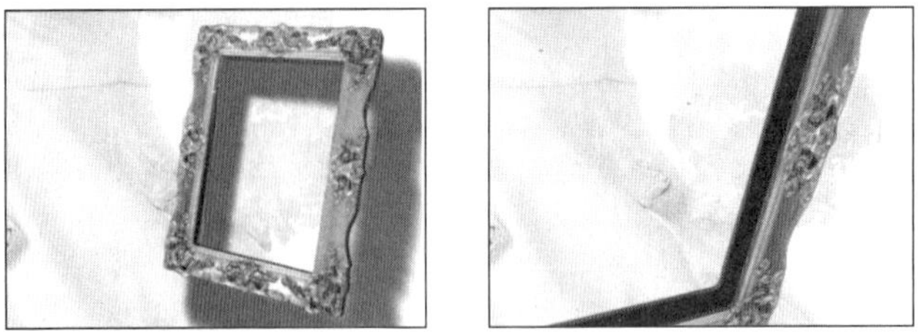

图 8-97　预览动画效果

⑮接下来调整“视频 2”轨道中各照片素材的大小并添加特效。在“效果”面板中展开“视频特效”|“扭曲”文件夹，将其中的“边角固定”特效拖放至素材“照片 11.JPG”上，如图 8-98 所示。

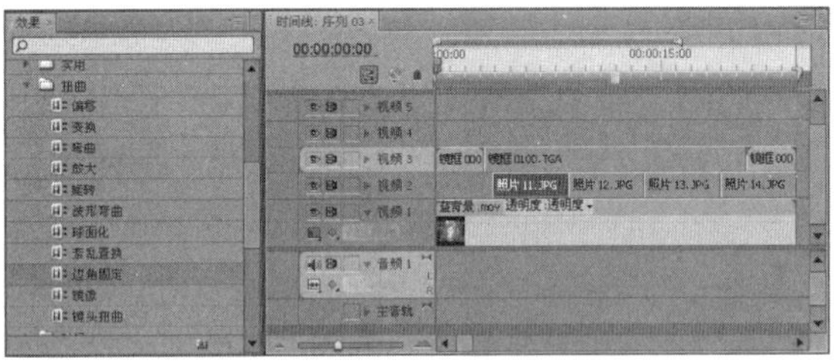

图 8-98　添加“边角固定”特效

⑯在素材“照片 11.JPG”的“特效控制台”面板中展开“运动”选项，设置“缩放比例”为 67；选择“边角固定”选项，此时“照片 11.JPG”的四角出现了对应的四个坐标点，如图 8-99 所示，分别拖动坐标点将其放置在镜框的四个角上。

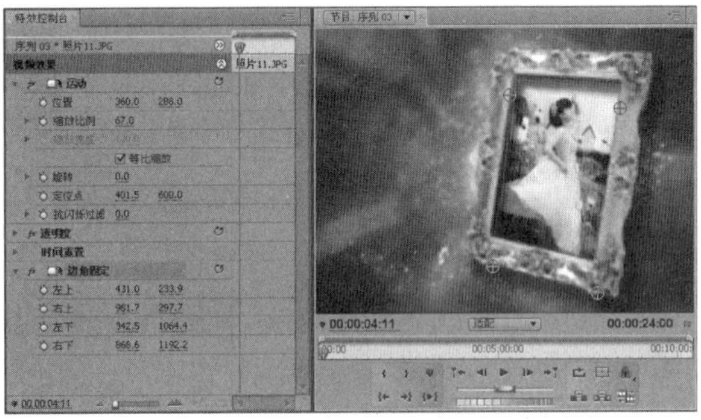

图 8-99　设置特效参数

操作提示

在添加“边角固定”特效后，拖动四个坐标点时有时会发现照片往往和坐标点产生错位的现象，这时不用管它，只关注四个坐标点的位置即可，当退出“边角固定”状态后，照片错位的现象即可消失。

⑰接下来将素材“照片 12.JPG”的全部效果选项参数复制给同轨道中的其他照片素材，并根据需要做细微调整，设置后“照片 12.JPG”的“特效控制台”面板如图 8-100 所示。

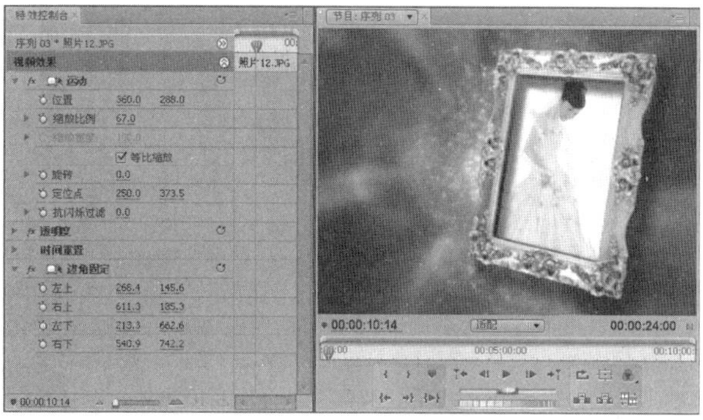

图 8-100　复制特效参数

⑱设置后“照片 13.JPG”的“特效控制台”面板如图 8-101 所示。

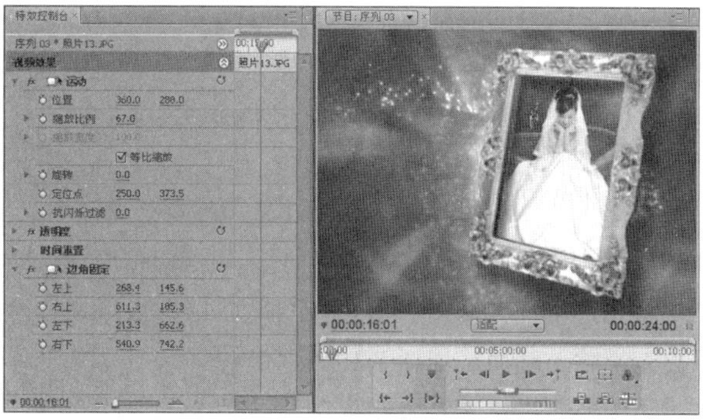

图 8-101　设置后的效果（1）

⑲设置后“照片 14.JPG”的“特效控制台”面板如图 8-102 所示。

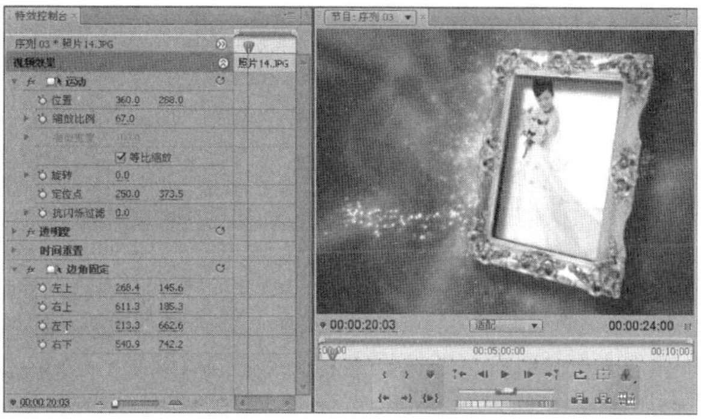

图 8-102　设置后的效果（2）

⑳选择“视频 2”轨道中的素材“照片 14.JPG”，在其“特效控制台”面板中，为“透明度”参数添加两个关键帧，时间点分别为“00:00:20:17”和“00:00:21:07”处，其值分别为 100% 和 0%，如图 8-103 所示。

㉑为了使照片素材之间过渡自然，需要为各素材之间添加默认的转场效果，如图 8-104 所示。

㉒继续来装饰我们的画面效果，将时间线定位至“00:00:03:08”处，在“项目”面板中展开“TGA 序列”文件夹，将其中的“花瓣 001.TGA”拖放至“视频 4”轨道中，如图 8-105 所示。

图 8-103　设置“特效控制台”面板参数

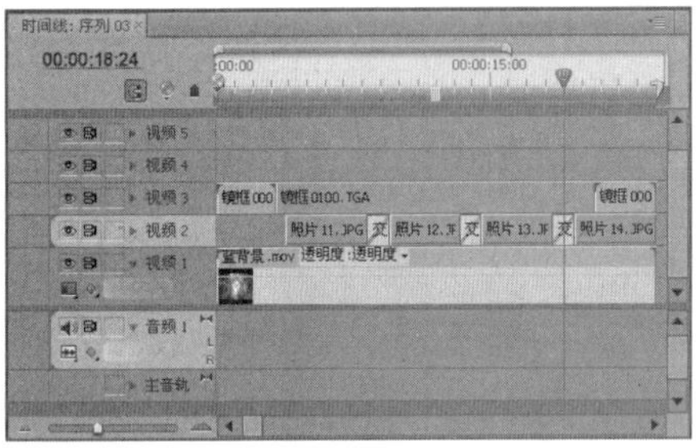

图 8-104　添加默认的转场效果

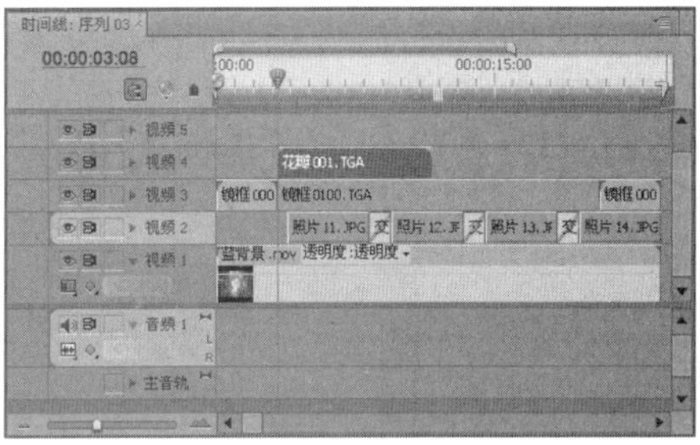

图 8-105　添加 TGA 序列

㉓选择“视频 4”轨道中的“花瓣 001.TGA”，在其“特效控制台”面板中设置“缩放比例”为 224，使其花瓣充满整个画面，如图 8-106 所示。

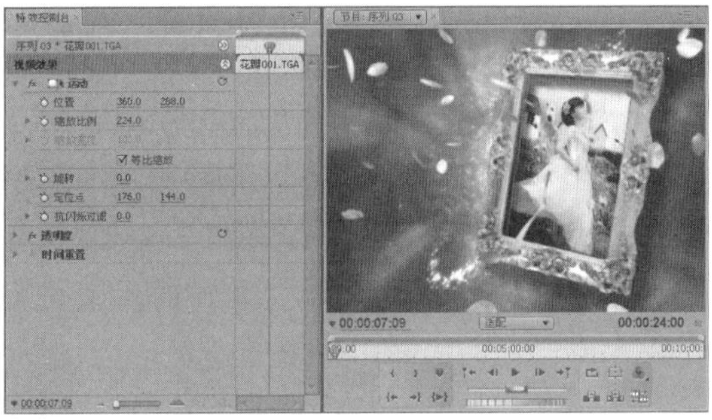

图 8-106　设置素材比例大小

㉔接下来延长花瓣的显示，激活“视频 4”轨道，复制素材“花瓣 001.TGA”，分别在时间点“00:00:11:16”和“00:00:19:23”处粘贴素材，如图 8-107 所示。

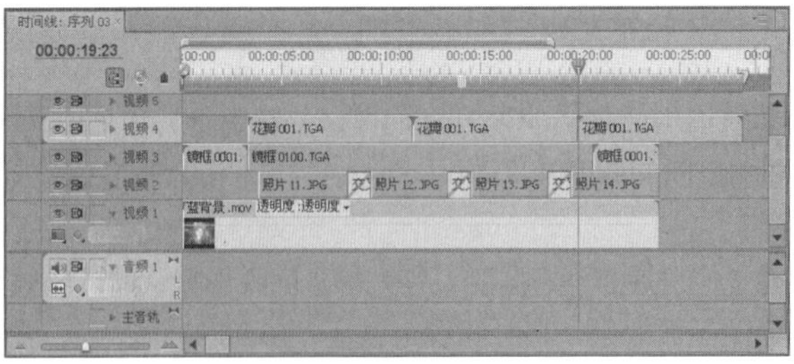

图 8-107　复制素材

㉕至此，第三部分时间线动画制作完成，拖动时间线预览效果，如图 8-107 所示。

图 8-108　拖动时间线预览效果

8.5　时间线总合成——婚纱电子相册（5）

本节是婚纱电子相册的合成部分，将前面几节实现的时间线序列整合在一个总的序列中，最后再为其加上美妙的音乐，让整个电子相册更完美。

实例欣赏（图 8-109）

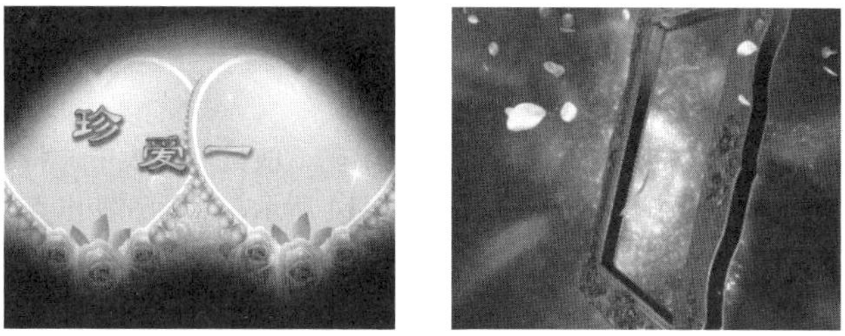

图 8-109　实例欣赏

操作秘籍

- 有些视频特效很耗系统资源，在使用时会出现计算机性能降低的情况。
- 为了流畅地预览添加特效后的画面，可以先对画面进行渲染后再播放。

实战演练

❶按快捷键 Ctrl+N 新建时间线序列，如图 8-110 所示，设置“序列名称”为“总合成”，“视频”轨道数目为 4，“立体声”轨道数目为 1，单击“确定”按钮。

❷在“项目”面板中依次选择“序列 01”、“序列 02”和“序列 03”，将它们拖放至“视频 1”轨道的开始处，如图 8-111 所示。

❸在“时间线”面板中分别右击各个序列素材，从弹出的快捷菜单中选择“解除视音频链接”命令，删除各个时间线序列素材中的音频部分，删除后的效果如图 8-112 所示。

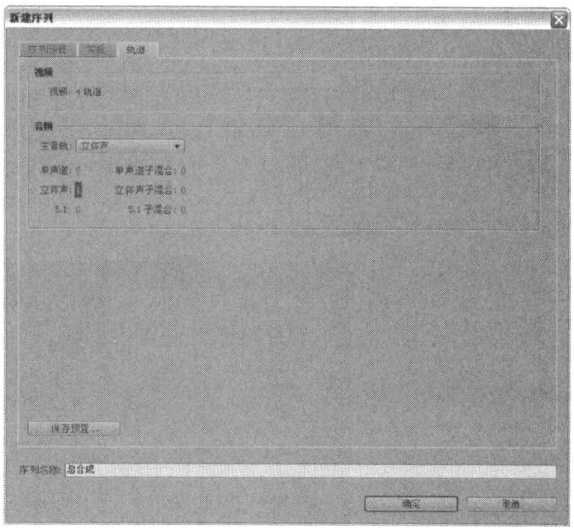

图 8-110　新建时间线序列

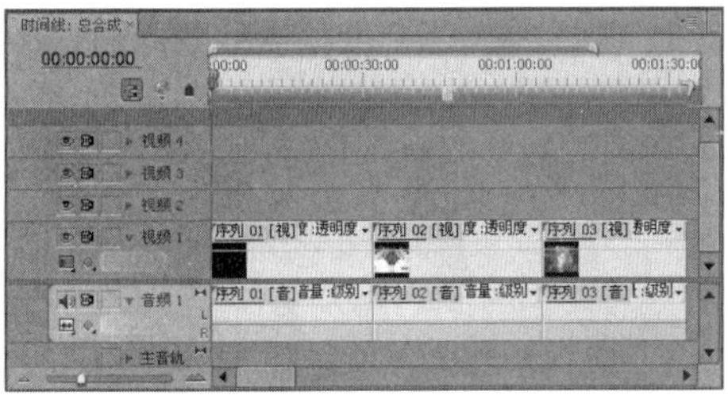

图 8-111 添加时间线序列

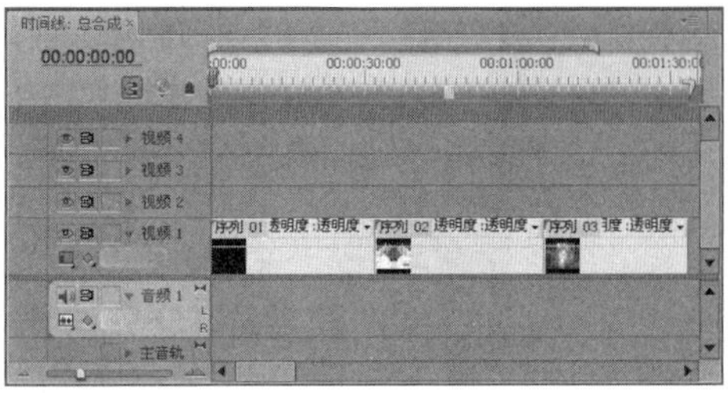

图 8-112 删除各个时间线序列素材中的音频部分

❹为了使各个时间线序列之间过渡自然，需要为其素材之间添加默认的转场效果。至此，制作完成了婚纱电子相册的全部过程，按 Enter 键渲染并预览制作效果，如图 8-113 所示。

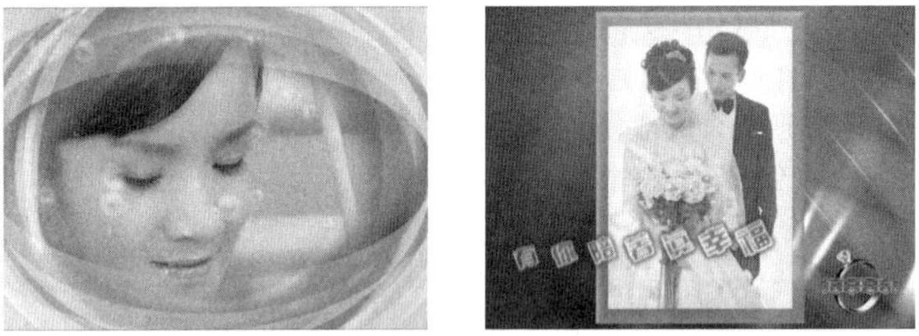

图 8-113 预览制作效果

❺绚丽的婚纱照当然少不了美妙的背景音乐，在“项目”面板中，将音频素材“背景音乐.mp3”拖放至“音频 1”轨道的开始处，如图 8-114 所示，并设置其出点与“视频 1”齐长。

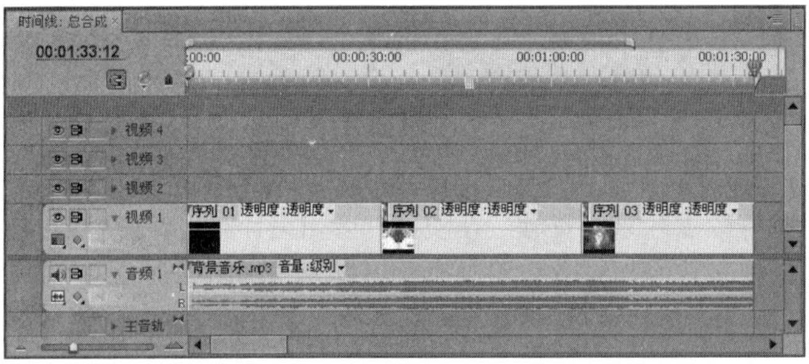

图 8-114 添加音频素材

❻最后为素材“背景音乐.mp3”添加一个声音淡出效果，如图 8-115 所示，在“效果”面板中展开“音频过渡”|“交叉渐隐”文件夹，将其中的“恒定增益”转场拖放至素材“背景音乐.mp3”的尾部即可。

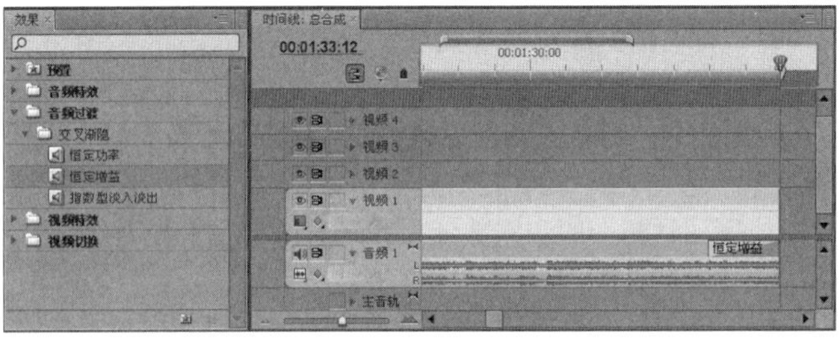

图 8-115 添加“恒定增益”转场

8.6　导出视频文件——婚纱电子相册（6）

实例欣赏（图 8-116）

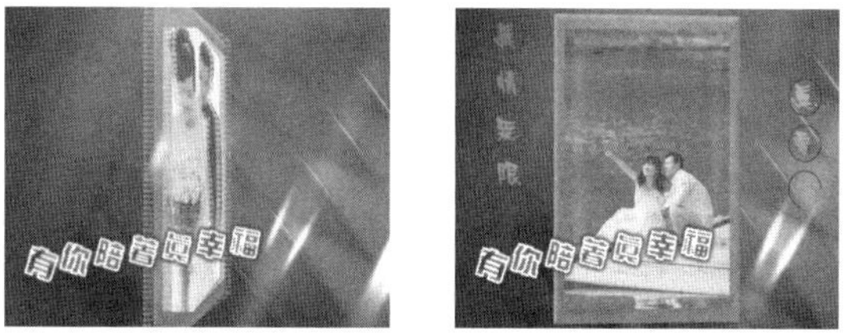

图 8-116　实例欣赏

操作秘籍

- 为了完整地显示“时间线”面板中的素材，可以通过拖放改变显示比例的方式实现。
- 在“特效控制台”面板中单击“效果”选项前面的“切换效果开关”按钮，即可取消素材上的该特效，此时用户可以通过“节目”监视器面板预览设置前后的效果。

实战演练

❶进入 Premiere Pro CS4 主界面后，在“时间线”面板中的任意位置单击，激活“时间线”面板，选择“文件”|“导出”|“媒体”命令，弹出提示对话框，如图 8-117 所示，提示更新媒体编码器，这里直接单击“确定”按钮。

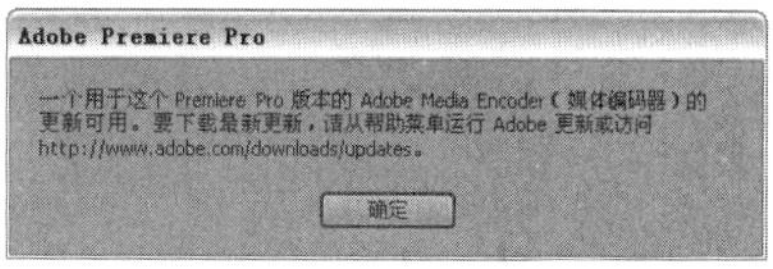

图 8-117　提示更新媒体编码器对话框

❷在弹出的“导出设置”对话框中单击“格式”下拉框，如图 8-118 所示，可以从中选择要输出的影片格式，这里选择输出“格式”为 Microsoft AVI。

图 8-118　选择要输出的影片格式

❸单击“预置”下拉列表，从中选择一种预置，如这里选择 PAL DV 选项，如图 8-119 所示，单击旁边的“保存预置”按钮，可以将预置保存起来以后使用，单击“导入预置”按钮，可以将之前保存的预置加载进来。

❹单击“输出名称”后面的路径，可以打开“另存为”对话框，在该对话框中可以设置视频文件的输出路径，如图 8-120 所示，设置完成后单击“保存”按钮关闭对话框。

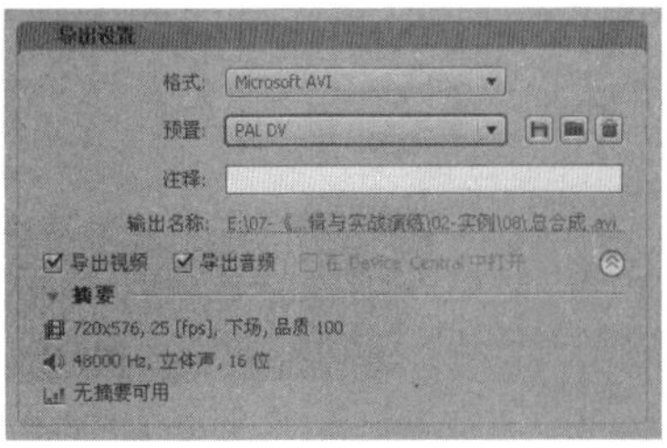

图 8-119　选择一种预置

图 8-120　“另存为”对话框

❺选择“视频”选项卡，如图 8-121 所示，可以对视频的编码格式进行设置。如这里设置“视频编解码器”为 Ligos Indeo? XP Video 5.2，设置“帧速率”为“25 帧/秒”，设置“场类型”为“下场优先”，设置“纵横比”为 D1/DV PAL(1.0940)，其他选项保持默认设置。

❻继续选择“音频”选项卡，如图 8-122 所示，设置“采样率”为 48000Hz，“声道”为“立体声”，“采样类型”为“16 位”，单击“确定”按钮。

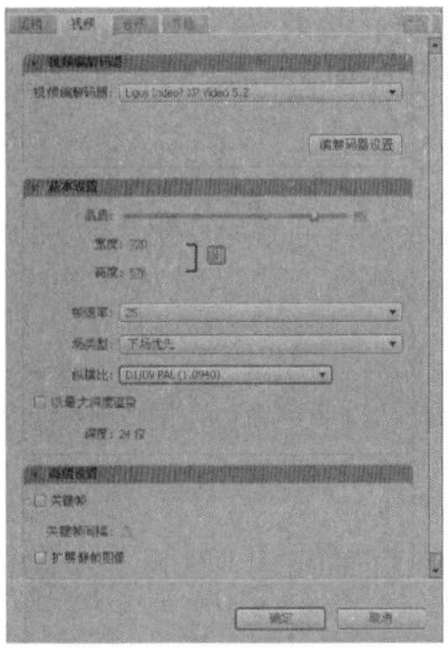

图 8-121　设置“视频”选项卡

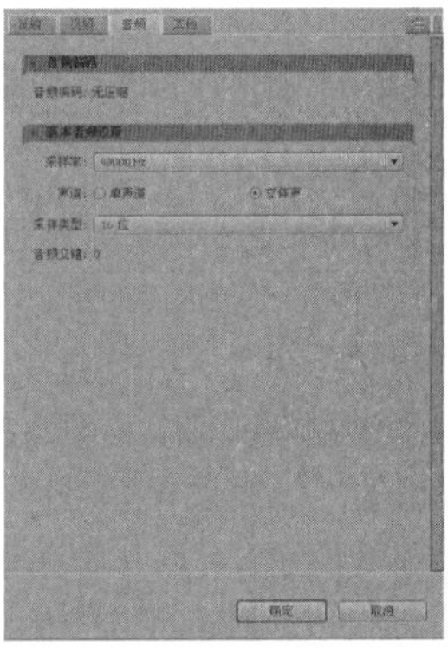

图 8-122　设置“音频”选项卡

❼稍等片刻，将启动 Adobe CS4 的另一个重要组件——Adobe Media Encoder CS4，如图 8-123 所示，在 Adobe Media Encoder 窗口中，可以再次确认之前的设置，单击“添加”按钮可以继续添加其他需要导出的视频文件，这里一般直接单击“开始队列”按钮即可开始导出视频。

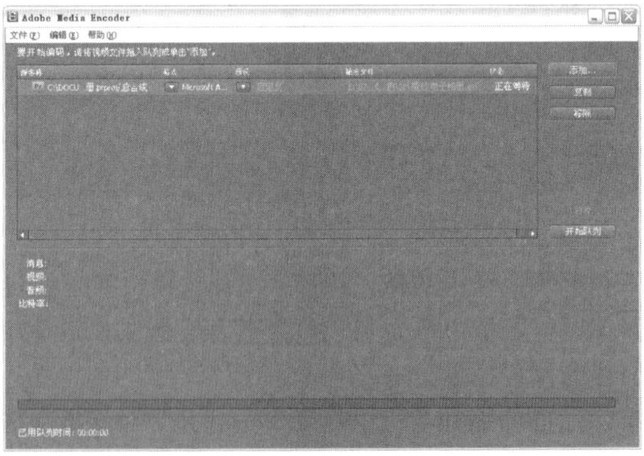

图 8-123　Adobe Media Encoder 窗口

8.7　使用 Nero 刻录光盘——婚纱电子相册（7）

实例欣赏（图 8-124）

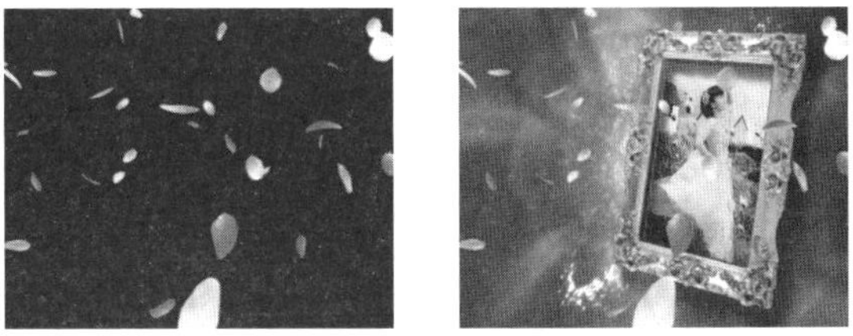

图 8-124　实例欣赏

操作秘籍

- 如果要刻录 DVD 视频光盘，则视频文件格式最好为 VOB 或者 MPG。
- 现在的家用 DVD 机一般都支持 AVI 视频格式的播放。

实战演练

❶导出的视频可以通过刻录软件刻录成光盘的形式来保存，接下来通过 Nero 软件详细介绍怎样将婚纱电子相册刻录成一张视频光盘。

❷首先将一张空白 DVD 光盘放入 DVD 刻录机中，然后启动 Nero 8.3.2 中文版软件，如图 8-125 所示，选择窗口左侧的“数据刻录”选项，在右侧对应的选项栏中，设置“光盘名称”为“婚纱电子相册”，单击“添加”按钮。

图 8-125　添加刻录文件

❸在弹出的“打开”对话框中，选择导出的视频文件“婚纱电子相册.avi”，如图 8-126 所示，单击“打开”按钮，此时 Nero 会提示是否需要再添加文件，单击“取消”按钮结束添加文件。

❹回到“数据刻录”界面，如图 8-127 所示，单击“刻录”按钮即可开始光盘刻录，光盘刻录结束后，可以使用 DVD 影碟机进行播放。

图 8-126　“打开”对话框

图 8-127　光盘刻录

第 9 章　使用 Encore CS4 制作 DVD 光盘

学习提示

在视频的编辑工作完成后，根据应用场合的不同需要，可以导出为适合网络播放的视频、适合电视台播放的视频或者使用光盘作为媒介载体进行传播的视频等不同形式。本章将主要介绍如何将视频制作成菜单形式的 DVD。说到 DVD 菜单制作，最专业的就是 Adobe 公司的 Encore 了，Encore 是制作 DVD 的专业工具，使用它可以创建多种类型的 DVD。

实例文件

- 婚纱 DVD.ncor

实例欣赏（图 9-1）

图 9-1　本章实例一览

Adobe Encore CS4 包含一整套丰富的制作工具，可以帮助用户制作电影、婚礼、培训课程、艺术作品收藏、商务演示、新闻等内容的 DVD，不管内容是什么，基本制作方法都是相同的。同时，Encore 还提供了与 Adobe Photoshop 软件的整合以及灵活智能的工作流程，是制作功能完备、具有菜单显示的 DVD 的最佳工具。

操作提示

Encore 的主要功能特点有：具有交互式菜单、多音轨和副标题，从而可使专业录像制作者和独立制作者创造出精密复杂的多语种 DVD。此外，Encore 还具备将源文件转换为 MPEG-2 视频和 Dolby Digital 音频的集成转码功能，从而带来高效和简化的 DVD 制作流程。它包括功能强大的菜单设计工具，可以制作非常复杂和漂亮、非常眩目以及个性化的 DVD 菜单，全方位控制交互式操作和输出至所有可刻录的 DVD 格式。需要说明的是，这款软件只支持 Windows 2003 以后的操作系统。

下面通过实例来一起全面快速地掌握如何使用 Adobe Encore CS4 中文版制作 DVD 以及 DVD 菜单。

9.1　项目创建与素材导入

使用 Encore 制作 DVD 的第一件事应该是做一个项目计划，比如可以在草纸上勾画出 DVD 的导航图解。本例要制作的 DVD 结构比较简单，即播放时先出现一个菜单，当选择某一菜单项时，开始播放该内容，所以就不必画草图了。对于大型的 DV 作品，设计制作之前的计划显得非常重要，特别是当几个人组成一个创作团队共同工作时，这时不仅需要做好计划，甚至还可能用到专门的项目管理软件来管理整个项目的运作。

本例所用的素材是第 8 章制作的案例导出文件“婚纱电子相册.avi”，使用的 Encore 版本是 Adobe Encore CS4。

❶启动 Adobe Encore CS4 后，会出现如图 9-2 所示的欢迎屏幕，单击其中的“新建项目”按钮，新建一个 Encore 项目。

❷接下来选择项目的制式，如图 9-3 所示，选择“基本”选项卡，设置“名称”为“婚纱 DVD”，“创作模式”为 DVD，“电视制式”为 PAL，单击“确定”按钮。

图 9-2　新建一个 Encore 项目

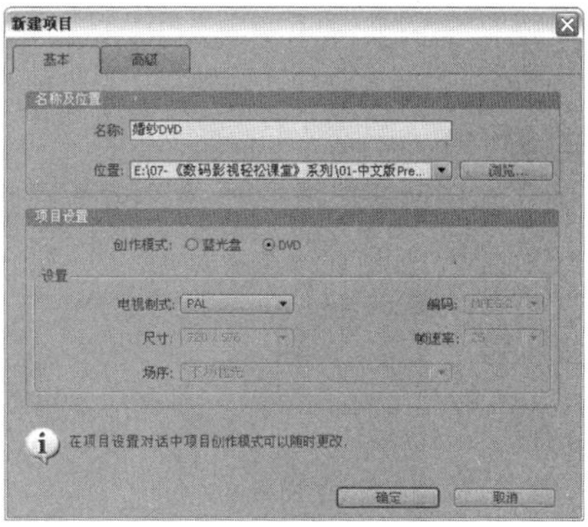

图 9-3　选择 PAL 选项

❸Encore CS4 的主界面如图 9-4 所示，可以看到，它和 Premiere Pro CS4 比较相似，很人性化。

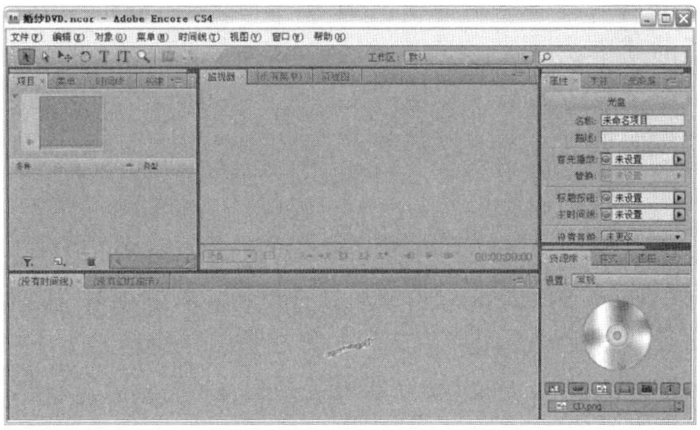

图 9-4　Encore CS4 的主界面

❹接下来导入素材。选择“文件”|“导入为”|“资源”命令，或者直接双击“项目”面板的

空白处，弹出“导入为资源”对话框，选择需要的视频文件，如图 9-5 所示，单击“打开”按钮。

图 9-5 “导入为资源”对话框

在 Encore CS4 中，导入素材有 5 种方式，这 5 种方式对应的 5 个命令均放在菜单“文件”|“导入为”文件夹中，分别是“资源”、“菜单”、“弹出式菜单”、“时间线”和“幻灯演示”命令。

- “资源”命令可以导入 Encore 所支持的所有格式文件。
- “菜单”命令只能导入 PSD 格式的文件，由于 DVD 中的菜单其实就是一些图形按钮，因此在 Encore 中导入菜单必须先在 Photoshop 中把菜单制作好才可以导入到 Encore 中，要注意的是，Encore 可以直接导入 Photoshop 中的图层作为按钮使用；
- “时间线”命令是将原始素材导入到时间线窗口中去，时间线窗口看上去非常简洁，只有一个视频轨和音频轨（默认情况下）。
- “弹出式菜单”一般用的比较少，这里不再详述；“幻灯演示”命令可以导入常用的图片格式文件，如*.bmp、*.tga、*.tif 等。

9.2 制作 DVD 菜单

实例欣赏（图 9-6）

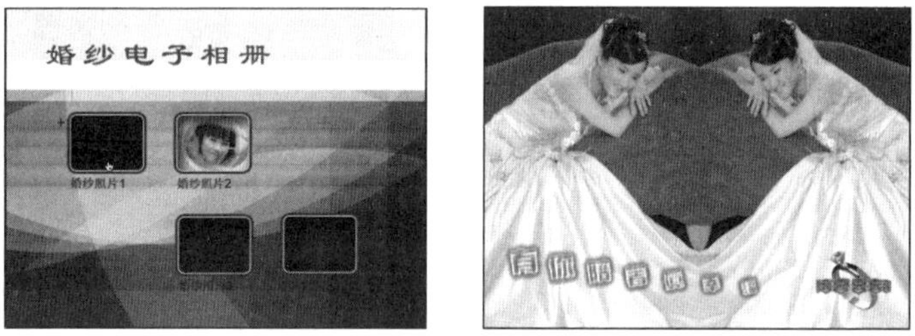

图 9-6 实例欣赏

操作秘籍

- Encore CS4 自带有许多菜单模板，如果用户没有特殊的需要，可以直接从模板库中挑选合适的菜单。
- 选择“项目”面板中的某个素材，按快捷键 Ctrl+T，即可创建一个与该素材同名的“时间线”面板。

实战演练

❶单击“项目”面板旁边的“菜单”面板将其打开，如图 9-7 所示，“菜单”面板是专门用来显示 DVD 中的菜单文件的地方，导入菜单文件既可以在“项目”面板中也可以在“项目”面板中导入，在“项目”面板中导入菜单文件的方法是：在空白地方右击，选择“导入为”|“菜单”命令，然后选择要导入的菜单文件即可（如图 9-8 所示），这里使用 Encore CS4 自带的菜单模板，所以不需要另外导入。

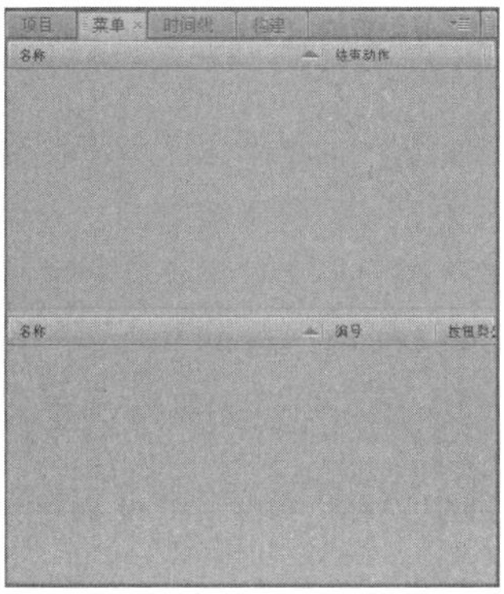

图 9-7　选择要导入的菜单文件

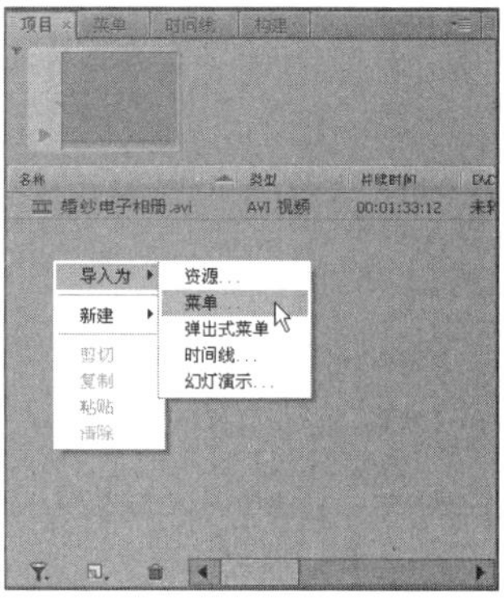

图 9-8　选择“导入为”|“菜单”命令

❷在右下角的“资源库”面板中单击“开关菜单显示”按钮，如图 9-9 所示，打开 Encore CS4 自带的菜单模板，双击“元素子菜单”模板，将其添加到“项目”面板中，如图 9-10 所示。

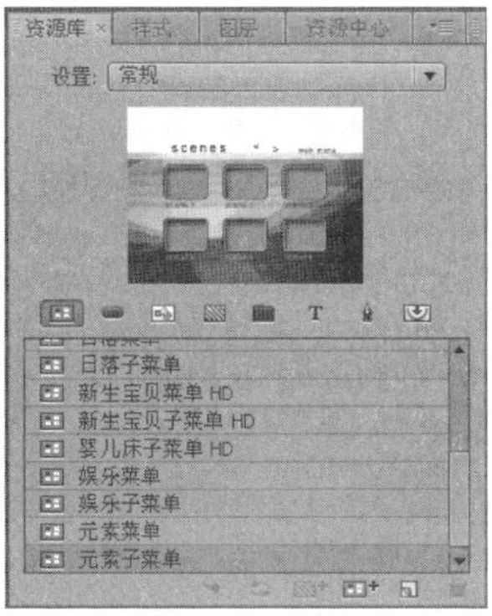

图 9-9　单击“开关菜单显示”按钮

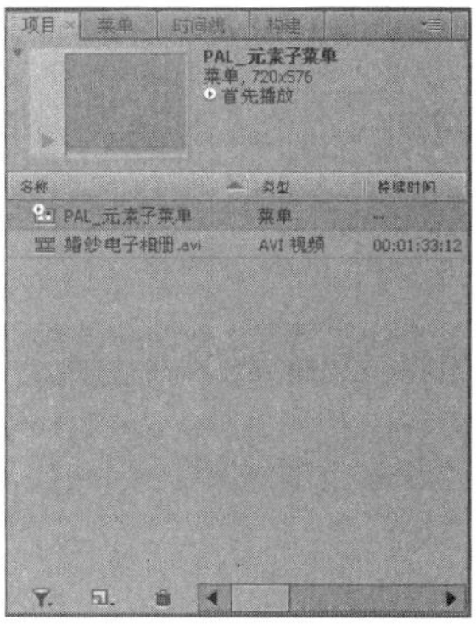

图 9-10　将菜单添加到“项目”面板

❸在“元素子菜单”菜单上右击，如图 9-11 所示，在弹出的快捷菜单中选择“重命名”命令，将该菜单的名字改为“主菜单”，如图 9-12 所示，将“主菜单”菜单作为 DVD 的主菜单。

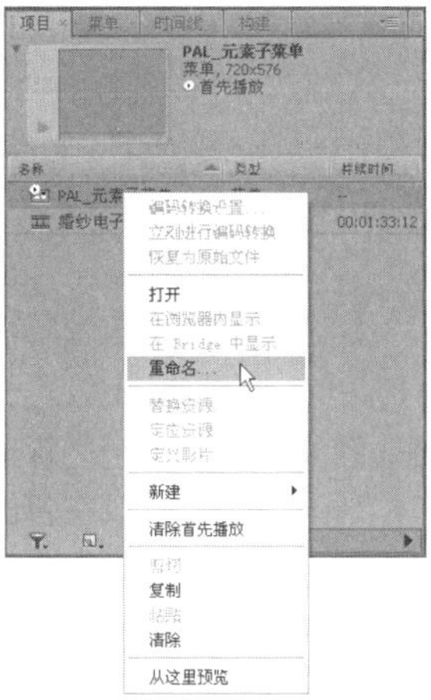

图 9-11　选择“重命名”命令

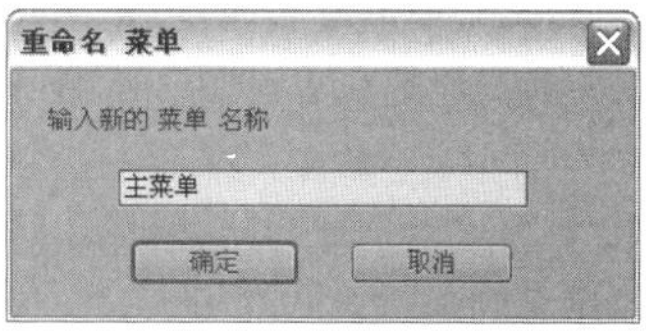

图 9-12　将菜单的名字改为“主菜单”

操作提示

在 Encore 中提供了一个菜单库，里面包括一些菜单模板。如果用户不想自己费脑筋来设计菜单，完全可以用菜单库中提供的现成的菜单。对于没什么特别要求的，直接使用菜单库里提供的菜单再进行修改就够了，如果是商业性质的制作或者需要个性化菜单，就需要自己动手在 Photoshop 中制作菜单了，方法是单击工具栏中的“在 Photoshop 中编辑”按钮，或者在“菜单”面板中右击，从弹出的菜单中选择“在 Photoshop 中编辑菜单”命令，即可在 Photoshop 中打开菜单进行编辑，如图 9-13 所示。

❹观察“项目”面板中的“主菜单”，发现其图标上面有一个白色的小三角按钮，这表示在播放时它将作为第一个菜单显示。如果用户想将某一个菜单设置为主菜单，可以在其上右击，从弹出的菜单中选择“设置为首先播放”命令即可。

❺在工具栏中选择“文本”工具，在“主菜单”面板中的文字 SCENES 上单击，修改文字为“婚纱电子相册”，如图 9-14 所示。

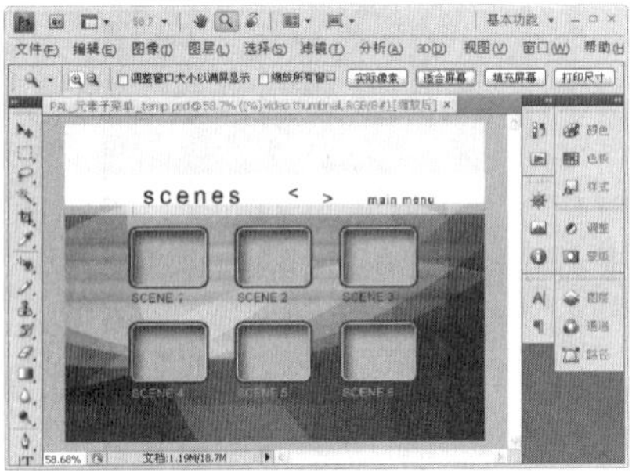

图 9-13　在 Photoshop 打开菜单进行编辑

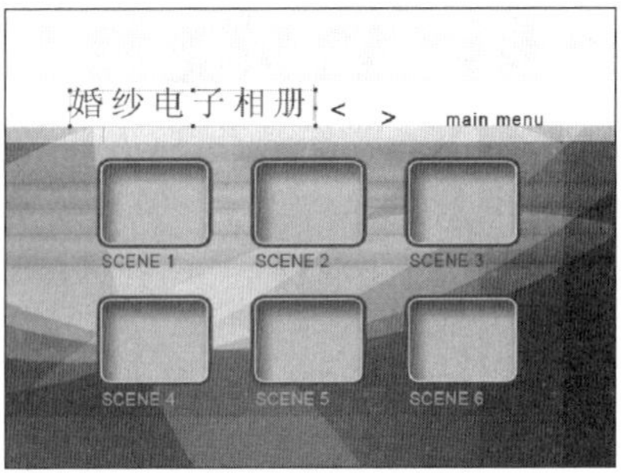

图 9-14　修改文字为“婚纱电子相册”

❻使用“直接选择工具”选择文字“婚纱电子相册”旁边的副标题文字，然后右击，在弹出的快捷菜单中选择“清除”命令将其删除。

❼默认的标题其字体和颜色不醒目，需要进行设置。如图 9-15 所示，选中文字“婚纱电子相册”，在“文字”面板中设置“字体”为 LiSu，“字体大小”为 60，“字行间的距离”为 100，“颜色”为红色。

当所有的资源导入到“项目”面板中之后，接着最重要的工作就是在“时间线”面板中进行合成了，下面将重点介绍 Encore 中“时间线”的使用。

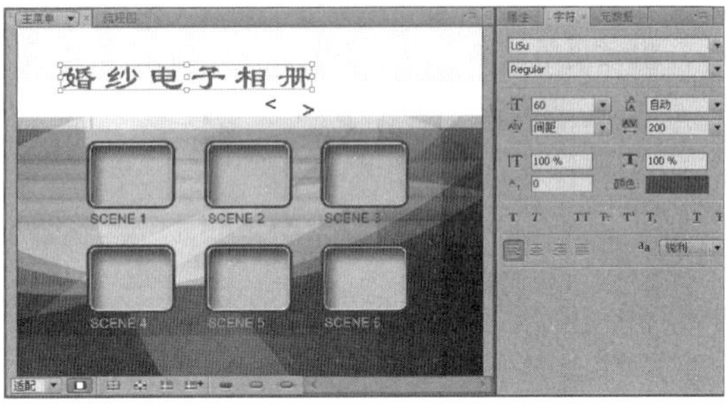

图 9-15　设置文字属性

❽在 Encore 中创建“时间线”有 3 种方法，第一种是选择菜单“文件”|“新建”|“时间线”命令；第二种是在“项目”面板中单击“新建一个分项”按钮，然后在弹出的快捷菜单中选择“时间线”命令；第三种方法也是最快的办法，即使用快捷键 Ctrl+T 来创建“时间线”面板。

❾创建好的时间线仅仅是一个空白的时间线，视频素材等还没有添加进去，如果想在创建时间线的同时把素材也导进去，可以先在“项目”面板中选择添加的素材，如这里选择“项

目”面板中的“婚纱电子相册.avi”，按快捷键 Ctrl+T 即可，如图 9-16 所示，即可创建一个名为“婚纱电子相册”的“时间线”面板。

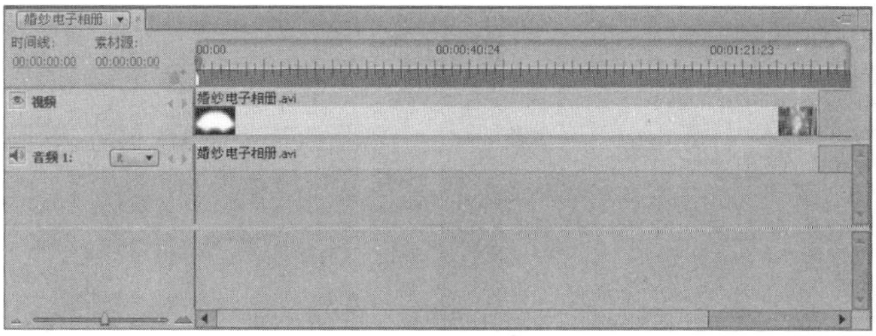

图 9-16　添加视频文件

⑩在创建时间线的同时会出现一个“监视器”面板，如图 9-17 所示，“监视器”面板的用法和 Premiere 中的监视器非常相似，用户可以查看时间线中某一时间点处的图像，也可以快进、快退和播放视频。

⑪接下来在“时间线”面板中添加章节按钮。在“时间线”面板中拖动当前时间线到“00:00:15:17”处，单击“添加章节”按钮，在该点打上一个标记，如图 9-18 所示。

图 9-17　“监视器”面板

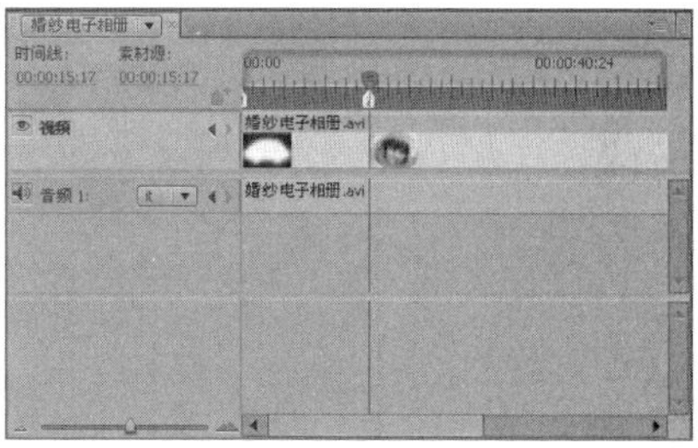

图 9-18　添加章节

操作提示

如果觉得这种打标记的方法不够精确，可以在“监视器”面板中单击“播放”按钮进行播放，直到播放到要打标记的那一帧，再在“时间线”面板中单击“添加章节”按钮即可。

⑫同样的方法，再添加两个章节按钮，时间分别在“00:00:32:07”和“00:01:05:10”处，添加完章节按钮后的“时间线”面板如图 9-19 所示。

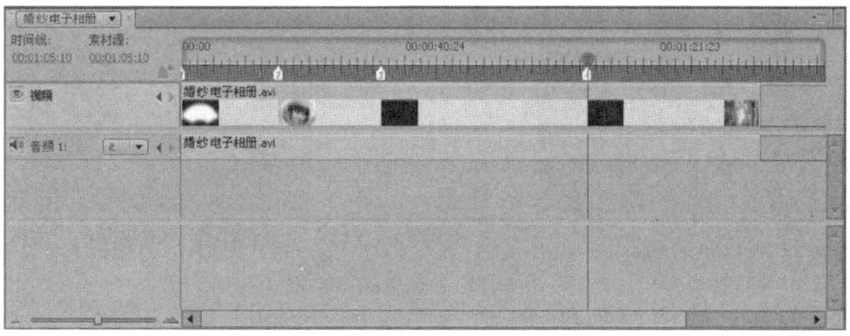

图 9-19　添加两个章节按钮

⓭在“项目”面板中双击“主菜单”将其打开，拖动“时间线”面板中的第 1 个标记至“主菜单”中的 SCENE1 图标上，如图 9-20 所示，这样，就完成了一个链接的添加。

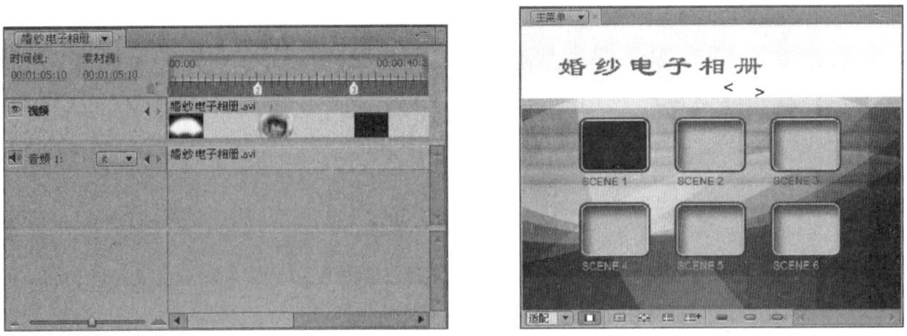

图 9-20　链接的添加

⓮添加链接的方法并不是唯一的，接下来介绍另一种方法。选中“主菜单”面板中的 SCENE2 图标，在其“属性”面板中选择“基本”选项卡，拖动“链接”后面的按钮至“时间线”面板中的第 2 个标记点上，如图 9-21 所示，这样也可以添加一个链接。

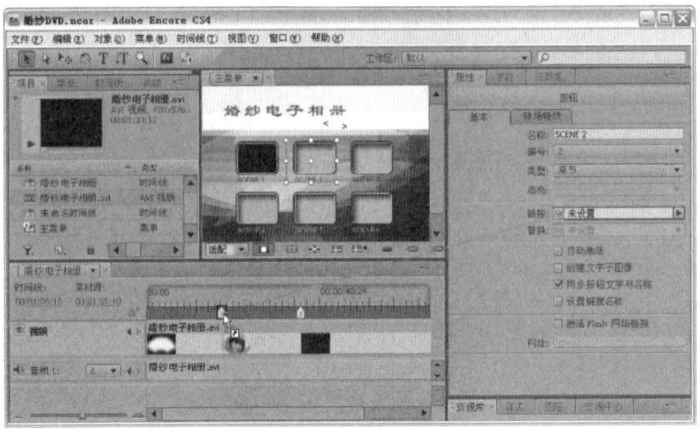

图 9-21　添加链接

⓯类似的方法，选中“主菜单”中的 SCENE3 图标，拖动“链接”后面的按钮至“时间线”面板中第 3 个标记点上；选中“主菜单”中的 SCENE4 图标，拖动“链接”后面的按钮至“时间线”面板中第 4 个标记点上，最后“主菜单”如图 9-21 所示。

⓰在“主菜单”面板中，用鼠标框选 SCENE5 图标和 SCENE6 图标，按 Delete 键将其删除，最后调整它们之间的位置，如图 9-23 所示。

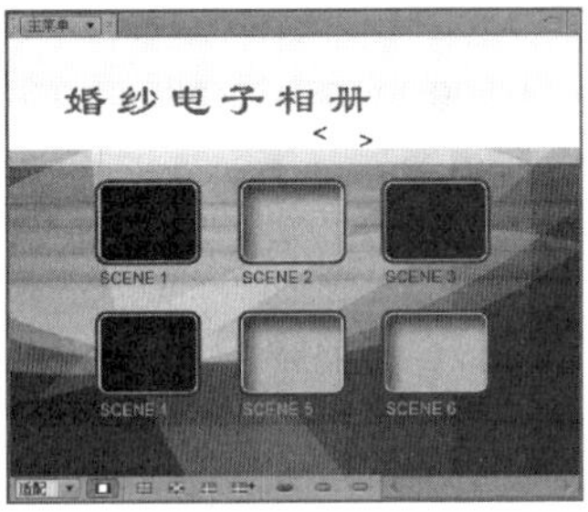

图 9-22　添加链接

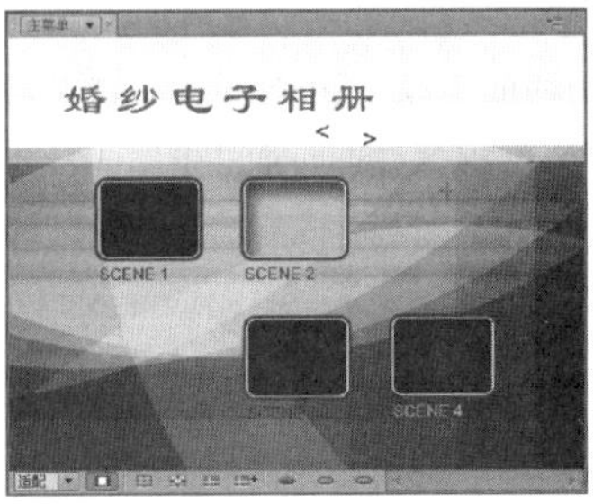

图 9-23　调整图标之间的位置

⓱选择“文本工具”，然后分别修改“主菜单”面板中的文字 SCENE1~SCENE4 为“婚纱照片 1”~“婚纱照片 4”，修改完的主菜单如图 9-24 所示。

⑱单击工具栏上的“预览”按钮预览制作效果，如图 9-25 所示，单击“主菜单”中的按钮，即可跳转到相应的画面，在“项目预览”窗口的底部是一个模拟的 DVD 遥控器，用户可以进行画面控制操作。

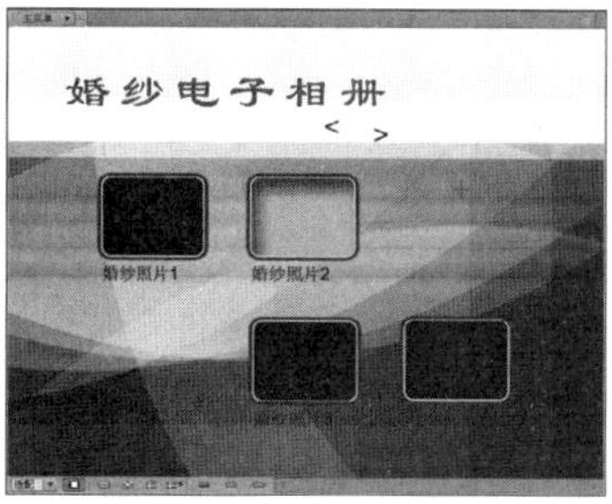

图 9-24　修改菜单文字

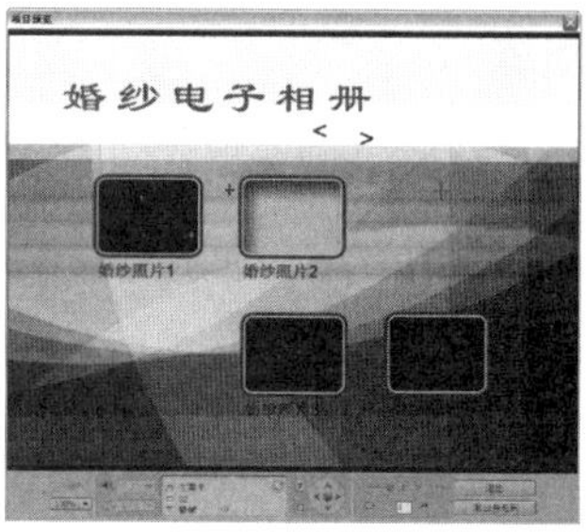

图 9-25　预览菜单

⑲播放预览 DVD 菜单，可以发现当选择播放完后画面停止不动了，原因就是没有设置结束动作。什么是结束动作呢？对菜单而言，当画面出现菜单选择项时，如果用户不进行任何操作，默认的情况是该菜单一直显示，而一旦设置了一个结束动作，在多少秒（或多少分钟）之后，这个动作就会自动发生。一般情况下不需要设置这个结束动作，不过也有例外的情况，比如这里就需要设置一个结束动作，当浏览结束后使画面回到主菜单。

⑳回到“主菜单”，在“属性”面板中将 End Action 后面的按钮拖放到“项目”面板的“主菜单”上，如图 9-26 所示，这样当浏览结束后会自动回到主菜单画面。

图 9-26　添加链接

㉑至此，整个 DVD 菜单制作完成，按快捷键 Ctrl+S 保存项目。

9.3　测试与刻录 DVD

实例欣赏（图 9-27）

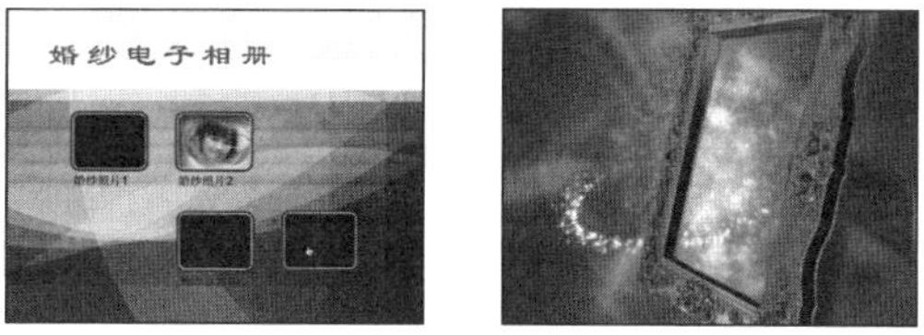

图 9-27　实例欣赏

操作秘籍

- 在制作 DVD 菜单时，要随时保存文件，以防由于断电等原因造成文件丢失。
- 使用 Encore 刻录光盘的时候，“写入速度”不要太高，一般 8X 即可。

实战演练

❶在最后刻录光盘之前，还有一项重要工作就是检查项目，以确保 DVD 菜单制作无误。选择“文件”|“检查项目”命令，在弹出的“检查项目”对话框中，单击“开始”按钮开始检查项目是否有误，如图 9-28 所示，我们发现了几个问题。

❷根据错误提示，回到编辑界面有针对性地进行修改，这里，在“项目”面板中清除没有用到的时间线——“未命名时间线”，如图 9-29 所示。

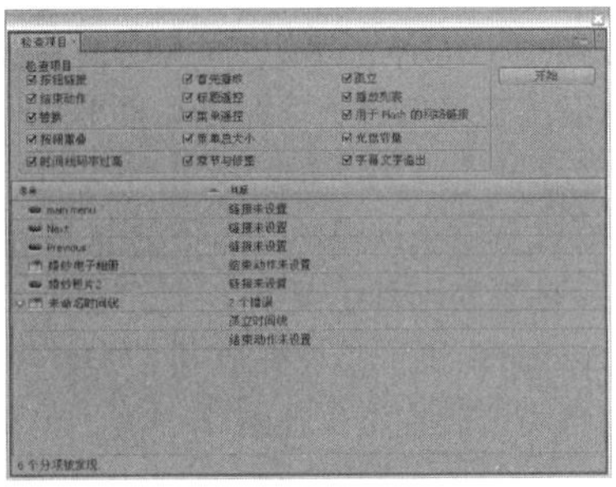

图 9-28　检查项目

图 9-29　修改项目

❸切换到“菜单”面板中，我们发现多了一个按钮 main menu，并没有用到这样一个按钮，同样将其清除。

❹再次检查项目，直到没有错误提示为止，最后就要刻录 DVD 光盘了。选择“文件”|“构建”|“光盘”命令，打开“构建”面板，如图 9-30 所示，设置“格式”为 DVD，“输出”为“DVD 光盘”，“创建使用”为“当前项目”；在“目标”选项组中设置刻录机所在的盘符位置；选择“写入速度”为 8X；设置光盘“名称”为“婚纱电子相册”，其他选项保持默认，单击“构建”按钮开始刻录。

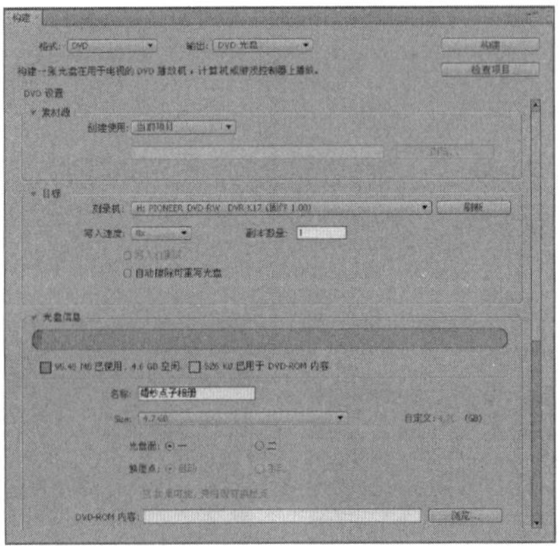

图 9-30　刻录 DVD 光盘